社会主义新农村建设丛书(3)

# 新农村社区规划设计研究

方 明  董艳芳 编著

中国建筑工业出版社

图书在版编目(CIP)数据

新农村社区规划设计研究/方明等编著．—北京：中国建筑工业出版社，2006
社会主义新农村建设丛书（3）
ISBN 7-112-07988-8

Ⅰ.新… Ⅱ.方… Ⅲ.社区－乡村规划－建筑设计
Ⅳ.TU984.12

中国版本图书馆CIP数据核字（2006）第048679号

本书是"社会主义新农村建设丛书"中的第三册。本书依托中国建筑设计研究院小城镇发展研究中心多年来一直从事的村镇规划研究和实践工作，结合多家单位的研究和实践成果，着重探讨了为推进社会主义新农村建设，新农村社区规划设计研究的相关问题，以期能够指导我国新农村建设实践。

全书分为上、下两篇。上篇为理论篇，分析了当前村庄规划建设现状、存在的问题及新时期村庄规划的时代任务，指出了新时期村庄规划建设的内容及原则。在此基础上，从新农村社区的经济、土地、产业、生态、能源、地域文脉等多方面进行了综合性的研究，并将其逐项落实到新农村社区的空间布局、农宅设计等方面，分别进行了较为系统的论述。下篇为实践篇，选取了近三年来全国各地的十余个优秀的新农村规划设计实例，结合上篇研究成果进行了综合性的点评，为指导新农村规划建设提供参考。

本书可供村镇建设的规划、设计人员和管理人员以及大专院校师生阅读。

\* \* \*

责任编辑：姚荣华　胡明安
责任设计：赵　力
责任校对：关　健　刘　梅

社会主义新农村建设丛书（3）
## 新农村社区规划设计研究
方　明　董艳芳　编著
\*
中国建筑工业出版社出版、发行（北京西郊百万庄）
新　华　书　店　经　销
北京嘉泰利德制版公司制版
世界知识印刷厂印刷
\*
开本：787×1092毫米　1/16　印张：5½　插页：60　字数：336千字
2006年5月第一版　　2006年12月第二次印刷
印数：3001—4500册　　定价：**68.00**元
ISBN 7-112-07988-8
　　（13941）

**版权所有　翻印必究**
如有印装质量问题，可寄本社退换
（邮政编码 100037）
本社网址：http://www.cabp.com.cn
网上书店：http://www.china-building.com.cn

# 社会主义新农村建设丛书

## 顾问委员会

**主任委员**：李兵弟

**委　　员**：赵　晖　徐素君　欧阳湘　白正盛
　　　　　　郑文良　付殿起　宋又川　金志英
　　　　　　马　勃　马长伟　王军清　王宏旭　王　晖　文技军
　　　　　　冯长根　石春芳　丛　钢　亚尔买买提·艾拜都拉
　　　　　　齐　虹　朱运梓　张　海　陈东明　吴　铁　宋海燕
　　　　　　李　凤　李　斌　杨　长　杨跃光　徐启峰　郭子华
　　　　　　郭彩文　高东山　温晓勇　温骏骅　蔡　赢（以姓氏笔画为序）

## 编审委员会

**主任委员**：张文成　樊　康

**委　　员**：张　军　王　东　高承增　夏宗玕　寿　民　单德启
　　　　　　杜白操　任世英　高　潮　马赤宇　骆中钊　陈　穗

## 编写委员会

**丛书主编**：方　明

**分册主编**：刘　军　邵爱云　董艳芳

**丛书组织**：董艳芳　单彦名

**参编人员**：杨　彬　俞　涛（第一分册）
　　　　　　江胜文　帅能龙　廖光华　黄忠豪　唐集兴　王　春
　　　　　　叶齐茂　赵　辉　赵文强（第二分册）
　　　　　　朱文华　赵之枫　陈　敏　薛玉峰　赵　辉　单彦名
　　　　　　李　婧　王　玉（第三分册）

**支持单位**：中国建筑设计研究院小城镇发展研究中心

# 序 一

党的十六届五中全会和"十一五"规划纲要提出"建设社会主义新农村"这一重大的历史任务，2006年中央1号文件对社会主义新农村建设作了全面深刻系统的阐述。"生产发展、生活宽裕、乡风文明、村容整洁、管理民主"二十字，是对以往我们党和政府解决"三农"问题政策方针的全面升华，是对农民全面发展和农村事业全面进步的新要求。社会主义新农村建设是一个长期的历史过程，需要社会各方面的共同参与，需要研究部门的理论创新和政策设计，需要政府部门的实践指导和技术支持，同样也需要建设系统承担起以改善农村人居环境为主的政府职责和社会责任。

社会主义新农村建设是党中央长期研究缜密思索慎重出台的重大战略决策。2005年的春末夏初，建设部村镇建设办公室在中央有关部门的组织下有幸直接参与了社会主义新农村建设的前期基础性工作，对农村现状作了针对性的调查研究，提出相关的工作设想与政策建议。当时，村镇建设办公室邀请了中国建筑设计研究院小城镇发展研究中心和其他一些同志共同参与了部分前期工作和后续研究。我们按照当时对社会主义新农村建设的初步理解，从制度创新、政策指导的层面出发，尊重我国村庄发展变化的客观规律，对村庄规划的技术方法同步做了比较全面的改革与探索。这些大胆有益的探索，支持了我们制定指导农村人居环境改善的政策思路，提升了我们通过制度创新推动村庄整治的信心，佐证了村庄整治规划技术路径的可行。

中国建筑设计研究院小城镇发展研究中心对建设部村镇建设办公室的工作起到了技术支撑单位的作用。这个单位的前身是中国建筑技术研究院村镇所，早在20世纪70、80年代就起步从事农房建设和村镇规划研究，奠定了村镇建设方面的规划设计与研究工作的良好基础。进入21世纪，一个年轻的团队承载了老一辈人的希冀与梦想，勇于探索、大胆实践，努力续写着往日的辉煌！今天，社会主义新农村建设为他们提供了更加广阔的社会实践舞台。中国建筑设计研究院小城镇发展研究中心牵头，其他相关单位大力协作，在多年实践经验的基础上，尤其是结合过去一年来对新农村建设中农村人居环境改善的实践探索，出版了此套"社会主义新农村建设丛书"。这套丛书先出版三本，角度新颖，各具特点，对新农村建设的人居环境建设领域做了比较系统的归纳，对于建设系统和农村的基层工作人员理解政策、把握方向，做好村庄整治的规划与实施具有较好的指导作用。

第一本《新农村建设政策理论文集》，从回顾我国农村建设的发展历史入手，谈古论今，选编了有关的政策文件，专家观点和各地实践经验，多方位、多层次、多视角地展现了我国社会主义新农村建设的观点，希望通过对我国村庄建设发展脉络的解读，帮助读者进一步理解社会主义新农村建设中农村人居环境改善"是什么"的问题。

第二本《新农村建设村庄治理研究》，从我国农村人居环境现状谈起，深刻剖析存在问题的历史成因与现实原因，提出村庄治理指引，详述了村庄规划编制的程序和内容要求，帮助读者进一步把握农村人居环境改善"如何做"的问题。

第三本《新农村社区规划设计研究》，着重探讨了为推进社会主义新农村建设中新村社区规划设计方面的相关问题，针对当前新农村建设的实际要求，对村庄建设的基础知识和技术要求进行有机整合，帮助读者进一步掌握农村人居环境改善"做什么"的问题。

这套丛书显然还不够精到，个别地方也还需推敲、深化。农村人居环境改善是个长期艰苦的工作，是伴随着新农村建设不断深入完善的过程，新农村建设的丛书也应当随之不断完善不断发展，及时反映广大农村地区改善人居环境的社会实践，反映亿万农民的实践探索。或许，因循旧制和固有经验也可以从事农村人居环境的改善，并不需要这套丛书的帮助；但是，想要做好做实改善农村人居环境的工作，一切从农村实际出发，真正地为农民服务，我建议还是要认真地读一读这套丛书！

是为序！

建设部村镇建设办公室主任

2006年3月12日

# 序 二

春风拂过，天气骤暖，打开轩窗呼吸一下新春的空气，定格在几枝玉兰花上。

一夜之间，玉兰绽放，春已来临；不知何时，小草透出朦胧绿意，干枯的树亦光滑起来，可看出正积蓄着芽苞绽放的力量。昨犹隆冬，今已初春？细细回顾，已近一个月未向窗外瞩过了；原来，春，不只需要向前的展望，更需回头看顾。一刹那间，仿佛悟出了一个真理。

是的，回头看。目前，中国建筑设计研究院小城镇发展研究中心就正在做着这样一件总结经验回头观看的工作。我们聆听着社会主义新农村建设的春天来临的足音。

从2005年下半年开始，建设社会主义新农村逐步成为社会各界热切讨论的话题。从党的十六届五中全会到2006年全国两会，从"十一五"规划的编制到一号文件《中共中央、国务院关于推进社会主义新农村建设的若干意见》的出台，建设社会主义新农村已经成为我国重大历史任务，成为我国构建社会主义和谐社会的重大战略决策，成为我国解决三农问题的纲领。

在2006年春天，社会主义新农村建设工作全面展开。稍稍驻足，回首观望，标志着新农村建设春天来临的花朵，像窗外玉兰，已在神州大地上绽放。为收拢这浓浓春意，中国建筑设计研究院小城镇发展研究中心结合多年村镇研究和设计经验，结合2005年以来在村庄规划和村庄建设方面取得的成果，推出了"社会主义新农村建设丛书"，以飨读者。目前出版的是该套丛书的第一套，共3册。

第一册为《新农村建设政策理论文集》。本册对社会主义新农村建设政策、理论和实践经验进行了汇总和梳理。文集分为"历史篇"、"理论篇"、"实践篇"等部分。主要回顾了我国农村发展的历史，汇集了中央及地方有关"三农"问题的政策文件，归纳了各方面专家对建设社会主义新农村的理论探讨，总结了各地进行社会主义新农村建设的经验，对我国社会主义新农村建设进行了系统探讨。

第二册为《新农村建设村庄治理研究》。本册分为"技术指引篇"和"建设实践篇"两部分。注重贯彻党的十六届五中全会关于社会主义新农村建设的战略举措，注重建设部关于社会主义新农村建设中村庄治理工作的部署，从中国农村人居现状情况及存在的问题，提出不同地域、不同模式的村庄治理指引，村庄规划的编制。上篇主要涉及村庄人居环境现状情况、村庄治理指引、新农村治理规划的编制、新式农房建设、基础设施、建筑工程施工及管理等方面；下篇为规划建设实例篇，主要收集了北京、江西、浙江、沈阳等地新农村村庄治理规划建设实例，并且进行了针对性较强的点评。

第三册为《新农村社区规划设计研究》。依托中国建筑设计研究院小城镇发展研究中心多年来一直从事的村镇规划研究和实践工作，结合多家单位的研究和实践成果，着重探讨了为推进社会主义新农村建设，新村社区规划设计研究的相关问题，以期能够指导我国新村建设实践。本册分为上下两篇：上篇为理论篇，分析了当前村庄规划建设现状及存在的问题以及新时期村庄规划的时代任务，指出了新时期村庄规划建设的内容及原则。在此基础上，从农村社区的经济、土地、产业、生态、能源、地域文脉等多方面进行了综合性的研究，并将其逐项落实到新村社区的空间布局、农宅设计等方面，分别进行了较为系统的论述；下篇为实践篇，选取了近三年来全国各地的十余个优秀的新农村规划设计实例，结合上篇研究成果进行了综合性的点评，为指导新村规划建设提供参考。

新农村建设，是一个长期的系统过程，我们需要做的工作还有很多。目前出版的3本书只是总结了现有新农村建设经验的一小部分，仍有许多东西需要我们去挖掘。未来的几十年，我们的新农村建设事业必将有一个大的发展。这套丛书的问世，将会为推动我国的新农村建设事业的发展做出应有贡献。这是出版者和全体作者共同的希望。是为序。

2006年3月

# 前　言

改革开放以来，我国农村经济与社会发展取得了巨大的成就。随着解决"三农"问题工作的不断深入，城乡发展不协调和"三农"发展不平衡的问题也日益凸现，农村工作成为当前工作突出的薄弱环节。建设社会主义新农村，是党中央提出的统筹城乡发展的重大战略决策。

我国长期以来，公共财政的服务对象主要面对城市和城镇居民，农村建设一度被忽视。由于近年来农村建设管理逐年弱化，有些地区的村庄建设甚至处于放任自流的无序状态。不少地区的农民住宅建了三到四茬，只见新房不见新村，造成农民和社会财富的巨大浪费。农村传统的生活方式造成土地等紧缺资源的大量消耗。村镇人均建设用地面积持续增长，村镇建设用地总量和人均用地水平并没有随着城镇化发展而降低。同时，由于农村建设管理严重缺位，基础设施严重匮乏，公共服务设施严重短缺，城乡发展差距逐年增大。依托旧村改造而进行的新村建设是社会主义新农村建设中的一个重要部分。通过旧村改造，可以有效节约土地，改善基础设施条件，引导农民建设经济适用的住房，并促进农村社区的全面发展和进步，实现生产发展、生活宽裕、乡风文明、村容整洁、管理民主的目标。

在新农村建设中，搞好新农村规划是非常重要的一个环节，也是我国目前村庄建设中往往被忽视的一项工作。过去，我国绝大多数村庄从未做过规划；近几年，随着各级政府对村镇建设工作的日益重视，各地不同程度地开展了旧村改造的试点工作，一批经过规划的村庄逐渐落成。与原有村庄相比，新农村基础设施和公共服务设施完备，农民的居住环境得到了很大改善，也在很大程度上集约了土地。但同时，很多新农村在规划中往往类同于城市的住宅小区——以居住功能为主，着重于空间布局，而忽视了农村本身重要的生产功能——推动农村社会经济发展、促进农村产业结构调整、解决农民就业、增加农民收入……，以及农民在新农村中的生活成本支出等问题，而这些问题的解决却是解决"三农"问题的重要环节。

在新农村规划建设中，应时刻以农民为中心，以农民利益为出发点，农村地区的经济发展为目标。总结村镇规划研究和设计实践的工作经验，以及多年来我院在这一领域的科研和设计成果，我们编写了《新农村社区规划设计研究》，书中从分析当前村庄规划建设现状及存在的问题入手，提出新时期村庄规划的时代任务、内容及原则；重点提出了做好村庄规划应进行综合性分析研究的规划设计方法，并进行了较为系统的阐述，在此基础上，提出将其逐项落实到新村社区的空间布局、农宅设计等方面，才能建设出推动农村经济发展、改善农民居住环境、符合农民实际需要的农民新村。同时，选取了近三年来全国各地相关的一些优秀规划设计项目（这些项目各有特点，但也很难综合性涵盖新农村社区规划的方方面面），加以点评，仅供大家参考。在编写过程中，我们也深深感到，村庄规划虽不能称之为一项大的生产任务，但却是一项不小的研究课题。面对它时，更多的是一项社会和历史赋予的责任！希望以此书抛砖引玉，让更多的规划设计工作者关注新农村，研究新农村，让我国社会主义新农村的规划工作越做越好。

非常感谢协助编写本书的各位同仁，包括北方工业大学李婧（第1章）；中国城市规划协会朱文华（第2章）；北京工业大学赵之枫、郭玉梅（第3章1至4节）；中国建筑设计研究院城镇规划设计研究院赵辉、单彦名（第3章5至6节），陈敏（第4章），薛玉峰（第5章）；感谢陈敏、李婧、王玉协助完成案例收集整理工作，感谢杜白操老先生在本书编写过程中提出的建议和大量的审稿工作；感谢单彦名同志协助本书出版所做的各项细致工作；书稿的深化和完成离不开大家的共同努力。由于时间仓促，水平所限，书中还存在一些不足之处，希望能够得到大家的批评指正。

方 明 董艳芳

2006年4月

# 目 录

## 上篇 理论篇

1 绪论 ……………………………………………………………………… 2
　1.1 农村及其发展概况 ………………………………………………… 2
　1.2 村庄规划建设现状及存在问题 …………………………………… 4
　1.3 新农村规划的时代任务 …………………………………………… 7
　1.4 新农村社区规划设计的要求 ……………………………………… 8

2 新农村社区规划的综合性研究 ………………………………………… 12
　2.1 规划应促进农村经济发展 ………………………………………… 12
　2.2 规划应与新农村产业发展相协调 ………………………………… 15
　2.3 规划应以集约利用土地为宗旨 …………………………………… 16
　2.4 规划应延续乡村及地域自然人文特色 …………………………… 20
　2.5 规划应尊重村庄原有社会伦理结构 ……………………………… 21
　2.6 规划应与农村生产活动相结合 …………………………………… 22
　2.7 规划应以改善居民生活为目标 …………………………………… 23
　2.8 规划应注重环境友好、资源节约 ………………………………… 24

3 新农村社区的规划设计 ………………………………………………… 27
　3.1 社区空间布局的规划设计 ………………………………………… 27
　3.2 社区功能结构的规划特点 ………………………………………… 31
　3.3 社区交通系统的组织 ……………………………………………… 32
　3.4 社区绿化及空间景观规划 ………………………………………… 34
　3.5 社区公共服务设施规划 …………………………………………… 36
　3.6 社区市政工程设施规划 …………………………………………… 39

4 新农村社区的住宅设计 ………………………………………………… 45
　4.1 住宅类型及其功能构成 …………………………………………… 45
　4.2 住宅的用地面积与建筑面积 ……………………………………… 48
　4.3 新农村社区住宅平面布局与空间组合 …………………………… 50
　4.4 新农村社区住宅立面设计与地方材料的运用 …………………… 56

5 建设环境友好型、资源节约型的新农村社区 ………………………… 59
　5.1 建设环境友好型、资源节约型新农村社区的原则及内容 ……… 60
　5.2 新农村社区规划设计节约资源生态技术措施 …………………… 62
　5.3 新农村社区建筑设计节约资源生态技术措施 …………………… 65

6 综述 ……………………………………………………………………… 73

参考文献 …………………………………………………………………… 74

## 下篇 实例篇

| | | |
|---|---|---|
| 1 | 北京市平谷区将军关新村规划 | 78 |
| 2 | 北京市延庆八达岭镇营城子"一村带三村"详细规划 | 92 |
| 3 | 北京市平谷区南宅村旧村改造详细规划 | 102 |
| 4 | 北京市平谷区玻璃台村新农村建设规划 | 113 |
| 5 | 天津武清区后蒲棒新农村试点建设规划 | 120 |
| 6 | 江苏省徐州市潘塘中心村详细规划 | 128 |
| 7 | 浙江省绍兴县新未庄详细规划 | 135 |
| 8 | 湖北省武汉市洪山区青菱乡园艺场居民点详细规划 | 143 |
| 9 | 湖北省武汉市武湖中心村详细规划 | 151 |
| 10 | 内蒙古自治区伊金霍洛旗伊金霍洛苏木集镇整体搬迁规划 | 161 |
| 11 | 北京市海淀区上庄镇中心社区详细规划 | 164 |
| 12 | 北京市海淀区温泉镇中心社区详细规划 | 175 |
| 13 | 河北省张家口怀安县左卫镇中心社区详细规划 | 181 |
| 14 | 四川省凉山州木里县鸭嘴牧民新村详细规划 | 191 |

上篇：理论篇

# 1 绪论

中国是一个农村人口众多的国家,解决好农业、农村和农民问题,加快农业和农村发展,是保持国民经济快速、协调、健康发展的必然要求,是实现全面建设小康社会宏伟目标的必然要求,是维护社会稳定和国家长治久安的必然要求。

近几年,党中央、国务院以科学发展观统领经济社会发展全局,按照统筹城乡发展的要求,采取了一系列支农惠农的重大政策。农业和农村发展出现了积极的变化,迎来了新的发展机遇。但必须看到,当前还普遍存在着农业基础设施脆弱、农村社会事业发展滞后、城乡居民收入差距扩大等突出矛盾。鉴于我国农村发展的现状,党的十六届五中全会通过的《中共中央关于制定国民经济和社会发展第十一个五年规划的建议》中,明确提出了积极推进城乡统筹发展,建设社会主义新农村的重大历史任务。要按照"生产发展、生活富裕、乡风文明、村容整洁、管理民主"的要求,坚持从各地实际出发,尊重农民意愿,扎实稳步推进新农村建设。

依托旧村改造而进行的新村规划建设是社会主义新农村建设中的一个重要部分。通过旧村改造,可以促进农村经济发展,调整产业结构,有效节约土地,改善基础设施条件,引导农民建设经济适用的住房,改善农民生活环境,推动农村文化事业,从而,推进农村地区经济社会的全面发展和进步。

## 1.1 农村及其发展概况

### 1.1.1 农村的基本概念

乡村,是相对于城市的、包括村庄和集镇等各种规模不同的居民点的一个总的社会区域概念,是我国社会结构体系中人群聚落的最基本的单位。由于它主要是农业生产者——农民居住和从事农业生产的地方,所以又通称为农村。

### 1.1.2 农村建设发展历程

农村,是在社会生产力发展到一定阶段的条件下产生的。从原始社会开始,随着生产力的发展以及农业和畜牧业的劳动分工,人们开始定居,并且出现了房屋建筑和一定规模的人群聚落。村庄的建设随着历史的前进、社会的进步而逐渐完善和发展起来。在长达数千年的封建社会里,尤其是汉、唐时期,农村有了新的发展。但是,到了封建社会末期,由于封建势力的长期统治,帝国主义的入侵,农村遭到了多重的破坏。一直到解放前,旧中国的大部分农村,广大农民衣不蔽体,食不果腹。许多地方村舍被焚,大批农民背井离乡,田园荒废,茫茫千里,鸡犬不闻。

面对农村濒临破产的边缘,20世纪20~30年代,一批文人、学士发起了振兴农村的运动。可以说,这是我国近代历史上第一次乡村建设高潮,在这个阶段，涌现出了一些受西方教育和社会思潮影响的文人、学士来推动乡村建设运动，比较著名的代表人物有陶行知、晏阳初、梁漱溟、费孝通等，以教育农民为核心，他们提出了一些振兴和建设农村的主张，并且做了一些具体的尝试。

面对我国民族危机深重，社会矛盾激化，农村建设遭到的重大破坏，从抗日战争到解放战争，在革命根据地，中国共产党带领广大农民克服困难，不断进行农村建设。

随着新中国的成立，贫穷落后的农村也随之得到新生，从1949~1957年，全国农村先后开展了土地改革运动、农业合作化运动和爱国卫生运动，农村建设稳步发展。从1957年之后的20年间，我国农村以"大跃进"为开端，先后开展了"人民公社化"和"农业学大寨"运动。在这个阶段，乡村建设在某些方面得到了一些推进，但由于整个农村经济发展缓慢，农村建设没有得到应有的发展。

从1978年十一届三中全会开始，我国政治、经济、社会发展进入了一个新的历史时期。随后颁布的《中共中央关于加快农业发展若干问题的决定》，极大地推动了农村经济体制改革，促进了农业经济的迅猛发展，在此后的时间里，从亿万农民自发建房，到村庄和集镇建设有规划有指导地展开，全国乡村建设呈现出兴旺的景象，步入我国第二次农村建设的高潮。

在这一阶段，由于政府推动，以发展农村经济为核心，农村建设呈现以下特点：

一是农村房屋建设规模大，质量逐渐提高。从1979年以来，每年全国约有5%以上的农户建新房，全国农房建筑面积每年都在5~6亿平方米以上，相当于前30年每年农民建房总和的5~6倍。同时，乡镇企业生产性建筑和文教卫生、公共服务设施、基础设施也得到了迅速发展。有些富裕农村，也从砖墙瓦房发展到二层楼房；从木门窗发展到钢门窗、再到陶瓷锦砖等瓷砖和蓝色玻璃铝合金门窗装修的楼房，甚至，整个村庄农宅已全部翻新建成"乡村别墅"（图1.1，图1.2）。

二是国家扶植，政策引导。首先确立乡村建设的正确指导思想和政策，其次因地制宜解决村镇建设的材料供应问题，并且组织乡村建筑队承包农房施工任务，同时还采取多种形式来筹集建房资金。

图1.1　20世纪50年代的我国农村景象

图1.2　20世纪90年代我国富裕农村景象

三是农房建筑设计水平整体提高。首先，国家开展了全国乡村住宅建筑设计竞赛、集镇剧场设计方案竞赛等，并且积极推广和应用设计竞赛成果。通过一系列竞赛活动，在全国范围内，有力地提高了乡村建筑设计水平，推动着村镇建设健康的发展。

四是村镇建设规划工作广泛开展。要通过制定村镇建设规划，来体现各个村镇的不同特点，确定合理的规模和布局，控制和节约耕地，兼顾生产和生活，近期和远期，局部与整体，对山、水、田、林、路、村、镇进行统筹安排，并且采取设施，促进村镇规划迅速开展。

五是环境保护日益受到重视。从1981年以来，我国的农村建设就努力使规划建设与环境保护同步进行，并且进行了生态村的建设。

六是村镇建设的管理工作逐步加强。建立并健全乡村建设的管理机构，制定规章制度；积极培养乡村建设的专业人才，大力组织技术下乡，支援村镇建设；多部门、多学科地开展村镇建设的科研工作，并且积极开展国内国际学术活动。

今天，党的十六大提出"建设社会主义新农村"，我国的农村建设将进入一个崭新的第三个历史阶段。"全面繁荣农村经济，加快城镇化进程"，缩短城乡经济差距及城镇化发展已成为农村全面建设小康社会的重要任务。根据我国新农村建设的政策和要求，到2020年，我国的农村建设将达到：解决80%左右饮水不安全人口的饮水安全问题；85%以上的村庄和95%以上的建制镇道路达到国标规定的通达、硬化水平；60%以上村庄的面源污染、工业污染治理程度基本达到国家标准；60%以上的村庄实现信息化、网络化；80%的村庄和95%以上的建制镇实现太阳光电能源、风能、沼气等多种形式的生活能源基本自给；60%以上的村庄住宅和80%以上的建制镇有上下水设施，那时我国的农村建设将登上一个新的历史高度：从粗放型建设走向集约型建设，从感性的初步建设走向理性的完善建设，建设生态友好、资源节约、可持续发展、潜力深厚的社会主义新农村。

## 1.2 村庄规划建设现状及存在问题

### 1.2.1 我国村庄建设现状

"十五"期间随着城镇化的健康发展，村镇建设事业稳步发展，村镇年平均住宅建设量在6.5亿平方米左右，人均住宅建筑面积增长了6.8%，楼房所占比例增长了2.8个百分点。我国农村地区的村庄社会组织结构和空间也出现了"三减一增"的变化，即村庄人口总数、行政村个数和自然村数量逐步减少，2004年比2000年下降了1700万人、5.6万个行政村和27.4万个自然村（年平均减少6.8万多个），而村庄平均人口规模不断增加。至2004年底，全国共有320.7万个村庄，其中行政村63.4万个，居住生活着2.05亿户，7.95亿人。由于受长期城乡二元社会结构影响，重城轻乡的倾向尚未根本扭转，各级政府履行村庄规划职能不到位，公共财政未能覆盖村庄公共设施的建设和维护，绝大部分的村容村貌还比较落后，农村人居环境质量与城市相比有相当大的差距。

### 1.2.2 村庄规划建设存在问题

当前我国村庄规划建设主要存在以下几个问题：

（1）村庄建设缺少规划，无序建设普遍存在

一是村庄建设缺少总体规划；二是村庄建设缺少布局规划，加上缺乏统一

规划管理，村镇人均建设用地面积持续增长，用地总量和人均用地水平并没有随着城镇化发展而降低。

(2) 土地浪费严重

农村传统的生活方式造成土地等紧缺资源的大量消耗。村庄土地浪费的原因主要有以下几个方面造成"一户多宅"：一是按照国家规定的住宅标准，大部分农户超占面积；二是大多存在"空心村"现象；三是由于缺乏规划，村庄属于粗放型发展，出现空闲地和荒地，土地资源利用不充分。

(3) 房屋更新周期越来越短，资金浪费严重

根据对农民开展的调查结果得知，有半数以上农民外出打工挣钱的目的主要是修缮房屋或新建房屋、改善住房条件。在一些经济状况比较好的农村，不少农民在20年间翻建了3~5次新房，使本可以用作生产投入和改善生活质量的资金无休止地用于建房，造成农民和社会财富的巨大浪费。

(4) 基础设施和公共服务设施建设滞后，环境质量差

由于村庄的基础设施建设缺乏稳定的财政保障，我国农村的基础设施十分落后，主要表现在村内道路、供水、排水、教育文化、卫生等多个方面：村内道路硬化率低、大多数村庄无集中供水设施、农民饮用水质量差、村内污水、垃圾随处可见，严重阻碍了农民生活质量的改善。

(5) 农民观念滞后，建筑质量隐患大

相当多的农民仍保持着传统落后的思想观念和价值观。缺乏全局思想和环境意识，互相攀比，往往导致千村一面的排排房；建房施工基本没有设计图纸；农村泥瓦匠大多没有经过有关培训，技术工艺落后，尤其不懂操作规范，

导致房屋功能和质量低下，建筑质量隐患较多。

(6) 土地流转问题

在珠江三角洲、长江三角洲以及大中城市的郊区，农村集体建设用地的使用权，以出让、转让、出租和抵押等形式自发流转的行为大量存在，在数量和规模上有不断扩大的趋势。这种自发性的流转尽管存在一定合理性，也带来许多问题：如随意占用耕地出让用于非农建设；低价出让农村集体建设用地，随意改变建设用途；用地权属不清，诱发纠纷等。

(7) 农民增收乏力，限制规划建设的开展

近年来国家实施了一系列惠农政策促进农民增收，但受多种因素制约，农民增收依然十分困难。农民富裕是建设社会主义新农村的根本目的，增收困难成为新农村建设的重大挑战。

首先是种养业增收难。农业抵御市场风险和自然灾害的能力很弱，增收的不稳定性较大。虽然国家对农民实行了种粮补贴，但生产资料和机械作业费等持续涨价，无形中增加了生产成本，农民从事种养业增收困难。

二是产业化带动难。近几年农业产业化有了一定发展，但农业竞争力总体还不强，农民进入市场的组织化程度还不高，带动农民增收不明显。公司加农户和协会加农户等模式并未给农民增收带来多少实惠。公司、协会和农民之间还未真正形成紧密的利益联结机制，农民几乎没有在企业或协会的二次分配中获益增收。有的地方将合作经济组织或协会作为普通企业对待，有的作为社会团体对待，还有的地方根本没有适当的名分。这种混乱局面使得农民合作经济组织在贷款、纳税、保险等诸多方面困难重重，严重妨碍其发展。

三是转移性增收难。随着农村劳动力转移到第二、第三产业的比例逐年增加,外出打工和就地转移的劳动力队伍庞大,但由于综合素质低,大多数劳动力仍从事着低收入的工作,技术型、技能型劳动力转移输出很少,无法获得较高收入,农民工资性收入增长受到抑制。

四是政策性增收难。自2005年起,国家取消了农业税及其附加,"一免三补"政策提高了农民的种田积极性,但农民依靠政策增收的空间也在缩小,没有更多途径。

### 1.2.3 村庄规划建设存在问题的原因

(1) 规划滞后,认识不到位

过去各级政府不够重视村庄建设。特别是市(县)政府普遍存在"重城轻乡"的现象。对贯彻国家提出的"城市支持农村"的战略决策尚未落实到村庄规划建设层面,缺乏实质性措施。村委会本身更缺乏对村庄规划重要性的认识。导致无序建设严重,往往既浪费土地,又破坏资源与环境。

在调查中发现,无论是发达的苏南地区还是欠发达的豫东和皖北地区,农村从居住来讲都比较散乱。镇村建设规划,尤其是村庄建设规划明显滞后,这使新农村建设中的旧村改造和新村建设面临成本高昂的问题。农民长期养成的生活垃圾随意丢弃、在住宅周围乱搭乱建的陋习一时难以改变。另外,农民对集中居住也不能完全接受。受传统文化和习惯的影响,绝大多数农民喜欢单门独院、前庭后作的居住方式,如何协调尊重农民习惯与科学合理规划之间的关系,还需做更细致的工作。

推进村镇规划建设,可以开辟大量新耕地,改变农村脏、乱、差面貌,改善农民居住环境,可以大大降低公共设施建设成本,实现农村生活社区化,打造承担"工业反哺、城市带动"的平台。

(2) 规划缺乏资金支持

改革开放以来,大多数地区对村庄规划的投入几乎为零。上级政府对村庄规划缺少必要的政策和资金支持,多数村庄由于经济发展落后,集体经济困难,造成无力拿钱或不愿拿钱做规划。地方党委、政府对争取来的农业项目资金全部用于种、养、加工等产业的扶持,对改善人居环境、提高人民生活水平的村庄规划和基础设施、公共服务设施建设缺乏资金支持。资金问题是村镇建设的大问题。虽然从全国来看,村镇的投融资体制呈现出多样化的特点,但总的说来政府部门的投资仍然是最重要的,在很多地方甚至仍然是单一的投资渠道。县财政提取比例过大,往往使一些地区的村镇建设资金捉襟见肘。

(3) 规划管理和设计队伍薄弱

村庄规划建设缺乏组织载体和专业队伍。多数地区村镇的规划管理机构人员数量少,技术力量薄弱;同时,由于村镇规划费用低,肯于从事村庄规划的设计队伍少,专业水平低。

(4) 法律法规有待健全

由于国家缺乏完善的法律、法规,无论在规划编制、还是基础设施建设、资金支持、建设用地的合理使用等方面都难以进行有效的监控管理,基层组织处理违章现象也常常缺乏法律依据。

(5) 缺乏长期投入机制

"十五"期间,各级政府加大了对农村建设的投入力度,农民生产和生活条件逐步改善,但农村基础设施建设由于欠账太多,老的投入没有完成,新的建设又需要大量资金,由于缺乏长期投入机制,资金难以得到保障,地方政府明显"力不从心"。农村土地要素和资金要素流向城市制约了农村经济的发展,并造成了数千万的失地农民。资金成为农村极度稀缺的资源，这对于新农村建设来说是一个瓶颈。

## 1.3 新农村规划的时代任务

### 1.3.1 促进新农村规划建设的因素

目前国家免征农业税，中国农业基层体制正面临新的嬗变，抓住机遇，推动社会主义新农村建设，成为我国下一阶段发展的重要内容。在免征农业税的今天，应在总结我国前两次乡村建设高潮的经验和教训基础上，以统筹城乡、全面建设小康社会为目标，建设社会主义新农村为主线，推进农村综合改革，掀起第三次乡村建设的高潮。

促进新时期村庄规划建设的因素主要有以下三点：

首先，城市化并不能完全解决农村问题，我国还将有几亿人口延续数代生活在农村。中国的基本国情是农业人口基数大。那种"小国寡民"的迅速城市化显然不适用于中国。在未来几十年里，即使中国实现了50%、60%的城市化，届时仍会有数亿人生活在农村，同时农村依然担负着十几亿人吃饭的粮食安全问题。依然是我国工业化、城市化劳动力资源的主要供给者(全国4200万建筑工人中，农民工占3200万，制造业的农民工占近80%)。因此，必须在积极推进城市化进程的同时，着力推进乡村建设。

其次，农村城镇化不是要消灭农村，而是要发展农业、富裕农民、改造农村。

发达国家的经验教训表明，城镇化进程是建立在农业发达、农村发展的基础上，不是要放弃农业和牺牲农村，而是要发展农村，富裕农民，建设一个新的现代化农村。否则只能导致城乡关系的畸形。拉美一些国家出现一系列社会问题，重要原因之一就是城乡断裂，带来农民的"假城市化"。让城乡居民都能普照到现代文明的阳光，这应是"两个趋势"的出发点和落脚点。

第三，推进乡村建设是许多国家和地区经济发展到一定阶段的普遍规律。针对经济起飞中出现的农业萎缩、农村衰退、城乡差别扩大等问题，日本在20世纪70年代开始积极推动"造村运动"。坚持20多年，取得显著成效。韩国政府从1970年发起"新村运动"，已经坚持了30多年，农民收入已经达到城市居民的水平。我国台湾地区从20世纪60年代开始实施的农村建设项目计划，也收效较大。

目前，忽视、轻视、漠视乡村建设，一味强调推进城市化、一味强调劳务输出的现象比较普遍，不少人已经忘记了在农村还生活着8亿农民。因此，必须在稳步推进城市化过程中，切实贯彻落实科学发展观，按照城乡统筹、构建和谐社会的要求，高度重视新农村建设，通过政策引导等措施掀起中国乡村建设的第三次高潮。第一次和第二次乡村建设高潮都是在国民经济高速增长的背景下掀起的。1927年到1937年GDP年均增长10%左右，20世纪80年代至90年代GDP年均增长超过9%。今天，不仅GDP增长率达百分之九点多，而且财政增幅更大，在党中央工业反哺农业，城市支持农村和"多予少取放活"的政策指引下，完全有条件掀起第三次农村建设高潮。

### 1.3.2 新农村规划的时代任务

30年前，在老共产党人对于"建设社会主义新农村"的宏论中，是这样描述的："连下3天200毫米的大雨，地里不积一滴水，红砖红瓦的房子一排排"。到了今天，朴实的话语仍然值得我们深思。那么，到了30年后的今天，我们又一次提出了"建设社会主义新农村"时，应该赋予它什么新的内容和时代任务呢？今天要建设的新农村应该是"21世纪的"、"有中国特色的"，同时也是"可持续发展的"，它应该是"生产发展、生活宽裕、乡风文明、村容整洁、管理民主"的社会主义新农村。立足"三农"，解决农民生产、生活问题，加快农村全面小康和现代化建设步伐。

根据我国目前实际村庄建设现状，要想真正建设一个21世纪的有中国特色的社会主义可持续发展的新农村，其基础条件不仅仅是资金支持，还必须首先有一个严格按法规制定的、从实际出发的、落实科学发展观的村庄规划，即合法、合理、贯彻可持续发展原则的村庄规划。

通过村庄规划，不仅仅是赋予村庄合理的空间布局，完善基础设施和公共服务设施条件，经济适用的农民住房，从而改善农民生活环境；更为重要的是，通过村庄规划，促进农村经济发展，调整产业结构，有效节约土地，推动农村社会文化事业，从而，推进农村地区经济社会的全面发展和进步。

## 1.4 新农村社区规划设计的要求

21世纪的农村不同于20世纪的农村。无论从区域经济、区域社会，还是区域生态的角度上讲，在21世纪，农村都是城市的一部分，而不再是城市的牺牲品和附属品。更确切地讲，21世纪的城市是包括农村在内的区域城市。因此，我们规划建设农村就是规划建设城市本身。

在21世纪的今天，由于把农村当作城市的附属品而造成的很多问题已不鲜见，比如污染、建厂、建造各类花园别墅住宅等。这些问题的产生与我们在城镇规划时把"村镇建设"和"城市建设"区别对待是分不开的，只要观察一下我们的城市郊区和那些与小城镇直接相邻的村庄，不难得到这样的结论。因此，我们在做城镇规划或做村庄规划时都应当从"区域城市"着眼。也许，我们认识区域城市及其形态设计的理论和方法还需要时间，但是，它的核心思想与我们的"城乡统筹"是一致的，即把城内外的问题统筹到区域的高度上来考虑，把社会、经济和环境问题统筹到区域的高度上来认识，最后，把政策制定与形态设计统筹起来，如决定区域、社区、居民点的边界，决定土地利用和交通政策等。同时，我们应该在村庄的建设中避开城市在工业文明建设中所产生的失误，防患于未然，跨越式地在小城镇和村庄首先进入"生态文明"。

有中国特色的新农村不是简单的"盖洋楼"或追求规划形式上的整齐划一；也不是复杂的"文物保护"或追求规划上的原汁原味。中国农村居民点特色的核心有两方面：一是形式上的，这点已经得到了学术界的认同；另一方面是本质上的。我们不仅是在建设一个建筑形式有地方特色，更是在追求建设一个公共服务设施完善和适于生活生产的新农村社区。那么建设新农村社区就是当前我们村庄规划建设的核心内容。

### 1.4.1 新农村社区的概念

社区是一个社会学范畴的概念。英国学者梅因（1871年）在《东西方村落社区》一书中首先使用了"community"一词。而较有影响的理解则是德国社会学家腾尼斯（1887年）在《礼俗社会与法理社会》一书中的论述——社区是基于亲族血缘关系而结成的社会联合。

在《中国大百科全书》中对社区（community）的解释为：通常指以一定地理区域为基础的社会群体。它至少包括以下特征：有一定的地理区域，有一定的人口，居民之间有共同的意识和利益，并有着较为密切的社会交往。社区与一般的社会群体不同，一般的社会群体通常都不以一定的地域为特征。

在城市规划学科，最初并没有居住社区的概念，相关的概念是住宅区和居住区，其中以居住区为规范用语。住宅区虽然不是城市规划法中的规范用语，但是在规划领域中出现的频率很高，并经常被援用，已成为约定俗成的概念。在城市规划中，多数时候社区是与城市、居住生活等概念联系在一起的，是城市某一特定区域内居住的人群及其所处空间的总括。

但是随着我国农村建设的大规模开展，社区要逐渐从城市生活发展到乡村生活。根据我国"十一五规划"，发展的重点，从文体、卫生等各方面都向农村社区转移。结合我国现在农村建设的若干问题，及时在统一的理论指导下，进行农村社区的统一建设和规划，是十分必要和迫切的。本书偏重于在城市规划学科范围内探讨新农村社区的发展规划问题，那么对农村社区就定义为：农村社区是指居住于某一个特定区域、具有共同利益关系、社会互动并拥有相应的服务体系的一个社会群体，是农村中的一个人文和空间复合单元。"新"则指的是新的历史时期和新的规划指导思想。

目前，我国现状的农村社区和城市社区比较，主要有以下不同：

城市社区是人类赖以生存的地域与空间概念，从城市生态学的角度看，城市系统包含社区系统，社区系统包含建筑系统。从城市规划角度看，城市是人类高密度聚居的空间系统，它与乡村相对立，是具有高度协作能力的城市人口进行生产、生活、交往、休息等活动的场所；社区则是城市人口根据地缘、业缘等关系组织在一起的空间系统，它往往担任城市空间功能的某一项或几项内容，是城市空间的子系统；建筑作为社区的子系统，它主要提供城市人口各项活动的物质空间与环境。建筑、社区、城市在系统运作中，作为建筑与城市之间的过渡系统，社区具有联系上下两者的特定功能。它担负着物质、能量、信息、人力、资金流的进出与平衡，它是城市的组织器官，是保持城市建筑系统活力的重要单位，是反映城市人口精神文明、物质文明的重要窗口。传统的城市住区就是相对单一的居住功能，以空间规划为主，地域特色不鲜明。

那么与城市社区相比，农村社区是指以主要从事农业生产的人口为主的、人口密度和人口规模相对较小的社区。目前的农村社区，仍然受到小农生产方式的影响，尚沿袭有以下六个方面基本特征：

（1）人口密度低，同质性强，流动性小。农村社区居民文化背景、职业与行为方式等差别小。社区在空间上以集镇、自然村落出现，布局比较分散，人口密度低，相互流动性小。

（2）组织结构、经济结构单一。社区以家庭为组成单位，社区组织结构简单。经济上主要以农业为主，非农产业发展滞后。

（3）风俗习惯和生活方式受传统势力影响。在一些地区，民俗乡规对农村社区的影响力强大。

（4）家庭的社会影响作用较强。农村社区的社会资本主要是由家庭或由家庭派生出来的组织等原始性社区组织所提供，它具有一定的社会保障和社会支持功能，家庭是社区的基本构成单元。

（5）社区成员关系密切，血缘关系浓厚。以个体农业经济为基础，以家庭宗族为背景。

(6) 社区服务设施、物质条件等相对落后。相对于城市社区，农村社区的物质条件相对匮乏，各项服务设施落后。

#### 1.4.2 新农村社区规划设计的要求

对于新农村社区规划而言，就应以农民为核心，以促进农村地区发展为目标，从经济、产业、土地、社会伦理、环境等多角度综合思考和入手，以农民利益为出发点，始终贯彻农民是使用者、受益者的思想，同时结合乡村、地域文化特色的创造，规划设计配套完善的新型农村社区。

综上所述，新农村社区规划设计，归纳起来主要是从以下四个方面的内容出发进行综合性思考和研究，即：经济发展水平、社会发展状况、生态环境和政治文明建设。

(1)经济发展水平

经济发展水平反映了新农村社区物质文明进步程度，体现了社区居民生活水平改善程度。建立社会主义的新农村社区，经济发展是基础，主要表现在农村地区经济发展总量、农民收入状况等方面。推进农村社区经济发展，现代农业建设是关键，农业科技创新是保障。通过强化新农村社区的产业支撑，提高农业生产率，并积极拓宽农民增收渠道，推进农业结构的调整，加快发展循环农业，促进农民持续增收，才能夯实社会主义新农村建设的经济基础。同时，加强农村基础设施建设，改善新农村社区建设的物质条件。

(2)社会发展状况

社会发展主要体现在社区教育事业的进步、文化的繁荣、社会保障程度以及居民的思想道德提高等方面。社会发展水平可以反映社区的社会文明进步程度。新农村社区应加快发展农村义务教育，广泛开展农村劳动力的技能培训，积极发展农村卫生事业和文化事业，并逐步建立农村社会保障制度。

(3)生态环境建设

要实现可持续发展，必须进行生态环境建设。要在发展经济的同时，解决好社会的环境保护和资源利用问题，其本质是促进人与自然的和谐，推动整个社会走上经济繁荣、社会进步、生态平衡的良性发展道路。因此，保护生态环境，增强可持续发展能力是生态环境建设的重要内容。

(4)民主法制建设

加强农村民主政治建设，完善新农村社区的乡村治理机制，是全面建设农村小康社会的重要目标。包括坚持和完善社会主义民主制度，加强社会主义法制建设，社会秩序的稳定和社会安定和谐程度的提高等方面。

如果把上述四个方面引申到规划设计层面上去，新农村社区规划设计的要求主要有以下八个方面：

(1) 规划应适应区域发展条件，促进农村经济发展

通过规划，协调好新村社区自身经济发展与县域经济的关系，整合新村社区区位、交通、资源、环境等优势条件，从宏观层面为新村社区经济发展定位定性；同时，应加强其基础设施规划建设，注重挖掘社区自身经济发展及家庭经济发展的潜在条件，并将其逐项落实到空间规划之中，以促进新农村社区的经济快速发展。

(2) 规划应与新农村产业发展相协调

产业发展是社会主义新农村建设的重要支撑。新社区的空间规划要从区域范围着手进而分析其产业发展的前景，包括农业及其他第一产业的高技术产业化项目、第二、第三产业项目、现代农村流通业等，为其在社区中规划出充足的空间。同时，在农宅设计中，考

虑家庭产业发展，并在公共服务设施规划中，考虑与产业发展相配套的服务和农民生产培训等方面，使规划与新村产业发展相协调。

(3) 规划应以集约利用土地为宗旨

从区域角度来分析新村社区的土地价值，提高整个社区土地的综合利用效益。在新村社区的规划中，要本着不同地段土地赋予不同使用功能的原则，使土地价值最大化。农宅占地的分配则应根据农户从业及兼业情况，综合考虑生活、生产的实际需求。从而，有效集约利用土地。

(4) 规划应延续乡村及地域自然人文特色

新村规划应突出乡村特色、地方特色和民族特色。既要与新村周围的自然山水环境有机融合，保护好有历史文化价值的古村落和古民宅，又要注重延续地域原有的建筑文化特色及乡村旧有的空间格局、特有的民俗文化活动。随着城市风貌的趋同，乡村担负着传承我国地域、乡土文化的重要载体作用，在新村规划中，应对其地域、乡土文化仔细研究，反复推敲，并逐项落实到新村的空间布局、景观规划、活动场所设计以及建筑风格和功能设计之中，使新村既成为自然环境的有机组成部分，又发挥出延续地域乡土文化的积极作用。

(5) 规划应尊重村庄原有伦理结构

在新村社区中，往往由原来的几个自然村同时迁村并点，或以一个村为基础，其他几个村迁入组成。在新村规划中，应挖掘出自然形成的村庄社会秩序安定、人情较浓的社会伦理特征，规划中尊重原有村庄的相对独立性和完整性，市政基础设施和社区公共服务设施则统一规划，完善配套。使搬入新村的农民在提高生活质量的同时，又尽可能多地体会到原有熟悉的生活氛围，从心理上产生满足感。避免迁村并点可能带来的社会问题，有利于新村的社区安定，成为构建和谐农村社会的重要组成部分。

(6) 规划应与农村生产活动相结合

新村社区既是农民生活的场所，也是农民生产的场所。因此，新村规划应充分考虑农民生产活动。例如：新村规划布局，应利于产业发展，要考虑农宅与耕地或产业基地的距离；在交通组织中，要考虑生产用车的交通流线和存放场所；在农宅设计中，要考虑庭院经济的场地，家禽家畜的养殖场所，家庭的生产用房等等。规划设计之前，应对农民的生产活动进行深入的调查研究，使新村社区规划不仅改善农民的生活居住环境，更有利于农民开展生产活动。

(7) 规划应以改善居民生活为目标

在新村规划中，应通过社区合理的规划居住用地，设计优美的景观环境，配置完善的市政基础设施和公共服务设施，设计符合农民生活习惯的农宅，并通过节能技术的采用，最大程度地降低农民生活成本的支出，达到改善居民生活的目标。

(8) 规划应注重环境友好、资源节约

新村规划应尊重生态自然环境，与自然和谐共生；同时，注重资源节约，在适宜地区积极推广沼气、秸秆气化、小水电、太阳能、风力发电等清洁能源技术，加快农村能源建设的步伐。

依据对新农村社区的上述规划要求，将其落实到社区的空间布局和农宅的设计之中，使新农村社区不仅改善了农民的生活环境，而且促进农村经济发展，增加农民收入，加强农村社区事业，承续地域文化，建设"社会主义新农村"，为构建农村和谐社会发挥积极作用。

# 2 新农村社区规划的综合性研究

改革开放25年来,我国农村发生了翻天覆地的变化,从包产到户、乡镇企业、农业现代化、集体奔小康、外出打工到农村城市化、取消农业税等,农村已逐步成为市场经济覆盖的地区。在土地所有制改革缓慢、社会保障体制不健全、农民收入差异极大的情况下,农村又成为发展中矛盾最多的地区。因此,新农村社区规划必须充分认识农村发展的多样性、复杂性,在规划方法上除了考虑传统意义上的空间因素,还必须综合考虑土地、经济、产业、人文、自然等多方面的因素,才能够规划建设出一个和谐发展的新农村。

## 2.1 规划应促进农村经济发展

发展农村经济是建设社会主义新农村的重要环节。新农村社区规划也应首先立足于区域发展条件,促进农村经济的发展。随着农村由于所在区位的不同,经济发展的方式和方法也不相同,新农村规划应有效利用区域资源条件,充分利用对外交通条件,并与相邻地区经济协调发展。从促进经济发展的角度,提出发展思路,并规划出相应的发展空间和用地,通过规划为农村提供更多的经济发展机会,以促进农村经济、社会的发展。

### 2.1.1 村庄经济发展应当建立在区域经济和县域经济发展的基础上

改革开放至今,我国经济发展与世界经济发展日趋同步,经济全球化的影响正在从城市扩展到农村。农村经济再不是孤立的自给自足式小农经济,必须依托区域市场才能获得超常规的发展。

长期以来我国农村形成的主要以行政手段来指挥生产,把农业和其他产业发展割裂开来的工作方式,已越来越难以满足农业经济的需要。服务设施、服务手段、服务方式与农民进行商品生产要求,都很不适应。这些问题靠农民自身无法解决,单靠村、乡这两个层次也解决不了,出路就在于搞活、强化县这个层次。大力发展县域经济是推进农村工业化、农业产业化和城镇化的纽带。县作为宏观与微观的结合部在规划制定、产业开发、经营战略重点确立、经济结构调整等一系列问题上,具有相对的自主性;能够协调农业和各业之间的关系,统一各部门的力量,兼顾县、乡、村三个层次,抓住各自有利的条件优势,依托县域经济的发展整合资源,推动新农村的发展。"兴农之路不在农",必须"跳出三农解决三农",提高统筹、协调、组织、服务的功能,做到总揽全局。因此,全面发展县域经济,已经成为农业进入商品经济新阶段之后的必然选择。

在东南沿海地区,外资正在成为农村发展的新动力。外资进入越多,农村经济发展越快。而在内地,农村的发展更多要依靠区域市场的消费能力。

农村应努力把自己的发展方向与区域和县域经济的发展方向相一致，借助区域发展的力量实现自己发展的腾飞。

### 2.1.2 规划集中的产业园区，实现村民共同富裕

我国农村经济发展极不平衡，即使是一个镇，其下属村庄也不一样，村与村之间经济发展水平差异很大，资源禀赋也各不相同。如何探索一些新的产业发展途径，实现农村的共同富裕，这是当前我国建设和谐社会面临的一个新任务。

产业园区是现代农业发展的方向，也是实现农村产业化的有效载体。应该按照标准化、规模化、企业化的发展模式，抓好农村产业项目。在农村产业园区建设中应该着重强调以下原则：一是要坚持标准化建设。按照坚持标准，体现特色的要求，切实规划和建设好园区。园区的选址要远离农民居住地，坚持连片开发，对规模较大的园区要进行必要的美化和绿化。园区生产的产品要符合国家质量安全标准，大力引进农业新技术成果，生产高档次、无公害、高效益的农副产品。二是坚持规模化经营。结合农村产业结构的调整，充分整合农村资源，加快优势产业和特色产业向园区聚集。在种植业上，要科学有序地推进土地流转，提高耕地的规模经营效益；在养殖业上，要转变一家一户、房前屋后的散养方式，引导散养户向牧业园区集中，实现畜牧业的规模发展。为了推进园区的规模化经营，可以采取股份合作的形式，有效聚集社会资本。三要坚持企业化管理。要用企业的管理理念、管理制度、管理模式、管理方法来实施对园区的有效管理，降低园区的生产成本，提高园区的产出效益，提升园区的产业层次。在园区建设上，要坚持"效益优先"的原则，结合当地实际情况，确定好产业定位。决不能脱离实际，盲目攀比，搞劳民伤财的"形象工程"。同时，要壮大龙头企业实力，提高基地建设水平，把产业园区和龙头企业和基地建设有机联结起来，不断延长产业的链条。

深圳在这方面做过一些有益的探索。他们利用农村规划调整出来的土地，建设几个村子共同开发一个产业园区的"同富裕工程"。即利用调整出来的土地，建设一个股份制的产业园区，富裕的村以钱入股，出地的村以土地入股，贫穷的村以人力入股，赚取的利润大家分成。但是由于我国行政体制的约束，推广起来有一定的难度，特别是税收、利润的分配上，还存在比较大的争议，有待改进完善，但不管怎样，这确实是一条可行的发展路子。

### 2.1.3 注意挖掘新村自身的经济价值，解决搬迁后农民的就业问题

新农村社区建设，绝不仅仅是一个物质规划与建设问题，新社区的形成与稳定发展，取决于新社区的活力与经济价值。特别是在迁村并点的过程中，彻底打破了村民原生态的生活与生产环境，在新社区规划中，不仅要改善农民的生活环境，还要从农村生产和就业出发，提供新的经济功能和就业机会，增加农民收入。

现代社会与传统农村社会的最大区别是分工与专业化，新社区由于规模的增加可以提供一些新的专门化功能，从而提供新的就业机会。因此，在新社区规划中，特别要加强对第二、第三产业空间的规划，随着社区人口的增加，对第三产业的需求也会增加，这就为第三产业的发展提供了新的机会。

规划应该将新社区建设成为一个美丽、有特色的社区，为发展乡村旅游、农家旅游创造条件。在北京延庆八达岭

镇旧村改造规划中，新社区建设结合具有北方村庄地域特色的新村街巷空间，规划设计民俗接待和民俗旅游的路线，并布置相应的配套服务业用房，依托八达岭长城的区位优势，开展旅游服务或发展相关的配套产业，为村民提供就业机会，带动新村的产业发展（图2.1，图2.2）。

### 2.1.4 注重家庭生产与集体经济发展相结合

迄今为止，我国城市经济基本上以企业为基本单元，农村经济以家庭为基本单元，而城市部分家族企业就是在农村经济体系中诞生的。因此，在农村产业规划中，应充分考虑集体经济与家庭经济的结合。

党的十一届三中全会以来，我国农村实行的一直是以家庭承包经营为主、统分结合的双层经营体制。由于在全国范围内以家庭承包经营为主的占绝大多数，再加上政策上一再强调要坚持家庭承包经营长期不变，人们头脑中家庭承包经营的烙印很深。在一些基层干部和群众眼里只看到农村家庭承包经营这一层次，忽视了集体统一经营在村级经济发展中所应发挥的重要作用。村集体经济是村级财力的主要来源，只有集体经济的不断壮大，村里的各项公益和福利

图2.1 具有北方地域特色的街巷空间，既是村民生活交往的场所，也成为新村民俗接待及旅游的主要路线

图2.2 利用区位优势，沿街布局新村产业用房，解决农民就业，增加农民收入

事业才有可靠的保障，党在农村的形象和威信也才会不断得到提高。实践证明，发展集体经济不仅能够促进生产力得到更大发展，还能够使村民富裕并文明起来，并使国家综合国力得到增强。

我国农村现行的家庭联产承包责任制，是经济体制改革的产物，它革除了计划经济体制下人民公社体制的弊端，但在某种程度上却走向了自给自足的自然经济。规模小、实力弱、素质差、效率低，远没有上升到商品生产和市场经济的水平，距规模化、产业化、商业化、市场化的现代化经营相差甚远。只有实现从家庭联产承包和单一集体经营向家庭与集体相联合的合作制转变，才是农业现代化的必由之路。

对于这种混合经济的发展，新农村社区规划中可以有几种发展思路。一是在产业园区中单独划出一个家庭产业聚集区，允许农民建设居住与生产为一体的综合建筑；另一个是建设以市场为中心的居住区，前店后厂（无污染）住宅，鼓励家庭经济的发展；还有就是将旅游与家庭生产结合起来，建设手工作坊一条街，游客既可以体验传统生产的魅力，又可以促进农村家庭经济发展，例如北京平谷区将军关村在村委会统一管

图2.3 将军关村新村，下店上居的步行商业街

理下，以下店上居的方式建立商业一条街（图2.3）；同时，以家庭为单元开展农家乐旅游接待，使家庭生产与村集体发展有机结合（图2.4）。

## 2.2 规划应与新农村产业发展相协调

### 2.2.1 新农村社区产业规划

全球经济正在形成一种互动的系统，它是由流动经济和地域经济所构成的（王缉慈等，2001年，《创新的空间》）。在跨国公司的主导下，生产要素可以在全球流动，区域替代成为可能。因此，在新农村产业规划中，首先要考虑其纳入全球经济系统的可能性，看其是否可以

一层平面图（以旅游接待功能为主）

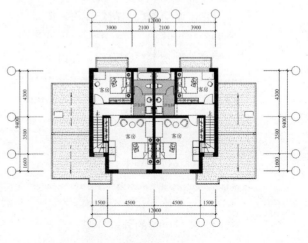

二层平面图（以农户居住功能为主）

图2.4 将军关村120平方米农家乐旅游型住宅

产生新的区域替代过程。

新农村由于规模比较小，要依靠自身的力量发展经济，难度是比较大的，重要的是引进外部的资金、技术和人才。这就需要既从区域经济的角度出发，为自身的产业发展准确定位，同时，通过空间的规划加以落实。规划一个相对独立、基础设施条件良好的产业发展用地，通过招商引资，引入项目，引进人才，促进新农村社区产业发展，从而促进地方经济的发展。

因地制宜地进行山、水、田、林、路、村综合治理，建立高效、低耗、低污染的生产体系，增加农民收入，提高农民的生活质量，改善农村居住条件和人文环境。

新农村社区建设的根本目标就是要使消除贫困与可持续发展成为统一的整体。我国目前的自然条件和生态环境特点以及消除贫困任务繁重的现实情况，决定了新农村社区的产业经济的发展必须走高度集约的生态农业之路，加速发展第二、第三产业，切实建立起适合新农村特点的可持续发展的综合开发体系。

### 2.2.2 通过土地集约利用，提高产业发展的规模效益

产业集聚是新农村规划的另一个主要目标，也是实现外部规模经济的一种手段。依据新制度经济学理论，由于经济的外部性表现，行业地理位置的集中会带来外部规模经济效应，并由于行业内每个企业从整个行业的规模扩大中获得更多的知识积累，产生阿罗（Arrow）所说的"生产中学习"（Learning by doing）的效应。

在新农村规划中，产业集聚不是盲目的企业生产地点的迁并，而应该是产业的专业化集聚，使企业能够在集聚过程中，获得更多的外部资源。对于不同产业部门的企业则应该寻找其最佳的空间区位，择优布局。

### 2.2.3 社区规划与新农村产业发展相协调

通过规划促进农村产业发展，是社区规划的一个新的目标。一方面在社区规划中对县域规划中的产业发展项目进行落实，为农村产业发展提供充足的空间；另一方面，在农村住宅设计中，积极考虑家庭产业往往与新村产业相结合的特点，以及家庭自身产业发展的空间需求，适当增加住宅的面积，设置独立的产业用房，增加庭院生产功能等方法，以适应家庭产业发展的需要；在公共服务设施规划中，强化产业发展配套设施的规划，重视农民生产培训的需求，规划设计教育培训场所；适当提高基础设施的建设规模和建设水平，保障农村产业发展的需求。

## 2.3 规划应以集约利用土地为宗旨

土地问题是新农村规划中遇到的首要问题，一方面土地作为一种不可再生的资源，具有短缺性；另一方面，由于所有制代表人的短缺，部门之间管理的错位，农村土地使用存在很大的随意性。

目前，我国农村非农土地利用中主要存在以下几方面问题：

(1) 获取程序的不规范和监管不力造成了宅基地用地浪费和供给不足并存

由于农村宅基地存在着继承和申请划拨两种方式，导致了宅基地面积标准的不一致，并且一般会超过规定标准。又由于缺乏统一的规划和管理，使得《土地管理法》中关于农村村民宅基地使用的有关规定难以落到实处，一户一宅的规定时时被打破。由于体制和管理方面的原因，农村人口迁出后甚至新辟

宅基地后，原有宅基地不能及时收回，造成宅基地闲置；而由于土地承包后村集体可支配土地减少，符合条件的新增人口所申请的宅基地难以兑现。从而造成了农村宅基地供给不足与闲置浪费并存的现象。

(2) 分散布局的农村工业用地需要进一步规范

乡镇工业无疑对我国农村地区的经济发展乃至全国的经济发展立下了汗马功劳，对于解决就业问题、增加农民收入也功不可没。从用地效益来看，乡镇工业的土地产出效益无疑比农业生长要高得多。但由于乡镇企业分散布局的格局仍然在全国大部分地区存在，由分散布局所带来的环境污染治理成本增高、企业难以实现基础设施共享、集聚效益和规模效益低下、集群竞争能力不足等问题难以避免。同时，由于集聚不够，应有的第三产业发展空间也不能释放。应有的经济社会效益得不到发挥，从而导致了土地产出密度潜力体现不够，进而从另外的意义上导致了土地利用的浪费。

为此，有必要通过总结已有的一些农村工业集聚发展成功案例的经验，加快引导农村工业集聚发展，与城镇发展结合起来统一规划、统一发展建设，最大限度地提高土地利用效益，减少农村工业对土地的占用量，从而减缓农村工业用地的扩张速度，避免土地浪费。

(3) 快速扩展的小城镇建设用地的集约程度有待提高

小城镇发展是我国城市化过程中的重要组成部分，小城镇用地规模的扩大也是这一过程中的重要环节之一。但近年来我国小城镇建设用地存在两个重要的问题。

一是在近年来小城镇数量急剧增长的情况下，小城镇建设人均用地指标高达150平方米。数量的迅速增加和人均用地指标的居高不下，导致了近年来小城镇新增建设用地发展迅速现象的出现。2003年新增建制镇建设用地是1996年的1.98倍。

二是在乡镇撤并调整之后，原有乡政府驻地多数在功能等级上逐步发展为中心村，原有社会服务设施和服务网点有些被取消。但在近年来的发展中，乡镇撤并促进了镇驻地面积的扩展，但被撤销的乡的驻地虽然有些功能丧失了，但原来的建设用地并没有及时得到调整，更很少实现复垦。

(4) 城市建设超量征用土地加快了农地流失

城市建设在近几年出现了贪大求洋、过度超前的问题，一些城市道路建设、广场建设、房地产用地显著超标。在各地的土地征用过程中，广泛存在着征而不用、多征少用的现象。开发区用地存在的征而不开现象也从侧面表明农村征用土地利用不充分的现象。1996年全国非农建设用地清查资料显示，到1996年底，全国已有各类开发区4210个，其中省级以下的3082个，有73.2%属于滥设的开发区。根据国家土地管理局1997年统计，全国被征用后闲置的土地高达11.65万公顷，占征地总面积的5.8%，其中耕地6.28万公顷，占闲置土地总面积的54%，且有3.45万公顷闲置耕地已无法耕种。而在一些投资环境较好的经济发达地区，在引资过程中也往往凭借征地的低廉成本降低投资门槛，滥用优惠政策，导致土地利用的集约度低，并为产业结构的升级设置了障碍。

为解决上述矛盾，在目前农村集体土地还没有进行市场化改革之前，新农村规划应该以土地的集约使用为宗旨，以节约尽可能多的土地，为农村长远的发展留有足够的空间。

### 2.3.1 通过区域空间调整，提高土地利用的合理性

农村土地利用现状的特征是分散多样、功能混杂，缺乏统一的规划。这是因为早期的非农土地利用是一种低成本、小规模的利用。一般企业选择农村地区，就是因为成本低，这些企业很少会花钱做科学的选址论证；而大企业又往往强势进入农村地区，选取他们自认为对自己很有利的地点，根本不考虑与周边农村居民点的关系，这样经常会造成局部合理，整体不合理，或一定区域内项目之间布局的不协调。

新农村社区规划为区域空间的调整提供了机会，特别是第一次编制规划的农村地区，更应该借此机会，协调好新农村的区域空间关系，通过区域空间的适当调整，提高区域土地利用的合理性。

目前，比较通行的调整方式是迁村并点和产业园区的合并。调整的原则是居住部分以静为主，以生态环境优美为首选要素；产业部分以动为主，与区域发展方向相一致，要特别关注区域交通与空间布局的关系。

通过土地利用功能的调整，做到地尽其用，最大限度地节约土地，最大限度地提升土地的价值。

### 2.3.2 通过迁村并点，提高居住用地的集约利用水平

农村住宅用地的一大特点是宅基地面积大，空间分布比较分散。空间分散主要是由于传统农村是以一家一户农业耕种为主，好的土地要用于生产，住宅用地只能够在剩余用地里选择，特别是在南方人多地少的地区，这种分散程度就更高；宅基地面积大，主要是由于农业生产以家庭为单位，因此，往往使农村住宅除了具有居住功能以外，还兼有一定的生产功能，它需要在住宅空间以外保留一部分生产空间，这也是农村住宅与城市住宅之间最大的分别。

随着农村城市化进程的发展，农业产业化程度的提升，部分农民已由单一的农业生产转向第二、第三产业，在这些家庭中，居住功能与家庭产业功能逐步分离，减少农村住宅占地面积成为可能，甚至有可能脱离土地向空间发展，部分农民开始愿意上楼。为提高农民的居住生活质量，农村社区的规模也开始越来越大。

因此，在新农村规划中，可以通过迁村并点提高土地的集约水平，扩大农村社区的规模，增加公用设施的配置，以提高农民的居住生活水平。例如：北京延庆八达岭镇的新村规划。现状大浮坨村占地23公顷，东曹营村占地14.4公顷，程家窑村占地11公顷，营城子村占地18公顷，分别位于京大高速公路两侧，规划将四个村集中到京大高速公路南侧，依托营城子村重建一个新的农村社区，规划用地面积23.5公顷，土地节约60%，依托八达岭旅游服务区，节约出来的土地全部用于发展旅游服务业，为村庄集体经济的发展，提供了充足的空间（图2.5，图2.6）。

图2.5 八达岭镇新村社区通过迁村并点提高土地集约利用水平

图 2.6 迁村并点后的新村社区

### 2.3.3 利用节约土地，创造新的经济价值

在新农村规划中，通过迁村并点和调整空间布局，可以节约大量的土地。在农村，土地是农民最大的财富，虽然农村土地不能直接进入土地市场进行交易，但可以通过合作开发、土地入股等形式，进行非农开发，提升土地的经济价值。对于节约的土地，可以进行产业开发，建设集中的工业园区，促进农村经济发展；也可以进行商业开发，建设商业街，提高农村的区域地位和农民的生活水平。

同时，对于新村社区的规划用地，也要注重挖掘不同地段的经济价值。例如，在天津武清区后蒲棒新农村试点建设规划中，提出"精明增长、智慧经营"的发展思路，挖掘不同区块土地的经济价值，解决部分农民搬迁后的就业，增加农民收入，实现新村土地的高效合理利用（图2.7，图2.8）。

对于农宅用地，从节约方式上来讲，则要视农户的生活和生产需要，打破以往统一规划宅基地的方式。考虑农

图 2.7 后蒲棒新村功能分区图

图 2.8 后蒲棒新村鸟瞰图

民目前的生活和生产方式,对于继续从事以农业为主的农民,可以垂直分户的联排住宅为主,结合生活习惯和生产需要进行院落的布局设计。对于已从事第二、第三产业的农民,家庭生产与居住功能已基本分离,则用上楼的方式,适当增加平台等室外空间,既可使一些生活习惯得以保留,又能够有效地集约土地。集约出来的土地,通过发展生产,土地入股经营等多种方式,使农民增加收入(图2.9)。

## 2.4 规划应延续乡村及地域自然人文特色

我国是一个历史文明古国,除了保留有大量的历史文化名城外,还保留了一大批建筑历史文化积淀深厚的村庄。因此,新农村社区规划必须考虑农村地区传统文化的延续性,承担起传承地方文脉的历史重任。

### 2.4.1 保持传统村落原有的自然和地域特色

传统村落的自然纹理是本地域气象、水文、村民活动长期作用的结果,较好地体现了人与自然环境的和谐关系。传统村落往往依山就势布局,空间格局不拘一格,村落内部,则往往以池塘或其他水体、社戏舞台或寺庙为核心组织公共空间和居住空间。保持村落与周边自然环境的和谐,使村落融入自然环境之中。在新村社区规划中,均应注重与周边的自然环境相结合,并通过与自然地形地貌的结合,反映地域性的村庄布局特征。保留、继承和挖掘原有村落的自然纹理,规划时尽可能顺应已有的自然纹理、历史特征,确定社区结构和道路系统及开敞空间系统设计。新村环境小品和建筑设计中,也同样要注重体现地域建筑文化特色,善于从传统民居中挖掘建筑语言和符号特征,并将其与新村建筑设计有机结合。

例如浙江省绍兴县新未庄详细规划中,保留并整治原有水系,将绿化、广场、道路、建筑、水系等多种空间元素与原有村落肌理有机整合,组成伸缩变化、收放有序的开敞空间(图2.10)。四

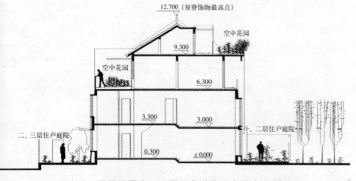

图2.9 层层设平台,三层两户垂直分户的农宅剖面图

图2.10 新未庄新村空间格局体现江南水乡地域文化特征

川省凉山州木里县鸭嘴牧民新村规划（图2.11）则通过建筑单体色彩、民族符号的运用，较好地反映了地域建筑文化特点。

### 2.4.2 住宅设计考虑村民的原有生活习惯和生活方式

乡村城市化已经有200年的历史，发达国家城市市民的生活习惯已经完全脱离了传统农村的生活方式。我国全国范围的乡村城市化进程才刚刚起步，农民的生活方式还打着深深的传统农村生活烙印，住宅功能与城市住宅尚有很大差异。

农村家庭空间具有多功能、模糊化的特征，如生活空间和生产空间没有严格分离；家庭成员各自的私密空间没有严格分离；室内与室外空间没有严格分离等，在住宅设计中应该予以考虑，宜居的、可行的应予以保留，不合理的陋习应加以引导革新。

基于上述新农村社区住宅自己固有的特点，其功能和形态及其设计手法也就有别于其他住宅。例如：结合生产力的需要，在住宅底层加大开间、进深、层高，设置独立对外的空间，作为商铺和家庭作坊使用；在多层住宅里，加大阳台的面积，增加露台；减少户内交通面积，提高使用面积系数，在套内、套外增加交流空间等等。

## 2.5 规划应尊重村庄原有社会伦理结构

我国农村发展已有几千年的历史，许多农村都是建立在血缘关系和姓氏关系的基础上，具有根深蒂固的社会结构。经过长年的演变，这种社会伦理结构在农村空间布局上也有明显体现，如以祠堂为中心的空间布局，社戏舞台与寺庙的结合，邻里空间的组织都有一定的规律。因此，在新村规划中，应该深入开展社会伦理结构的调查，尽可能保持这种空间结构的稳定和延续，特别是在迁村并点规划中，保持传统空间结构的相对完整，对于农民适应新村社区生活环境、社区的秩序稳定具有举足轻重

图2.11 鸭嘴牧民新村建筑外观体现藏式建筑特征

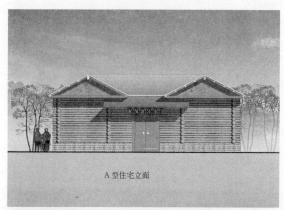

A型住宅立面

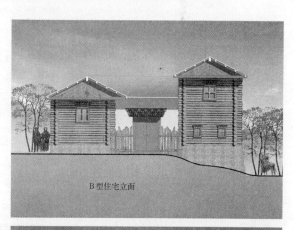

B型住宅立面

C型住宅立面图

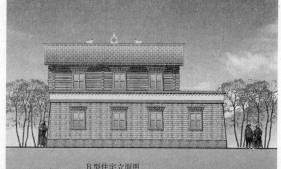

B型住宅立面图

的作用。

### 2.5.1 保持自然村的相对独立,维持原有社会结构的完整性

相对城市而言,农村地区由于人口流动性小,外来人口少,血缘关系强而具有超稳定的社会结构,我国有些村庄甚至全部由一个姓氏的成员组成。在新农村社区规划中,一定要注意延续这种传统的社会伦理观念,认识到农民的这种归属感,将有利于规划获得农民的支持;长期形成的民风民俗,有利于当地社会秩序的稳定。特别是在迁村并点进行新农村社区建设中,这一点显得尤为重要。

在几个自然村合并成为一个大社区的时候,以原有自然村为单元组织社区,各单元相对独立形成组团,有自己独立的内部公共空间——各村保持原有人员组成和结构特征,相对独立布局;同时,提供完善的、统一规划的市政设施和公共设施,保证新村农民生活水平的提高和一致性,通过小区道路和其他公共服务设施、公共场所或空间界定形成相互之间的联系。使搬入新村的农民在提高生活质量的同时,又尽可能多地体会到原有熟悉的生活氛围,利于新村的社区安定,是构建和谐农村社会的重要方法。

### 2.5.2 合理配置开敞空间与公共绿地,提高村庄的凝聚力

为了更好地推动农村社区社会文化事业的发展,加强农村社区邻里之间交往,继承和发扬各地多年形成的民俗文化活动,在农村社区规划时,要注重规划休闲和交流的公共空间,并与自然环境相结合,合理配置以乡土树种和果树为主题的公共绿化,以方便村民的休闲交往,利于开展乡土民俗文化活动,以增强农村社区的凝聚力,推动新农村文化事业发展。规划中,可在社区入口、街巷转折处、社区公共场所周边等为核心布置公共绿地和开敞空间,同时,应注重继承借鉴其原有村落及地方文脉的布局特征,体现传统农村社区的绿化与开敞空间的布置理念,建设农民熟悉的传统空间。

## 2.6 规划应与农村生产活动相结合

新农村社区与城市小区相比,它不仅是农民生活的场所,还是农民生产的重要场所,麻雀虽小,五脏俱全,社区功能的多样性十分明显,功能更加综合,而且空间也更多混合性特征。因此,生产活动与生活空间的合理布局也是新农村社区规划的重要内容。

首先,在新农村社区规划中,对于以务农为主的村落,新村的选址要兼顾与耕地之间的交通距离,并要组织好两者之间以步行为主的交通联系,做到既便捷,又安全。同时,要合理配置新村的产业发展空间;注重配套设施的共建共享,资源的循环利用等,便于村民开展生产活动。

其次,由于农村的社区规模较小,新村规划应充分考虑农民生产活动的空间需求,提供更多的混合空间。例如商业空间与居住空间的混合,养殖空间与居住空间的混合,家庭生产空间与居住空间的混合等。混合型空间在农村社区中可有效地提高空间的使用效率,降低使用成本,符合农村经济发展阶段和农民生活习惯,在规划中应注意结合农民原有生活生产习惯,深入挖掘和继承发展。

在交通规划中,应该充分考虑生产活动的交通需求,考虑生产性车辆的交通和停放,包括流线组织和停车空间的设置,做到既安全方便,又与村民的生活互不干扰。同时,随着农村生活水平

的提高，新农村规划也要考虑私人机动车的发展需求。

在农宅设计中，要考虑庭院经济的场地，家禽家畜的养殖场所，家庭的生产用房等需求。

## 2.7 规划应以改善居民生活为目标

新农村社区规划可以通过提高社区规模、改善居住环境、完善基础设施、公共设施配置以及提高住宅质量，大幅度改善农民的居住生活质量。新农村社区应该比传统的农民聚居的村庄在质量上有很大的提高，但在功能构成、空间布局形态上和规划组织结构上仍要适当考虑农民的传统生活习惯。提高新农村社区的居住质量可以从几个方面入手，首先是科学选址；其次是规划合理的社区结构；第三是高质量的住宅设计；第四是提供完善的配套设施。

### 2.7.1 合理选址、科学规划，提高农民居住水平

农村社区由于规模小，改造自然的能力弱，对自然环境的依赖程度高，自我完善的可能性比较低，这样科学选址就成为新农村社区回避自然风险的决定性举措，在社区规划中尤为重要。

新农村社区规划首先要通过科学选址，避免承受大的自然灾害。这就要求在规划过程中强化地质条件的评价和住区微地形小气候的分析，不要布置在地震断裂带上、洪水淹没区里、滑坡泥石流等地质性易发地带和干旱风沙严重的地区。

其次，在微地形的处理上，要注意避免极端的地形，如山顶陡坡、沟底、河床、湿地。规划要加强对现状地形的分析，特别是坡度、坡向、边坡的稳定性、河流侵蚀、冲积、洪水淹没区，用地完

整性等方面的分析。最好是将社区布置在背山面水的中间地带。这正符合我国民间传统理念"背山面水，坐北朝南，居高临下"的风水观。

同时，充分利用自然界自我平衡能力，在新农村社区建设中尽量减少对自然生态的破坏，如尽可能减少对地表特征的改变，保持自然水系的完整性，减少对自然坡度的改变，通过合理选址减少人工工程的规模，避免大规模修筑人工围堰、堤坝和挡土墙。

### 2.7.2 城乡统筹合理配置基础设施和公共设施

农村基础设施配置的最大问题是居民点规模小、人口少，无法满足高门槛基础设施的配置需求，许多设施因为不经济、使用效率低而无法配置。而要提高农村的生活水平，又必须配置高水平的基础设施和公共设施，这就陷入了两难选择的困境。

需要相当大投入的基础设施和公共服务设施的配置，不但增加了农民的生活负担，而且由于无法长期承担设施的运营费用，不是设施开开停停，就是因维护不足，设施迅速损坏，使设施的作用无法得到充分发挥。因此，高水平设施的配置只能依靠区域设施和城市设施的统一配置。这就要求城市在配置各类设施之时，必须统筹考虑城市与农村的综合需求，将城市的设施配置延伸到包括村庄在内的整个市域范围之内。

另一方面，新农村社区在编制规划时，应该尽可能借助区域设施和城市设施，如临近高速公路、铁路、城市干道等交通设施，临近城市给排水网络、传输电网络接口，依托大型区域中心和公共设施中心，巧于借用，以满足新农村社区对高水平设施的需求。

那些不能依托城市或区域大市政的农村社区，只能配置最基本的公共设施

和基础设施，或几个社区联合起来，选择一个中间地区，或依托一个比较大的社区集中配置较高层次的设施，同时供邻村使用。

### 2.7.3 住宅设计适应村民生活的需求

安居乐业是千百年来中国农民追求的第一生活目标，由此可见，住房建设对农民的重要性。中国农民有钱以后的第一件事就是盖房子，除了给自己盖房子，还要给儿子盖房子，为了家族的延续，农民常常是尽其毕生的积蓄来兴建住房。

但是，由于农民住房功能相对简单、规模小、造价低，经常由农民自己依靠传统施工方法合伙建造，不愿意支付一笔设计费用，再加上专业设计人员也没有对农民住宅进行深入研究等多方面原因，使得农民住宅设计多年来并没有多大提高。

实际上新农村社区的住宅设计是非常复杂的，不仅满足生活习惯和实际需要，还要考虑生产活动的安排，以及购房成本和生活成本的有效节约，其难度往往远大于城市社区住宅。我国农村由于分布广，地理环境差异巨大，生活方式各不相同，农村住宅也是千差万别。

因此，新农村的住宅设计，绝不能照搬城市的别墅和多层住宅，而是应从农民的实际需要出发，体现农村的生活习惯，反映农民家庭生产的需求，考虑农民对新住宅的购买能力和使用时所能承受的生活支出水平。

考虑到地域特点民俗风情，从业状况各不相同，新农村社区住宅应该是多种多样的。其体量、建材、装饰和色彩应该反映出地方特色，当然也不应失其时代感。新农村社区住宅其功能和形态可以多种多样，但整个社区的建筑空间组织应该是统一和协调的。

例如：在北京延庆八达岭镇4层新村住宅设计中，引入传统的院子理念，或利用低层空间，或利用屋顶平台，为每户都提供了一个室外庭院，使农民原有的生活习惯和庭院的部分功能得以保留，一二层院子跟生产紧密结合，三四层院子则可使一部分住宅功能室外化，利于减少建筑面积。

在一二层结合院子设有可独立对外的生产用房，以便原来开展家庭手工业的农户，上楼后还可继续原有的生产活动。

通过公共楼梯的局部室外化以及室内消灭纯交通功能空间、小户型室内交通与庭院相结合等的设计手法，创造出低建筑面积、高使用面积的农民新居。既提高了农民的生活质量，又有效地降低了农民的购房成本。

主要居室位于南向，明厨明厕设计，部分户型厨厕直接对庭院开门的设计，太阳能热水系统的设计，雨水收集系统的设计，均利于省水、省电、省燃料，降低农民的生活成本支出，也是建立节约型社会的具体体现。

## 2.8 规划应注重环境友好、资源节约

新农村社区规划不仅仅是对用地的控制和建设规模的管理，也应该是对新农村建设的引导和指南。这就要求加强对规划实施程序的审核及社会整体效益的评价。现代化农村社区建设必须注重环境友好、资源节约，走可持续发展道路。要结合社区以及区域的社会、经济、生态等因素，寻求不仅满足当代人发展的需要，又不能损害后代人需求的资源和发展能力。

建设节约型社会是我国"十一五"期间社会发展的主要目标，也是新农村

建设的主要目标。在这里"节约"并不意味着仅仅是节省，而应该是强调建设的效率，资源使用的合理性。农村社区经济和社会的发展必须保持在资源与环境的承载能力基础之上，要体现农村社区的发展效率，最大限度地以较少的资源消耗获得最大的经济社会效益。

### 2.8.1 建设环境友好、资源节约型新农村社区的内容、基本原理

首先，注重生态环境的保护与可持续发展，包括保护生物的多样性，通过适当的能源和废物管理，保护清洁的土壤、水和空气，保护自然和守卫野生区域等等。要贯彻科学的发展观，从大局出发，注重生态环境保护的整体性与科学性。从县域、区域乃至更大范围内统一规划，协调发展。

其次，大力倡导节约资源。节约有大节约和小节约之分，一般人往往都是注重小节约，如资金的节省，材料的使用，人工的节减。其实，这只是问题的一个方面，还有另一个规模更大的节约，是我们不能忽视的。这就是采取包括技术、管理等各种措施，实现对资源的科学利用，倡导循环经济的运作模式，提高各类不可再生资源的利用效率，发挥资源的最佳效益，尽可能地减少用地、用能、用水、用材，尽可能地减少工程量和土方量；提高规划的科学性，制定合理的建设程序，避免大规模的返工和重建，尽量降低资源的消耗总量。还有，综合开发使用新型无污染可再生资源，提高可再生资源的利用比例，减少不可再生资源消耗，及其产生的污染对环境的破坏，也是非常重要的节约资源的途径，代表着未来的发展方向。

另外，要实现政府主导，公众参与。政府主导、公众参与既是建设环境友好、资源节约型新农村社区的内容，也是方法。新农村社区是一个互相合作的社区，每个居民认同他们是这个社区的一员，他们有公共场所相互认识，有共同利益相联系。那里的每个居民能够对影响他们生活的事务参与决策，社区的事务是公开透明的。分享公共资源，社区成员有机会为社区公共事务而工作，把各类群体结合到社区里来，推进终生教育。强调全面和预防性健康实践，提高社区居民知识层次认识水平，尊重差异以凝聚社区成员，给予各类文化以表达机会，分享社区的文化遗产和共创社区独特的文化，为建设环境友好、资源节约型新农村社区提供有利的保障。

### 2.8.2 环境友好、资源节约型新农村社区的设计方法

(1) 规划设计层面

在规划层面上，需要理性开发土地，降低公共服务成本、保护耕地，注重对农村资源的全面统筹以及对社会问题的充分研究与把握，实施生态规划设计，并进行评价。

建设节能省地的资源节约型新农村社区的有效途径是对建筑选址、分区、建筑和道路布局走向、建筑方位朝向、建筑体形、建筑间距、冬夏季季风主导方向、太阳辐射、建筑外部空间环境构成等方面进行研究，通过规划布局对上述因素进行充分利用和改造，以形成环境友好的居住条件和有利于节能的微气候环境。

生态规划具体的设计手法有：基于水资源和能源可持续利用的村镇生态规划设计手法；垃圾处理、水处理的生态工程设计及绿地生态设计手法等等。通过这些生态规划将人类活动对生态环境的负面影响降至最低，实现人类与环境的共生共存。

另外，在村镇工业发展规划设计中，建设村镇"生态工业系统"，提倡乡

镇企业通过减少废物产生、循环利用废物、综合利用废物等三种手段努力实现生产过程中的"废物最小化"。特别要重视各个企业和车间之间资源(或废弃物)的循环、链式利用的生态设计。要结合企业周围的农业生态环境，兴办饲养业、水产养殖业、农副产品加工业等，使工业与其他产业的企业之间形成资源循环利用、重复利用和综合利用的"工业生态链"，多个"工业生态链"相互交织形成"工业生态网"。

(2)建筑设计层面

我国作为一个农业大国，村镇住宅建设量大面广，目前农宅建设已进入了更新换代的高峰时期。今后随着农村生活水平的不断提高，农村建筑资源消耗也骤然增大，其中村镇住宅的建筑耗能就占60%以上，广大农民进入住宅"小康"时代的同时，村镇住宅的能源消费水平也同时发生着前所未有的变化，建筑节能已成为衡量一个地区经济、科技发展水平的重要标志。

建筑节约资源设计概括地讲就是在不影响居住舒适度的前提下，设法将资源消耗量减至最小程度，努力提高资源利用效率，充分利用自然能量，尽可能提高综合水平。同时必须注意控制农村建筑在全生命周期中耗费资源总量，减少不必要的资源浪费。

具体在建筑规划阶段要慎重考虑建筑物的朝向、间距、体形、绿化配置、风向等因素对节能的影响。而在初步设计阶段，则须审慎地对建筑物本身的体形、体量等做出选择。至于材料、构造做法及采暖、通风、采光、照明、电气等各个环节对节能的影响，主要在施工图设计阶段中解决，但在初步设计时，也要予以综合考虑。而在施工过程中施工质量等问题，也会影响到总的节能效果。

# 3 新农村社区的规划设计

新农村社区建设是我国协调城乡关系，建设农村和谐社会的重要举措，将成为我国近期农村经济社会发展的主要趋势。新农村社区的建设发展需要首先编制高水平、切实可行的规划，通盘考虑经济、土地、产业、地域及自然人文特色，村庄原有社会伦理格局，农民生产活动等诸多的影响因素，并将其逐项落实到社区规划的空间布局、功能结构、交通组织、绿化景观等各个方面，同时，规划出完善的基础服务设施和公共服务设施，从而为新农村社区的建设打下良好的基础。编制一个好的规划需要长期的经验和科学技术的支撑，需要精心的地方体验和卓越的预测能力。

## 3.1 社区空间布局的规划设计

### 3.1.1 突出新农村社区的空间环境特色

新村社区外部空间具有不同于大中城市的特点，因此新村社区规划的空间布局与景观规划设计一定要体现它的特点，才能具有生命力，才能形成社区个性。要正确处理好景观与适用、经济的关系，近期建设与远期规划的关系以及整体与局部、重点与非重点的关系。要注重新村社区特色的创造，坚持以人为本，尊重自然，尊重历史，创造优美的新村社区景观。

新村社区的特色是一个新村区别于其他新村的个性特征，是新村社区的生命力所在。

构成新村社区特色的要素主要有自然环境、历史文化环境、历史文化传统、建筑风貌和经济结构等多方面。特色设计应立足于区域差异。新村社区特色与大中城市相对具有更明显的区域根植性和对腹地的高度依赖型。我国地域差异明显，自然环境、区位条件、经济发展水平、文化背景、民风民俗等各方面的差异为各地新村社区特色的设计提供了广阔的素材。应从区域大背景中去挖掘新村社区的独特灵魂和品味，把一些潜在的最具有开发价值的特色在市场经济中表现出来。

自然环境是影响新村社区特色的基础因素，要充分利用自然环境特征创造空间环境特色。自然环境对新村社区特色的作用可以从自然环境背景和新村社区场所两个方面考察。前者主要指新村在大尺度自然环境中所处的自然地带、地理位置、地形地貌等；后者指新村周围的地理环境特征，尤其是指新村社区规划中的"基地"。

社区空间应该是由它所处的自然地理条件下生长出来，不仅在生态上与自然环境呈平衡关系，而且从形态上呈有机的联系，而不是强加上去的。

我国皖南黟县宏村，是表现和加强其形体环境的自然地理特征的佳例。这个经风水师勘察和经营布局的村落，不仅选择了依山面水的优越自然环境，而且在村落内布置了层层空间，创造了人工水体——在村口及村的核心建设了开阔的水面，又以象征着牛肠的小溪，贯穿全村和村内外的水面。水系成为村落空间的纽带，将自然引入，在村内、村外处处可见山水、屋宇交相辉映。人向往自然的本能在这里得到最大的满足。它不是强制地征服自然，而是尊重自然，和它进行亲切的对话（图3.1）。

在以往的城镇建设中，我们往往强调要改造自然，以人工建筑取代自然元素，由此带来了对自然生态的破坏。近年来人们逐渐认识到城市中自然要素的宝贵，寻求城市与自然、几何形建筑与自然形态土地形式的呼应，在新村社区的空间设计中更应注重利用自然环境特征创造空间特色。

例如，在长江中下游地区，地形平坦、河网密布。在此处新村社区规划设计中要对其区域自然地理环境加以尊重，形成江南水乡村镇的特色。而在山地新村社区设计中，要强调新村社区与山体的关系，对相对平坦的土地集约利用，而形成完全不同于江南水乡新村社区的形象（图3.2）。

### 3.1.2 尊重传统村庄布局，体现地域文化特色

广大农村地域文化影响较深，外来文化影响极少，特别是多数远离大城市铁路和公路干线的内陆农村，至今仍保持着自身所特有的风俗习惯和经济文化特色，包括当地传统的村落空间格局与建筑文化。显然经济文化在不断发展，风俗习惯也随之演变，但传统建筑文化应该得到延续和发扬。我国幅员辽阔，南北方气候差异较大，地形多变。北方村落因地处平原地区，村落大多呈团块状分布；南方水网地区受水网和气候影响，村落多呈线性分布。我国各地区、各民族延续居住了几百年甚至上千年历史的民居，同样集中体现了世代祖先的生活习俗和智慧结晶，是子孙后代所熟悉、热爱并引以为荣的。在进行新社区规划设计中，对当地的住宅建筑文化必须尊重，历史性建筑应保存修复，新建筑要吸收传统建筑文化的精髓，从平面布局、立面处理、建筑装饰、建筑色彩等多方面来继承和发扬传统的建筑文化。

在北京市平谷区将军关新村规划中，以规整的建筑肌理、传统的街巷空间体现了北方村庄的布局特色。

图3.1 皖南黟县宏村

图3.2 北京门头沟区灵水村

北方村庄在建筑布局上，有两大特点：一是传统北方农村，多为成团片状布局，建筑布局多以南北向为主，较为规整，利于保温、隔热和通风；二是街巷尺度适宜，规整之中富于变化，成为人们交往的主要空间。规划中，汲取八达岭一带村庄布局的特征，住宅南北向规整布置，最大限度地争取日照通风。同时，为避免空间形态的呆板，规划中利用局部单元之间、楼栋之间错动，形成类似传统空间的宜人尺度，达到较好的空间效果。

在组团之间建立村庄的街巷式步行系统，使之成为体现传统村落风貌的重要景观要素。强调街巷空间的连续性和空间的开合变化。在村庄主要出入口，街巷转折交会处空间局部加以放大，规划为人们停留、交往的主要场所，布置水井、牌坊等小品，增加了空间氛围；加之院墙、住宅山墙的变化处理等多种手法，营造出具有典型北方传统村落街巷特征的环境氛围，提升新村住区的环境和人文品位。

另外，规划中，注重对传统村庄边界特色的挖掘。北方农村，特点为成团片状布局，村庄边界较为自由，被成组成簇树木或耕地所包围，村与村之间空间形态较为独立，与城市连成片的住区有鲜明的区别。新村规划时，汲取这一典型特征，在村落之间用成簇的树木分隔包绕，在树丛之间布置有活动场地、休闲步道等；获得了良好的村庄特征的空间层次和景观效果（图3.3）。

在延庆县八达岭镇新村规划中，其建筑设计则通过形体的变化，色彩的选择，以及与周边场地的结合，都力求体现八达岭文化特征，即八达岭长城特征和北方民居特征。

（1）在建筑形体设计上采取层层退台的手法，使建筑如同从大地中"生长"出来一样，取得与周围的群山、长城相协调的效果，同时退台式的建筑形体可以有效地削减建筑体量，使其更好地融于环境之中。

（2）充分借鉴汲取长城及当地民居的特色，并融入建筑细部设计之中，如

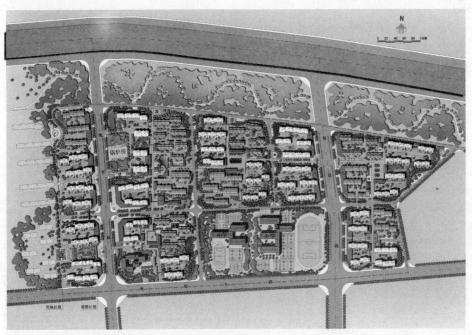

图3.3　延续传统村落格局的八达岭镇新村社区总平面图

局部建筑外墙的斜墙收分、坡屋顶的坡度控制、当地材料的选用等等，体现出长城脚下北方民居的鲜明文脉特征。同时，在门窗、院落等处采用现代设计手法，提升居住舒适度，显现新村和时代的特点。

（3）建筑立面色彩以长城城墙灰色为主调，辅以颜色稍浅的浅灰、白灰及长城周围山体的黄灰色，整体色彩搭配与长城及其周边环境协调。同时，相邻的院落之间注重色彩的变化，使整个新村既有统一协调的主色调，又避免了色彩的单调性（图3.4）。

### 3.1.3 树立以人为本的设计理念，创造尺度宜人的新村社区空间

在社区空间的规划和形成中，空间尺度控制得是否合理，直接关系到新村社区的"体量"。

传统村落的尺度是以人为中心的一种亲切宜人的尺度，其存在的主要依据是步行出行，可称之为步行尺度。而目前，新村建设中出现热衷于开大马路的现象，却不去研究道路两侧的建筑与道路断面的比例关系，造成社区街道尺度失调。同时，各地建设了不少大体量的广场，全部采用硬质铺装，缺少必要的空间划分。人们身处其中只会感到空旷渺小，失去亲切感，因此人们也很少在广场停留，而只能成为村镇宣传图册上的精美图片。

新村社区的街道和广场就像社区的纹理，将社区的空间编织起来，形成和谐统一的社区空间。但是如果将不当的尺度运用于城镇空间中，就破坏了城镇的和谐之美。大中城市有大中城市的尺度，新村社区也应有新村社区的尺度，新村社区如果盲目照搬大中城市的尺度，按照大中城市的"体量"建设，显然是不合适的。我们应该研究步行尺度还能在多大程度上运用，以及随着城镇规模的扩大，机动交通的介入，应当建立怎样的空间尺度关系，以建立符合新村社区发展需要的尺度宜人的空间。

### 3.1.4 新村社区要重视整体形态设计

首先，应重视街道空间设计。街道景观规划要对新村社区道路的自然环境、沿街建筑群、广场、绿地、文化古迹以及各种公用设施等统一考虑，组成有韵律、有节奏的外部空间序列。街道景观环境的美化是综合的，根据街道的不同性质、长度、宽度和街道线型，因地因条件制宜地来组织街道和周边建筑的空间关系，沿街建筑立面采取高低、进退、曲折、虚实等手法予以变化，再加上绿化、小品、色彩、照明等的辅助

图3.4 与长城建筑风格相协调的住宅设计

手段，从而形成统一而又丰富多变的街景空间。

其次，要重视节点设计。节点是社区空间形态上某一重要点。如道路交叉点、广场、标志性目标等，这些节点通常是社区不同空间的结合点或控制点，是人们对新村社区形象记忆的重点所在。人们在其中进行各种交往活动，它给新村社区带来生机与活力。在新村社区节点设计中不应盲目模仿大中城市广场设计手法，可结合新村社区独有的特性，运用适宜的手法，利用当地材料、传统符号，结合社会、人文特色，展现地方自然风貌和风土人情，强调节点的实用性、观赏性、地方性与艺术性的结合。

## 3.2 社区功能结构的规划特点

新农村社区的功能组成上主要包括三方面内容：一是居住功能，为新村村民提供生活和休息的场所；二是保障功能，与居住功能相配套的各种社区服务设施，如幼儿园、学校、商店、超级市场、诊所、银行、邮局、社区活动中心等；三是产业发展和服务功能，在社区建设地点周边提供产业发展空间，为社区产业提供服务的配套设施，如为相关产业提供就业培训的教育设施、为教育产业提供服务的后勤设施、为都市生态休闲旅游和文化体育产业提供服务的娱乐设施等。其中以居住功能为主，保障功能、产业发展和服务功能为辅。

### 3.2.1 空间布局与住区规划

在空间布局上，将用于村民聚居的社区建设用地，设置在选点建设的村庄附近，并采取相对集中的布局方式设置居住组团；将与居住功能配套的各种生活服务设施的用地，相对集中布置在居住组团和社区中心位置，以构建起层级关系明确的服务网络和便捷高效的服务范围；适当增加为社区建设地点周边产业提供服务的配套设施建设用地的规模，将该部分用地设置在临近周边产业的地块上，加强社区与周边产业在经济上的联系，同时方便社区中村民从事第三产业。

在社区规划上，以原有迁移合并的村庄为邻里单元进行居住环境的规划建设。邻里单元的中心、社区的中心配备功能完善且规模不同的公共服务设施，并同时将居住区规划容积率控制在1.0左右，以达到节约建设用地的目的。以原有村庄为邻里单元的居住模式，有利于延续原有村庄中良好的邻里互助关系，形成邻里单元中人们的认同意识和归属感。在社区环境建设上，对迁村并点建设地点处的环境加以改造，如整修河道和砌筑驳岸、种植树木、增设休憩座椅、雕塑小品，重点处理社区开敞空间、街巷空间和院落空间等交往场所，以满足人们对公共空间、半公共空间和半私密空间的不同使用需求，充分体现"以人为本"的聚居环境创造理念。

在北京市延庆县八达岭镇新村规划中，采用了"一村带四村"重建新村的改造模式。新村的建设不仅意味着农民离开多年居住生息的村庄，还需迁并在一起，将导致原有稳定的居住结构发生变化，处理不好会带来一系列的社会问题。

因此，在新村规划中，挖掘出村庄住户稳定，村民熟识，村庄社会秩序安定，人情较浓的这一社会伦理特征，打破常规上按小区进行规划的手法，而是引入了"新村社区"的理念——各村保持原有人员组成和结构特征，相对独立布局；独立设计各村出入口、产业用房、村委会、村级活动场所等；但市政基础设施和社区公共服务设施统一规划，完善配套。这样，搬入新村的农民，在提高生活质量的同时，又尽可能多地体会到原有熟悉的生活氛围，从心理上产生满足感。避免了迁村并点可能带来的社会问题，利于新村的社区安定，也是构建和谐农村社会的重要组成部分。

### 3.2.2 公共设施建设

完善的公建配套和市政基础设施是新农村不同于旧村的地方，依据人口规模，合理配套公共设施，如商业与金融设施、文化教育设施、医疗卫生设施和市政基础设施等，均以与建设规模相适宜的方式进行配置，并留有随社区规模发展而生长的建设空间，以丰富村民的物质和精神生活，改善村民居住生活条件。同时，各级政府也要重视旧村周边的市政设施建设，多方面筹集资金，为进一步实现现代化农民新村创造条件。

在市政基础设施建设上，自来水普及率达到100%；按照雨污分流制建立排水系统，污水管网、雨水管网和污水处理率达到100%；社区居民的燃气化率达到100%；城镇垃圾的无害化处理率达到100%。

在生态环境建设上，例如北京城市总体规划提出的绿化建设指标要求，社区的绿地率达到48%，绿化覆盖率达到50%，人均绿地面积45平方米，人均公共绿地面积18平方米。邻里单元和社区之间建设景观绿化带，并建设规模不同的绿化公园、组团绿地和街头绿化带，形成多层绿树环抱的良好社区生态环境。

### 3.2.3 产业发展和服务配套用房

在社区规划建设中，采取适度混杂的方式配置各种功能用地，改变单一分区的规划建设模式，为社区产业提供多样化的发展途径，包括社区内提供农民的就业机会，生产场地及产业用房的设计，各类齐全的配套设施，并以此提炼出各个村庄的资源特征和产业特征，融合塑造出社区特色以集聚和提升社会效益与经济效益。

在北京市延庆县八达岭镇新村规划中结合具有北方村庄地域特色的新村街巷空间，规划设计民俗接待和民俗旅游的路线，并布置相应的配套服务业用房，沿街则布置用于发展各村产业的相应用房，依托八达岭长城的区位优势，开展旅游服务或发展相关的配套产业，为村民提供就业机会，带动新村的产业发展。产业可根据实际情况，或以村落为单位，或各村综合起来，统一管理、统一经营，发展新村经济，并成为展示的窗口。

同时，在新村规划中，注重家庭生产与集体组织相结合，在新村附近规划集中的饲养场地，饲养家禽家畜；集中布局运输业车辆存放场地，由村集体组织统一管理，较好地解决了新村规划与农民原有家庭生产的矛盾问题。

## 3.3 社区交通系统的组织

新农村社区不同于原有村庄，它一般是由若干个原有自然村迁并在一起建设的，新村的规模相对较大些，因而新村的交通量也自然相对较大。新农村社区也不同于城镇社区，由于住宅不仅是农民的生活场所，而且是生产场所，各类型的家庭生产在新村生活中还占有相当的比重，家庭生产和集体组织相结合，新村在承担村民居住生活功能的同时，还必须解决好生产和生活之间的矛盾。农用车、运输车辆占新村机动车中的主要部分，这些车辆往往车况较差，车辆的体形也大多比较大，车辆启动和运行时产生的噪声、尾气对环境造成的不良影响也更大些。与此同时，新村也必将延续农村生活中原有的将街道空间作为主要公共活动场所的传统，街道既是交通空间同时也是生活空间，这必然导致新村中机动车交通和步行活动间更尖锐的矛盾。

以上这些决定了新村交通的特殊性，如何解决生产与生活的矛盾，创造舒适、安全的生活环境，成为在新村规划中必须解决的问题。针对新村建设中的这些特点，我们试图通过对步行与机动车交通的有机组织、生产用车的集中停放和生活用车的停放来建立新村的交通系统，尝试建设和谐的新农村交通秩序。

### 3.3.1 步行与车行交通流线的有机组织

对于新村社区来讲，机动车交通、非机动车交通、步行交通等各种不同的交通形式和村民大部分日常的公共活动都是在村庄的街道上进行的，街道重叠了多种不同的功能，这些不同的功能同样重要、缺一不可，它们之间既有相互促进，同时也不可避免的有相互干扰和制约，为了更好地组织新村的交通、满足村民生活需要，应该对新村中不同的交通流线进行有机的组织，根据功能需要进行适当划分。

由于步行和非机动车交通相对来讲与村民生活间有更为密切的联系，在新村规划中可根据新村的具体情况，在村民主要公共活动范围、新村的不同组团之间、公共空间等部位设置步行路（允许非机动车通行），建立步行系统，这样既可将机动车和人行交通从空间上分离，满足其各自不同的功能要求，同时这些步行空间也将成为体现新村风貌的重要景观要素。

在有条件的情况下，还可在住宅的前后分别用步行和机动车道路连接，使宅间的步行路成为邻里交往的空间，完全避免机动车的干扰，在保证交通便利的前提下在更大的范围内实现人车分离，为村民提供更为舒适的活动空间。

### 3.3.2 生产用车的集中停放

在新农村中，农用车和运营车辆（尤其是货运车辆）等体形比较大、噪声和废气的干扰也更大些，考虑到这些车辆主要用于生产经营，与村民日常生活的关系相对不是很密切，因此建议在进行新村规划时应结合村庄整体的生产设施综合考虑，在新村附近规划布置生产运输车辆的集中停放场地，与村民生活空间保持一定的距离，在空间上进行分离、远离住户，并由村集体组织统一管理，从而解决新村规划与农民原有家庭生产的矛盾问题，避免了相互干扰。

生产用车的停放场地在与村民生活空间分离的同时，又要考虑到村民对车辆使用便捷的要求，尽可能缩短停放场地与生活场所间的距离，因而可以将停放场地与新村生活空间相邻布置，中间利用绿化等进行适当分隔，在方便使用的同时避免了生产车辆对新村的景观和生活环境可能造成的不良影响。

### 3.3.3 小汽车的停放

新农村社区中，小汽车主要是村民自用车和客运运营车，与村民的日常生活有着密切的联系，其停放应本着就近停放的原则进行组织，应根据新村中村民住宅的不同形式进行不同的处理，对于以多层集合式住宅为主的新村，停车场所可采取在适当位置集中设置停车场与利用路边、宅间相结合的方式来解决；而对于独立式、联排式等有着独立院落的住宅则可建设车库或利用底层的院落作为停放场地，并在组团入口、路边等与住宅距离适当合适的位置设置少量停车位作为来访车辆的临时停放场地。由于在原有村庄中车辆的停放都是随意的，很多村民养成了乱停车的习惯，在新村中对于不允许车辆停放的地段可通过地形的高差变化、绿化、小品或其他障碍物的设置来阻止车辆停放，防止这种情况的发生。

### 3.3.4 对外交通对新村建设的影响

随着交通网络的日益完善，对外交通对新村社区规划的影响日益显著。新村社区规划要充分利用对外交通的便捷条件为新村居民的生活和工作提供便利。同时，也要充分考虑对外交通对新村建设的影响。

首先，要避免过境交通穿越新村。虽然过境交通改善了村民的出行条件，但是也对村庄有很大干扰，造成安全隐患和噪声污染。因此，在新村规划中要进行必要的规划引导，避免过境交通对村庄的负面影响。对于现有过境路由村中穿过的情况，新村规划时，应将其引至村外通过，改善新村的交通安全和噪声干扰。

其次，依托过境交通发展相关产业的村庄要考虑公共停车场的设置。有些村庄，尤其是大城市郊区农村，依托区位优势发展民俗旅游等都市型产业，在节假日会有大量人员和车辆进入村庄，在规划设计中要结合交通系统合理设计公共停车场。

## 3.4 社区绿化及空间景观规划

新村社区作为村民的居住生活场所，社区绿化是村民室外活动必不可少的内容，村民在新村中生活、学习、活动的时间最长，绿化的环境对村民的身心健康有很大的影响，对改善村民的生活环境和新村生态环境具有重要作用。

作为空间构成的重要组成部分，街道和广场不仅是新村社区空间的骨架，同样也是新村社区形象和景观的核心内容。它在一定程度上反映了社区发展的历史、文脉和空间特点，展示着社区经济、文化发展取得的成果，展现了新农村社区的风貌和特色，是新村社区中最具活力的空间，通过对街道和广场的认识，人们可以认知一个村庄。

### 3.4.1 社区绿化

在新村社区的规划建设中，要充分利用现有的绿色农业背景，重点规划新村及其周围的绿化环境，应统一考虑社区绿化的设置，尽量保留现有环境绿化，以突出村庄特色为主题，将新村绿化与村庄周边自然环境绿化相结合，将公共绿地与道路绿地、宅间绿化和庭院绿化相结合，构成点、线、面相结合的绿化体系。

新村绿化要注重保护现有树木、花草及原有果园、林地，以观赏树种和经济作物相结合为原则。选择适宜当地气候条件，易管、易长并具有地方特色的乡土树种，充分利用滨水、道路两侧、宅间、路旁空闲地和其他可利用的零星土地进行绿化，营造具有地方特色和乡村特色的绿化环境（图3.5）。尽量避免在村庄建设中片面追求对地面的硬化，侵

图3.5 路旁空闲地和零星土地的绿化

占绿化用地，形成过分人工化环境，这样做虽能使村庄做到整洁，但却会使村庄缺乏生气，不利于良好生活环境的创造，同时也不利于现有植物的生长和村庄乡土特色的保持。

由于新村规模的限制，新村社区中不适宜设置大规模的集中绿地，建议可将集中绿地与广场及村民公共活动中心结合设置，以提高利用率。在集中绿地的建设中，应充分考虑村民活动的特点和对绿地使用的要求，在绿地的设计中，将观赏性和实用性充分结合，既要保证绿化所占比重，也要留出适当面积的硬质地面作为组织公共活动的空间；在具体的绿化布置中，要做到乔、灌木相结合，速生树种与慢生树种相结合，兼顾不同季节的景观要求进行植物的配置；在设置绿地中的小品时应充分和绿化环境相结合，以使社区绿地做到观赏性和实用性相结合，满足广大村民的使用需要。

### 3.4.2 街道和广场是新村社区中重要的公共空间

新村社区一般来讲主要是作为村民居住生活的场所，与城镇相比较，其规模相对较小，功能也相对较简单，这一特点决定了新村社区中公共空间的专有化程度较低，同一空间往往复合了多种的功能，街道和广场就是这样的公共空间。

街道这一新村社区最具公共性的空间，不仅人们的出行活动离不开它，同时还承担起了散步、交往、购物、餐饮、健身、休闲、娱乐场所的作用及文化、审美等多种多样的社会功能，是人们活动最频繁的场所。街道空间扩大的部位则形成了新村社区中的公共活动中心——广场。街道在新村生活中所扮演的角色越来越丰富多彩，可以说街道是新村社区中最主要的公共空间和富有人情味的

活动场所之一。

而在当前的建设实践中，由于旧有观念、经济、思想意识和认识水平等多方面的限制，新村社区街道和广场的建设往往盲目地模仿城镇街道和广场，造成街道和广场尺度失调、功能单调、景观雷同，街道和广场空间缺乏生气，还不能很好地适应现代生活的需要。

### 3.4.3 街道空间序列设计

通过调查发现，人们在对街道空间的认知和解读过程中，常常按各自形成的片断印象，把一条完整的街道划分成一个个相对独立的"段"，段与段之间通过在空间上有明显变化的节点连接起来，节点一般是道路交叉口、路边广场、绿地或建筑退后的地方，通过这些节点的分割和联系，使各段之间既有区别又有联系，进而由节点空间将各段连接起来共同构成一个更大的、连续的空间整体。街道空间的这一规律决定了街道设计的多样性变化，为空间韵律与节奏的创造提供了基础。

节点的选择决定了每段街道的长度，长度适中的街道"段"能使街道空间既丰富多变，又统一有序。过长的连续段会使街道空间单调乏味；而段过短又会使街道空间支离破碎，容易使人疲劳、恐惧和不安。因而在设计中应结合街道段的划分，慎重选择节点的位置和数量。

由于街道的使用性质、自然条件和物质形态各有不同，划分的每段街道的位置、性质也各异，节点之间的距离（即段的长度）只能因地制宜，依具体街道的特点而定。此外，还应考虑人的行为能力，街道两侧建筑对街道空间的界定程度和节点间的建筑物的使用强度等因素。同时，在街道空间的整体设计中，围合街道空间的界面的形态构成、环境气氛的塑造，可根据各自的位置、性质不

同做相对独立的处理，段与段之间可形成较强的对比与变化，创造出生动的空间序列。同时，为了避免由于街道视线过于通畅使得景观序列一眼见底的弊端，在景观序列的安排中，还可通过街道空间的转折、节点空间对景的设置、路面高差的处理等手段增加街道景观的层次，进一步使景观丰富起来。

### 3.4.4 街道的节点设计

节点是作为街道的扩展来处理的，处在街道的交叉口或街巷的特定场所，利用建筑物后退，形成一个比普通街道宽阔的空间，作为供村民停留、交往的空间，也就形成了新村社区的公共场所——小广场（图3.6）。这个空间是作为街道的一部分并和街道紧密联系在一起的，可以看成道路空间的扩大，成为街道的节点，节点把道路分隔成若干段。

街道节点是街道空间发生交汇、转折、分叉等转化的过渡。由于节点的存在，才使各段街道连接在一起，使其构成富于变化、颇具特色活力的线性空间，将街道的各种空间形态统一成如同一首完整而优美的乐章一样的整体。从某种意义上说，街道节点就是街道空间发生转折、收合、导引、过渡等变化较剧烈的所在。

转折——在街道空间设计中，设计师往往在需要转折的地方布置标志物（如设置水井、牌坊等）或进行特殊处理，从而丰富街道空间。街道转折点如果和空间节点相结合就会更引人入胜，交接清楚的连接可以使行人很自然地进入节点和广场，这时节点中露出的独特标识可以起引导作用。同时，街道改变方向的空间，也是院墙和建筑的山墙发生凹凸或转折的地方。转折处的处理可采取多种不同的处理方式，如平移式、切角式、抹角式、交角式等。

交叉——在传统村镇中，街道交叉的空间往往会局部放大形成节点空间，在经过狭窄平淡的街道空间后，豁然的开敞往往会给人一种舒放的感受。传统村镇在这种道路交叉处往往会布置诸如水井、碾盘等公共设施，成为人们劳动、闲谈、交往的场所。

扩张——利用街道局部向一侧或两侧扩张，会形成街道空间的局部放大，可以在这种局部扩张空间布置绿化，形成供周边居民休憩、交往、纳凉的场所，其作用相当于一个小的广场空间。扩张空间由建筑的入口退后形成，是建筑入口的延伸，为居民提供驻足、休憩、布置绿化以及进行家务等的活动场所。

尽端——街道的尽端，常以建筑入口、河流等作为街道的起始节点，是街道空间向外部相邻的其他空间转化的过渡空间。作为街道空间的起始点，它一般也是整条街道景观序列的起始或高潮所在，因而其设计必须运用经特殊处理的建筑、开敞的空间和特色鲜明的标志等给予突出和提示。

## 3.5 社区公共服务设施规划

新村社区公共服务设施规划是新农村社区规划的重要组成部分，也是目前

图3.6 传统特色的村庄公共空间

我国农村普遍缺乏的配套设施。在新村公共服务设施的配置上，一定要站在区域的高度，既注重社区本身的因地制宜，还要突出社区之间的联建共享；同时，分级分类规划设置，统一规划、分期建设。

### 3.5.1 公共服务设施规划原则

(1)因地制宜原则：各级公共服务设施配置类别、数量和规模，应该根据村庄的不同需求（职能、规模、地域、环境条件的差异）有所取舍、有所侧重。

(2)分级分类原则：管理型、公益型设施应由政府投资建设，保障村民的基本权益。经营型设施可采取市场经济运作方式建设，以完善公共服务设施，提高村民生活质量。

(3)分期建设原则：各级公共服务设施的配置，必须统一规划、合理布局；并按照主次、缓急分步实施建设；应设置划分阶段的具体项目配置内容，达到既满足当前居民需求，又为今后发展留有余地的目的。

(4)联建共享原则：对于服务人口较多、规模较大、投资相对较多的公共服务设施，可视具体情况，由多个村庄联建共享，形成一定地域的公共服务中心，以避免人力、物力和财力的浪费。

### 3.5.2 公共服务设施规划影响因素

(1)区位

相同等级、不同区位的新村社区，其公共服务设施的配置情况会出现较大差别，距离镇区较近的新村，可借助镇区的服务设施，其自身的配套设施往往并不十分完善，但是由于其良好的区位条件，村民生活比较便利。但是相对独立的新村社区，由于只能依靠社区自身的服务设施满足日常生活的需求，因此其服务设施的配置应比较全面。因而村庄的区位特征，是影响因素之一。

(2)经济和社会发展条件

新村公共服务设施的配置在一定层面上受到经济和社会发展程度的制约，在其他条件相同的情况下，社会发展比较完善，经济水平较高的新村社区往往更加重视公共服务设施的完善，因而在项目配置过程中要根据新村的经济发展水平对主要指数进行补充说明，以达到完善配置的目的。

(3)规模

新村公共服务设施受村庄人口规模和用地规模的影响比较大，这两个因素既有联系，也有一定的区别，用地规模较大的新村，其人口规模并不一定相应比较大，而新村公共服务设施的配置，跟使用人口的多少有比较直接的关系，因而在配置过程中要依照人口规模来确定公共服务设施配置的具体项目和建设标准。

### 3.5.3 公共服务设施层级体系

新村公共服务设施应以乡镇和村庄两个层次的居民点为依托，补充需要特殊配置的村庄（如山区村庄或者其他独立性较强的村庄），构建一个复合的公共服务设施体系，避免重复建设，达到联建共享、层级分明的配置要求。各村的项目配置，应在镇区配置基础上进行完善和补充，使之具有较强的针对性。同时，在确定配置项目及规模时，应该调查清楚现有公共服务设施项目的存量，作为配置依据，将其计算在配置额度之内。

当同级别的行政辖区不能配置相应的公共服务设施时，应在上一级行政辖区设置，以此类推，直至乡（镇）级别的辖区进行统一配置。这种递推模式应贯穿于村庄公共服务设施配置的整个体系。

建议新村社区应配置以下类型公共

服务设施：(1) 行政管理类（包含党政机构、派出所、村委会、其他管理机构）；(2) 教育机构类（包含高级中学、初级中学、小学、托幼机构）；(3) 医疗保健类（包含卫生院、防疫、保健站、计生指导站、医务室、敬老院）；(4) 文体娱乐类（包含文化站、青少年（老年）中心、广播站、体育场馆、图书馆、影剧院）；(5) 商业金融类（包含小型超市、日杂用品店、招待所、餐饮小吃店、理发店、浴室、洗染店、照相馆、综合商店、书店、药店、物业管理机构、银行、信用社、保险机构等）；(6) 集贸市场类（包含蔬菜副食市场、禽畜、水产市场、小商品批发市场、各种土特产市场等）。

### 3.5.4 公共服务设施配置项目

村庄的公共服务设施项目依据《村镇规划标准》(1993年版)中村镇公共服务设施项目配置体系的具体内容做了调整。主要建议内容如下：

在行政管理设施方面，新村级配置体系中增设了党政机构和其他管理机构两项，以便为村庄管理提供基础；在教育设施方面，新村级别建议不设置中学，但情况比较特殊的地区可以考虑在较大型新村社区集中设置具有一定规模且设施比较完备的初级中学，以满足周边村民的实际需求；在医疗保健设施方面，村庄应将敬老院作为村镇公共服务设施体系中的必要配置项目，以解决我国已经显现的老龄化问题。但目前，大多数村庄没有独立设置敬老院的能力，因此可在乡镇级配置具有一定规模的敬老院（较大型村庄也可根据自身情况酌情配置）；在商业金融设施方面，可根据村民的实际需求调整项目；在集贸市场设施方面，建议将此类设施设置在乡镇级配置体系中，以更好地发挥其规模效应。

总之，村庄公共服务设施配置标准应遵照国家规范、参照地方标准，指导具体的公共服务设施规划建设，以更好地为村民服务。建议村庄应配置以下类型公共服务设施：(1) 行政管理类（包含村委会、其他管理机构）；(2) 教育机构类（包含小学、托幼机构。）；(3) 医疗卫生类（包含计生指导站、医务室）；(4) 文体娱乐类（包含文化站、青少年中心、老年中心）；(5) 商业服务类（包含小型超市、粮油副食店、日杂用品店、旅馆、招待所、餐饮小吃店、理发店、浴室、洗染店和综合修理服务店等）。

村庄的公共服务设施配置类型和乡镇的公共服务设施配置类型有所差异，是为了体现配置体系和具体配置项目的差异，贯彻分级分类和联建共享原则。

其中行政管理设施属于管理型设施；教育机构设施、医疗卫生设施、文体娱乐设施为公益型设施，同属于政府扶持，应由政府直接拨款建设的公共服务设施，其建设目的是为了保障村民的基本权益；商业服务设施为经营型设施，属于完全根据市场调节的公共服务设施，在具体建设和完善的过程中，应根据本村庄的具体发展程度和要求灵活设置，其建设目的是为了完善村民的生活质量。详见表3-1。

### 3.5.5 公共服务设施规划实施策略

(1) 政策要求：在《中共中央关于制定国民经济和社会发展第十一个五年规划的建议》中，对于建设社会主义新农村的具体要求中提到要"大力发展农村公共事业"，"加快发展农村文化教育事业，加快发展农村文化教育事业，重点普及和巩固农村九年义务教育，对农村学生免收杂费，对贫困家庭学生提供免费课本和寄宿生活费补助。加强农村公共卫生和基本医疗服务体系建设，基本建立新型农村合作医疗制度，加强人畜共患疾病的防治。……"执行这一系列政策的首要基础需要配置更加完善的

**新村社区公共服务设施性质分类表**　　　　表 3-1

| 类别 | 项目 | 公共服务设施项目配置 | | |
|---|---|---|---|---|
| | | 性质 | 说明 | 特殊配置 |
| 行政管理 | 1 村委会 | 管理型 | 政府投资强制建设 | 山区居民点或者少数民族聚居地属于特殊配置类型，此类村庄必须设置管理型和公益型服务设施，同时部分经营型设施也应当强制设置（小型超市等，具体村庄需要酌情考虑），以保障村民的生活质量 |
| | 2 其他管理机构 | 管理型 | | |
| 教育机构 | 3 完全小学 | 公益型 | | |
| | 4 托幼机构 | 公益型 | | |
| 医疗卫生 | 5 计生指导站 | 公益型 | | |
| | 6 医务室 | 公益型 | | |
| 文体娱乐 | 7 文化站、点 | 公益型 | | |
| | 8 青少年、老年中心 | 公益型 | | |
| 商业服务 | 9 小型超市 | 经营型 | ①市场调节，灵活设置<br>②满足购物、交易等其他基本商业活动的需要<br>③可结合村民住房进行改造，达到节约资源、方便居民生活的目的 | |
| | 10 粮油副食店 | 经营型 | | |
| | 11 日杂用品店 | 经营型 | | |
| | 12 旅馆、招待所 | 经营型 | | |
| | 13 餐饮小吃店 | 经营型 | | |
| | 14 理发室、浴室 | 经营型 | | |
| | 15 洗染店 | 经营型 | | |
| | 16 综合修理服务 | 经营型 | | |

新村公共服务设施体系，才能更好地为村民服务。

（2）节约利用途径和措施：

1）公共建筑的用地面积和建筑面积指标应严格符合国家标准。

2）应在镇区或较大型村庄建设规模比较大、投资比较多的大型公共服务设施，比如体育场地、文化中心、大型商场等。或者依靠几个村的联建模式，以达到节约利用的目的。

3）提倡公共建筑的多功能组合设计，性质相近的项目建成综合楼，提高建筑层数，统筹安排所属设施场地的综合利用，避免各单位自建小型建筑、附属设施各搞一套的做法。节约用地，减少投资，增大建筑体量。

4）规划中应根据各村具体情况，对现有公共服务设施的功能及使用情况进行分析，尽量利用原有设施，在满足使用功能的前提下，避免大拆大建。

## 3.6 社区市政工程设施规划

新农村社区市政工程设施规划项目包括道路与交通、给水工程、排水工程、供电工程、通信工程、供热工程、燃气工程、环境卫生工程、防灾工程等九个方面。

### 3.6.1 市政基础设施规划原则

（1）因地制宜：不同新村社区的资源条件，区位条件，人口数量，经济和社会发展条件，用地条件都不会相同，配置时应考虑实际情况，不能统一划类。

（2）分级配置：市政基础设施配置应体现不同经济发展水平、不同新村规模、不同服务人口的具体新村配置要求。

（3）联建共享：对于基础设施，应以较大型村庄为依托，小型村庄则采用就近共享的建设模式，以实现节约成本、优化配置的目的。

（4）适度超前：基础设施施工难度高，升级改造困难，因此，在规划阶段应适度超前，配置规模要留有适度余地，以保证一定年限不落伍，不作大规模改造。

（5）可持续发展：基础设施建设应

考虑到经济效益和环境效益的统一，必须统筹考虑，坚持以人为本，重视能源节约、绿化美化、污染治理和环境保护工作。

### 3.6.2 市政基础设施规划影响因素

（1）资源条件：资源是决定新村社区基础设施配置的首要因素。同一级别，资源不同的新村基础设施配置相差很大。资源某种情况下决定了村庄的富裕程度，旅游村庄和非旅游村庄在人均收入上就差别很大。水资源丰富的村庄用水就比较容易。有煤炭资源的村庄利用煤炭作为能源就比较方便。资源的缺乏会使村庄考虑使用替代资源或建设资源的供应途径，两者相比会选取成本较低的方式。例如建设天然气供应设施的成本高于使用秸秆的成本，所以村庄会选用秸秆作能源而不用天然气，其他基础设施也是这样。

（2）区位条件：相同等级、不同区位的新村社区，其基础设施的配置情况也会出现较大差别，距离镇区较近的新村社区，由于借助镇区的基础设施，可以享有基础设施的延伸利益，其自身的配套设施也许并不十分完善，但是由于其良好的区位条件，村民生活也比较便利。相对独立或离镇区较远的新村社区，由于其村民只能依靠村庄自身的基础设施满足日常生活生产的需求，因此其基础设施的配备要求比较全面，要得到上述同一级别村庄相同生产生活水平的成本较高。山区村庄与平原村庄相比就存在天然区位的差别。这也是往往村庄越偏远其居住生活条件越差的原因之一。

（3）人口数量：人口在新村社区基础设施配置方面是一个决定性因素，因为基础设施首先是为人服务的。人口因素首先在量的方面决定了一些基础设施的规模，比如决定用水量、排水量、用电量、用气量、用热量等等。其次人口的密集与分散也决定了一些基础设施的建设规模，如人口密度较大的村庄其基础设施规模也就大一些。人口数量还决定了村庄的规模。村庄基础设施的配置，跟使用人口的多少有直接的关系，因而在规划建设过程中将主要依照人口规模来确定村庄基础设施配置的项目和建设标准。

（4）用地条件：农村基础设施也受村庄用地规模的影响，村庄用地规模是反映村庄土地资源的一个指标，用地规模较大的村庄，其人口规模并不一定大，用地规模的大小也影响了基础设施的宽松与紧凑。在考虑基础设施的占地面积时要考虑到用地条件，从而决定了基础设施的工艺、技术、造价与管理。

### 3.6.3 市政基础设施规划项目

（1）道路与交通

1）分类：按农村道路在道路系统中的地位，可分为支路、巷路、小路。

2）道路的技术指标：农村的道路应根据村庄用地的功能、交通的流向和流量，结合自然条件和现状特点，确定村庄外部、内部的道路系统，同时应解决好与区域公路、铁路、水路等交通干线的衔接。农村道路规划的技术指标应符合表3-2的规定。

3）农村道路规划标准：在合理的用地基础上，应有完整的道路系统，满足农村交通运输的需求。道路规划的过程中，应充分利用地形，合理确定道路走向；注意新村社区景观和面貌要求。新建道路应与原有路网相结合。过境道路、连接镇区的道路、工业用途的道路、三级以上道路不宜穿越社区中心地段。旅游村庄应据情况设置停车场。道路应参照国家相应标准设置路灯。

农村道路级别技术指标　　　　　表3-2

| 技术指标 | 道路级别 | | |
| --- | --- | --- | --- |
| | 支路 | 巷路 | 小路 |
| 计算行车速度（千米/小时） | 30 | — | — |
| 路基宽度（米） | 8 | — | — |
| 车行道宽度（米） | 6.5 | 3.5 | 2~3 |
| 道路材料 | 沥青混凝土，沥青贯入式，沥青碎石 | 沥青碎石，沥青表面处治，碎石，半整齐石块，粒料加固土 | 混凝土，碎石，细石沥青，砌毛石，块石 |

(2) 给水工程

1) 用水量标准：农村用水量主要包括：综合生活用水量，公共设施用水量，工业企业用水量，消防用水量，畜禽饲养用水量，未预见用水量。浇洒道路和绿地等公共用水量所占比例较小，可采用综合生活用水量的3%~5%估算。各类工业企业生产用水定额可根据《农村给水设计规范》（CECS82:96）确定。消防用水量应符合现行国家标准《建筑设计防火规范》（GB 50016）。主要畜禽饲养用水量标准可根据《农村给水设计规范》（CECS82:96）确定。管网漏失水量及未预见水量按最高日用水量的15%~25%计算。

2) 水质标准及供水方式：生活饮用水的水质应符合现行国家标准《生活饮用水卫生标准》（GB5749-85）。

3) 其他：对新村最不利水头点水压取12米。地下水开采量不能超过允许开采量。给水管材应优先选择铸铁管、塑料管、钢管。给水管网应构成环状。有条件的新村可以使用变频供水，以节约电能。有优质地表水的新村应优先选用地表水。

(3) 排水工程

1) 排水量标准：新村综合污水量宜根据其综合生活用水量乘以其排放系数0.75~0.80确定，工业废水量宜根据工业用水量乘以其排放系数0.70~0.90确定。雨水量按新村所处地区的暴雨强度公式计算。

2) 排水体制和污水处理：近期建设污水处理厂的村庄，可以采用分流制；远期建设污水处理厂的村庄，近期采用合流制，远期采用分流制。近远期不建设污水处理厂的村庄，应采用化粪池、沼气池等方法预处理，这些处理设施可以分户建设或合建。污水处理厂排放标准应符合现行国家标准《污水综合排放标准》（GB8978）的有关规定；处理后水用于农田灌溉应符合现行国家标准《农田灌溉水质标准》（GB5084）的有关规定。村庄工业企业或养殖业等废水除国家规定要求外，预处理率要达到100%。

(4) 供电工程

1) 用电负荷：采用单位建筑面积负荷指标预测，以现状用电水平为基础，对照表3-3指标幅值范围选定。

2) 电压等级与电网规划：新村电压等级宜为国家标准电压110千伏，66千伏，35千伏，10千伏和380/220伏中的2~3级，2个电压层次，并结合所在地

新村单位建筑面积负荷指标　　　　　表3-3

| 建筑分类 | 居住建筑 | 公共建筑 |
| --- | --- | --- |
| 单位建筑面积负荷指标（瓦/平方米） | 15~40（1~4千瓦/户） | 30~80 |

区规定电压标准选定。农村架空电力线路应根据农村地形、地貌特点和电网规划沿道路、河渠、绿化带建设。当设置35千伏及以上高压架空电力线路时,应规划专用线路走廊,并不得穿越村庄中心。中、低压架空线路应同杆架设,电力线路之间应减少交叉、跨越,并不得对弱电产生干扰。

3)供电设施:新村35千伏、10千伏、0.4千伏变电所一般宜采用布置紧凑、占地较少的全户外或半户外式结构,数量及分布宜按经济供电半径进行规划。变电所的选址应做到线路进出方便和接近负荷中心。变电所出线宜将工业线路和农业线路分开设置。

(5)通信工程

1)邮政:较大型新村应设邮政代办点,并应设信箱或信筒,按1个/300户设置。代办工作可由村民兼职。

2)电信:新村有线电话线路网可采用线形和树形结构,顺应街道走向,主干电缆应沿村庄干道布设;宜设在电力线道路走向的另一侧。同时应考虑新技术、新业务的发展,电信网应考虑向综合业务数字网ISDN、ADSL的逐步过渡和信息网的统筹规划。

3)广播、电视:新村的广播、有线电视线路宜与电信线路统筹规划,并可同杆、同管道敷设,但电视电缆、广播电缆不宜与通信电缆共管孔敷设。新村应适当发展有线电视,线路应短平直,避开易使线路损伤的场区,减少与其他管线与障碍物的交叉跨越。

(6)供热工程

1)供热方式:应根据采暖地区的经济和能源状况,充分考虑热能的综合利用,确定供热方式。供热工程规划应考虑可再生能源的利用,充分利用太阳能,也可以利用电能。在供热工程规划的前期阶段应做好集中供热的热负荷预测,采暖热负荷应按照面积热指标法确定。建筑物采暖面积热指标见表3-4。

2)集中供热管网:新村应采用枝状供热管网。供热管线应沿街道一侧铺设,应少穿越主要交通线。供热管线与其他市政管线、构筑物应协调安排。供热管网应考虑当地的气象、水文地质、地形地貌、交通线等因素,选择架空或地下敷设。

(7)燃气工程

1)储配站:液化石油气供应基地的规模应根据供应用户类型、户数等用气量指标确定;每个瓶装供应站一般供应2000~5500户。供应站应选择在区域中心,供应半径不宜超过0.5~1.0千米。液化石油气储配站主要技术经济指标见表3-5。

**采暖面积热指标表**　　　　　表3-4

| 建筑类型 | 住宅 | 学校 | 商店 | 饭店 | 卫生所 |
|---|---|---|---|---|---|
| $Q_f$(瓦/平方米) | 58~64 | 60~80 | 65~80 | 115~140 | 65~80 |

**储配站主要技术经济指标**　　　　　表3-5

| 项目 | 单位 | 供应规模(吨/年) | |
|---|---|---|---|
| | | 400 | 1000 |
| 供应户数 | 户 | 2000~2500 | 5000~5500 |
| 占地 | 平方米 | 8000 | 10000 |
| 储罐形式 | | 卧式 | 卧式 |
| 日供应量 | | 1 | 3 |

2）输配管网：靠近城镇新村应利用城镇条件或邻近燃气管网系统使用燃气，燃气干线应尽量靠近大型用户。输气管网要尽量避开交通干线和繁华的街道。新村燃气管道一般沿路单侧敷设。

3）燃气利用：新村应根据不同地区的燃料资源和能源结构情况确定燃气种类。有条件的新村宜选用沼气和液化石油气、人工煤气等矿物质气。如果选用沼气或农作物秸秆制气应根据原料品种与产气量，确定供应范围，并应做好沼水、沼渣的综合利用。

（8）环境卫生工程

新村应逐步实现生活垃圾清运容器化、密闭化和处理无害化的环境卫生目标。农村应设置垃圾收集箱。农村生活垃圾收集后送往镇上的转运站，统一送垃圾处理场处理。有条件的农村可因地制宜采用堆肥方法处理。

（9）防灾工程

1）防洪：村庄防洪标准，应根据国标《防洪标准》（GB50201）等的相关规定确定。沿江河湖泊农村的防洪标准，应不低于其所处江河流域的防洪标准。邻近大型工矿企业、交通运输设施、文物古迹和风景区等防护对象的农村防洪规划，当不能分别进行防护时，应按"就高不就低"的原则，执行其中高的防洪标准。新村修建围埝、安全台、避水台等就地避洪安全设施时，其位置应避开分洪口、主流顶冲和深水区。易受内涝灾害的村庄，其排涝工程应与排水工程统一规划。易发生山体滑坡及泥石流地区，应对山体进行加固处理。

2）消防：燃油、燃气供应站等与居住、医疗、教育、市场等之间的防火间距不得小于50米。打谷场的布置，林区的建筑与成片林的消防安全距离，各类用地中建筑的防火分区、防火间距的设置，均应符合现行国家标准。具备给水管网条件时，其管网及消火栓的布置、水量、水压符合现行国家标准《村镇建筑设计防火规范》（GBJ39）有关规定。不具备给水管网条件时应利用河湖、池塘、水渠等水源规划建设消防设施。

3）抗震防灾：严禁在危险地段建设居民建筑和基础设施，对不安全的农房应及时进行加固。道路、供水等工程应采取环状布置方式。能产生火灾、爆炸，溢出剧毒、细菌、放射物质的单位或设施，应迁出村庄，或距村庄有一定安全距离，应具备明显的标志和良好的交通条件，并有防止其灾害蔓延的措施。

4）防风减灾：新村选址应避开与风向一致的谷口、山口等形成风灾的地段。村庄建筑物宜成组成片布置，迎风地段不宜建刚度小的建筑物，村庄迎风方向一侧应选种密集型的防护林带。

5）其他：新村中应设有高程较高的应对突发洪水、泥石流、地震的空旷场地，面积要大于1000平方米，以安置受灾村民，也可以分散安置。公共建筑不得建在有危险隐患的地段。新村应设突发急性传染病的隔离室。应设有应对突发性动物瘟病的动物尸体填埋沟、填埋坑，应距村庄有一定的距离，并设置标志。新村应设有应对突发性人类传染病的隔离场所，临时可借用离村较远的学校、民房等，并应设置标志。

总之，新村的基础设施应按照国家标准、同时参照地方标准，指导具体地区的基础设施规划与建设。

### 3.6.4 市政基础设施规划实施策略

（1）实施要求

建设时序应依据基础设施的重要性确定。效用大的应优先配置，效用小的应日后完善。第一步建设安全型设施：给水、环卫、防灾。第二步建设生存型设施：道路、排水、供电。第三步建设提高型设施：通信、供热、燃气。在普及率的要求上，根据发展趋势，远期应比近期高几个百分点。如污水处理率、燃气普及率、垃圾无害化率、村庄供水受益率、道路硬化率等。在供应形式上，考虑到村庄的发展，近期和远期会有所不同。比如在能源上，新村近期采用煤和柴，远期有可能采用燃气。在配置指数上，远期的配置指数比近期要高。如给水中的综合生活供水量，远期采用指数应比近期要高。

（2）政策要求

在《中共中央关于制定国民经济和社会发展第十一个五年规划的建议》中，对于建设社会主义新农村的具体要求提到要"大力发展农村公共事业"……发展远程教育和广播电视"村村通"。加大农村基础设施建设投入，加快乡村道路建设，发展农村通信，继续完善农村电网，逐步解决农村饮水的困难和安全问题。大力普及农村沼气，积极发展适合农村特点的清洁能源。执行这一系列政策的首要基础需要配置更加完善的农村基础设施体系，才能更好地为村民服务。

# 4 新农村社区的住宅设计

过去在我国农村,住宅建设多是由农民自建,"20世纪50年代土坯房,60年代盖瓦房,70年代加门廊,80年代起新房,90年代建洋房"。这一方面说明农村经济发展了,农民收入提高了,但另一方面也说明农民自建房存在盲目性,处于一种粗放式发展状态。建了拆,拆了建,频繁的拆建,造成人力、物力、财力的极大浪费。由于缺乏长久规划和科学指导,农村自建房普遍存在一些问题。

(1) 农民自建房的盲目性使得村庄的布局零乱,居住分散化,很多村庄难以形成中心村;而且村庄的外延扩张,无序发展。新建住宅不断向村庄外围延伸,公路通到哪里,新房就建到哪里,造成外新内破的"空心村"格局。

(2) 农民自建房功能布局、材料、通风、排水等缺乏科学考虑和统筹安排。大而不当。

(3) 农民自建房往往存在超标占地的问题,大多数住宅占地面积超过规定标准,建筑容积率过低,造成宝贵的土地资源的极大浪费。

(4) 农民自建房不考虑村庄的公共配套设施,使得村庄环境脏、乱、差,普遍存在行路难、吃水难、通信难等问题。

(5) 农民自建房攀比风严重。

(6) 农民自建房建设质量差,安全无保障。

形成农民自建房现存问题的原因是复杂的,比如主管部门对农村建房缺乏必要的监督和指导,农民本身观念比较落后,文化素质不高等等。但是值得肯定的是,农民改善自身居住条件的愿望是迫切的,在新农村社区住宅的建设中,应当将农民的积极性引导到科学的方向上来,使农村建房逐步走向规范化、合理化、科学化。

## 4.1 住宅类型及其功能构成

在研究新农村社区住宅类型及功能构成之前,需要先了解农户活动的特点,即农户生产生活的行为模式。正是不同的农户活动特点,决定了不同的新农村社区住宅类型及功能构成。

### 4.1.1 农户活动的分类及特点

新农村社区住宅的设计与农村生产、生活密切相关,结合对农村生产、生活特点的总结,我们大致将农户活动分为以下三个类型:农户自生产及生活活动、农业生产活动、其他活动。

(1) 农户自生产及生活活动

农户自生产及生活活动是指农户为繁衍后代、承延历史文明所必须进行的活动,具体可以包括农户的自生产活动、生活活动及影响该活动的主要因素。在这些活动中,农户实现自身劳动力的再生产过程,恢复精力及体力,以从事其他生产活动。

(2) 农业生产活动

农业生产活动是村域农户生活、生

产的重要过程。在传统农业中，农业生产活动主要包括农播、农耕、农收、农田管理等。自20世纪80年代中期以来，随着改革开放的进一步加强及向内陆地区的扩散，使得农业活动逐渐演变为"副业化"、"兼业化"，农户大多"亦农亦工。"

(3) 农户其他活动

农户其他活动包括农户从事工业、商业、服务业等内容的活动。工业活动一般包括手工业、运输业、采掘业、加工业、建筑业等。随着社会经济的发展，服务业愈来愈成为农村经济增长的主流。

农户活动具有流动性，农户从事不同类型的活动呈现出时间特点和空间特点。在传统农业中，一年中农户活动的时间特点随着月份、季节变化是非常有规律的。每年3～10月为农忙时节，农户忙于播种、耕种、收割等农活，主要在田间地头从事农业活动；而每年11月至次年2月为农闲时节，农户从事的农业活动减少，从事其他活动的可能性增加。尤其农村中对农历春节等传统节日的重视，会使这一段时间

农户以农户自生产及生活活动为主。随着改革开放的深化及农村经济的发展，使得有一部分农民逐渐脱离了农业活动，而从事其他活动。这一部分农户的生活接近城市居民。

从空间层次上来说，农户从事不同类型的活动，是在不同层次的空间中进行的（图4.1）。

### 4.1.2 农村住宅重要活动空间

农户活动是在各种空间中完成的，不同的农户活动需要在不同形态的空间中完成；在农户活动的诸多空间中，家庭空间有着重要意义，农户成员的大多数饮食、起居、休息，甚至一部分农产品的种植、加工、储藏等都发生在这里。因此，农村住宅的设计中，对农户家庭空间功能的多样性要给予足够重视。农户家庭空间根据功能不同可以细分为不同层次的空间：庭院、生活起居空间、生产空间、仓储空间。

(1) 庭院

传统农宅中多为平房，围合一个庭院。庭院既是农民生活的场所，也是他们从事家庭生产的场所，因此庭院具备多样复合功能，如下棋、打牌、和邻居家人聊天等娱乐活动，也有从事家庭种植、手工生产、农机具存放等生产功能。

(2) 生活起居空间

生活起居空间由厨房、卧室、客厅等房间组成。在北方农村中，正房多为坐北朝南，东西两侧或一侧有辅助性建筑。正房多为三至四间，每间开间3.3～4.2米，进深4.2～5.0米。一般从庭院进入厨房，设土灶，也有使用液化气罐的炉子。厨房中还布置碗柜、案板、水池等，有的厨房兼作餐厅。厨房的两侧连接卧室等房间。一般稍大的那间卧室兼作客厅或餐厅，布置炕或床，衣柜、电视柜，或餐桌椅；有条件的农户在厨房和卧室间设独立客厅。

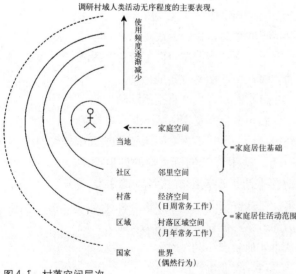

图4.1 村落空间层次
资料来源：据D.J.沃姆斯利，G.J.刘易斯（1988：198）修改

### (3) 生产空间

生产空间是农户在家中从事其他活动的空间，多为家庭手工业、服务业等，一般和庭院或卧室结合起来；有条件的农户也有专门的房间作为生产空间。

### (4) 仓储空间

由于农村生活需要和生活习惯的原因，农村住宅中有大量的仓储空间。仓储空间有的在正房中，也有将偏房作为仓储空间的，或者在庭院中堆放大量的生活物品。

### (5) 交通空间

北方农村住宅多为平房，交通通过院落解决。在南方农村中，垂直交通为楼梯，多为室外或半室外楼梯。

针对不同村庄的住宅设计，调研是非常重要的，通过调研掌握农民不同于城市居民的生产、生活活动特点，从中总结农村住宅不同于城市住宅的典型特点，为新村住宅设计提供依据（图4.2）。

1) 院子：院子是农村住宅的典型空间，可以说是农民生活和生产活动的核心场所。其功能包括家庭种植、手工生产、农机具存放、邻里交往等，同时，院子还通常担当着联系各房间的交通功能。

2) 生产用房：多数农户家中会有可独立对外的生产用房，用于家庭生产，或农具存放，或粮食存放等，是家庭生产的主要组成部分。

3) 低建筑面积、高使用面积：农宅建筑面积一般不大，但有效使用面积往往远大于城市同等面积的住宅，经过仔细分析，发现农宅一般厕所独立设于院中，其他房间均对堂屋开门，或直接经过院子进入，基本没有内部的交通面积，大大降低建房的经济投资。

4) 生活节俭，生活成本较低。农民很注意节约，注意省水、省电、省燃料。反映在住宅上，主要表现在：主要房间朝阳布置利于保暖，省燃料；旱厕远离住宅利于排气，省水节电；厨房外墙面较大利于排烟，节省设备投资；安装太阳能，利于节省燃料。

#### 4.1.3 新农村社区住宅类型

作为新农村社区住宅，平面功能必须和农民的生产和生活相结合，在住宅设计时，应通过入户调研，掌握农民的生活习惯和实际需求，设计多种户型，同时，尽可能提高土地的利用效益。根据农户活动的不同类型以及这种活动对空间的需求，依照每户拥有的住宅空间类型将新农村住宅分为两大类：垂直分户住宅、水平分户住宅。

### (1) 垂直分户住宅

垂直分户的住宅多为2~3层，每户

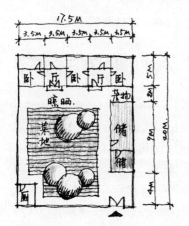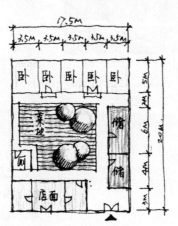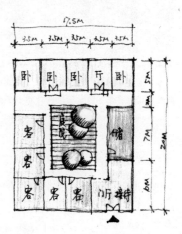

图4.2 北方农宅调研平面草图

有独立的院落，住宅为上下二层。一定程度的提高土地利用水平。

垂直分户住宅主要针对以农业活动为主的农户，或对庭院有较大依赖性的农户。农民需要在院子中种菜、饲养家畜、晾晒谷物、堆放柴草，户内多需要储存农具、粮油、生活物品等的空间，即使已脱离农业生产的家庭，也仍然保留着一定的原有生活习惯。因此，垂直分户的农村住宅设计时尽可能照顾到农户对庭院的需求。

比如，在北京平谷区将军关新村的户型设计中，2层作为一户，每户有南向院落（图4.3）；北京延庆县八达岭镇新村中，则设计3层两户（图4.4）住宅，一二层住户有南向院落，二三层住户有北向院落（图4.5）。

垂直分户保留了传统农村住宅中的庭院，满足了农户的生活、生产需要，同时将层数由原来的一层至少提高至二、三层，提高土地利用水平。

（2）水平分户

水平分户的住宅为4~5层，类似城市小区的多层住宅，由公共楼梯间进入，每层多为一梯两户布局，但功能布局均应从农民实际需求出发。这种类型住宅较大幅度地提高了土地的利用水平。

通过对农户活动的分析，我们可以得出这样一个结论：随着农村经济的发展和城镇化的推进，有一部分农户已经逐渐脱离农业活动，从事二、三产业。与农业户相比，这些农户的生活方式发生了较大的变化，适当考虑保留一些农村生活习惯，基本上可以接近城市生活模式。新农村社区住宅类型中的水平分户主要是针对这种情况。水平分户表面上有些接近城市住宅的户型设计，但和城市住宅的户型比较起来，要适应农村特点，挖掘从事第二、第三产业的农民生活需求。水平分户的住宅为4~5层，较大幅度地提高了土地的利用水平。

## 4.2 住宅的用地面积与建筑面积

### 4.2.1 用地面积

土地是国家最宝贵的财富。马克思曾经引用过一句名言，"劳动是财富之父，土地是财富之母"，他还指出："劳动力和土地是一切财富的源泉。"人口多，耕地少是我国不得不面临的现实情况，珍惜每寸土地，合理利用每寸土地，

图4.3 北京将军关新村2层联排住宅

图4.4 北京八达岭镇新村3层两户住宅

图4.5 层层设平台，三层两户垂直分户的农宅剖面图

是新农村社区建设的出发点之一。能否将新农村社区住宅的设计同节约用地统一起来，是评价新农村社区住宅设计的重要标准之一。

新农村社区住宅的建设用地要本着节约土地，提高土地利用率的原则。在这方面，各地政府部门会根据本地区的实际情况制定相关规定。在设计中，应该因地制宜，根据政府相关规定及各村的实际情况制定出合理的节地指标。

节约用地除了在规划中要注意利用地形、因地制宜，合理确定道路网和道路宽度、房屋间距等措施外，在社区住宅的设计方面还要注意以下几点：

(1) 合理确定每户用地面积

以往常见的村庄规划多为各户划分宅基地的形式，面对新农村中部分农民已由务农逐步转向第二、第三产业的实际情况，单一的宅基地模式将会造成一定程度的土地浪费。因此规划中应结合逐户的仔细调研，摸清农户主要的就业情况和实际需求，根据垂直分户和水平分户这两种住宅类型的不同特点来分别把握其用地面积。

1) 对于以务农为主，或从事家庭生产等的农户，对庭院、住宅的独立性要求较高，规划中采用垂直分户的模式，每户两层，有独立的南向或北向院落。每户占地结合新村规划和户型大小统一考虑。

每户用地面积的大小是决定新农村社区用地大小的重要因素，也是广大群众十分关心的问题之一。为了节约用地，为减少村镇建设中管线和道路的长度，提高建设项目的经济性，应当合理地确定每户用地面积。每户用地面积大小应严格执行各地政府的规定，以能满足广大群众家居生活的要求，尤其是应以新农村住宅家居生活对一层所需布置的功能空间最小面积和庭院的功能来确

定。一般村镇住宅每户的住宅宅基底面积一般应在80～100平方米较为适宜。当小于80平方米时，就较难保证一层功能齐全。庭院的面积则是其生产与生活的需求，以节约土地为宗旨，因地制宜，进行布局。

2) 对于家庭生活方式已逐步城市化的农户，考虑水平分户的模式，规划设计多层为主的住宅，提高了土地的利用率。这种模式对土地的节约程度远大于前一种模式。

(2) 合理加大住宅进深，减少面宽

住宅建筑的用地占村镇总用地的70%以上，比例很大，因此，应从住宅建筑设计本身来寻找节约土地的措施。实践也证明，减少面宽、加大进深是节约用地的有效途径。根据测算，住宅进深11米以内时，每增加1米，每公顷可增加建筑面积1000平方米左右，也就意味着同样的建筑面积占用更少的土地。

(3) 加高层数，提高容积率；提倡垂直分户的住宅建到2～4层，水平分户住宅建到4～6层。

(4) 住宅平面应力求简洁，可以减少住宅的用地面积。

(5) 在满足使用功能的前提下，尽量降低层高对节约用地的效果十分明显。

(6) 在住宅的顶层采用北侧退台的设计，可以节约用地。

(7) 尽量减少取土烧砖，节约用地。

(8) 将住宅与户外空间有机整合，在保证日照、采光等的前提下尽量节约用地。

### 4.2.2 建筑面积

在城市居住区或居住小区的建设中，根据市场的调研情况，先设定本小区的目标客户群体，制定出这个群体最可能接受的户型建筑面积，然后将各种户型产品销售给客户。其目标客户群体是开发商设定的，而真正的购房者也有

可能不在这个目标客户群体范围之内，所以这种客户群体具有不确定性。在新农村社区建设中，和城市小区、居住区开发不同的是，在设计之初客户群体具有确定性，比如八达岭镇旧村改造项目中，涉及到营城子村、东曹营村、程家窑村、大浮陀村四个村的搬迁，四村并一村，这四个村及各村搬迁人口、搬迁户的指标如表4-1所示。

现阶段乃至今后相当长的时间，农民的收入会逐步提高，但和城市居民相比，农村的收入还是偏低。住房消费仍将是农民负担最重的支出之一，农民住一套房可能要花费几年甚至几十年的积蓄。新农村社区建设和城市小区开发不同的是：城市小区是开发商盖好房子，销售给能够消费得起的用户；而在新农村社区建设中，是要让所有的村民能够在经济承受范围内消费得起为他们设计的住宅。在新农村社区住宅建筑面积的设计中，既要考虑到舒适实用，又要考虑农民对新住宅的购买能力和使用时所能承受的生活支出水平，因此其套内建筑面积和城市住宅比较起来应当偏小。因此，采取入户调研的方法，是了解村民的经济收入和家庭情况、获取适宜建筑面积的有效途径。

在北京延庆八达岭营城子村旧村改造的户型设计中，三居室建筑面积控制在130平方米左右，两居室建筑面积控制在80平方米左右。

在垂直分户和水平分户中，有可能出现这样一种情况，就是两者户型的建筑面积接近，但占地面积相差较大，因为对同样的建筑面积而言，水平分户会节约出更多用地。考虑到农村中对节约土地的公平性，可以采取一些行政措施加以调节。比如，对于水平分户和垂直分户采取不同价格的方式，此外，考虑水平分户的每户可多购买一套住宅，自用或出租，作为对节约出较多土地的补偿，利于社区的和谐发展。

## 4.3 新农村社区住宅平面布局与空间组合

### 4.3.1 新农村社区住宅平面布局

在新农村社区住宅平面布局中，我们不仅提供给农民完善的居住功能，同时，把农村住宅的典型特征也融入其中，从物质空间和居住的经济性两个层面满足农民的生活生产需求。

（1）经济适用，与农村生产、生活紧密结合

在新农村社区住宅平面布局中，我们认为绝不能照搬城市的别墅和多层住宅，而是应从农民的实际需要出发，体现农村的生活习惯，反映农民家庭生产的需求。比如，多层花园式退台户型设计中，引入传统的院子理念，或利用低层空间，或利用屋顶平台，为每户都提供了一个室外庭院，使农民原有的生活习惯和庭院的部分功能得以保留，一二层院子跟生产紧密结合，三四层院子则可使一部分住宅功能室外化，利于降低建筑面积。

（2）尽可能设置生产用房

针对开展家庭手工业等的农户，垂直分户的户型可在一二层结合院子设有可独立对外的生产用房；水平分户的户型尽可能在靠近公共交通的位置设计出

搬迁户指标 表4-1

| 户型 | 二居室 | 三居室 | 四居室及以上 |
| --- | --- | --- | --- |
| 建筑面积（平方米） | 70~85 | 100~130 | 140以上 |
| 建议采用住宅类型 | 水平分户 | 水平分户、垂直分户 | 水平分户、垂直分户 |

一间生产用房，使农户上楼后还可继续原有的生产活动。

(3) 低建筑面积、高使用面积的住宅设计

如图4.6，这是一个典型北方农村住宅的平面布置图。四间正房和两侧辅助用房围合成三合院，厕所独立设于院中，其他房间均对堂屋开门，或直接经过院子进入，基本没有内部的交通面积，这样同等建筑面积的农宅有效使用面积远大于城市住宅，大大降低建房的经济投资。

因此，在新农村社区住宅的建设中，通过巧妙设计，降低交通面积，提高住宅的有效使用面积；在提高了农民的生活质量的同时，有效降低农民的购房成本。在北京八达岭镇营城子村旧村改造项目的户型设计中，对如何降低建筑面积、提高使用面积作了一些有益的探索，比如通过公共楼梯的局部室外化，以及室内消灭纯交通功能空间、小户型室内交通

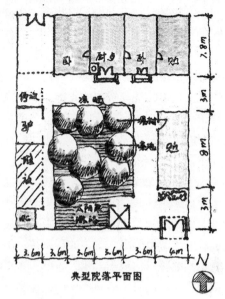

图4.6 农宅典型院落平面图

图4.7 低建筑面积、高使用面积的住宅设计实例

与庭院相结合等的设计手法，创造出低建筑面积、高使用面积的农民新居(图4.7)。

(4) 新居中生活成本的控制

农民是非常节俭的，因此新农村社区住宅设计不仅要考虑农民的购买成本，更要考虑他们购买以后的使用成本，尽量节约在使用过程中电费、水费、燃气费、采暖费等费用的支出。因此设计中应使主要居室位于南向，最大争取南向的日照和采光。厨房、卫生间的设计中，尽可能做到明厨明厕设计，充分利用天然采光和自然通风。此外，可以选择低成本、低造价的新型实用节能技术，如设置太阳能热水系统、雨水收集系统、小型生活污水集中处理系统、沼气化粪池等，均利于省水、省电、省燃料，降低农民的生活成本支出，也是建立节约型社会的具体体现。

### 4.3.2 新农村社区住宅各功能空间的特点与组合

(1) 功能空间的特点

一般说来，住宅各功能空间按照功能空间的不同用途分为生活区、睡眠区和工作区；按照功能空间的性质可分为公共活动空间、个人活动空间、生理卫生活动空间。这些功能空间的分类也适用于新农村社区住宅，但和城市住宅比较起来，新农村社区住宅还具备一些特点：

1)农业与生产上的功能。新农村社区住宅除了是农业生产收成的加工处理和储藏场所外，还是农民从事副业生产的地方。现代农村多产业发展迅速，各产业的比重也在不断的调整与变化中。所以功能空间的设置不仅要考虑传统农业生产所需，更应该考虑到未来因工作形态的改变促使生产空间的变化。

2)社交与行为上的功能。新农村社区住宅是居民睡眠、休息、家人团聚以及接待客人的场所，所以住宅是每一个家庭成员生活行为以及与他人相处等的社交行为所在。它的空间分隔也在一定程度上反映出家庭成员各种关系，同时还需满足每一个居住者生活上私密性及社交功能的要求。

3)环境与文化上的功能。村镇住宅室内的居住环境及设备，应能满足居民生理上的需要(如充足的光照、良好的通风等)及心理上的安全感(如安心休息睡眠、健康的生活等)。室外环境(如庭园布置、住宅造型等)也应能配合当地的地形地貌、自然条件、技术发展及民情风俗等因素来发展，以使住宅及住区的发展能与自然环境融为一体，并延续传统的建筑风格。

(2) 功能空间的组合

新农村社区住宅功能空间的组合应根据各功能空间在居家生活、生产中所起的作用及相互间的关系进行合理组合，并尽可能使关系密切的功能空间之间有着最为直接的联系，避免出现无用空间或消极空间。新农村社区住宅各功能空间根据其在居家生活、生产中所起的作用可分为：居住空间、厨卫空间、交通及其他辅助空间。

1)居住空间

居住空间是一套住宅的主体空间，它包括睡眠、起居、工作、学习、进餐等功能空间，根据住宅套型面积标准的不同包含不同的内容。

①厅堂与起居室是家庭对外和家庭成员的活动中心

新农村社区住宅中的厅堂有着城市中客厅的功能。由于农村住宅面积较为宽裕，传统厅堂的面积一般比较大，集会客、就餐、生产、家庭聚会为一体，甚至是家庭举行婚丧喜庆的重要场所。但随着时代的发展、生活水平的提高，传统的堂屋功能发生了改变，不断分化。在住宅设计中应考虑当前农村住宅厅堂的特殊功能，注意通过有效的划分使这些功能不互相干扰，充分尊重当地的民俗风情，同时突出房屋的个性化，提高居住品位。

一般来说，客厅(即堂屋)对外，起居厅对内。凡邻里社交、来访宾客、婚寿庆典、供神敬祖等活动均应纳入客厅的使用功能，一般布置在住宅的一层，用来接待客人；而起居厅即是家庭成员活动中心，一般布置在住宅的二层，用来家人聚会，看电视等。这样就划分了客人和家人的活动空间，相对完整，照顾了家庭生活的私密性。厅堂和起居室应该宽敞、明亮、通风良好，应有良好朝向和视野及充足的阳光。

② 卧室是住宅内部最重要的功能空间

目前，农村住宅卧室的功能较为混乱，一些本应属于起居社交的活动甚至是家务劳动亦混杂其中，而有的卧室则长期闲置，空间既未得到充分利用，又影响了生活质量。因此，新农村社区住宅卧室的设计，首先要明确卧室的功能，做到生理分室。同时，卧室的面积大小和平面位置应根据一般卧室、主卧室、老年人卧室等不同的要求分别设置。

主卧室应布置在住宅朝向最好、视野最美的位置。主卧室不仅必须满足睡眠和休息的基本要求，同时也必须符合休闲、工作、梳妆更衣和卫生保健等综合需要。因此主卧室的净宽度不宜小于3.3米，面积在12～18平方米之间较为合适，不得小于10平方米。主卧室应有独立的卫生间，较多的布置衣橱或衣柜的位置。庭院式住宅的主卧，宜布置在二层，单元式住宅的主卧，则布置在住宅的尽端为好。

家庭养老、多代同堂，是村镇家庭的一大特点，因此，在三代、四代同堂的住户中必须设置老人卧室。老人卧室应布置在较为安静、阳光充足、通风良好、便于家人照顾，且对室内公共活动空间和室外私有空间有着较为方便联系的位置，便于来到厅堂与家人或来客聊天，消除孤独感。此外，应设专用卫生间，供老年人使用。

③餐厅在新农村社区住宅中是十分必要的功能空间

在农村餐厅不仅是家人日常共同进餐的场所，更是亲朋好友齐聚一堂、增进感情与休闲享受的场所。在现代生活中，餐厅也越来越重要。因此餐厅的设计要引起足够的重视。餐厅应该有良好的采光和通风，面积大小要适宜，既要使进餐时感觉舒适而又不能片面追求大空间；餐厅可以设置成独立的餐厅，也可以考虑与厨房相结合(适用于人口较少的家庭)，还可以与客厅相结合。餐厅的位置宜邻近厨房并靠近厅堂最为恰当。

2)厨卫空间

厨房、卫生间是住宅设计的核心部分，是居住文明的重要体现。新农村社区住宅的厨房和卫生间与城市住宅的厨房卫生间虽然其基本功能是相同的，但由于城乡经济收入、文化教育、生活水平、生活习惯等诸多方面存在差异，使得两者在设计中选用的厨卫设计标准、室内设施有较大差别，也使得两者的布局不尽相同。

①厨房的设计

在新农村社区住宅厨房空间的设计中，应兼顾现代化生活要求及农村生产生活习惯，考虑厨房使用燃料的多样化，根据各地不同习俗等具体条件配置厨房设施。厨房的形式根据气候差别和生活习惯的不同可分为封闭式、开放式和半封闭式；无论哪种形式的厨房都应有合理的布局，厨具的摆放形式要符合厨房储、洗、切、烧的基本流程，使操作者在最短的时间内完成各项厨务。厨房设计尽量模数化，为成套厨房家具进入厨房提供条件。

此外，一些经济欠发达的地区，有时厨房还兼有生产和生活两种功能，这在新农村社区住宅的设计中应给予充分重视。

②卫生间的设计

在新农村社区住宅卫生间空间的设计中，应当逐步改变农村传统卫生观念，按照适用、卫生、舒适的现代文明生活准则进行。卫生间设计应做到功能齐全，标准适当，布局合理，方便使用。

卫生间尽可能做到自然采光与自然通风，应该设置前室，做到干湿分离，洗脸盆、洗衣机可设在前室。卫生间分室布置，大套型设置双卫生间。每户基本保证有一个明厕，卫生间设计要注意管道集中，短捷，节约投资。

水平分户的住宅最少设一个卫生间，大套型的住宅可设双卫生间：公共卫生间和主卧室专用卫生间。当主卧室没有条件设专用卫生间时，公共卫生间的位置应尽量靠近主卧室。此外，主卧室卫生间有条件的可增设化妆间。垂直独户住宅每层至少应有一个卫生间，主卧室应设专用卫生间。如设老人卧室，则应设老人专用卫生间，并配置相应的安全保障措施。

厨房和卫生间是新农村社区住宅中最能代表乡村特色的功能空间之一，同时也是衡量文明居住的一个重要尺度。因此新农村社区住宅的厨房和卫生间设置应该适度超前，以适应未来的发展需要。

3）交通及其他辅助空间

作为新农村社区住宅，除考虑其居住空间和厨卫空间的布置外，还应特别关注交通联系空间、储藏空间、庭院空间的布局与设计。

①入户空间的设置

垂直分户的新农村社区住宅最好应有两个出入口，这样比较符合农村的生产生活习惯。一个是家居及宾客使用的主要出入口；另一个是生产出入口。主要出入口应与南向院落相结合，住宅前可设门厅（斗）利于保温，作为户内外的过渡空间。生产出入口的主要功能是为了便于生产工具、粮食农物、家庭杂务的存放，家庭生产活动而设置的。

水平分户的新农村社区住宅入户应设有过渡空间，以便住户在此放置衣帽架、鞋柜、雨具等，出入时更衣、换鞋、整装，使室内更为整洁。过渡空间的设置还可避免开门见厅、一览无余的情况发生，使起居空间更为完整、舒适。

②楼梯是住宅楼层上下的垂直交通设施

垂直分户的新农村社区住宅或者水平分户的跃层式住宅室内通过楼梯连接上下楼层，楼梯间的设置应相对独立，方便楼层上下及交通出入，还要注意尽量节约楼梯间所占的交通面积，提高住宅设计的使用率。此外，楼梯间不要占用良好的朝向，将好朝向让给起居室、客厅、卧室等主要功能房间。

③储藏室是新农村住宅设计中的重要组成部分

对于农村住宅来说，贮藏物品种类多，贮藏空间数量多，贮藏面积大，因此贮藏空间十分重要，要留有足够的面积。在新农村社区住宅贮藏空间设计中，除了保证厨房必备的储藏空间外，还必须根据各功能空间的不同使用要求和农村住宅使用特点，增加相应储藏空间。具体的措施主要有：结合楼梯底层梯段下部及梯间顶部空间利用；阁楼作为储藏空间；利用管井、通风道及其他设备就近的零星空间设置壁橱用作杂物储藏；过道人行高度以上的空间用做吊柜，窗台及家具下部空间的利用，装修时作储藏空间等。

④应为住户提供较多的私有户外活动空间

在新农村社区住宅的设计中，应根据不同的使用要求以及地理位置、气候条件，在厅堂前布置庭院，并选择适宜的朝向和位置布置阳台、露台和外廊，为住户提供较多的私有户外活动空间，使得家居环境与室外的公共活动空间、大自然更好的融汇在一起。

水平分户的住宅可设计成退台式住宅，使每户都能得到一个露台，尽可能保留村民与室外空间的接触，邻里交往及小规模的晾晒功能。考虑到村民从有院落的平房搬到楼房居住，失去院子会不习惯，这种做法既可以有效提高容积率，最大限度地节约土地，又适应了农村生活习惯，容易为村民所接受。可适当增加进深，形成空中花园，并考虑花盆的安全搁置，以利于长垂直绿化，美化环境。北向结合厨房（餐厅）设计生活阳台，洗衣机可放在阳台，便于使用。

⑤应为住户提供适当的停车空间

为适应农村经济发展的特点，新农村社区住宅应该设置停车空间，尤其是垂直分户的住宅更应该设置。停车空间可以考虑室内车库，也可以和庭院结合做成室外停车场地。室内车库近期可以用作农具、谷物等的储存或者作为农村家庭手工业和工厂等，也可以存放农用车，并为日后小汽车进入家庭做好准备，这既具有现实意义，又可适应可持续发展的需要。

(3)适度的建筑面积和舒适合理尺度

新农村社区住宅各功能空间在满足使用要求的前提下，还要有适度的建筑面积和舒适合理的尺度。在有限的面积指标下，做到面积有限功能全，合理组织和布置各功能行为空间，达到"食寝分离"、"居寝分离"、"公私分离"，形成动区与静区，以提高居住的舒适性。设计中，应合理分配户内各功能空间的面积，做到三大一小，即适当扩大起居室面积，适当扩大厨房面积，适当扩大卫生间面积，适当缩小卧室的使用面积。

各功能空间的规模、格局及合宜的尺度，即应根据各功能空间人的活动行为轨迹以及立面造型的要求来确定。这些功能空间可分为基本功能空间和附加功能空间。

1) 新农村社区住宅的基本功能空间

新农村社区住宅的基本功能空间包括：门厅、起居厅、餐厅、卧室(含老人卧室)、厨房、卫生间及贮藏间等。表4-2列出了有关研究机构通过大量调研分析而拟定的基本功能空间建议性面积标准。

2) 新农村社区住宅的附加功能空间

根据住户职业特点或依据住户的经济水平、个人爱好选定。附加功能空间可分两类：生活性附加功能空间包括厅堂、书房、家务室、宽敞阳台及平台、室外庭院、客房、健身房和阳光室(封闭起来的阳台或屋顶平台)；生产性辅助功能空间包括加工间、库房、商店、粮仓、菜窖、停车库等。附加功能空间建议面积标准参见表4-3。

基本功能空间建议性面积标准　　　　表4-2

| 名称 | 门厅 | 起居室 | 餐厅 | 主卧室<br>(老人卧室) | 次卧室 | 厨房 | 卫生间 | 基本储藏间 ||
|---|---|---|---|---|---|---|---|---|---|
|  |  |  |  |  |  |  |  | 数量 | 总面积 |
| 面积<br>(平方米) | 3～5 | 14～30 | 8～15 | 12～18 | 8～12 | 6～10 | 4～8 | 2～4 | 4～12 |

附加功能空间建议面积标准　　　　　　表4-3

| 类别 | 生活性附加功能空间 | | | | | | | 生产经营性附加功能空间 | | |
|---|---|---|---|---|---|---|---|---|---|---|
| 名称 | 厅堂 | 书房 | 家务室 | 宽敞阳台 | 客房 | 健身房 | 阳光室 | 室外庭院 | 生产加工类 | 书画刺绣类 | 店铺 |
| 面积（平方米） | 16~30 | 10~16 | 8~12 | 4~8 | 12~15 | 14~20 | 8~12 | 面积大小根据实际需要 | | | |

## 4.4 新农村社区住宅立面设计与地方材料的运用

新农村社区住宅的立面造型设计（图4.8）是新农村社区住宅外在形象的具体表现，往往给人留下深刻、直观的第一印象。人们认识新农村社区住宅，首先就是通过对其外在立面造型形成意向，从外而内，逐步形成一个相对完整的形象。因此，新农村社区住宅的立面造型设计是新农村社区住宅建设过程中必不可少的一个重要环节。新农村社区住宅的造型设计和风格取向，应当与新农村社区住宅各组群、总体社区取得协调的统一性，应与当地自然天际轮廓线及周围环境的景色相协调，还要体现当地历史、文化、心理与社会生活等地域文化和文脉，以达到文化、艺术和自然的和谐。

### 4.4.1 立面造型的组成元素

建筑立面造型给人的印象虽然具有很多的主观因素，但这些印象大多数是受许多组成元素所影响，这些外观造型基本上是可以分析，并加以设计的。

（1）建筑体形。包括建筑功能、外型、比例等以及屋顶的形式。

（2）建筑立面。建筑立面的高度与宽度、比例关系、建筑外型特征的水平及垂直划分、轴线、开口部位、凸出物、细部设计、材料、色彩及材料质感等。

（3）屋顶形式。屋顶的型式及坡度、屋顶的开口如天窗、阁楼等、屋面材料、色彩及细部设计。

（4）建筑材料。建筑材料的质感、纹理和色彩对立面造型的影响非常大，因此要选择适合的建筑材料。

图4.8 立面造型的组成元素

### 4.4.2 立面造型的影响因素

（1）合理的内部空间设计。造型设计的形成是取决于内部空间功能的布局与设计，最终反映在外形上的一种给人感受的结果。住宅内部有着同样的功能空间，但由于布局的变化以及门窗位置和大小的不同，因而在建筑外形上所反应的体量、高度及立面也不相同。所以造型设计不应脱离内部空间而孤立地进行外形设计，而应该内外并举，统一考虑。

（2）立面造型组成元素及细部处理的设计（图4.9）。立面造型的组成元素很多，住宅的个性表现也就在这些地方。许多平面相同的住宅，由于立面造型设计、细部处理手法不同，比如不同的开窗方法，不同的入口设计，甚至小到不同的窗扇划分，都会影响到住宅的立面造型。所以要使住宅的立面造型具有独特的风格就必须在立面造型元素及细部处理这些方面多下功夫，充分利用屋顶型式、底层、顶层、尽端转角、楼梯间、阳台露台、外廊和出入口以及门窗洞口等特殊部位的特点，对建筑造型的组成元素进行精心组织，在经济、实用的原则下，丰富新农村社区住宅的立面造型。

（3）住宅组群及住区的整体景观。新建住宅的设计应充分考虑住宅组群乃至住区的整体效果，而且仍然应以保持新农村社区住宅原有尺度的比例关系、屋顶形式和建筑体量为依据。

（4）与自然环境的和谐关系。在农村中可感受到的自然现象为山、水、石、栽植、泥土及天空等，都比城市来得鲜明。对可见可闻的季节变化、自然界的循环，也更有直接的感受。因此为了使新农村社区住宅能够融汇到农村的自然与人造环境之中，村镇住宅所用的材料也应适应当地的环境景观、栽植及生活

图4.9 延庆八达岭营城子村立面设计中吸收长城城墙收分的效果

习惯。为了展现农村独特的景象及强调自然的色彩，新农村社区住宅的立面造型应避免过度的装饰及过分的雕绘，以达到清新、自然和谐的视觉景观。

（5）地域文化、文脉的传承和创新。我国传统民居，无论是平面布局、结构构造，还是造型艺术，风格独特，形成了一套完整的建筑文化体系，是新农村社区住宅立面造型设计取之不尽的源泉。在新农村社区住宅立面造型要吸取中国传统民居精华，很好地继承地域文化，传承建筑文脉。

传承并不意味着保守，相反立面造型设计、风格取向及建筑风格的形成，是一个渐进演变的产物，而且不断在发展。同时各国间、各民族之间，在建筑形式与风格上也常有相互吸收与渗透的现象。在新农村社区住宅的立面造型设计中，应该从新农村的经济条件、技术条件、生产生活的需求出发，努力吸取当地传统民居的精华，加以提炼、改造，并与现代的技术条件和形态构成相结合，在继承中创新，在创新中保持特色。

### 4.4.3 新农村社区住宅的屋顶造型应以坡屋顶为主

新农村社区住宅应当继承我国传统

的民居中以坡屋顶为主的造型特点。坡屋顶的形式和组合在我国民居中极为丰富，有悬山、硬山、歇山和单坡、双坡、四坡、披檐、重檐等多种形式，又有顺接、插接、围合及穿插等多种组合方式，一切随机应变，变化多端，适应性广，灵活性强。此外，坡屋顶排水及隔热效果较好，且能与自然景观密切配合；更重要地是，能传承我国传统民居的建筑文脉，非常适合新农村社区住宅立面造型的需要。

### 4.4.4 新农村社区住宅立面造型中地方材料的运用

我国地域辽阔、幅员广大，各地在经济水平、社会条件、自然资源、交通状况和民情风俗等方面都存在很大的差异，在新农村社区住宅的设计中必须综合考虑、统筹安排。其中，因地制宜，重视地方材料的运用具有重要意义。

地方材料一般都是当地的优势资源，产量大、价格低，运输方便。地方材料的运用，有利于当地优势资源的开发和利用，发挥地域优势；同时节约材料购置费，节省交通运输费，降低造价。

从建筑造型艺术的角度来看，地方材料大多是质朴、典雅的木、竹、砖、石、砂岩、天然混凝土等天然材料，能和建筑周围的景观和环境充分融合，浑然一体，自然天成；能赋予新农村社区住宅立面造型浓郁的乡土气息和生活气息，从而形成具有地域文化特色的建筑风格。所以在新农村社区住宅立面造型的设计中，应尽可能挖掘和使用地方材料，逐步探索出适合地方材料的建筑艺术造型的表现途径，以形成独特的、具有地域特色的新农村社区住宅风貌。

# 5 建设环境友好型、资源节约型的新农村社区

改革开放二十多年推动了我国经济真正意义的腾飞,与此同时也伴随着我国历史上最快速、最大规模的基础建设时期:城市化水平从1979年的18.96%跃升到2004年的39.6%,城市数量从1979年的216个激增到1997年的668个。发展速度令世人惊叹。

过去二十多年里,我国是以工业发展作为带动国民经济增长的重要支柱,发展的重点在城市。随着改革的进一步深化,工业反哺农业,城市带动乡村迅速发展的新时期已经到来,党的十六届五中全会明确提出了新时期"建设社会主义新农村"的议题,全国各地广袤的乡村面临着空前的发展机遇。

(1) 建设环境友好型、资源节约型新农村社区的目的和意义

回顾我国二十多年来城市的发展建设,快速的城市化进程在拉动经济增长、促进社会进步的同时也带来了众多始料未及的问题,譬如资源、能源的过度消耗、生态环境的恶化、城市人口过度密集、交通拥堵……,这些问题造成了社会资源的巨大浪费,并成为制约我国可持续发展的主要因素之一。

前事不忘,后事之师,反思我们在城市建设中浪费资源、粗放式发展所造成的问题,在新农村社区建设过程中,我们必须充分吸取经验教训,结合新农村建设的自身特点,把节约资源放在战略的高度给予充分重视,节约资源、高效利用资源,注重生态环境的可持续发展,建设具有中国特色的社会主义新农村,实现我国向节约型社会转变的重要目标。另外,狭义而言,建设环境友好型、资源节约型新农村生态社区可以大大降低广大农村居民的生活成本,提高生活质量,契合了新农村建设的基本出发点。

建设环境友好型、资源节约型新农村社区势在必行,具有重要的时代意义。

(2) 建设环境友好型、资源节约型新农村社区的必要性和可行性

新时期我国新农村社区的建设具有数量巨大的突出特点。随着农民收入增长、生活水平的提高以及国家农村土地政策的调整,大批量的乡村住宅面临更新换代,必将带来乡村地区建设雨后春笋般的激增。这一现象已经在一些经济发展较快的地区如北京、上海等大城市周边充分展现出来,随之而来的将是遍布全国各地数以万计的建制镇、村庄,其规模之大、范围之广、消耗资源之多都将远远超过中心城市的规模。因此倡导节约资源,建设资源节约型新农村社区必将在全国范围内节约大量资源,可以大大促进我国建设节约型社会的进程,缩短与世界发达国家间的差距,实现可持续发展。反之,若错过了这一建设环境友好型、资源节约型新农村社区的时机,则难免会造成社会资源的浪

费,生态环境的破坏。

我国广大乡村地区的基础设施、公共服务设施、建筑质量及建设条件落后于城市,并且区域广阔,地区差异大,这些都对建设资源节约型的新农村社区提出了严峻的挑战。但同时在乡村建设中提倡节约资源也具有很多城市中所不具备的优势。例如,乡村地区基本建设条件虽然较差,但较低的起点将更有利于一些技术措施从一开始的介入,这在相当程度上比改建要容易的多。因此可以实现新材料、新技术应用上的跳跃式快速发展。再如,一些经济高效的节约资源技术,如太阳能、沼气等较之城市更适合于在农村地区应用……

因此,建设环境友好型、资源节约型新农村社区是时代所需,具备充分的必要性和可行性。以此为契机,在我国最广大的地区引入新知识、新技术,实践科学的发展观,实现我国在新世纪的可持续发展,前景广阔,意义重大。

## 5.1 建设环境友好型、资源节约型新农村社区的原则及内容

### 5.1.1 建设环境友好型、资源节约型新农村社区的原则

在新农村社区建设中必须贯彻科学的发展观,坚持以下原则:

(1) 可持续发展原则

广义而言,可持续发展指的是一个社会、一个生态系统或任何一个不断发展的系统在永久的将来都能持续有效地发挥其正确的功能作用,而不会受到某些关键性资源的耗尽或过负荷的强迫而衰退。

现代化新农村社区建设必须走可持续发展道路。要结合社区以及区域的社会、经济、生态等因素,寻求不仅满足当代人的需要,又不能损害后代人需求的资源和发展能力。这就要求对资源的充分节约和高效利用,在最大程度上减少各类资源,尤其是不可再生资源在新农村社区建设中的消耗。

(2) 生态原则

我国的生态形式已经不容乐观,在量大面广的新农村社区建设中如何保持脆弱的生态环境不遭受进一步的破坏,实现人与自然环境的友好共生是摆在我们面前必须完成的任务。新农村社区建设中必须坚持生态原则,重视村域、镇域、县域乃至区域的生态平衡,珍惜一草一木,避免大拆大建造成的环境破坏,尽量实现各类资源的循环利用,减少各种污染物排放……,从大处着眼,从基础做起。

(3) 整体性原则

必须将新农村社区作为一个系统,强调其建设发展的整体性。这里的整体性包含两层含义,首先单独的一个新农村社区本身就是一个小系统;其次一个新农村社区与其所在镇域、县域乃至区域密切联系组成一个大系统。整体发展模式是实现新农村社区生态可持续发展的保障,必须贯彻新农村社区发展过程的始终。

(4) 政府主导、公众参与原则

村民是新农村的主人,要建设资源节约型新农村社区,必须在政府的引导下使他们积极参与其中,出谋划策。村民的参与应该是全过程的参与,需要通过多种方式提高村民对建设资源节约型新农村社区的认识,让他们分清利弊并从中得到实惠,从而充分调动其积极性,使他们自觉地参与新社区的建设之中并发挥重要作用,建设真正符合他们生产生活需求的社会主义新农村社区。

(5) 定期评估原则

要建立村镇发展的整体生态评价指标体系、方法和制度,改变单一从经济

指标衡量村镇发展水平的评价模式。从生态风险评估，包括政策、环境等风险模拟；环境代价审计；生态资本效益评估三个方面入手，形成政府部门（主要是建设、发展改革、农业、环保、科技等部门）对村镇进行定期的生态—经济—科技综合评估和发布制度，从可持续发展角度规范和约束村镇发展建设模式，及时反馈修正出现的问题。

#### 5.1.2 新农村社区建设中节约资源的内容

新农村社区建设中节约资源的内容包括各类资源类型和节约资源的技术措施两部分：

（1）资源类型

常规资源，包括：土地资源、水资源、各类建筑材料以及电力、煤、石油、木柴、草等各种形式的能源等。这些资源大多是不可再生资源，都可以在使用时采取措施高效利用、充分节省，是新农村社区建设中节约的主要对象。

非常规资源，包括：太阳能、风能、地热、潮汐、沼气等。这些资源大多是清洁的可再生资源，虽然具有地域性分布不均等缺点，但较之常规资源更符合生态与可持续发展的要求，可以有效降低常规资源的消耗，并且开发使用成本较为低廉，适于广大乡村地区使用。因此非常规资源的开发利用将是节约资源型新农村建设的重要内容之一。

（2）节约资源的技术措施

新农村社区建设中可以采用节约资源的技术措施非常之多，大致可分为两类：

一是直接用于节约资源的技术措施：例如节能灯具、节能炉灶、节水洁具、中水回用技术、雨水收集技术、工业废热应用等等。这些技术措施可以直接减少相关资源的消耗，提高其利用效率。

二是间接用于节约资源的技术措施：例如在规划设计中合理选址、采用适宜的容积率、建筑密度及朝向等，创造优良的小气候环境减少能源消耗；再如控制建筑体形系数、提高建筑热工性能减少建筑能耗。另外太阳能、水电能、风能等清洁可再生资源的开发利用技术，可替代部分常规资源的使用，也属于间接用于节约资源的技术措施范畴（图5.1）。

以上仅对节约资源的技术措施做了简要概述，后面还将针对具体技术措施展开系统详细的介绍。

（3）关于新农村社区建设中的节约资源及其具体技术措施，有以下几点需要认识清楚：

首先，节约资源的目的在于减少不可再生资源的使用，减少有害物质排放对生态环境的破坏，用有限的资源和最小的能源消费代价来取得最大的经济效益和社会效益。新农村社区建设中倡导节约资源并不是以降低生活

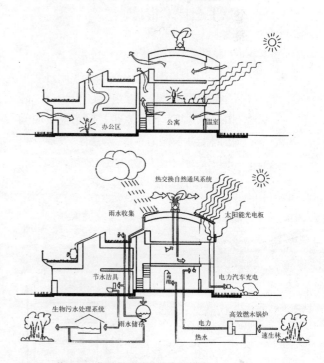

图5.1 英国贝丁顿社区建筑节约资源措施

品质及舒适度为代价，而应该是"以人为本"的，以促进社区建设质量的提高，为村民提供更为舒适的居住生活环境为其基本目标。

其次，节约资源的具体技术措施并不一定是高科技措施，也不一定代价高昂。很多成熟的技术措施，如太阳能热水技术，都属于低技术范畴，设备简单，维护方便，价格低廉，完全适合乡村地区推广应用的需求。

再次，新农村社区采取节约资源的技术措施，在初期建设上肯定需要增加一定的投资，但同时也会带来长期的较高收益。因此必须要从社区建设全生命周期的角度来看待节约资源问题。采用整体设计的思想，兼顾当前利益和远期利益，全盘考虑，因地制宜，恰当地选用合宜的技术措施发挥最大效益。同时还应做到留有余地，为将来其他新技术的应用提供足够的空间和可能性。

## 5.2 新农村社区规划设计节约资源生态技术措施

### 5.2.1 社区规划选址

好的社区选址不仅满足人们日常生活需要，为居民提供方便、卫生、安静和优美环境，而且也是社区节约资源的基础，对于优化环境、可持续发展、提高投资的经济效益和社会效益，起到非常重要的作用。

社区选址应首先综合考虑区位条件，首选交通、水电等基础设施条件较好的地段，以便于原有基础资源的充分利用。

社区选址还应考虑选址的自然条件，包括：

(1) 地质条件良好，基址尽量平整，适宜建设。从而减少规划建设土方量及技术难度，避免不必要的资源浪费。

(2) 良好的日照

人类生存、身心健康、卫生、营养、工作效率均与日照有着密切的关系。更多更长时间的日照可使采暖建筑增加热补充，减少能源消耗。争取最好的日照条件，是社区规划中建筑与外围空间布局的重要原则。

社区选址应尽量争取更长的日照时数、更多的日照量和更好的日照质量。因此，新村基址应选择在向阳、避风的地段上，争取优良日照条件，为社区节约资源创造先决条件。

(3) 避免恶劣自然条件影响

采暖建筑不宜布置在山谷、洼地、沟底等凹地里，以避免因冬季冷气流在凹地里形成对建筑物的"霜洞"效应所造成的位于凹地的底层或半地下层建筑保持所需的室内温度相应增加所耗能耗 (图 5.2)。

冷空气对建筑物围护体系的风压和冷风渗透均对建筑物冬季防寒保暖带来不利的影响，尤其严寒地区和寒冷地区冬季季风对建筑物和室外小气候的威胁很大。因此，采暖地区新农村社区应该选择避风基址进行建造。

### 5.2.2 容积率、建筑密度及日照间距系数等规划技术指标

容积率是总建筑面积与社区总用地面积比值。

建筑密度是各类建筑基底总面积与社区用地面积的比率。

图 5.2 建筑的"霜洞效应"

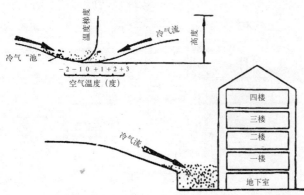

日照间距系数是由日照标准确定的房屋间距与遮挡房屋檐高的比值。

容积率、建筑密度直接反映社区建设土地资源的利用程度。较小的容积率、建筑密度可以实现较好的居住环境，但土地资源相对浪费。较高的容积率、建筑密度可以大大提高土地利用率，但居住环境相对拥挤。日照间距系数因各地地理纬度不同而异，应严格按照国家标准执行，避免造成土地资源的浪费或者住宅建筑日照不达标准。

因此，新农村社区规划建设应综合资源高效利用与社区生活环境要求，并考虑新农村社区特色建设的需求，因地制宜，达到合理的经济技术指标。

### 5.2.3 社区建筑规划布局

利用社区建筑规划的合理布局，优化局部微气候环境，建立气候的防护单元，有利于社区的节能。

气候防护单元的建立，应充分结合特定地点的自然环境因素、气候特征、建筑物的功能、人的行为活动特点，也就是建立一个小型组团的自然——人工生态平衡系统。如对严寒地区和寒冷地区，可利用单元组团式布局形成气候防护单元，用以形成较为封闭、完整的庭院空间，充分利用和争取日照，避免季风干扰，组织内部气流，组成内部小气候，并且利用建筑外界面的反射辐射，形成对冬季恶劣气候条件的有利防护，改善建筑的日照条件和风环境，以此达到节能的目的。而对于夏热冬暖地区，则应布置成开敞的有利于通风的环境，从而加速室内高温的排出，营造舒适的居住环境（图5.3）。

通过适当布置建筑物，降低风速，可减少建筑物和场地外表面的冬季热损失，节约热能。将建筑间距控制在1：2的范围以内，可以利用风影效果使后排的建筑避开寒风侵袭。利用较高建筑的背向遮挡冬季寒流风向，可减少寒风对中、低层建筑和庭院的影响，以利冬季节能，并创造适宜的微气候。另外，也可采取设置防风墙、板、防风林带等挡风设施，减弱寒风影响。

选择合理的住宅建筑朝向是住宅群体布置中首先考虑的问题。但影响住宅朝向的因素很多，建筑朝向的选择，涉及到当地气候条件、地理环境、建筑用地情况等，必须全面考虑。总的原则是：在节约用地和兼顾居住建筑组合需要的前提下，要满足冬季能争取适量并具有一定质量的阳光射入室内，避免冷风吹袭；夏季避免过多的日照，并有利于自然通风的要求。从长期实践经验来看，南向是在全国各地区都较为适宜的建筑朝向。但在规划设计时，建筑朝向受各方面条件的制约，不可能都采用南向。这就应结合各种设计条件，因地制宜地确定合理建筑朝向的范围，达到节约土

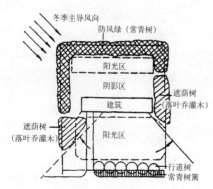
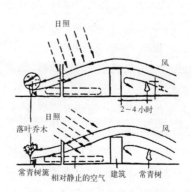

图5.3 风障

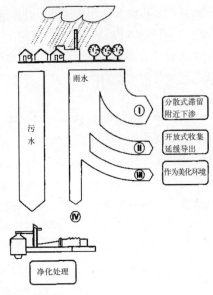

图5.4 雨水

地、雨水节约能源的目的，同时满足社区生活的要求。

### 5.2.4 社区规划建设新技术

（1）水资源循环可持续利用技术

1）中水技术

中水系统将生活废水经过处理后成为中水，可回用于居民冲厕所、洗拖布、物业公司洗车、浇灌绿地、冲洗小区道路、消防及景观用水等。中水技术使水资源得以循环利用，大大提高了水的利用率，充分节约了水资源。同时还避免了生活废水直接排放对社区生态环境的不良影响。

2）雨水收集利用技术

采用地下储雨池或地上储雨罐的方式收集小区屋面、庭院和地面的雨水，所收集的雨水主要用于冲厕、洗车、绿化用水、景观用水或消防用水等，可大大节约自来水用量，达到节水的目的。在村镇及周边规划兴建水库、水坝、水窖、水井及配套的雨水集流面，并充分利用村镇内部道路广场地面等作为集水面，将有限的降水(特别是夏秋季节集中雨水)蓄积起来，在少雨的旱季平衡使用或用于回补地下水源(以提升地下水位)。

另外，采用可渗地表，如停车场地面可设计采用可渗水材料，并开挖池塘、创造人工湿地等。留住雨水，避免降雨从污水系统很快排走，从而及时补充地下水位，有利于社区生态环境的优化（图5.4）。

集流雨水亦用于饮用，但要注意配套设计净化工艺设施，以保障饮水卫生。

（2）垃圾处理、水处理的生态工程设计及绿地生态设计手法。

1）垃圾生态工程设计。

目前我国城市垃圾处理以卫生填埋技术为主，其优点是投资少，消纳量大，因而为各地广泛采用。然而村镇垃圾目前则大多是裸露堆放，污染大气水体，危害人体健康，恶化生态环境。乡村社区垃圾处理生态工程设计的要点是：第一，在合理选址和布点前提下积极规划建设垃圾卫生填埋场，设计采用新型泡沫覆盖材料覆盖垃圾，达到价格低廉、使用方便、防蝇、防臭、防水的目的，填埋场渗透液排放要达到国家排放标准；第二，结合垃圾卫生填埋场的规划设计，配套搞好垃圾分类收集、堆肥以及沼气利用等相关的生态工程设计，促进废弃物转化为能源和复合肥，例如，对家庭生活垃圾中的有机成分通过堆肥方法进行再利用，并且要有一个基于社区的堆肥计划。

2）污水处理生态工程设计。

利用天然的芦苇床土地处理系统处理污水，因为这类系统不需要能量输入，而且建设费用也比传统的集中处理建设费用低。

3）绿地生态设计手法。

沿村镇上风向种植常绿林来抵御冬季西北风；利用荒山、荒坡、洼地种植耐旱植被，调节村镇水文特点和大气质量(减轻扬沙天气)，增加休闲娱乐的绿化空间，创造景观视觉美；在垃圾卫生填埋地段实施绿化工程。

(3) 基于新型能源开发利用的技术
1) 沼气技术

将粪便、厨余垃圾等有机物投入池中发酵后产生可燃沼气，出料即为肥料。沼气与空气混合燃烧时温度可高达1200摄氏度，是优良的炊事、取暖燃料。

以沼气为纽带由沼气池、畜禽舍、三格式化粪池和日光温室组合而成的"四位一体"生态产业，是产气、积肥同步，种植、养殖并举，能流、物流良性循环功能的能源生态综合利用体系，非常适于在新农村社区建设中应用。

2) 生物质气化技术

将秸秆、稻壳、蒿草、薪柴、木材加工废料等，通过控制反应条件，使生物质在秸秆气化装置中发生热化学反应，进行能量转换，产生CO(一氧化碳)、氢气、甲烷等可燃气体。从而以低品位固体生物质能源产生高品位优质燃气，集中贮存，再用管道输送至用户。用于炊事、取暖、发电等。

3) 潜存地热能

利用地下潜存100米左右的土壤作为蓄能和供能体，利用热泵技术通过输入高品质的电力，在冬天从土壤中提取低品质热量，再转化为高品质热量，用于供热采暖。夏天利用热泵制冷循环，输入电力，将室内热量灌入地下贮存，可为室内供热除湿。

4) 风能发电技术

适用于风能资源丰富的地区。可以建设集中的风能发电站，为生产生活提供电力。

5) 太阳能发电技术

适用于太阳能资源较为丰富的地区，在社区建筑向阳面屋顶安装大量太阳能光电板，将太阳能直接转化为电能，直接并入电网或用蓄电池存储。此项技术科技含量较高，而且太阳能光电板价格高昂，近期在我国乡村地区还不能广泛使用。

## 5.3 新农村社区建筑设计节约资源生态技术措施

新农村社区建筑设计节约资源技术措施可大致分为"节流"和"开源"两种模式。"节流"指的是减少新农村社区建筑消耗量的资源，包括资源消耗数量数值的绝对减少和提高资源利用效率造成的资源消耗量相对减少两种方式，其基本要求是不能牺牲建筑的舒适性为代价。"节流"的技术措施包括控制建筑形态、提高建筑热工性能、使用新型建材、降低水电消耗等等。"节流"多是针对传统常规资源的措施，"开源"则主要是针对开发利用非常规资源而言的，例如太阳能（图5.5）。

以下介绍各种常见新农村社区建筑设计中节约资源技术措施：

### 5.3.1 控制建筑形态

建筑物的形态与节能有很大关系，节能建筑的形态不仅要求体型系数小，

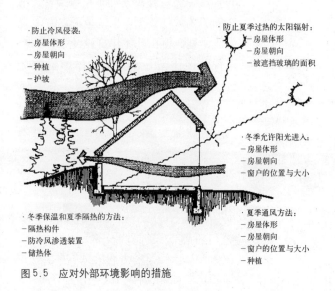

图5.5 应对外部环境影响的措施

即围护结构的总面积越小越好，而且需要冬季辐射得热多，另外，还需要对避寒风有利。但满足这三个要求所要的体型常不一致。而避寒风又受着地区、朝向和风环境的极大影响。因此具体选择节能体型受多种因素制约，包括当地冬季气温和日辐射照度、建筑朝向、各墙面围护结构的保温状况和局部风环境状态等，需要具体权衡得热和失热的具体情况，优化组合各影响因素才能确定。

仅从冬季得热最多的角度考虑，应尽量增大南向得热面积，往往要求建筑进深小，即建筑的长宽比大。但如建筑朝向偏离正南方向，长宽比对热辐射得热的影响就逐渐减少。计算得出对正南朝向建筑长宽比为 5：1 时，其各向墙面的辐射总得热量为方形（长宽比为 1：1）的 1.87 倍。但随着朝向的改变，这个比例也就逐渐减少。至偏东或偏西 45 度时成为 1.56 倍。至偏东（西）67.5 度时，各长宽比体型的得热已相差不多，至东西方向时，正方形的得热还比长方形得热稍多，显然，由于各朝向日辐射得热的变化给最佳体型选择增加了复杂性。最佳节能体型是以各面外围护结构传热特性的比例关系为准的，只有当建筑各面的有效传热系数相等时即 $K_1=K_2=K_3$，即 $D=h=L$ 为最佳体型。也就是正立方体为最佳体型。但在具体建筑设计中，一般来说最佳体型并不完全由体形系数确定，而应该是平均有效传热系数大的一面，其面积应相对较小，而平均有效传热系数小的一面，其面积应相对较大。

减少建筑面宽，加大建筑进深，将有利于减少热耗。将进深由 8 米增大到 14 米，可使建筑耗热指标降低 11%～33%，因此，对于 1000～8000 平方米的南向住宅建筑进深设计为 12～14 米时，对建筑节能是比较适宜的。

增加建筑物层数，加大建筑体量，可降低耗热指标。当建筑面积在 2000 平方米以下时，层数以 3～5 层为宜；当建筑面积在 3000～5000 平方米时，层数以 5～6 层为宜；当建筑面积在 5000～6000 平方米时，层数以 6～8 层为宜。

建筑的平面形状也直接影响建筑节能效果，不同的建筑平面形状，其建筑热损耗值也不同。严寒地区、寒冷地区住宅建筑以选择正方形、长方形平面为佳；而对夏热、冬暖地区则可考虑选用 L 形平面。严寒地区节能型住宅的平面形式应追求平整、简洁，南北方建筑体型都不宜变化过多。在节能规划中，对住宅形式的选择不宜大规模采用单元式住宅错位拼接、不宜采用点式住宅及点式住宅拼接，避免形成较长的外墙临空长度，不利于节能（图 5.6）。

### 5.3.2 建筑各部位材料与构造节约资源技术

（1）墙体节能技术

墙体是建筑外围护结构的主体。我国长期以实心黏土砖为主要墙体材料，严重浪费能源和土地资源。现在，注重发展多孔砖，按节能要求改进孔形、尺寸。不少地区用煤矸石、粉煤灰、陶粒与浮石等生产各种混凝土空心砌块，用保温砂浆砌筑。主要作承重用的单一构料墙体，加气混凝土墙体（热桥部位需做保温处理）才能同时满足较高的保温、隔热要求。充分利用加气混凝土保

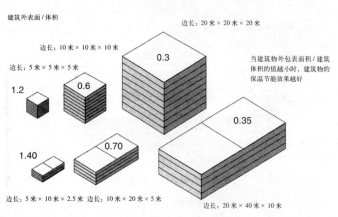

图 5.6　建筑平面形状

温性较好的条件，按节能要求较过去增加使用厚度5~10米，用于框架填充墙及低层建筑承重墙。有的工程则在横墙用砖墙或混凝土墙承重的条件下，外墙全用加气混凝土包覆，效果颇佳。因而，在节能的前提下，发展高效保温节能的外保温墙体是根本出路。

现在，复合墙体越来越成为当代墙体的主流。复合墙体一般用砖或钢筋混凝土作承重墙，并与绝热材料复合；或者用钢或钢筋混凝土框架结构，用薄壁构料夹以绝热材料作墙体。外保温墙体主体墙可采用各种混凝土空心砌块、非黏土砖、多孔黏土砖墙体以及现浇混凝土墙体等。绝热材料主要是岩棉、矿渣棉、玻璃棉、膨胀珍珠岩、膨胀蛭石以及加气混凝土等。构造做法多种多样：

1）内保温复合外墙

将绝热材料复合在外墙内侧即形成内保温。施工简便易行，技术不复杂。在满足承重要求及节点处不结露的前提下，墙体可适当减薄。高效保温材料厚度3~8厘米，其传热系数大致在0.5~0.8瓦／(平方米·开尔文)之间。内绝热材料强度往往较低，需要设置覆面层防护。

在单一材料墙体内侧，加抹一定厚度的膨胀珍珠岩保温砂浆，也是一种经济而简便的节能办法。3厘米厚的保温砂浆，可达到半砖墙的保温效果。但此法对墙体保温水平的提高比较有限。

2）外保温复合外墙

将绝热材料复合在外墙外侧即形成外保温。

通常的做法是将聚苯板粘贴、钉挂在外墙外表面，覆以玻纤网布后用聚合物水泥砂浆罩面，或将岩棉粘贴并挂外墙外表面后，覆以钢丝网再作聚合物水泥砂浆罩面；也可把玻璃棉毡钉挂在墙外再覆以外挂板。

外保温做法建筑热稳定性好，可较好地避免热桥，居住较舒适，外围护层对主体结构有保护作用，可延长结构寿命，节省保温材料用量，还可增加建筑作用面积，(据统计，在达到同样节能效果的条件下，采用外保温墙体，由于基本消除热桥的影响，京、沈、哈三地保温材料用量分别节省44%、48%、58%，墙体减薄，使用面积分别增加1.2平方米、2.4平方米、4.2平方米(砖墙)和1.6平方米、2.5平方米、4.6平方米(混凝土空心砌块)。但外保温层长期处于室外环境，要能经受温湿度、风雨等气候变化，工程要求严格。

3）保温材料夹芯复合外墙

将绝热材料设置在外墙中间，通用的做法是在砖砌体或砌块墙体中间留出中空，在中空内安置矿棉板、玻璃棉板、岩棉板、聚苯板，或者填(吹)入散装(或袋装)玻璃棉、聚苯颗粒、膨胀珍珠岩等，常见有钢筋混凝土岩棉复合外墙板、薄壁混凝土岩棉复合外墙板、泰伯板、舒乐板等，保温效果良好，较好地发挥了墙体材料本身对外界环境的防护作用，同时降低造价。但施工时要填充严密，避免内部形成空气对流，并做好内外墙体间的拉结，这一点特别在地震区更要重视。

(2) 门窗节能技术

在建筑外围护结构中，门窗的保温隔热能力较差，门窗缝隙还是冷风渗透的主要通道，因此，改善门窗的绝热性能是住宅建筑节能的一个重点。

1) 控制窗墙比

采暖耗热量随窗墙比的增加而增加，因为窗户的传热系数一般大于同朝向外墙的传热系数。北方地区除南向无遮挡的双层窗外，东、西、北向双层窗及各向单层窗的有效传热系数，均大于外墙。因此，在采光允许的条件下控制窗墙比以及夜间设保温窗帘、窗板可起到节能效果。

2）减少传热量

改善窗户的保温效能，增加窗玻璃层数，在内外层玻璃之间形成密闭的空气层，要解决好玻璃和窗框、扇层材的问题。双层窗传热系数比单层窗降低将近一半，3层窗传热系数比双层窗又降低近1/3。窗上加贴透明聚酯膜，也颇有效。

隔热玻璃、中空玻璃和反热玻璃等，因价格原因目前在高档建筑中应用较多。框扇型材中可采用导热系数小的材料，即利用空气层截断钢窗框扇的热桥。双樘串联钢窗以及钢塑型、钢木型、木塑型等复合型框扇均有良好效果。

3）减少渗透量

除提高门窗制作质量外，加设密封条是提高门窗气密性、隔声的重要手段。密封条应断面准确、弹性良好，镶嵌牢固严密、经久耐用、耐火性能好。可根据不同门窗的具体情况，分别采用不同的门窗密封条，固定方法可以粘贴、挤紧或钉结，有的还制成膏状，在接缝处挤压成型后固化。

严实的密封可能会使室内空气质量产生影响，因此可使用微量通风器，有条件的还可使用热回收通风系统。

(3) 屋面节能技术

屋面保温层不宜选用容量较大、导热系数较高的保温材料，以防屋面重量、厚度过大；不宜选用吸水率较大的保温材料，以防止屋面湿作业时，保温层大量吸水，降低保温效果。

屋面保温层有聚苯板保温层面、再生聚苯板保温层面、架空型岩棉板保温层面、架空型玻璃棉保温层面、保温拔坡型保温层面、倒置型保温层面等屋面，做法应用较多的仍是加气混凝土保温，其厚度增加50~100毫米。有的将加气混凝土块架空设置，有的用水泥珍珠岩、浮石砂、水泥聚苯板、袋装膨胀珍珠岩保温，保温效果较好。高保温材料以用聚苯板、上铺防水层的正铺法为多。倒铺法是将聚苯板设在防水层上，使防水层不直接受日光暴晒，以延缓老化。

斜坡屋较便于设置保温层，可顺坡顶内销钉玻璃棉毡或岩棉毡，也可在天棚上铺设上述绝热材料，还可喷、铺玻璃棉、岩棉、膨胀珍珠岩等松散材料。

另外，还可以采用屋顶绿化设计，涵养水分，调节局部小气候，具有明显的降温、隔热、防水作用。同时减少了太阳对屋顶的直射，从而还能延长屋顶使用寿命并具有隔热作用。屋顶绿化还使楼上居民都拥有自家的屋顶花园，更加美化整个新村社区的绿化环境。

(4) 遮阳技术

夏季炎热地区，有效的遮阳可降低阳光辐射，减少10%~20%居住建筑的致冷用能。

1）利用植物遮阳

植物的位置应根据一年中最热月中某天太阳最强时太阳与窗位的关系来确定。通常东西向墙面得太阳辐射比南北墙面多50%。南面仅可种落叶树。树与建筑的距离因室外空间和树的大小而定。

有关研究证明，墙外种树的周围空气比无遮阳区空气要凉2~2.5摄氏度(Parker,1981)。这种致冷的微气候通过窗户和墙会影响紧临的建筑室内气温。新农村社区住宅建筑应充分利用这一方法调节室内温度，节能、绿化一举多得。常见适宜树种可查阅当地园林绿地资料。

2）利用悬挑、百叶和肌理表面

门窗的遮阳设施分为三种：

①可移动式遮阳，如活动百叶、幕等。对减少太阳热辐射效果不错，但有

碍视线和空气流动。

②百叶窗板，分活动式和固定式(后者会影响景观和空气流动，但能提供安全性)。

③固定悬挑。应选用浅色遮阳设施，因深色材料易吸热。

夏季屋顶是受热最多部分，墙面其次。利用屋面、墙面的表面凹凸及不同的覆盖面可起到遮阳作用。有肌理的表面因为某些部位处于阴影中，故得热比平面减少。同时这种做法在夜间当周围温度比建筑内温度低时会使建筑降温更快些。

使用外部复合手段遮阳注意不能阻碍建筑夜间散热。

(5) 通风技术

夏季炎热地区，良好的通风十分重要。

1) 组织室外风。

2) 窗户朝向会影响室内空气流动。

3) 百叶窗板会影响室内气流模式。

4) 风塔。其原理是热空气经入口进入风塔后，与冷却塔接触即降温，变重，向下流动。在房间设空气出入口(一般出气口是入气口面积的3倍)，则可将冷空气抽入房间。经过一天的热交换，风塔到晚上温度比早晨高。晚上其工作原理正好相反。这种系统在干热气候中十分有效。中东地区许多传统建筑有这种系统。一般3~4米的风塔可形成室内风速为1米/秒的4~5摄氏度的气流。此系统无法在多层公寓中见效，仅在独立式住宅中有效，可用于干热地区新农村社区建设中。

5) 太阳能气囱。其原理是用太阳辐射能加热气囱空气以形成抽风效果。影响通风速率的因素有：出入气口的高度、出入气口的剖面形式、太阳能吸收面的形式、倾斜度。这种气囱适用于低风速地区，可以通过获得最大的太阳能热来形成最大通风效果。

6) 庭院效果。工作原理是，当太阳加热庭院空气，使之向上升，为补充它们，靠近地面的低温空气通过建筑流动起来，形成空气流动。夜间工作原理反之。应注意当庭院可获取密集太阳辐射时，会影响气流效果，向室内渗入热量。

### 5.3.3 建筑设备节约资源技术

(1) 供暖系统节能技术

1) 平衡供暖水力平衡是节能及提高供热品质的关键。许多住宅小区内同一供暖系统中各住户冬季室温相差悬殊，水泵运行效率低，热量输送效率低。利用计算机对供暖系统进行全面的水力平衡调试，采用以平衡阀及其专用智能仪表为核心的管网水力平衡技术，实现管网流量的合理分配，做到静态调节，既改善供暖质量，又节约了能源。

2) 热量按户计量及室温控制调节将长期沿用的单管采暖系统改革为双管系统或单管加跨越管系统。新建建筑可按户或联户安设热表，旧有建筑可在各个散热器上安设热量分配计，整幢建筑则安一热表。为控制室温，可在散热器端部安设恒温调节阀，该阀按事先设定的温度进行调控，以达到热舒适和节能的双重效果。此种各家住户的供暖动态调节，还必须与整个采暖系统的自动调节相结合，使整个系统的供暖运行紧随着各个用户用热需求的变化而及时不断变化，这样才能进一步收到成效。

3) 管道保温

为改善供暖管道保温不良，输送中热能散失过多的现象，已用岩棉毡取代水泥瓦保温。预制保温管，即内管为钢管，外套聚乙烯或玻璃钢管，中间用泡沫聚氨酯保温，不设管沟，直埋地下，管道热损失小，施工维修方便。

(2) 照明节能

照明用电量一般约占电力总消耗中的10%以上，故照明用电节能十分重要。照明节能的主要途径有：

1) 尽量多的使用天光照明

在可能的条件下利用顶光，利用多重反射将天光反射到室内进深较深的部位。

2) 采用高效光源

目前白炽灯采用充氪等惰性气体和蒸铝内表壳等方法来提高发光效率以节约用电。

在光通量基本上相同的情况下，荧光高压汞灯耗电量是金属卤化物灯的1.5~1.6倍，而白炽灯的耗电量则是金属卤化物灯的3.6倍。

因此采用高效光源，节能效果可观。

3) 提高利用系数

采用大于70%的高效灯具，墙、顶栅、地面尽量采用浅色。

(3) 节水技术

采用使用低容量抽水马桶，全面推行节水龙头等方法降低建筑日常水资源的消耗量。同时配合社区中水系统，采用生活废水处理后回用等方式，实现水资源的循环利用，达到节约水资源的目的。

### 5.3.4 太阳能技术在新农村社区建筑单体设计中的应用

太阳能在当前新农村社区建筑单体设计中的利用方式主要有太阳能采暖与空调、太阳能供热水。

(1) 太阳能采暖与空调系统

1) 被动式太阳能采暖系统

被动式太阳能采暖系统是指利用太阳能直接给室内加热，建筑的全部或一部分既作为集热器又作为储热器和散热器。热量的流动通过自然的传导、辐射、对流方式进行，不需借助其他机械动力，不需要连接管道、水泵、风机等设备。

在辅助能源的情况下，太阳房一般到中午室内最高温度达到12~16摄氏度，清晨最低温度6~8摄氏度。被动式太阳房每平方米建筑面积一个采暖期可节约采暖用煤20千克。建太阳房的增投资为同类普通房屋造价的10%~20%。

我国北方农村的住宅大多坐北朝南，已具备被动太阳房的雏形，只要稍加改动就可以得到较好的采暖效果。同时被动式太阳能采暖系统技术要求极低，造价低廉且简单易行，非常适合新农村社区建设中广泛应用。

被动式太阳房主要有直接得热式、集热墙式、附加阳光间式和三者的组合式：

①直接得热式

其原理是：冬季让阳光从南窗直接射入房间内部，用楼板、墙体、家具设备等作为吸热和储热体，当室温低于储热体表面温度时，这些物体就像一个大的低温辐射器那样向室内供暖。为了减少热损失，窗户夜间必须用保温窗帘或保温板覆盖。房屋围护结构本身也要有高效的保温。夏季白天，窗户要有适当的遮阳措施，防止室内过热。

这种形式的太阳房结构简单，使用方便，但白天光线过强，而且昼夜室温波动较大，窗户的夜间保温至关重要。

②集热墙式

在直接受益式太阳窗后面筑起一道重型结构墙（特朗伯集热墙），该墙表面涂有吸收率高的涂层，其顶部和底部分别开有通风孔，并设有可控制的开启活门。集热墙式太阳房比直接受益式室温波动小，但缺点是影响建筑南立面的美观。集热墙全天热效率一般为20%。

③附加阳光间式

这种太阳房的南墙外设有附加温

室，可以说它是集热墙式太阳房的发展，即将集热墙的墙体与玻璃之间的空气夹层加宽，形成一个可以使用的空间——附加温室，因而从向居室供热来看，其机理完全与集热墙式太阳房相同。但附加阳光间比集热墙管理方便（集热墙易受污染影响得热效率，且不易清理），并且房间环境舒适度较高。阳光充足的地区，附加阳光间节能率可达50%左右（图5.7，图5.8）。

2）主动式太阳能采暖系统

主动式太阳能系统主要由集热器、管道、储热物质、循环泵、散热器等组成，其储热物质是水或者空气。由于热量的循环需要借助泵或风扇等产生动力，因而称为主动式系统。

现在，主动式太阳能地板采暖系统已经在我国北方部分乡村地区开始使用，如北京平谷将军关村。

在冬季，以水为循环储热物质的主动式太阳能采暖系统，能够储存房屋1~3天所需的热量，在一定程度上可抵御风雪或多云天气的影响。在夏季，以空气为介质的系统能利用夜间辐射达到降温目的。可将储热器直接通向凉爽的夜空，使热量散失，并可将冷空气引入储热器储存供白天使用。

主动式太阳能系统的关键是合理确定集热器的面积与角度。当系统用于冬季采暖时，集热器与水平面的夹角宜取当地纬度加15度；当系统用于夏季降温时，集热器与水平面的夹角宜取当地纬度减15度；若既需采暖又要降温，则集热器与水平面的夹角宜取当地纬度值。

主动式太阳能系统易受天气情况影响，并且设备复杂，造价较高。

3）混合式太阳能采暖系统

被动式和主动式相结合的太阳能采暖系统称为混合系统。在混合系统中，主动式系统地储热器能保存住热量供夜间使用，而被动式系统则可以在白天直接使用，两种方式可以非常有效地相互补充，达到最佳效果。

（2）太阳能供热水系统

太阳能供热水系统目前广泛应用的是太阳能热水器。

从建筑用能的角度，太阳能热水器是提供生活热水的装置，应属于建筑设备的范畴，集热器与建筑结构的合理配置，热水管的布置，对常规的设备和给排水系统设计来说是一个新的课题。

一般家庭用的太阳热水器集热板面积为1.5~2平方米，在晴天每平方米可产60~70摄氏度热水60升左右。每平方米热水器集热板平均全年可节约100~150公斤标准煤。

目前在我国市场上常见的太阳热水器有以下几类：

1）平板太阳热水器。它由平板太阳集热器与热水箱组成自然循环系统的主体。平板集热器由吸热体、透明盖层、背

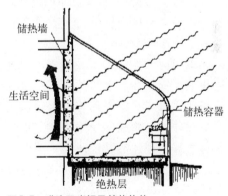

图5.7 毗连日光间及储热构件

图5.8 附加阳光间的节能住宅

部与侧边保温层和框架构成。国产平板集热器的吸热体有碾压吹胀工艺制成的铜铝复合管板式、全铜（紫铜）管——板式、不锈钢板冲压成型焊接而成的扁盒式等。它们都能保证水质的清洁，吸热体迎阳光面涂有丙烯酸黑漆或用阳板氧化着色的选择性涂层；集热器背部和侧边的保温材料用发泡聚氨酯、矿棉或聚苯乙烯板（它受热抽缩现象，必须用玻璃棉和反光薄膜与吸热体隔开），框架多用专门设计的铝型材（以便镶嵌玻璃与密封材料），透明盖层用5毫米平板玻璃。我国平板玻璃含铁量较大，5毫米平板玻璃的透光率一般为0.75左右（国外用水白玻璃，透光率为0.390左右），故对集热器的热效率有较明显的影响。热水箱由内筒、保温层和外保护层组成，内筒材料大多用镀锌薄钢板和釉搪瓷，但实践证明这两种工艺材料耐腐蚀性都不理想，一些高档热水器已采用不锈钢内筒，保温材料多用发泡聚氨酯，外层用铝皮包装。热水箱／集热面积之配比一般为60～70升／平方米（集热面积），在南方可适当增大些。

2）真空管热水器。由多支玻璃真空集热管直接插入水箱构成自然对流热交换，每支真空集热管与水箱插孔间放置硅橡胶制成密封圈。真空集热管有全玻璃型和热管式两类。国内的热水器大多采用全玻璃真空集热器，它由直径为37毫米和47毫米的硼硅玻璃同心套管封接制成，管间抽成真空，内管外表面沉积有渐变的铝——氨／铝太阳光谱选择性吸收涂层。真空集热管的热损系数较低，用它做成的太阳热水器在冬季有较高的热性能，适合在我国北方地区使用。

3）闷晒式热水器。它是集热器与贮热箱合二为一的热水器，具有结构简单，价格便宜，安装方便等特点。

闷晒式热水器又可分为圆筒型和扁盒型两类，其中圆筒型还有单筒、双筒、三筒、多筒等多种品种。目前市场上最多的是双筒闷晒式热水器，它以镀锌铁板为吸热体，聚苯乙烯为壳体，玻璃钢为透明盖板。闷晒式热水器的集热性能好，但缺点是保温性能欠佳，夜间散热大，用水不能过夜，因而适用于日落后尽快使用热水的用户。在北京地区炎热的夏天，一天可取用热水两次，即早晨上水中午用，中午上水晚上用。

太阳能热水器可以非常方便的提供沐浴、厨房、清洁用热水，并且价格低廉、技术简单，非常适于新农村社区建设中推广使用。但同时，目前我国太阳能热水器尚存在一些问题，需要在使用时注意避免：

①设计、安装、施工的规范化尚未解决，导致尚有部分热水器系统由于工程质量问题影响使用。

②目前大多热水器设计及安装未考虑与建筑设计相结合的问题，有碍于建筑物整体美观效果。

# 6 综述

新农村社区规划应该建立一个完整的社区发展目标，综合分析新建与改建、蔓延与集聚发展的优势和劣势、发展成本的差异和发展的效能，选择一个最佳的发展途径。改革开放二十多年来，我国社会、经济、建设取得了巨大的成绩，但是农村的发展、建设问题依然是一个没有完全解决的问题。新农村社区建设决不仅仅是建设新村、改善景观这样一个简单的问题，它实际上与我国社会深层次的结构调整密切相关。

土地问题是农村社区建设最基本的问题，土地作为农村发展的基础性资源，关系到社会发展的方方面面，因此，国家对土地所有制的改革是慎之又慎，这就在一定程度上限制了新农村社区建设的发展空间。

发展的差异化是我国新农村社区建设面临的又一个问题。在我国从计划经济向市场经济转变的过程中，国家对农村非农产业的直接投资几乎没有，更多的是靠每一个村庄自己在市场中打拼，农村的产业发展过程是非常艰难的，在新农村社区规划中，必须优先保护现有产业的发展空间，尽量避免出现产业发展成本上升的情况。

生态环境的多样化是我国新农村社区规划建立地方特色的基础，农村社区的布局不能与城市布局混为一团，避免将城市模式直接搬到农村地区使用。新农村社区空间布局应该更加丰富多彩，除了要考虑当地的大地景观和纹理之外，还要考虑农村社区传统的布局模式，保持农村社区布局的延续性。

新农村社区建设是我国协调城乡关系，建设和谐社会的重要举措，将成为我国近期农村发展的主要趋势。尽管新农村社区发展需要考虑诸多的影响因素，但社区规划才是新农村社区建设好坏的基础，编制一个好的规划需要长期的经验和科学的技术支撑，需要精心的地方体验和卓越的预测能力。

# 参考文献

1. 汤阴县土地学会. 实施农村规划. 进行土地挖潜. 河南国土资源，2005(3)
2. 开彦，王涌彬. 紧凑新城镇——节能省地与可持续发展之路. 住宅科技，2005(9)
3. 张玉彬，张新荣. 生态·自然·康体·休闲——朝阳大凌河园林设计探讨. 城市，2005(5)
4. 刘庭风. 中日文化比较与农村规划. 环球博览
5. 刘健哲. 台湾之农村社区更新. 台湾农业探索，2005(2)
6. 王健. 小城市镇绿地规划与可持续发展. 当代建设，2002(5)
7. 范例，刘德绍，陈万志. 重庆市农村家庭能源可持续消费研究. 西安农业大学学报(自然科学版)，2005(8)
8. 韦梦鹃. 中心镇总体规划的实践与体会——以增城市石滩镇总体规划为例. 珠江经济，2005(8)
9. 杨重光. 中国镇的历史性变化——兼论晋城市的小城镇. 中国城市经济，2004(10)
10. 王会春，王武等. 用科学发展观指导文明生态村建设. 社会科学论坛，2005(1)
11. 叶齐茂. 用村庄规划正确引导社会主义新农村建设. 小城镇建设，2005(8)
12. 段飞刘，永进. 以科学发展观建设全国重点镇——由武汉市蔡甸区军山镇总体规划引发的思考. 小城镇建设，2005(8)
13. 王智，毛保平. 辛庄——新农村建设的典范. 村镇建设，1998(2)
14. 姜志德，唐学玉. 小康生态村建设. 乡村经济，2005(7)
15. 李永周. 小城镇建设规划管理与城乡可持续发展. 武汉科技大学学报(社会科学版)，2005(6)
16. 李英民. 小城镇建设的有效途径. 中国社会发展战略，2002(4)
17. 冯新春. 小城镇规划建设与文明生态村创建要和谐发展. 小城镇建设，2005(5)
18. 包志毅，陈波. 乡村可持续性土地利用景观生态规划的几种模式. 浙江大学学报(农业与生命科学板)，2004(1)
19. 王佩儿，张珞平，洪华生. 厦门市生态城市概念性规划案例研究. 厦门大学学报(自然科学版)，2004(8)
20. 编辑部时评. 我国小城镇建设机制有待"跟进"更新. 中州建设，2005(7)
21. 方明，董艳芳，陈敏，薛玉峰. 注重多角度思考，构筑新农村社区——浅谈北京延庆县八达岭镇旧村改造规划. 小城镇建设，2005(11)
22. 方明，董艳芳，赵辉，邵爱云，赵健. 承继地方传统特色，构筑北方现代新村——记北京市平谷区将军关村规划. 小城镇建设，2005(11)

23. 张文成. 建设中国特色的社会主义新农村. 小城镇建设, 2005(11)
24. 中共中央关于指定国民经济和社会发展第十一个五年规划的建议(摘选)
25. 人民日报：扎实推进社会主义新农村建设
26. 王缉慈等著. 创新的空间. 北京：北京大学出版社，2003
27. 赵之枫，张建等编著. 小城镇街道和广场设计. 北京：化学工业出版社，2005
28. 骆中钊著. 现代村镇住宅图集. 北京：中国电力出版社，2001
29. 单德启主编. 小城镇公共建筑与住区设计. 北京：中国建筑工业出版社，2004
30. 朱建达著. 小城镇居住区规划与居住区环境设计. 南京：东南大学出版社，2001
31. 小城镇建设. 2005年11月，总第197期
32. 林川等编著. 小城镇住宅建筑节能设计与施工. 北京：中国建材工业出版社，2004
33. 黄琲斐编著. 面向未来的城市规划和设计——可持续性城市规划和设计的理论及案例分析. 北京：中国建筑工业出版社，2004
34. 李卫红著. 建筑节能技术在村镇住宅建筑中的应用研究. 天津大学硕士学位论文. 2001
35. 世界建筑2004年8、9期
36. 李梦白，冯华等著. 当代中国的乡村建设. 北京：中国社会科学出版社，1987

# 下篇：实例篇

# 1 北京市平谷区将军关新村规划

**[案例评述]**

(1) 充分挖掘新村毗邻金海湖风景区、将军关长城等区域资源优势，将村庄规划、住宅设计与该村大力发展"农家乐"旅游产业有机结合，促进村庄经济发展，提高农民收入水平。

(2) 规划延续旧村村庄肌理格局，住宅反映北方当地的民居传统特色和长城文化的建筑色彩，较好体现了地域文化特征，并与周边山水自然环境充分结合。

(3) 利用太阳能、墙体保温、沼气等新技术、新材料，降低农民生活成本的支出。

## 1.1 现状概况

将军关村位于北京市平谷区东北部，为金海湖镇所辖，距平谷城区约22公里，北与河北省相接。因村北有长城重要关口——将军关而得名。1983年，将军石关被列为平谷县（现平谷区）第一批文物保护单位，2001年被列入北京市"人文奥运文物保护计划"。将军关村新村被社会各界人士誉为具有示范意义的社会主义新农村建设典例之一。将军关村内主要道路"十字街"由鹅卵石铺成，街北端原有别具风格的鼓楼。村中的部分街道依然保留着传统的走向与肌理。

## 1.2 规划设计

### 1.2.1 规划理念

规划设计立足于以农民为核心，以促进农村地区经济发展、增加农民收入为目标，从农村的经济、土地、产业、生态、能源、地域文脉等多方面进行综合性研究，并将其逐项落实到村庄的空间布局、农宅设计等方面，创造出独具魅力又切实可行的村庄规划，进而使规划成果得以有效执行与落实，为

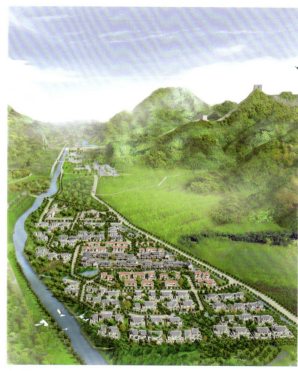

鸟瞰图

新农村的建设创造良好的前提条件与技术基础。

（1）规划应与产业发展相协调，促进农村经济发展；

（2）规划应以集约利用土地为宗旨；

（3）规划应延续乡村及地域自然人文特色；

（4）规划应以改善居民生活为目标；

（5）规划应注重环境友好、资源节约。

### 1.2.2 将军关村规划

（1）调整产业结构

充分挖掘村域文化遗存和古迹胜景资源，与现代生态、观光型农业综合开发相结合，力求将将军关村建设成环境优美，配套设施齐全，集旅游、度假、观光、民俗文化、娱乐于一体的现代化生态旅游型村庄，使作为平谷区甚至更大范围旅游设施的有效补充和延伸，逐步成为将军关村村庄产业发展的全新方向。

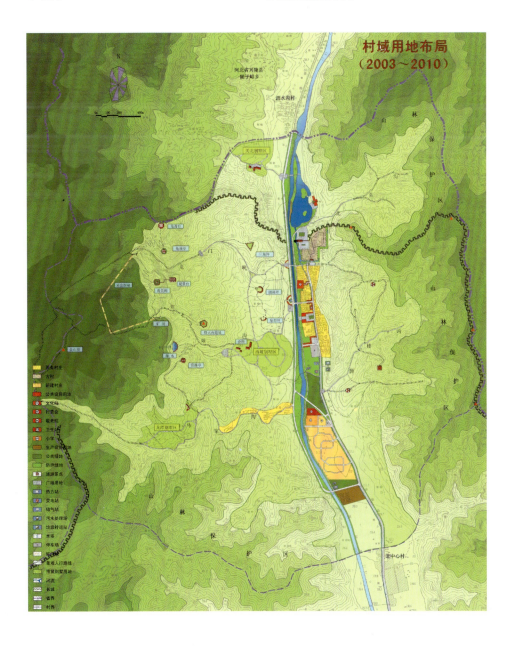

(2) 发展新村民俗旅游

新村住区规划住宅共计202户。根据将军关村今后发展特色民俗旅游的实际需要，结合新村组团布局，进一步划分了旅游接待组团与居住生活组团，使不同需求类型的居住各得其所，互不干扰。其北部片区89户，南部片区95户，中部底商式住宅18户。在新村用地中部布置旅游接待户型共60户，最高可容纳360人住宿。

(3) 新村住宅兼顾旅游接待功能

在新村单体设计中着重考虑了农居未来旅游接待的功能，新村住宅中大多数房型都进行了旅游接待的功能设计，一层大面积的房间可以布置成农家乐餐厅，二层房间均可作为过夜游客的客房，院落空间在气候较好的情况下可以结合院落绿化作为环境清新的休息餐饮空间。

(4) 村庄土地集约利用

挖掘新村区位及其沿街土地的经济价值，在新村内结合中心步行街以及街巷步行路的设置，延续传统街巷

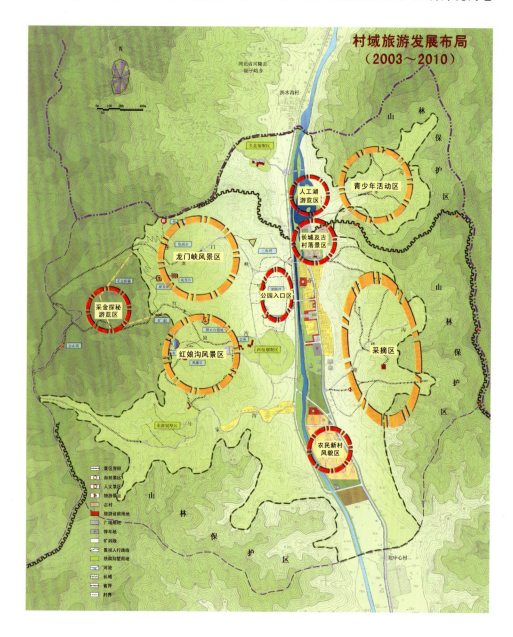

肌理，规划民俗游路线；在提高农户居住环境的同时，兼有旅游接待功能，可解决部分农民搬迁后的就业，增加农民收入，实现新村土地的高效合理利用，发挥新村土地的经济价值。考虑到新村住宅兼有旅游接待功能，在规划中采用双联的模式，每户有独立的南向或北向院落，每户占地都符合规范标准中规定的3分地。

（5）反映北方农村空间特色

依据村庄地形特点、周边道路情况、村民出入主要流向及分期建设要求，以整齐、方正的南北两片居住小区构成完整统一的新村。新村住宅成组团式布局，为避免空间形态的呆板，利用住宅组团前后微错而形成的类似传统街巷收放有致、景观变化丰富的宜人空间，并在开敞处配以水井、牌坊等典型村落小品。

（6）传承传统空间结构肌理

新村对于传统街巷空间的传承主要体现在步行系统。以近似"十"字形的

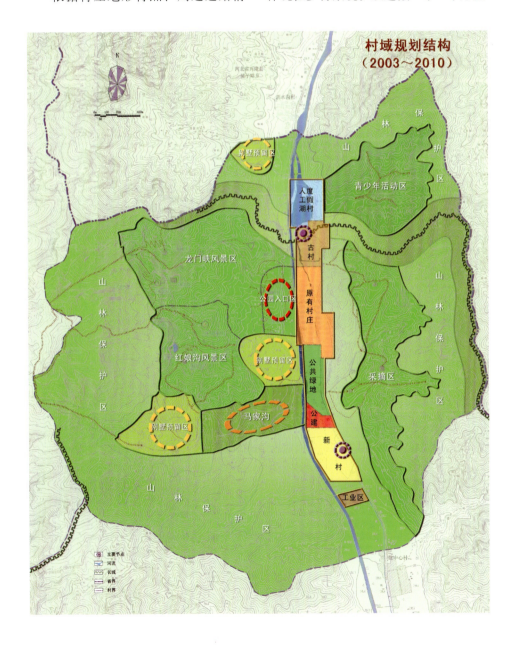

新村结构分析图

新村交通分析图

步行街联系南北两区、形成中心商业文化街，与南北两个半环式步行路共同构成完整的新村步行体系。新村内步行系统的地面铺装均就地取材，由当地出产的石材铺就，质朴自然。

(7) 营造新村宜居环境

规划首先利用新村用地的坡地地形和现有的果树，体现当地的地形地貌特征，保护好自然生态环境；其次，注重北方村庄和长城文化人文环境的创造。新村内绿地由面积较小的集中绿地与分散布局的楔型绿地共同构成。集中绿地与村级公共活动场所结合布置，满足居民日常休闲健身等活动要求以及人流较为密集地段的空间场地要求。楔型绿地分布在居住组团之间、住区内部道路转角地段等处，结合园林小品设计，与宅间绿地、庭院绿地等共同构成居民茶余饭后休闲小聚的理想场所，同时，结合步行、车行道路创造出步移景异，柳暗花明的现代农村住区新景观。

特别值得一提的是在新村中心商业步行街南北两侧布置的连续绿带，形成贯穿新村东西部的绿色通廊，使南北居住氛围与中部公共活动氛围得到有机的过渡，同时增添了新村的现代化居住格调。在此处的绿化带中设计了将胡陡路西侧人工渠与将军关石河相联系的水体，形成了从街到房、由房到河、由河生桥等一系列高低起伏、错落有致、虚实相间的水巷空间序列。

新村还注重以小块绿地点缀在院落空间中，与家家户户的庭院绿化一起构成新村绿化系统中的多点元素。

新村详细规划总平面图

新村详细规划中心商业街效果图

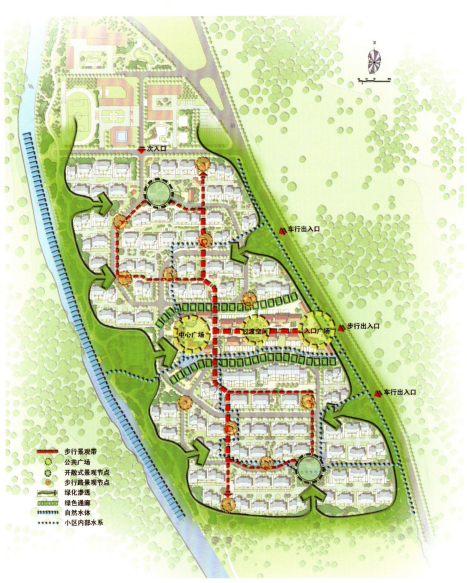

新村绿化景观分析图

A1 户型效果图

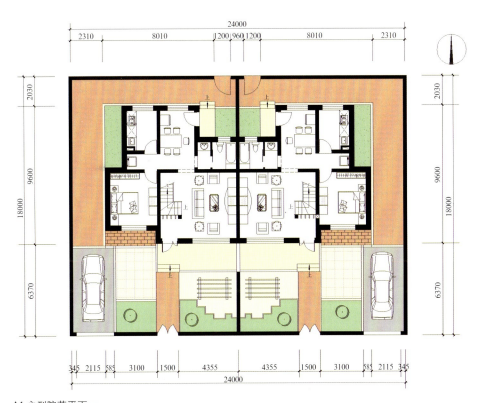

A1 户型院落平面一

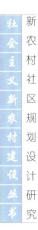

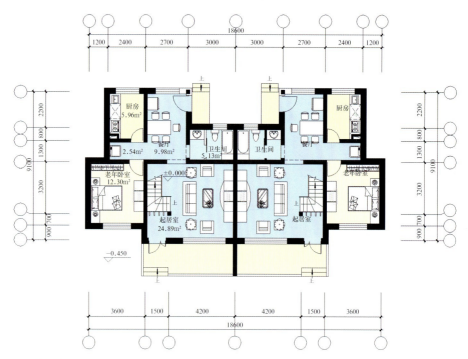

A1 户型一层平面

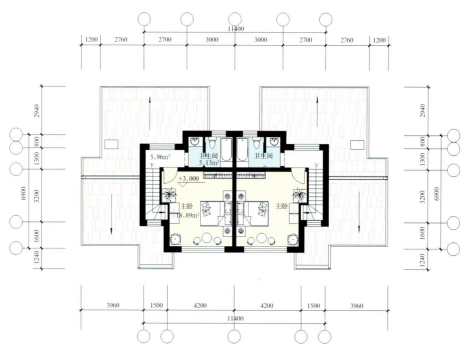

A1 户型二层平面

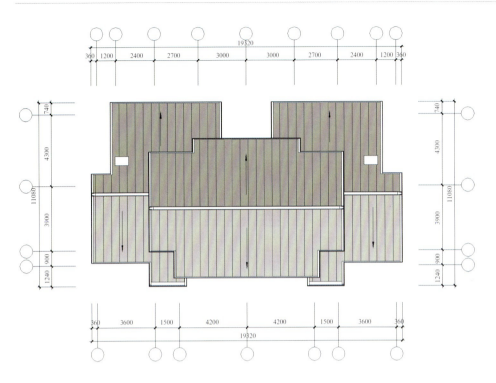

A1 户型屋顶平面

A1 户型南立面

A1 户型侧立面

A1 户型北立面

（8）完善公共配套设施

完善的公共服务设施和市政基础设施也是新村功能完善的另外一个方面。依据人口规模，合理配套。北部旧村公共设施在现状基础上进行改造，采用分散式布局。新村用地公共设施采用集中式布局，在新村居住区北部布置村委会、小学、敬老院以及运动

B3 户型效果图

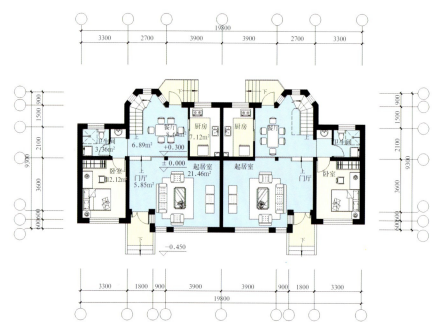

B3 户型一层平面

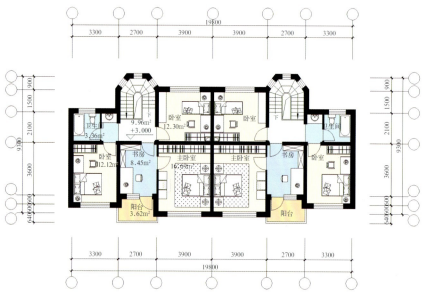

B3 户型二层平面

健身场所，服务于全体村民，丰富农民的业余生活，积极发展新农村社会文化事业。

## 1.3 建筑设计

新村住宅设计通过主要房间布置在南向、明厨明卫、太阳能和雨水收集系统等的设计，降低了农宅用于采暖、水、电以及将来住区物业等方面的生活支出水平。在户型平面功能组织中，注重合理便捷的房间布置、经济紧凑的平面设计、幽雅宜人的起居环境。在院落布置中增加了入口平台、庭院种植区及储物

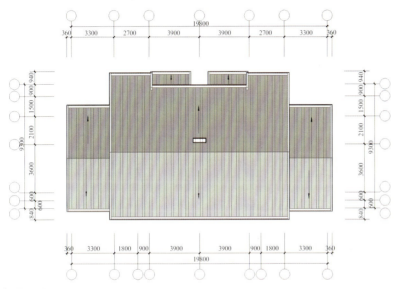

B3 户型屋顶平面

B3 户型院落平面

空间等功能单元。

充分采用太阳能采暖和供应热水装置，其太阳能系统采用与建筑一体化的热能利用技术，将集热装置安放于坡屋顶的玻璃窗下，同时还利用低温地板辐射采暖系统。按照采暖设计热负荷设置了辅助热源及管路系统，保证冬季最冷日的供暖要求。太阳能采暖系统保证了主要居住空间的冬季采暖用能，当节假日接待游客时，或连续阴天时，可辅助用煤或柴火采暖。新村外墙墙体采用特殊保温措施，节能经过国家级检测验收达到国家标准。污水处理采用智能化小型生活污水处理系统，从而改善了农村生活环境，较大地提高了村民的生活质量。

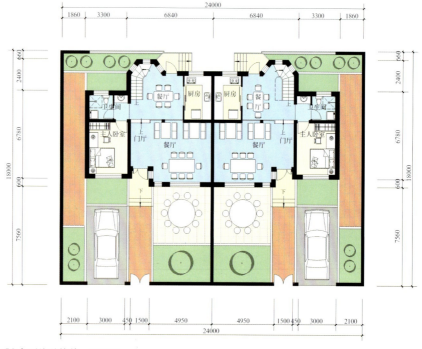

B3 户型旅游接待一层平面

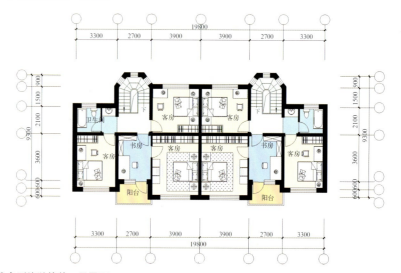

B3 户型旅游接待二层平面

B3户型南立面

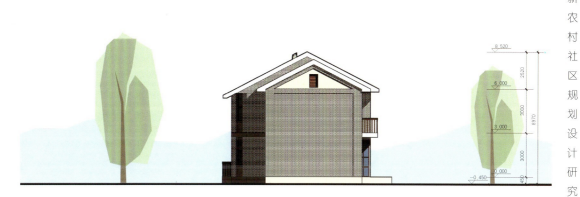

B3户型侧立面

B3户型北立面

设计单位：中国建筑设计研究院城镇规划院

项目负责人：方明、董艳芳、赵辉

主要设计人：方明、董艳芳、赵辉、赵健、杨猛、薛玉峰、王玉

获奖情况：2005年度建设部优秀勘察设计（村镇建设部分）二等奖；

2005年度北京市第十二届优秀工程设计项目评选一等奖；

2004年"第十一届首都城市规划汇报展"优秀规划设计奖。

# 2 北京市延庆八达岭镇营城子"一村带三村"详细规划

[案例评述]

(1) 将集约土地与发展产业有机结合，充分挖掘该村临近八达岭旅游服务区的区位优势，新区通过迁村并点集约出60%的土地，用于发展新村的产业，促进该新村社区经济产业发展并解决村民就业，增加农民收入。

(2) 在新村社区中，挖掘出不同地块的经济价值，并与农民就业相结合。

(3) 在迁村并点中，尊重原有村庄的社会结构，在新村规划中保持各村相对独立的结构格局，利于社区安定。

(4) 延续北方农村地域文脉特征，以传统街巷空间组织新村的结构格局，并与发展旅游有机结合。

(5) 住宅设计结合农民实际生产生活需求，设置"院落"或"露台"，合理布局平面功能，采用新技术新材料。

(6) 有效提高户内使用面积，降低农民购房和生活成本。

## 2.1 现状概况

八达岭镇地处延庆盆地西南部,八达岭长城代表万里长城被联合国教科文组织列为世界文化遗产。八达岭镇旧村改造占地约66.4公顷,人口3000多人。

## 2.2 规划设计

### 2.2.1 规划理念

规划首先摒弃城市住区单一居住功能及空间规划为主的规划模式,而代之以集生产、生活与服务于一体的功能结构以及相应的规划组织模式。为新农村社区实现"生产发展、生活富裕、乡风文明、村容整洁、管理民主",实现地域文化特色构建平台。规划从经济产业、集约土地、格局结构、生产生活、生态环境等角度进行分析和思考,进而在空间规划中逐项落实,以实现经济、社会、生态的协调发展。

(1)经济、产业角度的思考——规

鸟瞰图

具有北方地域特色的街巷空间,既是村民生活交往的场所,也成为新村民俗接待及旅游的主要路线

划应促进农村经济、产业协调发展

通过新农村社区规划，要达到调整产业结构，促进农村经济发展，增加农民收入的目标，同时，还要考虑农民的经济承受能力。本项目从土地、住区、住宅等经济和产业的角度进行了思考。

1）依托八达岭长城旅游服务区，在村庄原有土地上，引导农村发展民俗旅游业，以及度假、休闲、娱乐等服务业；引导农村产业转化，改善农村产业结构，促进农村经济发展。

2）依托镇区优势，挖掘出新村区位及其沿街土地的经济价值，规划民俗旅游路线和新村产业用房，解决农民就业，增加农民收入，发挥新村土地经济价值。

3）研究农村住宅的特点，以"降低农民购房和生活支出"为设计目标，提出"降低建筑面积，提高使用面积"的设计理念，合理布局住宅、注重建筑节能设计。

（2）土地角度的思考——规划应有效集约利用农村土地

新村社区的土地价值在于提高土地的综合利用效益；农宅占地则应综合考虑生活、生产的实际需求。在设计中，按以下两种方式进行了新村规划：

1）对于以务农或从事家庭生产为主的农户，对庭院、住宅的独立性要求较高，规划中采用垂直分户，独立院落的方式进行规划。

2）对于家庭生活方式已逐步城市化的农户，则按水平分户的模式，规划设计四层为主的农宅，有效提高土地的利用效率。

以此为指导思想合理规划，新村仅占地26.5公顷，就已满足了村民的使用要求，集约出旧村60%的土地，大大提高土地的利用效益。

（3）社会结构的思考——规划延续原有村庄格局结构

"一村带三村"重建新村的改造模式，不仅意味着农民离开多年居住生息的村庄，还需迁并在一起，将导致原有稳定的居住结构发生变化，处理不好会

延续传统村落格局的八达岭镇新村社区总平面图

带来一系列社会问题。

在新村规划中,挖掘出传统村庄秩序安定,住户稳定熟识的社会特征,引入了"新村社区"理念——保持原有结构特征,各村以组团形式独立布局;分设出入口,产业用房、村委会及活动场所等;但社区基础设施和公共服务设施统一规划,完善配套。使搬入新村的农民,既提高了生活质量,又沿袭了熟悉的生活氛围,延续原有的邻里关系,从心理上产生满足感。以确保迁村并点后新农村的团结安定,和谐共处。

(4)生产活动的思考——规划为农村生产活动创造条件

新村社区既是农民生活的场所,也是农民生产的场所。

1)在新村规划中,注重家庭生产与集体生产相结合,在新村附近规划集中的饲养场地,饲养家禽家畜;集中布局运输业车辆存放场地,由村集体组织统一管理,较好地解决了新村规划与农民原有家庭生产的矛盾问题。

2)住宅不仅是农民的生活场所,而且是生产场所。结合农民的实际生产需求,通过垂直分户、细化院落功能、增设生产用房等的方面设计,店铺和游客接待等多种功能空间,以利于发展农民的家庭生产经济。

(5)环境角度的思考——规划注重保护生态和人文环境

规划中,充分尊重地域的自然生态环境、人文环境,以此为基础,营造社

三层两户透视图(C-1型)

四层花园式退台透视图(E1型)

区的综合环境。首先，利用好新村用地的坡地地形和现有的果树，保护好自然生态环境；其次，注重北方村庄和长城文化人文环境的创造；同时，通过经济、产业、土地、社会伦理等角度的综合性研究，为农民营造出良好的社区综合环境。

### 2.2.2 规划设计

新村规划时在村落之间用成簇树木分隔围绕，在树丛之间布置有活动场地、休闲步道等；获得了良好的村庄特征的空间层次和景观效果。

新村建筑设计充分借鉴汲取长城和北方民居特色，住宅形体设计采取层层退台手法，使建筑如同从大地中"生长"出来一样，取得与周围的群山、长城相协调的效果，同时有效地削减建筑体量，使其更好地融于环境之中。

细部设计注重体现地域特色，如局部建筑外墙的斜向收分、屋顶的坡度控制、当地材料的选用等等，体现出长城脚下北方民居特征。

立面色彩则以长城城墙灰色为主调，辅以浅灰、白灰及长城周围山体的黄灰色，整体色彩搭配与长城及其周边环境协调。相邻的院落之间注重色彩的变化，使整个新村既有统一协调的主色调，又避免了色彩的单调性。

沿街产业用房透视图

### 2.2.3 新农村综合社区的创造

新村社区的功能强调多样性特征，包括社区内提供农民的就业机会，生产场地及产业用房的设计，种类齐全的配套设施，开展农民培训及各种文化活动的场所、场地等，以改善村民居住生活、生产条件，丰富村民的物质和精神生活，发展社会文化事业，促进农村地区全面发展。

(1) 建筑设计

1) 农宅的典型特征分析

①家家有院子。院子是农村住宅的典型空间，是农民生活生产的核心场所，兼有联系各房间的交通功能。

②设有生产用房。多数农户家中有可独立对外的生产用房，用于家庭生产，或农具、粮食等存放。

③农宅建筑面积低、使用面积高。一般来说农宅厕所独立设于院中，其他房间均对堂屋开门，或直接经过院子进入，基本没有内部的交通面积，大大降低建房的经济投资。建筑面积一般不大，但有效使用面积往往远大于城市同等面积的住宅。

④农民生活节俭，生活成本较低。农民很注意节约，省水、省电、省燃料。农村住宅的主要房间朝阳，有利于保暖，省燃料；旱厕远离住宅，有利于排气；厨房外墙面较大利于排烟，节省设备投资；安装太阳能，利于节省燃料。

2) 新村住宅设计

针对该新村大部分农民已进入第二、第三产业兼业的情况，主要户型设计四层退台式花园住宅，不仅提供给农民完善的居住功能，同时，把农宅生产功能和生活习惯也融入其中，从物质空间和居住的经济性两个层面满足农民的生活生产需求。

①户户有院子或平台：在四层新村住宅设计中，引入传统的院子理念，或利用底层院落，或利用屋顶平台，为每户都提供了一个室外庭院，使农民原有的生活习惯和庭院的部分功能得以保留，一、二层院子跟生产紧密结合，三、四层平台则可使一部分住宅功能室外化，利于降低建筑面积。

②一、二层住户设有生产用房：在一、二层结合院子设有可独立对外的生产用房，针对开展家庭手工业等的农户，上楼后还可继续原有的生产活动。

C-1 二层平面图　　　　　　C-1 三层平面图

③低建筑面积、高使用面积的住宅设计：通过公共楼梯的局部室外化、以及室内消灭纯交通功能空间、小户型室内交通与庭院相结合等的设计手法，创造出低建筑面积、高使用面积的新农宅。

④生活成本的控制：主要居室位于南向，明厨明厕，部分户型厨厕直接对庭院开门、太阳能热水系统及雨水收集系统等的设计，均利于省水、省电、省燃料，降低农民生活成本支出，也是建立节约型社会的具体体现。

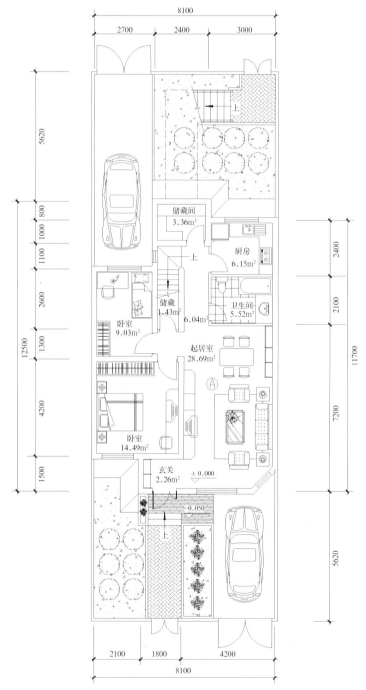

C-1 一层平面图

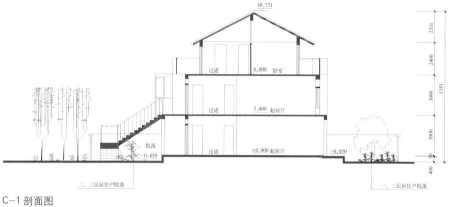

C-1 剖面图

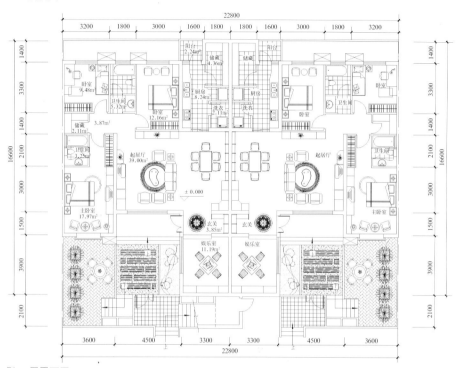

E1 一层平面图

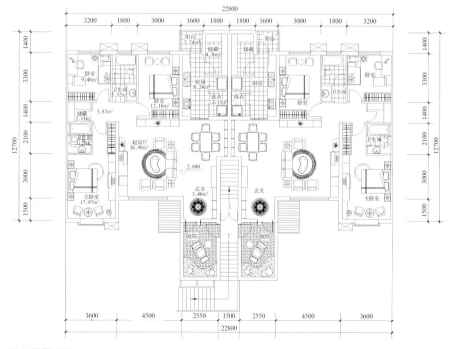

E1 二层平面图

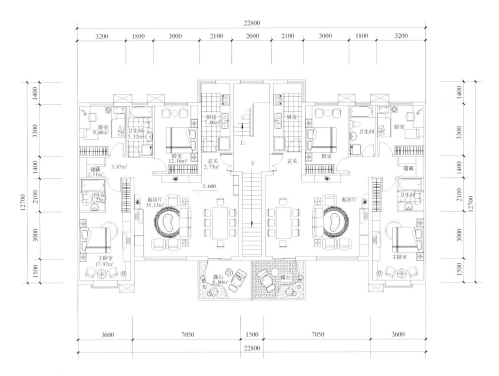

E1 三层平面图

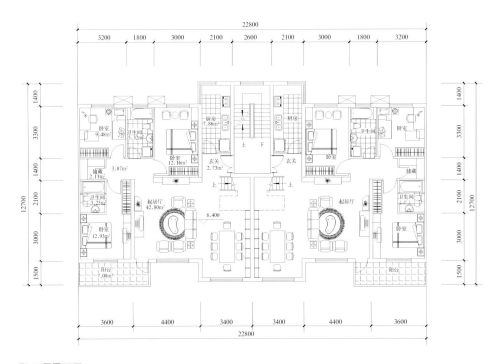

E1 四层平面图

下篇：实例篇 101

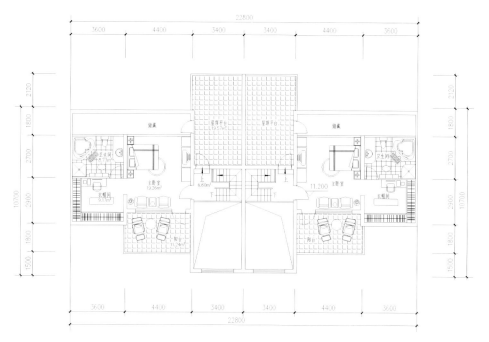

E1 跃层平面图

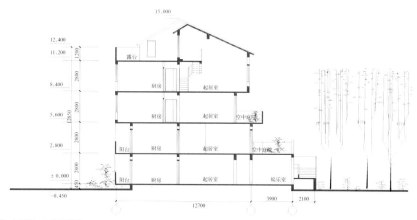

E1 户型 1-1 剖面图

设计单位：中国建筑设计研究院城镇规划院
项目负责人：方明、董艳芳、陈敏
主要设计人：方明、董艳芳、陈敏、白小羽、王玉、薛玉峰、杨猛

# 3 北京市平谷区南宅村旧村改造详细规划

[案例评述]

（1）新村开发与产业带动协调发展，促进土地盘活及新村产业发展。

（2）借鉴传统的住宅聚落布局和建筑空间组织形式，营造了富有生活气息的北方新村。

（3）建筑单体新在构造与材料上与当地的建筑技术、材料结合，有效降低建造成本。

（4）对旧村改造的运行机制、投入机制和监督机制进行了积极探讨。

## 3.1 基地现状概况

南宅村地处北京市平谷区，地势北高南低，海拔20米左右。村庄聚落呈不规则多角形，总面积约26.7公顷。

## 3.2 设计思路要点

在布局上，借鉴传统的住宅聚落布局和建筑空间组织形式，节约建筑占用的土地，提供完善的基础设施、公共设施和室内外公共活动场所。在体形上，沿袭当地传统建筑形态，并尽量采用当地生态的建筑材料。在空间上，注重建筑空间与非建筑空间的相对分离与有效结合。在构造上，最大限度地吸收住宅设计中的成熟技术，并考虑当地可接受的造价成本。

## 3.3 新村规划设计

新村建设选取旧村原址上就地重建，采取逐步推进、分期拆建的滚动建设方式。

### 3.3.1 建筑功能布局

（1）商业文化轴

依托便捷的交通，沿城市道路两侧打造南北向商业文化轴，集中布置方便居民使用的公共服务设施。建筑高

规划总平面图

度控制在1～2层，采用传统坡屋顶建筑风貌，成为新村展示的重要窗口和聚集中心。

（2）市民休闲中心

商业文化轴中间设置东西向休闲步行道，通过联系两侧开敞的公共活动场所，市民休闲广场，结合周边景观小品、绿化植栽的设计，为村民开展公共活动提供宜人的公共场所。

（3）住区组团

新村规划住宅共计372户。南北向城市道路将村庄划分为东西两片区。西区规划为1～2层联排住宅和独立别墅，通过绿化带分隔，形成4个独立完整的组团。宅间布置集中绿化和游憩场地，保证开敞空间的景观联系以及住户的交流联系。

### 3.3.2 道路系统

（1）交通结构布置

将住区道路系统简化为两个层级：1）环状小区主干道（宽10米，其中两侧各1.5米人行道），实现东西两片区组团与外部城市道路的便捷联系；2）各组团入户路（宽4～6米），直接与环状路相接，考虑居民的需求，确保实现车行入户，同时避免了穿越交通的干扰；3）在住区主要入口附近设置绿化停车场，考虑组团内路边停车。

（2）步行系统

休闲步行轴与休闲广场、景观水域相连，联系入户路，将交通组织与传统村落景观相结合。

### 3.3.3 绿化景观规划

利用村中原有的天然浅坑，改造为宜人的景观水域，结合驳岸、小品和绿化，使休闲广场形成新村核心的景观节点。

组团之间的绿化隔离带，可以考虑种植经济作物和观赏果林，在满足游览观赏的同时，可获得一定的经济收益。

## 3.4 住宅单体设计

### 3.4.1 住宅类型

根据需要和实际发展，设计了联排式住宅、合院式住宅、独立别墅型住宅、公寓式住宅四种形式，并且每种住宅分别有不同的户型以适应不同的需要。

### 3.4.2 建筑风格

建筑风格参照当地现有建筑传统，并且结合现代建筑的处理手法，精选传统民居的空间布局方式和形式元素，形成一种融合传统民俗、又具有现代气息的建筑风格。建筑设计追求建筑的外部体形和室内的空间形式浑然统一，没有多余的装饰部分。大部分屋顶采用双坡形式，灰瓦屋面，墙体部分采用灰砖墙，其他部分喷刷清爽颜色的涂料，形成一

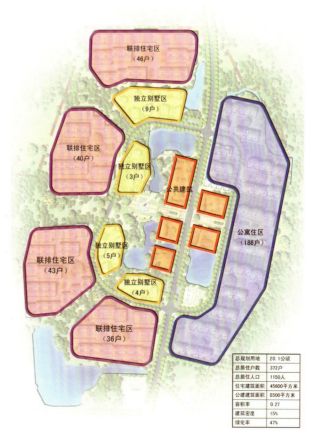

建筑布局分析图

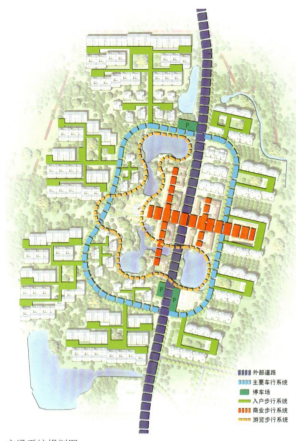

种典雅而又有北方民居特色的建筑外形。

### 3.4.3 建筑材料

建筑材料的选用尊重地方传统，使用灰砖墙体、局部线脚采用混凝土外刷白色涂料，墙裙采用当地流行石头砌块的做法；屋顶铺青瓦或灰色黏毡瓦，混凝土现浇或者预制檐沟；彩色塑钢窗、木门；平台栏杆木制，用金属加固或者采用钢筋混凝土现浇。大面非开启的采光玻璃可以考虑使用北方农村流行的双层玻璃做法。

### 3.4.4 院落空间

院落空间的设计及布局尽量考虑减少硬铺地面积，多种植当地各种植物。除了部分户型设计了独立的停车库外，其他户型的停车方式为室外停车或者在村路上停车，既符合目前的农村情况，同时具有满足将来新要求的灵活性。

交通系统规划图

鸟瞰效果图

鸟瞰效果图（节点1）

鸟瞰效果图（节点2）

鸟瞰效果图（节点3）

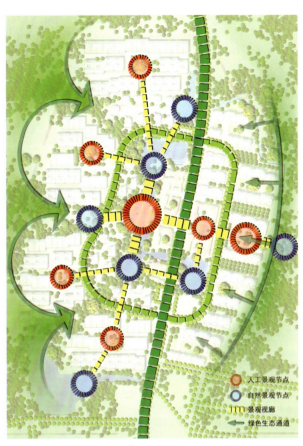

绿化景观分析图

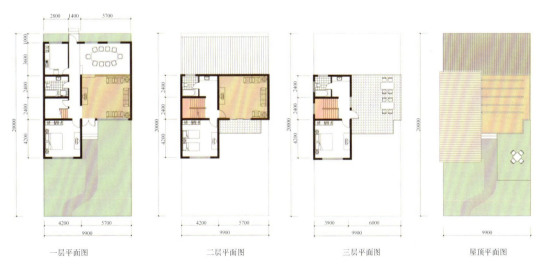

一层平面图　　　二层平面图　　　三层平面图　　　屋顶平面图

联排别墅型农宅1
宅基地面积：200平方米
建筑面积：210平方米

农宅户型设计（联排1）

农宅户型设计（联排2）

农宅户型设计（联排3）

农宅户型设计（联排4）

农宅户型设计（联排5）

农宅户型设计（联排6）

农宅户型设计（合院式）

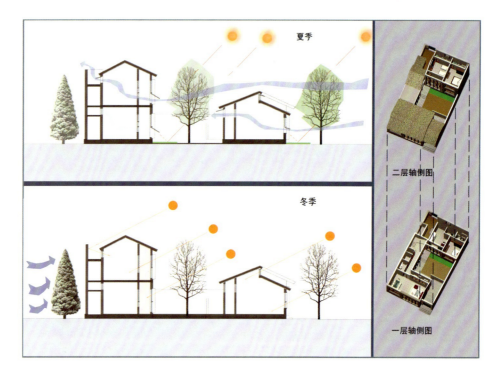

农宅户型设计（合院式）

一层平面图　　　　　二层平面图　　　　　屋顶平面图

独立别墅型农宅1
宅基地面积：192平方米
建筑面积：205平方米

农宅户型设计（别墅1）

农宅户型设计（别墅2）

一层平面图　　二层平面图　　屋顶平面图

独立别墅型农宅2
宅基地面积：180平方米
建筑面积：216平方米

农宅户型设计（别墅3）

农宅户型设计（别墅4）

农宅户型设计（公寓1）

公寓型农宅1
一层单元使用面积：77.5平方米
二层单元使用面积：82.8平方米
三层越层使用面积：114.0平方米

农宅户型设计（公寓1）

农宅户型设计（公寓2）

公寓型农宅3
一层单元使用面积：98.6平方米
二层单元使用面积：90.3平方米
三层越层使用面积：115.8平方米

农宅户型设计（公寓3）

农宅户型设计（公寓3）

设计单位：北京清华城市规划设计研究院
项目负责人：李翅
主要设计人：刘佳燕、谭伟、麦贤敏、黎皇兴、章洪浩

# 4 北京市平谷区玻璃台村新农村建设规划

**[案例评述]**

（1）通过旧村改造，在改善农民生活条件的同时，将改造后的民宅转化成生产资料，用于旅游接待，促进经济的发展，实现农村产业结构的转化和升级。

（2）规划利用"三山两沟"的地形格局，使新村规划与周围众多景点融合在一起。

（3）尽量少动土方，节约用地，保护生态环境。建筑及景观设计充分利用当地丰富的石材，体现农村质朴和谐的气质。

## 4.1 基地现状概况

玻璃台村位于北京市平谷区东北部，是典型的北方山村。村中人口约220多人，77户。玻璃台村新农村建设的途径是依托林果业，发展旅游业，实现农村由农业向服务业转型，提高农民的收入水平。

## 4.2 规划设计

玻璃台村按照原拆原建的方式进行规划：沿用现有路网，对不合适的路段

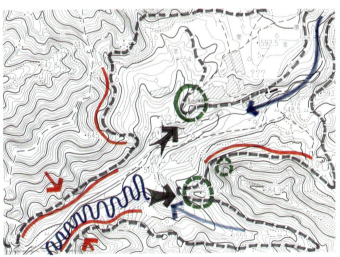

地形地貌分析

进行整修调整。在村庄入口处,规划了一处村委会,内部设置一些办公会议设施。村委会西侧设置了集中停车场。

## 4.3 住宅建筑设计

住宅设计研究了传统院落式民宅。以四合院为原型,加以改进,设计了前院、侧院和后院。正房两层,前面为前院,是主要的活动空间,侧院位于正房和厢房之间,一方面解决了正房的采光;另一方面也提供了类似传统园林的趣味空间。正房后为后院,作为杂物院使用。

针对不同功能要求,设计了七种主要户型,最终,按照150平方米和200平方米两种户型进行了建设。按照村民自用部分和旅游接待部分,分成两个主要功能分区。自住部分包括起居、主卧、次卧和卫生间,位于正房一层。旅游接待部分包括客房和卫生间,位于正房二层,厢房为客房或车库,倒房为客房或车库。根据所处位置的不同,规划了部分前院带商铺的户型,可同时满足自用、接待和商业经营的要求。厨房和餐厅是二者共用部分。本次建设考虑村民自用部分一次建成,客房进行部分建设,待有条件时可逐步建成。

立面设计则充分利用当地盛产的各种材料,采用石材和抹灰为外墙主要材料,形成立面肌理,屋面采用传统的小青瓦,庭院铺青砖或石材;门窗采用木材为框料,局部引用一些传统的木格栅作为装饰。栏杆采用石材与小青瓦拼花结合混凝土过梁的处理手法,突出乡野特点。

## 4.4 基础设施更新

在基础设计更新中,根据实际情

况，提出经济实用的措施。在排污方面，不设集中污水排放和处理系统，每10～20家化粪池设一个化粪池带。化粪池出来的污水进行生物处理，处理后的污水可达到国家一级排放标准；在采暖方面，采用分户分散采暖，多种采暖方式复合使用的方式。以太阳能采暖系统为主，辅以薪柴加热；在村民自用的卧室，保留传统的火炕。做饭以柴禾为主，液化天然气（罐装）为辅。

## 4.5 经济效益分析

平谷区的新农村建设开创了一种新类型，即产业拉动型：以发展旅游、农民增收致富为目的，将农村建设与

平谷玻璃台村改造鸟瞰图

旅游建设相结合,将农村住宅的建设与农村经济的发展相结合,变生活资料为生产资料,建设家庭旅馆,实现由第一产业向第三产业的转型。住宅建设费用由农民自出部分和贷款两部分组成。基础设施建设费用由政府出资,主要包括道路、上下水管线、供电、电信、有线的增容和改造,以及村庄的防洪、绿化美化工程。新能源新技术资金主要是太阳能采暖,由政府出资。

## 4.6 太阳能设计与建筑的结合

采用了外墙外保温、加强屋顶保

A型

A户型模型

B 型

C 型

温、采用塑钢门窗中空玻璃、冷桥处理等几项技术,并对户型进行优化,降低外表面积,减少体型系数。在玻璃台村,采用了以太阳能采暖为主,辅助薪柴取暖相结合的方式。经过初步运行,室内温度均能达到摄氏18度以上。

设计单位：北京九夏嘉业建筑设计咨询有限公司

项目负责人：赵钿

主要设计人：耿沛、韩凤磊、陈霞、吴述新、曾红艺、周颖

# 5 天津武清区后蒲棒新农村试点建设规划

[案例评述]

(1) 依照国家"城镇建设用地与农村建设用地减少相挂钩"的政策,在严格保护耕地的前提下,有效盘活农村存量建设用地,有利于促进土地资源的集约利用,促进农村经济社会发展。

(2) 中心村结构采用"邻里——社区"模式,几个社区组成一个邻里。邻里是传统村庄模式的延续与升级,邻里以中心绿地为核心形成邻里的精神中枢。

(3) 住宅设计中考虑农村家庭养老、多代同堂的传统生活习俗,在住宅空间设计上,根据村民的人口构成、生活水准和从业需要进行针对性设计,满足村民居住的适用性,营造舒适的生活空间。

(4) 中心村建筑均采用做好墙体保温、大力提倡屋顶绿化及安装太阳能光电、光热转换器,及充分利用当地地热资源、节约水资源等措施建设节约型社区。

## 5.1 现状概况

大黄堡乡后蒲棒村是天津市新农村建设"三镇一村"试点之一。大黄堡乡

区位图

位于天津市武清区东部，海河水系下游。乡域内道路系统完善，路网建设基本形成。后蒲棒村现有187户，702人，村庄建设用地25.91公顷。后蒲棒村经济实力较强，村庄已进行有规模的自我更新，建有100户左右的农民新村，村庄建设较好。

## 5.2 新农村改造模式探索

后蒲棒村规划根据当前农村状况及新时期农村发展趋势，提出新农村建设的五大模式——中心村迁并模式；中心村建设模式；中心村就业安置模式；土地与资金运作模式；中心村管理运营模式。

（1）中心村迁并模式

后蒲棒中心村规划保留了现状建设改造较好的连排住宅区及小学与行政办公，考虑近期建设满足后蒲棒、前蒲棒、大黄堡三个村庄的还迁，远期满足后八个村还迁，并规划了旅游接待开发用

鸟瞰图

总平面图

地。规划设置1个农场,用于务农的农民存放农机具。

(2) 中心村建设模式

考虑试点的可推广性,采用模块化建设理念。中心村结构采用"邻里—社区"模式,几个社区组成一个邻里。考虑到现状村庄人口规模较小,邻里的规模确定为200户。由一梯两户组成的三层六户村民为一个基本单位,层级组成八个基本单位、50户村民的基本组合,基本组合进一步构成一个居住村民200户的邻里模式,并配套相应服务以及垃圾收集点、自行车停放处等设施,形成完善的邻里中心体系。

邻里采用十字型布局方式,以公众活动空间——中心绿地为核心,统一规划,供200户村民共享的开放空间,并在其中设置邻里中心。邻里中心采用统一模式设计,由村部办公室、综合会议室、党员活动室、科普活动室、医疗计生室和老年活动室"六室"组成。

在基本邻里之间配置相应的社区配套公建、教育单元(配套托幼、小学)与动力单元(配套相应市政设施),并规划一条社区入口的林荫大道,营造村民的归属感。

(3) 中心村就业安置模式

中心村集中形成的服务业及旅游业,提供额外的就业岗位。

(4) 中心村管理运营模式

中心村建设尊重原有的组织机制,分层设置管理机构。在邻里层次中,采用统一模式设置"六室"。在中心村层次中,设置集中的管委会机构,包括公安、税务、服务、管理等机构,实现中心管理。

(5) 土地与资金运作模式

利用周转建设用地指标,规划建设农民住宅和休闲旅游居住区开发,开发建设的收益用于平衡农民还迁住宅的建设投入。对原村庄建设用地全部复耕,用于周转用地指标的占补平衡。

## 5.3 规划设计

在后蒲棒发展五大改造模式,建设新农村社区,因地制宜,营造水中绿舟的新型生态居住形态。

(1) 规划布局

中心村将发展成为占地面101.89公顷,容纳人口9700人的新型农村。它将保持着自身的地域感与生态特征,具备良好的自我代谢机能并与自然和谐共生。

后蒲棒新村由3个功能区组成:北部的生态旅游度假区;南部的安置居住区;西部的公共服务区。3个功能区形成新农村成长的有效功能架构。

安置居住区由现状后蒲棒村民区和规划安置区两部分组成。现状保留区由独立式住宅组成,安置住宅采用组团式布局,形成11个邻里(组团)。建筑以3层为主,建筑造型遵循地方建筑文化,与环境相协调。在单体设计中,住宅布局考虑村民的生活习惯,户户朝阳。通过基本邻里模式的组合,设置起步区的

功能分区图

标志性入口及林荫大道，突出新村的标识性，并方便地到达新村的中心活动空间。沿主要道路布置区域的教育、公建、动力单元，方便村民使用。

生态旅游度假区位于后蒲棒村北侧，该功能区主要借助大黄保湿地自然保护区的旅游资源，用于地产开发，其收入用于平衡村庄的拆迁安置。生态旅游度假区由以下3种业态构成。

康体养生度假区：规划底层院落式养生度假单元。

分时度假房产区：引入分时度假理念，吸引都市人群，作为其第二、第三居所的首选。

旅游接待服务区：规划旅游接待服务区，设置生态酒店、生态渔村、生态农庄等旅游服务设施，接待外来游客。

公共服务区是以现状后蒲棒村委会为基础扩建而成。在此规划包含派出所、工商所、邮局等公共服务设施。

同时规划广场、集中绿地等公共开放空间，整治河流堤岸，栽植绿化，美化环境。在林荫大道两侧设置小学、幼儿园、文化活动中心，以及商业服务业、金融、邮电等设施，形成社区的公共中心。在北侧的主要交通线上设置一处公交车站，满足新村居民的出行要求。

（2）开放空间

构建层次丰富、方便可及的开放空间，开放空间系统由绿化系统和水系统两部分组成。

1）水系统

在邻里之间开挖水面，与外围的现有池塘水面形成串联，构成完整的水循环体系。

2）绿化系统

绿化系统由组团绿化、道路绿化、林荫道路绿化、河畔绿化、水畔绿化5个层次组成，配置相应的绿化植被。

（3）道路系统

规划路网采用方格网状的结构。各条道路具体规划情况如下：主干道—红线宽20米，规划横断面为：3~14~3。

规划次干道红线宽均为12米，规划横断面为2.5~7~2.5。

规划要求后蒲棒村内应配建足够的停车用地。

户型－透视图

(4) 可持续设计

1) 绿色能源应用

中心村建筑均采用高于三步节能建筑标准建设，即在做好墙体保暖的基础上，大力提倡屋顶绿化及安装太阳能光热、光电转化器，对于能源需求大的公建应当在通风系统加装能量回收器。中心村位于潘庄地热异常区，地热资源丰富，在规划中采用新型地源热泵技术，冬季为居民供热、夏季提供制冷，既降低了中心村对石化燃料及电力的需求，又减少了温室气体排放。

2) 水资源综合利用

天津地区属于严重缺水地区，为了减少对地下水的需求，在中心村规划中

现状居住状态

居住环境的改善，居住标准的提高，可选择的舒适生活

充分利用非常规水源，一方面利用屋顶和路面渗水性设计回收雨期雨水，用于绿化、居民冲厕等，另一方面把冲厕水和普通生活废水分离，分离后的冲厕用水进沼气池发酵产生沼气，普通生活废水进入村污水处理系统，经过沉淀池、曝气池、生物过滤池后进入中心村开放水景。

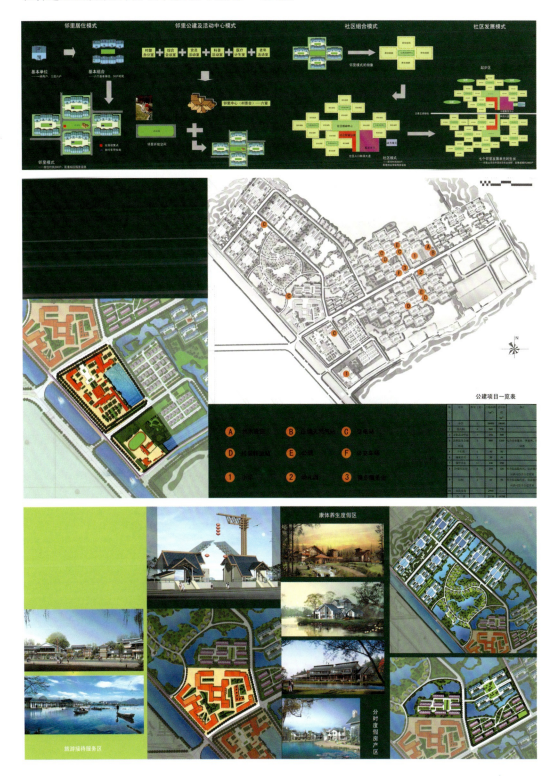

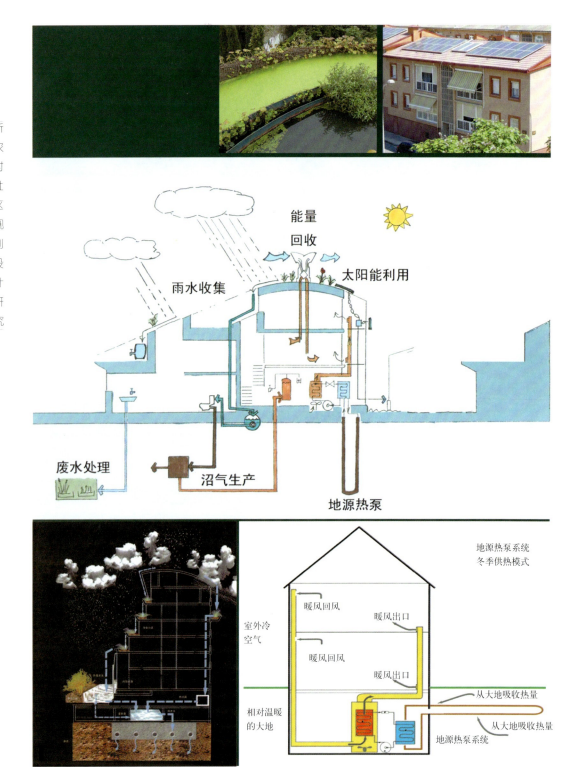

 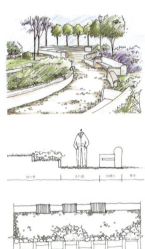 

设计单位：天津市规划设计研究院

项目负责人：秦川、史延冰

主要设计人员：蔡建国、宫媛、尤坤、王华新、原涛、任一兵、余乐渊

# 6 江苏省徐州市潘塘中心村详细规划

[案例评述]

（1）以强化组团、弱化小区的结构模式，建立以原有自然村为单元的邻里单位，使农民安置房和商品房既相对独立又有机组织在一个完整的新区里。

（2）保留了用地内原有的竖横相交的沟壑水系；并加以积极利用，成为社区开放的公共空间和人们交流的场所。

（3）新区公建配置以区域共享为原则，既增加了该区的吸引力，同时可大量解决农民搬迁后的就业问题。

## 6.1 现状概况

潘塘中心村位于徐州市区东南部的新城区南部，总用地136.7公顷。潘塘中心村处于城市的边缘地带。

## 6.2 中心村规划设计

在该设计中采用了社区模式：明确的社区边界是创造领域感和归属感必不可

总平面图

少的条件；适度的社区规模和具有明显特征的社区中心是创造可识别的场所的关键;居住、就业和商业的多功能混合和提供多种类型的住宅是创造丰富多彩的社区生活的基础；以公共交通为导向、以行人为基本尺度的道路系统应构成社区基本的网络结构；公众参与应成为社区设计中一个必不可少的重要环节。本居住区建设模式采用用地7～8公顷规模为主的组团结构。

（1）道路交通系统

居住区内部道路以一弧一环为主,沿东西轴线布置一条顺畅的居住区级主路,沿居住区南北方向设一环路,二个开口开向南部的1号路，居住区用地最北侧设一步行入口广场,加强居民与老城区的交通联系。这一弧一环两条主路把整个居住区划分为规模不等的若干地块。居住区级道路红线宽24米，机动车道宽14米，双侧设2米宽人行道。为加强居住区北部的居民与外界的联系,在环路的东北及西北再各设一辅助车行出入口,与外部道路的辅路连接,路面宽7米,双侧设2米宽人行道。

各组团采用以院落为单位人车分流的交通形式,结合住宅院落设地面停车场,日常车辆不进入院落内部,停车区结合绿化分为带状停车和岛状停车,均可使汽车邻近院落停放。停车率多层达30%，中高层设地下停车库，达到100%。地面停车场地均用空心植草砖进行地面铺装,停车位之间种植大冠乔木遮荫。

（2）功能组织结构

本规划设计方案将以组团为基本单元来组织，采用强化组团,弱化小区的设计手法，整个居住区由数个组团组成，并联在小区干道两侧,在规划中组团将以统一的规划手法，形成彼此良好的呼应关系；同时，各具特色，体现自身的个性和定位,用地内住宅类型以六层为主，

肌理分析图

底层架空,用于农民的安置,适当布置部分中高层住宅,作为商品房出售。居住区级公建分布在中心村各主要入口附近,小区级公建在各组团相接的部位,绿化由居住区中心绿地、组团休闲步行场所和院落绿化三部分组成。

（3）绿化系统

整个中心村的绿化系统既规划有各地块点、线、面相结合的独立绿化系统。同时,沿居住区主干道走势,将各组团中心绿地（水面）和宽阔的带状绿地串联起来,成为整个中心村的绿色纽带。各级开放的绿化系统使得全体居民都能享受。

居住区内沿"一弧一环"两条主路两侧布置区级绿色纽带,在北侧及东侧入口背景处布置大面积的中心绿地及水面。用地内原有水系及田埂依据位置及规模被不同程度的保留下来。以局部地区营造的微地形绿地系统为静态轴线,以穿梭于其中流动的水景观为动态轴线,并行交织,开合有序,小区居民休闲场所（地）布置其中,创造出以"山水"、"健康"、"生态"、"交往"为主题的居住区绿地纽带。

各小区的绿化由开阔的中心绿地游园,宽阔的步行休闲道、人行道绿化带(线)和分布在各院落中的小块绿地(点)组成。同时利用屋顶、阳台、墙身做立体绿化,尽量保持原有基地的生态平衡。

（4）公建配置

潘塘中心村设有幼儿园、活动中心（会所）、超市、农贸市场、商场、中小学等公建。沿用地最北侧步行广场入口设置超市、农贸市场、商场等大型公建；在居住区中心绿地内布置文化建筑群；在北侧用地布置18个班小学一所；南侧用地布置两所中小学；幼儿园和会所则分别位于各组团之间的绿地中,并与小品、长廊、水面共同围合成文化广场,居

结构分析图

下篇：实例篇　131

交通分析图

绿化分析图

干各组团相邻的位置。结合各组团之间附近则布置内外兼顾的小卖部、咖啡屋、书店等配套设施,物业管理中心与会所结合设置,方便居民就近使用。

## 6.3 住宅设计

为适应当地的气候特点,住宅布置成南北向,进深控制在11米左右,起居室、卧室、卫生间及厨房均有自然采光,房内空气南北对流,自然通风良好,起居室以朝南为多,并且每户至少有一个卧室朝南。

(1) 内部空间设计

合理分配户内各功能空间的面积,做到三大一小,适当扩大起居室的面积,卫生间分室布置,大套型设置双卫生间。每户保证有一个明厕,适当缩小卧室的使用面积。在有限的面积指标下,达到"食寝分离"、"居寝分离"、"公私分离"、

公建分析图

步行入口透视

形成动区与静区，以提高居住的舒适性。

（2）建筑形式

住宅采用坡屋顶的形式，结合徐州市的民居特色，利用坡顶的大小不同，长短变化或互相穿插的组合以及退台等形式，错落有致地勾勒出丰富的"天际轮廓线"。对山墙的山尖部分进行艺术处理，使它形成具有地方风貌特色的建筑符号，反复使用，强调住宅群体的整体性，并赋予其韵律感，同时重点处理檐口，腰线等细部，丰富整体，使人倍感到亲切，坡屋顶上缀以老虎窗。

模型照片

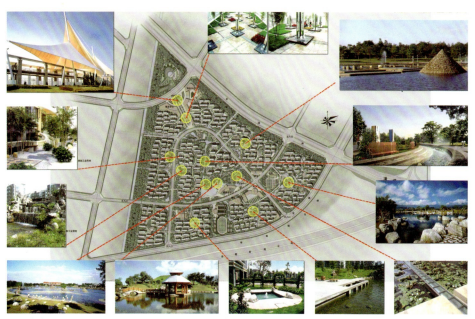

景观意象

机场路沿街立面

一号路沿街立面

水街意象

设计单位：中国建筑设计研究院城镇规划院
项目负责人：方明　刘玉军
主要设计人：黄非　李晨光　李霞　莫曼春　杨姗姗　陈圻　曾永生

# 7 浙江省绍兴县新未庄详细规划

[案例评述]

(1) 整个规划布局与地形、水系很好的融合,将河流、水系组织到规划之中,充分体现水乡地域特色。

(2) 规划结构明确,以组团和院落来组织整个村庄规划。

(3) 小区路网简洁清晰,与住宅组团、院落及河流形成良好的呼应关系。

(4) 绿化景观系统与组团院落、住宅单体有机结合,使住区与河流、绿地相映成辉。

(5) 单体、景观小品等设计均反映江南民居特色。

(6) 住宅以2~3层为主,有效提高了土地的利用效率。

## 7.1 概况

江南民居——未庄位于绍兴县柯桥南部,距绍兴县城约1公里。三面临水,风光秀丽,景色绮人,规划总用地面积27.6公顷。

## 7.2 规划设计

未庄住宅小区采用小区——组团——院落的规划结构形式。东西宽420米,南北长850米,规划由一个环形路网,四个出入口,把整个小区贯穿起来。规划沿柯岩大道50米绿化带内新开一条8米宽的新开河,线条自然,以体现水乡特色;主入口设一明显的标志性建筑,作为导向性入口;小区整个地块被中间河流分隔成南北两大地块,采用一河一街的绍兴古镇布局形式,沿河两侧布置商业用房。

未庄住宅小区被环形路分割成14个组团,35个院落,相互间通过灵活自由的次干道进行连接,在小区东部沿河流地块采用单家独户形式。

区位图

(1) 道路与交通组织

未庄住宅小区设四个出入口，均与柯岩大道相连接，中间设一主入口，其余三个均为次入口。主入口既可以作为居民日常出行出入口，也可以作为观光旅游入口，三个次出入口主要功能为疏散内部交通。

小区内道路系统采用三级道路组合形式，即：8米、6米、3.5米，主干道即连接组团之间道路采用8米，次干道采用6米，宅前道路3.5米。

步行系统主要沿景观轴进行布置。沿新开河两侧各设小路一条，宽度为3.5米，两条小路通过新开河上设石桥相连，沿小区中间景观轴河流两侧也各设一条小路，其中河西采用走廊形式，可以遮阳挡雨，河东以青石板铺地，沿河设码头，河埠头，营造水乡特色，这两条步行系统延至中心商业街处汇合，通过十字形交叉河流上三座石桥相连，与东西向步行商业走廊相连，至柯岩大道新开河处分别向南北两侧延伸分流。

小区内设公共停车场三个，在小区道路系统中开设港湾式停车场，停车泊位总数到达户均1个。

(2) 居民与景观设计

小区的绿化系统可分为两个层次。一是结合小区景观轴进行布置，形成一

规划用地布局

带三轴的绿化景观线。二是结合小区建筑功能布置，形成公共休闲绿地和院落休闲绿地。

一线：在柯岩大道50米带状绿化，沿河两侧可种一些垂柳，结合错落有致的住宅民居建筑及精致玲珑的绍兴石桥，同时配合柯岩大道，绿化带布置，主入口景观设计采用不对称布局，以一高一矮的自然石为主景，突出柯岩风景区的石文化。

三轴：

1）中心景观轴，南北向视线贯穿，北起区中心鹅池边三味亭，南至中心商业街，中间通过步行系统连接，沿线可驻足体会江南的小桥流水人家的诗情画意。

2）商业轴：东西走向，采用一河两街的绍兴古镇特有的形式进行布局，河上设步行石桥，河中有乌篷畅游，河岸设船埠头，两侧建筑采用骑楼式布置，在此景观轴主要集中体现了绍兴古镇商业街风貌。

3）入口景观轴，在主入口进入小区道路两侧布置商业建筑，并在北侧开挖宽约4米宽的小河，形成一街、一河、一路的布局，让游人在小区入口处初步体验感受江南民居——未庄的水乡及建筑味道。

道路系统图

4）公共休闲绿地，在中心商业街南北两侧各开辟1条宽约20米左右，长250米的休闲绿化带，以铺装绿化为主，点缀一些小品及游戏设施。

5）院落休闲绿地，在每一个建筑院落内开辟150～250平方米左右的公共休闲绿地，以硬地铺装为主，种植几棵高大树木。

(3) 建筑设计

建筑均为二层或三层，建筑形式采用传统的江南民居形式，在主要形象展示范围内采用民居的群体建筑布局形式，屋顶采用坡屋顶，色彩采用传统的黑、白、灰等。

1) 住宅建筑

采用院落式布局，大多数呈两户一联形式，每联通过围墙或裙房可连成一体，建筑形式采用坡屋顶，层高二层或三层，建筑高低错落有致，立面丰富、细腻、古朴。

2) 公共建筑，主要布局在中心商业街及沿柯岩大道一侧，小区内公共建筑布置主要有物业管理、农贸市场、村委办公楼、幼儿园，其中物业管理、村委办公楼、农贸市场均结合中心商业街进行布置，幼儿园单独设置在小区中心地段。

规划用地结构

鸟瞰图

图 例
- 景观节点
- 景观轴线
- 带状绿地
- 休闲绿地

绿化景观分析

方案三正立面

方案一效果图　　方案二正立面　　方案二、三侧立面

方案三效果图　　方案四透视图

方案五透视图　　方案六透视图

下篇：实例篇 141

新未庄公园1

新未庄公园2

新未庄公园3

实景照片

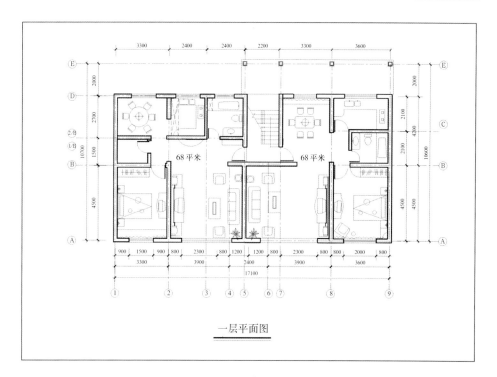

一层平面图

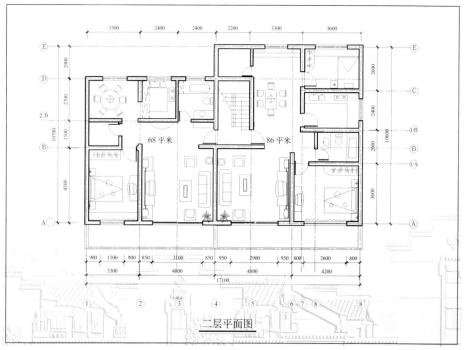

二层平面图

方案五户型平面

设计单位：浙江省绍兴县规划设计院

项目负责人：陶永兴

设计人员：施明朗、王怀玉、赵力田、张斌、章铁民、叶维达、蒋华、王秀娟、倪世龙

# 8 湖北省武汉市洪山区青菱乡园艺场居民点详细规划

**[案例评述]**

(1) 规划设计以人为本，贴近土地的聚落空间，亲切宜人的乡土气息，满足不同年龄层次不同类型的农村住户生理、心理需要。

(2) 建筑与绿化的纵横穿插，住宅高差与丘陵地形的整合，空间景观节点、景观轴线的精心营造，现状水系的巧妙梳理，为住户提供了具有宜人景色的居住环境。

(3) 在合理布局的前提下，提高土地利用率，在总量平衡的前提下，以环境促效益，取得社会、经济、环境三大效益的统一。

## 8.1 基地现状概述

青菱乡园艺场居民点位于武汉市主城南部近郊，洪山区青菱乡东部青菱湖与黄家湖之间，是配合主城中环线、107国道的建设和武汉新大学的选址建设，为集中安置拆迁农户所规划的新居民点。该居民点居住区总占地28.3公顷，规划居住1354户。

## 8.2 规划设计

(1) 功能布局

居民点布局以"有机嵌合，曲水流

总平面图

舫"的"工"字形架构为立意出发点，四个组团依坡就势，设置于南北两侧的缓坡丘陵，由其界面"挤压"而自然形成的中部低地绿化结合水系，形成中央线性绿化轴，贯连东侧的青菱湖及西侧的国道防护绿带，形成"工"字形生态体系，再向南北两侧分别渗透至各组团中心；而道路则由基地周边嵌入，与绿化系统咬合。基地东侧邻107国道，面向大学城的地段设置带状公建区，项目包括商业、交通服务、机械修理等。

（2）道路交通规划

将居民点的道路规划纳入整个居住片区的道路系统一并考虑，由于107国道在远期形成全封闭的快速路，所以居民点出入口，不直接位于其上，而是通过平行于国道的辅路，及西侧的沿湖路，同南北两侧的住区衔接起来。近期通过步行道将辅路与国道联结起来，远期则采用立交下穿的形式，与东侧的新大学城取得紧密联系。在基地南北侧沿村界再设置小区级次干道，则本居民点内形成道路布局为相对独立的周边式，再通过组团级道路、宅前路延伸入每户，与绿化系统嵌合，形成完全人车分流的道路系统。从整个住宅片区的道路架构来看，其布局方式也较为完整，加强了村际联系，同时便于安全管理。居民点内多采用丁字路口，和弯型道路避免过境交通的穿越，且较易控制内部车速。

居民点人流聚散区有两级，一级为居民点东向主入口，和居民点中心绿地，二级为各组团中心。居民点采用独立的步行网络，将各组团相连，用东西向的步行主轴统领整个步行系统。停车场均位于组团外围，保证中央绿化轴及各组团绿地不受车流干扰。

（3）绿化系统规划

居民点绿化系统是由一条中央绿带、二条生态轴、四个组团绿化组成的"工"字形嵌合体系。规划布置中，在满足其他用地的同时，规划考虑了创造良好的生态环境所需的绿化面积，采用集中与分散相结合的原则，按生态环境的要求，布置绿化。除集中绿地外，还在大小庭院、建筑物前后及屋面等处布置分散式绿化，使点线面绿化相结合，互

鸟瞰图

相渗透，保持绿化空间的连续性。通过草坪、硬质铺地、灌木、雕塑等高低不同组合，为居民提供了一个丰富的文化生活的休闲场所。

（4）建筑群体及空间景观

保证全部建筑南北向，依坡就势，利用错落有致的行列式布局及自然随意的绿地系统，获得丰富的景观效果。

功能结构图

交通分析图

营造居民点的公共空间、半公共空间、半私密空间、私密空间,通过空间的逐级递变达到丰富景观的作用。在建筑布置上有意识地向集中绿地进行收放,并结合地形控制层高,住宅由南北两侧高地向中央绿轴层层跌落,让每户都拥有一条望向集中绿地的视线,达到均好性。

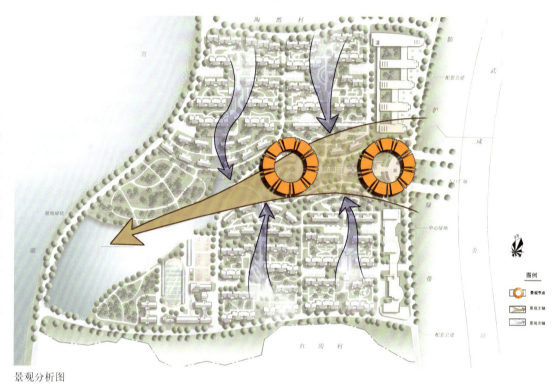

景观分析图

绿化分析图

分期建设图

沿街立面图

透视图

C型住宅1~5层平面

C型住宅6~7层平面

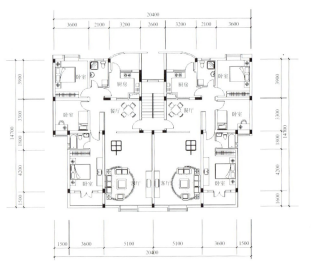

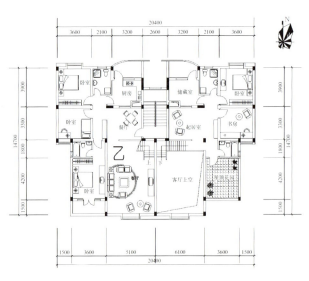

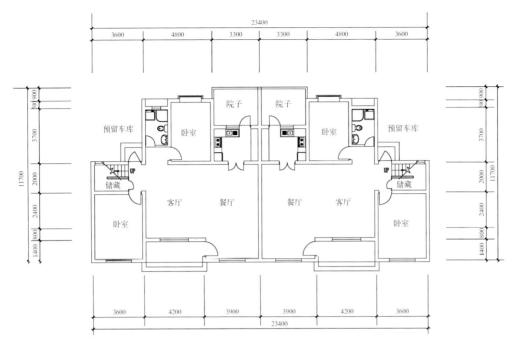

D 型住宅 1 层平面

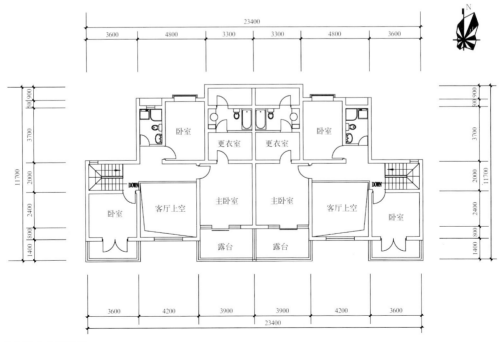

D 型住宅 2 层平面

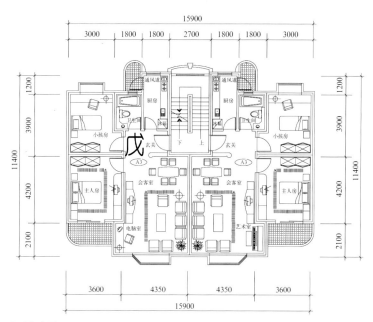

E型住宅平面

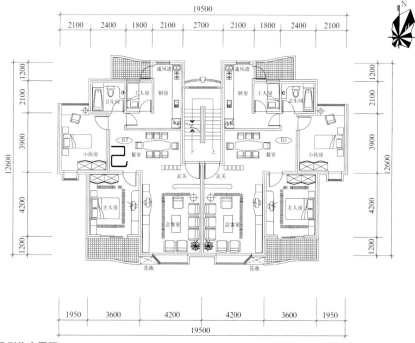

F型住宅平面

设计单位：武汉市城市规划设计研究院

设计人员：黄涣、孙钊、丘永东、陈韦、宋洁、王岳丽、赵高圣

获奖情况：2003年度建设部优秀勘察设计（村镇规划设计专业）三等奖，
湖北省村镇优秀规划设计一等奖

# 9 湖北省武汉市武湖中心村详细规划

[案例评述]

（1）该规划结合湖北省农村经济发展提出的"一主三化"的战略要求，从产业发展的角度提出了结合武湖农场发展该村农业科技和观光旅游的发展方向。规划中保留部分农宅和局部鱼塘，通过开展农家乐等旅游经营项目，促进该村产业结构的调整，并提高农民的收入。

（2）空间规划中，延续地域文脉，保留现状，利用地形地貌及空间格局形成交通骨架，体现武湖地域的自然景观特色和空间特色。

（3）农宅单体建筑风格结合武汉石库门建筑特色。独院式住宅平面布局考虑农民的生产功能要求。并通过明厨、明厕、沼气池等设计，有效降低农民生活成本的支出。

（4）结合社区景观系统的打造，运用湿地系统，同时净化社区污水。太阳能等技术的采用，有效降低农民生活成本支出。

## 9.1 现状概况

武湖地区位于武汉市黄陂区南部，接近主城边缘。规划的中心村"高车畈"位于武湖农场西部，是武湖农场6个分场之一，东临岱黄公路，南距五通口镇

仅五分钟车程，交通便利。

高车畈大队现状已经形成了十字形的道路交通骨架。目前，高车畈队拥有399住户，人口1746人。规划范围内大部分用地是农田，村镇用地和鱼塘也占有一定的比重。

## 9.2 规划设计

(1) 规模确定

中心村的规划首先要研究确定规划人口和规划用地范围。中心村将要容纳高车畈及周边村落拟搬迁来的人口总计约3000人，同时，规划考虑外来打工人口的可能，确定规划总人口约3500人，得出规划用地约30公顷。

(2) 布局

中心村的规划是以高车畈现状已经形成的交通状况、道路和建筑物为依托而形成。道路骨架形成之后，再根据现状的地形、地貌和规划用地规模确定用地范围。

规划的结构特征概括为"三横一纵、一心九片"。中心村共有三条东西方向的轴线：一条主要交通景观轴、两条生态绿化轴。主要交通景观轴由两条南北方向的主要交通景观轴贯穿，将中心

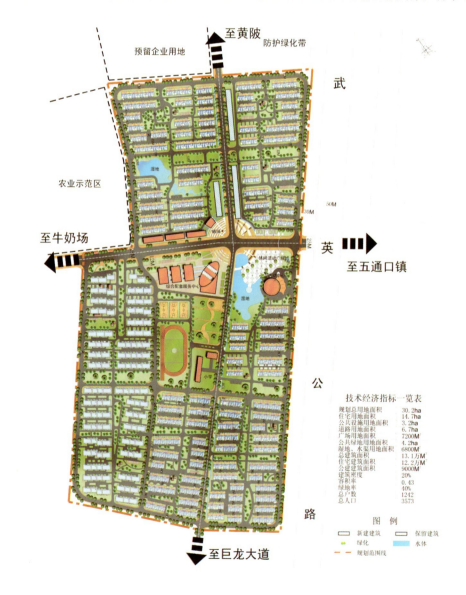

村划分为1个公共设施中心区和9个居住组团。9个居住组团中,西南部的两个为公寓式住宅组团,其余均为独院式住宅组团,每个居住组团内部各有一块集中绿化。

中心村属大型中心村,其主体建筑、休闲广场、晒场、水景都集中在主要景观轴和主要交通轴的交汇处,从主入口进入中心村,首先是入口标志物和休闲广场,综合配套服务中心是中心村标志性建筑物,它和休闲广场、沿街商业店面、中心村小学一起形成了中心村的公共设施和活动中心区。

(3)产业化

为了完善武湖农业产业链,发挥第二产业对第一产业产生促进和推动作用,在规划用地的东北方向预留村办企业用地,该用地在规划管理上必须严格控制,办企业必须规模化、集约化、专业化,杜绝"小、散、密"的做法。

(4)环境及生态

规划在中心村的南北两侧各设置一处湿地用来净化污水,北边的湿地面积结合绿化生态轴进行布局,南边的湿地结合入口休闲广场布局,湿地总面积5500平方米,足以满足全村的

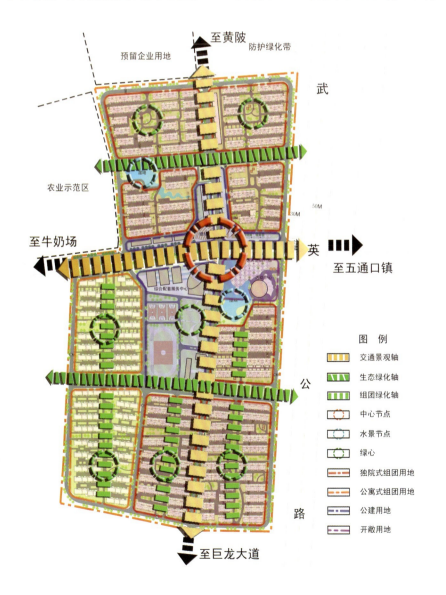

污水排放量，湿地同时亦成为中心村的水景。处理好的水可以作为景观用水和冲厕用水。

## 9.3 住宅及户型设计

本规划新建的住宅建筑推荐形式分为两大类：独院式住宅和公寓式住宅，独院式住宅分为A、B、C三种，分别适合5口之家、4口之家和3口之家居住使用。既可连排，也可分散布置，均可独自成院；公寓式住宅两种，一梯两户，供外来打工的3口之家和单身居住使用。

农宅建筑风格参照武湖传统农宅形式，结合武汉石库门建筑特色，独院式住宅房型方案平面布局紧凑，功能分区明确合理，房间朝向好。明厅、明厕、明厨，自然通风良好，底层设有晒台、庭院、鸡舍、农具间等村民日常生活所需的设施，少数家庭设有停车库。在每家后院内结合鸡舍和卫生间设小型沼气池作为日常烧饭和补充采暖燃料。建筑屋顶采用太阳能技术，所有屋顶和向阳立面装置太阳能光电板，生活用电、空调、热水器等都用太阳能驱动，房内预留有线电视及宽带网络。

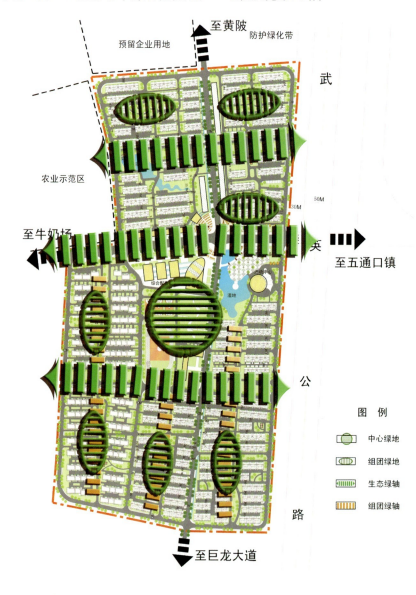

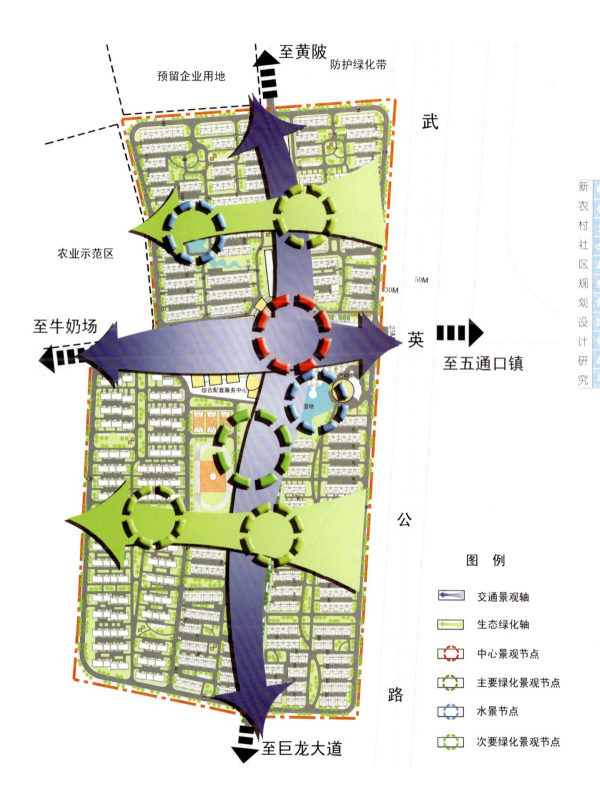

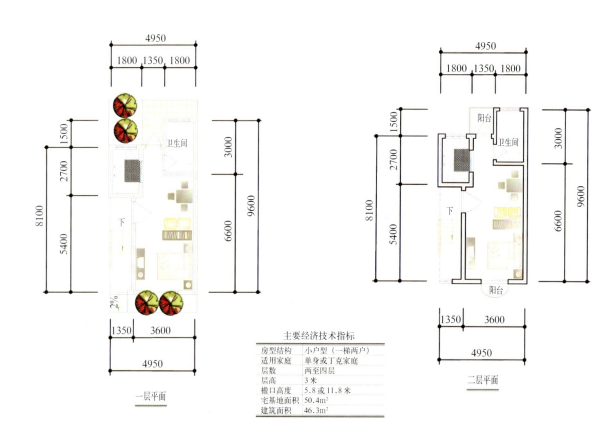

立面图

透视图

设计单位：武汉市城市规划设计研究院
设计人员：陈韦、程明华、黄宁、李春玲、冯国芳、王琪、刘巍
获奖情况：湖北省村镇优秀规划设计二等奖

# 10 内蒙古自治区伊金霍洛旗伊金霍洛苏木集镇整体搬迁规划

**[案例评述]**

（1）新镇的发展建设与阿镇和成吉思汗陵旅游区的整体开发与建设形成互动，互为补充的关系，同时创造环境，引进资金，使新镇发展与资金效益回报形成"双赢互动"的关系。

（2）贯彻"人居城镇"的发展理念，规划中以人为主体，充分考虑人的尺度和心理及生存需求，创造人情化的空间，强调人、环境、建筑的共生共融。

（3）继承和发扬了独特的历史文脉和文化内涵，寻找体现本土特质的建筑、文化及城镇空间的适宜表现形式，强化城镇物质功能以外的人文气质，为蒙古文化、生活方式、风俗特色的延续提供充分的空间。

## 10.1 现状概况

伊金霍洛苏木位于伊金霍洛旗中部，北距旗政府26公里。用地南北长20公里，东西宽19公里，海拔高度在1316~1414米之间，总面积320平方公里。境内有210国道穿越，是重要的对外交通要道。

## 10.2 规划设计

（1）功能定位

霍洛苏木是成吉思汗陵风景区的重要组成部分，是伊金霍洛旗区域内的重要城镇，是集居住、旅游、文化、休闲、商贸为一体的综合城镇。其城镇规划建

设目标应使之不仅是物质的载体，更是文化载体。

（2）规划内容

霍洛苏木集镇布局划分为行政办公区、文教区、居住区、商贸金融区、民俗区、度假区和远期发展备用地六大功能区，各组团之间功能互补，结构协调。

1）行政办公区：行政办公区位于集镇南部，中心为成陵管委会和霍洛苏木政府所在地，位置居中，庄重且有气势。建筑风格确定为直观的欧式风格与抽象的蒙古传统风格的融合，主要体现蒙古族多元文化的融合性、创新性和独特性，因此，欧式建筑的许多造型、细部、纹饰等均与蒙古文化有息息相通之处。

建筑色彩以蒙古族所崇尚和喜爱的蓝色和白色为主基调，建筑上的细部构造也充分体现蒙古族的建筑风格，如弧形的窗口及坡屋顶是蒙古包的缩影，绳结是蒙古族传统的手工艺，柱廊是体现马背民族的节奏与韵律，穹顶是蒙古包的变形，空构架是蒙古包的建筑工艺。

2）金融商贸区：苏木政府东、现在210国道两侧地块规划为金融商贸区。通过建筑的错位布局形成层次丰富的商业街区及内部小院落，根据功能的不同又分为日用百货区、服装区、旅游纪念品区、特色餐饮区、旅店住宿区等。其建筑上的细部如弧形的窗口、坡屋顶、绳结、柱廊等的构造也是蒙古族建筑的风格体现。

3）民俗特色区：民俗特色区主要是通过蒙古族传统的生活方式、生产方式、生活内容及过程的真实再现，展示蒙古族的传统文化及民风民俗，并以此感受蒙古族日常生活、生产的变迁及发展过程，如传统蒙古包的制作、炒炒米、奶食品的制作等。并吸引游客的参与，让游客最直接、最大程度的通过观看、动手制作等，了解蒙古族人民传统的民风、民俗及民情。民俗区内规划有蒙古包群落，主要是通过动态的"蒙古人"的行为活动，如蒙古歌舞、鄂尔多斯婚礼、摔跤等表演及蒙古服装展示等，勾画出一幅原生态的、生动的、缤纷绚丽的草原风情民俗图画。

4）文化教育区：文化教育区规划在集镇的中西部，与喧闹的商业区分离，此处绿树成荫，充分体现学校的宁静氛围，学校被树木包围，体现了"十年树木，百年树人"的理念。

5）居住区：居住区采用环形布局，既体现蒙古族的团结，又体现蒙汉两族人民的团结，既体现马背民族游牧时期特定的居住格局，又体现草原文化与中原文化相结合的文化格局。居住区内的建筑在色彩上采用蒙古族所崇尚和喜爱的蓝、白色为主基调，在外形上采用坡屋顶等蒙古族建筑工艺，是蒙汉建筑风格的完美结合和体现。

6）集镇内的道路规划充分体现小城镇人性化与自然化的特征。利用自然地势进行规划，利用景观的组织，间接使机动车缓速行驶。各个区间道路进行连接，集镇区又与高速路、景区道路、210国道连接，村村道路相连，总体形成一个四通八达的道路网，可以方便游客到牧民家里体验牧民的生活。集镇内有完善的网络通信系统。

设计单位：伊金霍洛建设环境保护局
设计人员：杨满喜、杨国莉、王泓薇、姚海军
获奖情况：2005年度建设部优秀勘察设计（村镇建设部分）二等奖

# 11 北京市海淀区上庄镇中心社区详细规划

[案例评述]

(1) 协调城乡发展,利用该镇区位和资源优势,通过用地布局和规划调整,以调整产业结构;节约土地,引导该镇经济向第二、三产业的发展。

(2) 挖掘地域历史文脉和自然水系、田园风光特征,依托周边风景旅游区,打造城镇特色旅游产业。

(3) 建立区域级的配套大型公建,增加区域辐射,提出打造区域中心的理念,促进该地区的经济增长。

(4) 将农民安置与农民就业同步考虑,使新农村、新农民形象成为北京地区的一道风景线。

## 11.1 现状概况

北京市海淀区上庄镇位于北京市西北部,属海淀区北部地区东北部。

海淀区上庄镇镇中心区则位于上庄镇中部,距海淀区中心海淀镇17公里,距市区西直门24公里。上庄镇镇中心区规划用地总面积390.46公顷。

## 11.2 规划设计

### 11.2.1 规划理念

总体结构理念为从原有村庄和自然共融的空间特征出发,建立绿化包绕组

鸟瞰图

团，并渗入其间的传统村落式团状居住空间发展序列模式和沿水系开敞公共交往空间的发展序列模式。方案确定沿用自然生态环境围绕独立村庄的地域特有模式作为基本规划结构，形成独立的居住区域，周围规划大片成团成组的绿色植被，具备公益性和生产性用途。在道路规划中力图和现状树阵与沟渠的走向吻合，不破坏原有形质；在绿化景观规划中有意识的保留了部分生态片断，延续地缘特征和记忆，并形成新的绿化微核心，提升景观的生态内涵。

### 11.2.2 功能分区特征

1）水系串联团状发展模式构成城镇主体结构。

2）城镇主副核心区遥相呼应，体现历史与现实的融通。

3）外置开放式的居住区环境体现人与自然的和谐融合。

（1）城镇核心区

城镇核心区的功能复杂，含有多重功能综合体：镇行政中心、商业中心、文化中心、商务会议中心。其中建筑围合用地四周，引入的水系贯穿其中，形成良好的步行体系，内环境和嘈杂的城镇外环境隔绝，为人们提供环境优美的镇中心休闲空间。

其中位于镇政府东侧的商业中心是本规划的一大亮点，设计的商业中心将成为一个综合的shoppingmall，建筑面积达10万平方米，经营各种业态，涉及广泛的经营范围，将包括餐饮、娱乐、购物、休闲等多种功能，不仅为本镇中心区原住民服务，还将为中关村科技园的相关园区服务，成为上庄镇产业的新的经济增长点。

（2）居住区

1）环境共享开放式居住区模式

居住区改变了以往环境封闭于居住区内部的一贯做法，强调环境共享的开

透视图

中心区鸟瞰图

放式的结构模式,把中心绿地的功能置换到外围空间,结合体育健身、运动休闲、公益观赏等功能布置环境共享的开放式空间形态。

2)适应原有肌理的结构划分

考虑原住民的利益要求和心理感受,尽量利用原有村庄的分布肌理展开设计,建筑空间特征为乡土化的田园风格。住宅层数以6层为主。

3)回归自然的设计思路

紧邻行政区西侧和东侧的为招商性居住用地区域,将建设成为高档的复式和townhouse小区,二层到四层的高度,较低的居住密度,较丰富的绿化空间,为中关村科技园的工作人员和其他高层次人士提供回归质朴的一种新生活模式。

4)三级绿化配置构筑立体绿化体系

招商和还迁居住区内部规划方案均采用强化院落的设计手法,小区由数个院落组成,并联在小区干道两侧,每个院落以100~200户为宜,建筑基本为南北朝向,符合采光卫生的要求。公建分布在小区入口临街,方便居民的使用。绿化系统由小区外围绿地、休闲步行场所和院落绿化三部分组成。

(3)产业园区

产业园区的布局和多功能综合区一脉相承,将建筑成团成组的布局在椭圆形的组团内,形成了相互渗透的外空间环境层次,水系的引入将加强各企业之间的联系和合作,组成一个朝气蓬勃的工作环境。

### 11.2.3 道路系统特征

(1)道路层次分明,主次衔接合理

(2)加强道路生态性设计的内涵

规划上庄路两侧绿化带宽50米,沙阳路两侧绿化带宽50~100米,市区铁路西北环线两侧隔离带宽100米。

(3)居住区道路自由灵活,创造良好居住氛围。技术上采用人车分流的交通形式,小区主干道为车行道。沿各组团周边结合住宅院落设地面(地下)停车场,日常车辆不进入组团内部。停

北部新区生态分析图

车区利用消极空间,结合绿化分为带状停车和岛状停车,均可使汽车邻近院落停放。

### 11.2.4 绿化景观特征

(1) 绿化系统

1) 保留原有绿化元素,丰富绿化空间的功能内涵

本方案尽量利用原有的植被、水系及其他有利用价值的物种资源,充分挖掘现状自然风光脉络,设计出层次丰富的绿化体系:城市绿化带、团状居住区级绿地、道路绿化带及居住区内部绿化

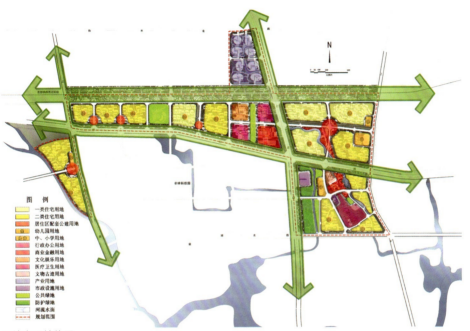

用地布局结构图

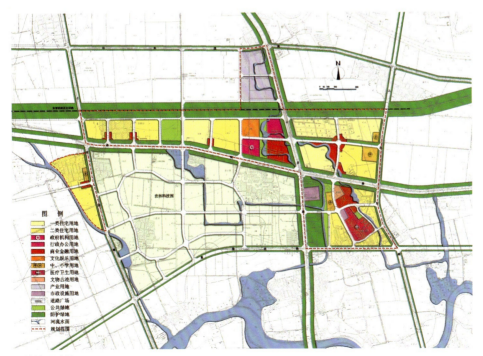

用地使用功能图

体系。绿化带不仅满足视觉、生态环境的基本功能，还考虑提供公益性和产业性的使用功能。

2) 充分利用原有沟渠，引水入镇，丰富绿化体系

3) 居住区绿化采用开放式结构，达到社会与社区共享

居住区级绿化方案采用绿化空间分割不同居住小区，形成绿树包围建筑的田园式新型居住区（面）。其内部的绿化由带状（线）的绿地沿小区主路展开，步行休闲道及分布在各院落中的小块绿地

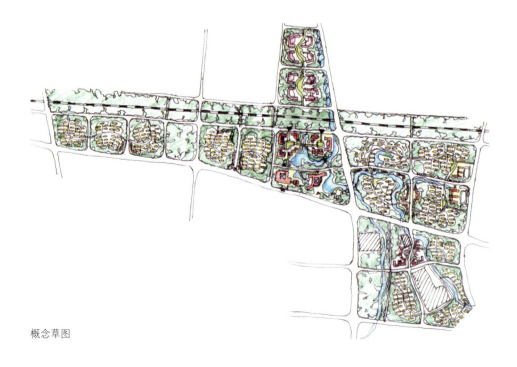

概念草图

(点)组成。

（2）景观系统

本规划方案的景观体系结合绿化系统的生态设计有机展开，采用3条景观生态廊道和3个景观轴线控制全局的规划体系，构筑上庄镇中心区的景观框架，在景观轴线的基础上确立了7个景观节点，其中镇行政中心区和历史文物保护区为两个主要节点，控制其他5个景观节点。3条景观生态廊道由西向东分布，贯穿镇区南北，保持与其他区域的生态联系。3个景观轴线串联镇区内部，把行政中心、文化中心、产业中心有机结合在一起。整个景观体系丰富多彩。

总平面图

模型

功能分区图

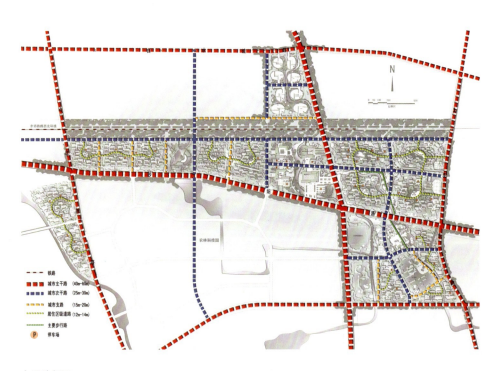

交通分析图

下篇：实例篇 171

## 景观分析图

研发楼间广场示意

企业区环境

园区广场示例

公共绿地广场示意

园区水岸示意

林荫小径示意

楼间绿地示意

研发楼间广场示意

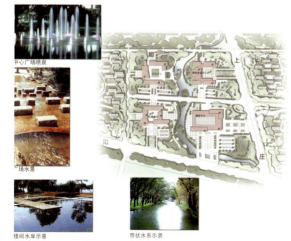

市民广场意向

楼间水景小品

渠化水体示意

湿地水景示意

中心广场喷泉

广场水景

楼间水岸示意

带状水系示意

广场节点意向

景观意向

新农村社区规划设计研究

社会主义新农村建设丛书

林荫休闲场地意向

长廊小品意向

小品意向

休闲场地意向

宅前休闲环境意向

小区小环境意向

小区交流空间意向

景观意向

总平面图

户型平面图

| 套 型 | 建筑面积(m²) | 使用面积(m²) | 使用系数(%) | 阳台面积(m²) |
|---|---|---|---|---|
| 三室两厅 | 137.25 | 102.97 | 78.89 | 6.72 |
| 三室两厅 | 131.83 | 97.65 | 78.05 | 6.72 |

注：建筑面积计算含楼梯间公摊面积、阳台面积。

多层户型平面图

| 套 型 | 建筑面积(m²) | 使用面积(m²) | 使用系数(%) | 阳台面积(m²) |
|---|---|---|---|---|
| 三室两厅 | 145.36 | 109.18 | 80.02 | 8.93 |

注：建筑面积计算含楼梯间公摊面积、阳台面积。

一层平面图

二层平面图

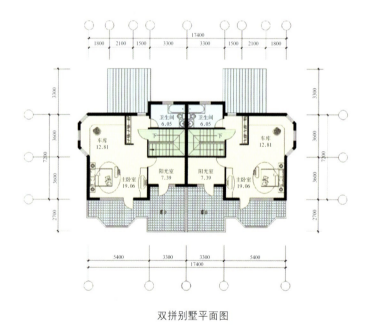

双拼别墅平面图

设计单位：中国建筑设计研究院城镇规划院

项目负责人：方明、董艳芳

主要设计人：董艳芳、黄非、赵辉、白小羽、李晨光、单彦名、李霞

# 12 北京市海淀区温泉镇中心社区详细规划

[案例评述]

(1) 积极整合本地人文和自然资源，确立经济产业链的构筑方式，促进该地区经济的良性循环，实现跨越式发展。

(2) 规划中依托原由生态地形、地貌特征，将自然山体、水体与原有自然村镇肌理有机结合，创造人与自然和谐互融的城镇氛围。

(3) 利用由居住结构单元直接进入城镇居住区的跨越式设计手法，以减小居住建筑集聚程度，同时与当地的多震工程地质条件相适应。

(4) 充分考虑农民居住和农民就业，以城市协调发展带动新农村的经济增长。

## 12.1 现状概述

温泉镇位于北京市西山北坡，属于海淀区北部（山后地区），是北京市总体规划的29个中心镇之一，也是北京市33个试点城镇之一。温泉镇中心地区现状人口25556人，其中常住人口19556人，暂住人口6000人。规划范围内大部分用地处于地震多发区上。

方案涉及的用地由温泉镇中心地区控制性详细规划中的镇中心用地（404.09公顷）和北京市第二道绿化隔离地区1号限建区段用地调整到东埠头村的用地（35.6公顷）两部分组成。规划人口规模为52890人。

温泉镇周边产业环境分析图

温泉镇外部环境分析图

温泉镇周边水域环境分析图

## 12.2 规划设计

### 12.2.1 规划设计结构与功能分区

一级结构：两轴（南北向的公共建筑轴和东西向的绿色居住轴）、三心（旅游中心、休闲中心、健身中心）、一带（绿化隔离带）

二级结构：两区（京密引水渠南侧地区和北侧地区）、七组团（居住组团）

三级结构：十点（康体健身点）、七核心（居住组团核心）

### 12.2.2 规划设计布局宗旨

整体系统化设计与局部个性化设计相结合。

（1）温泉镇的整体居住形态再现并强化了山体的走势，同时将湿地的培育，水系的泄洪等问题融入到城镇居住区的景观营建之中。

设计削减了传统的"居住区—小区—组团"三级结构模式，而是采用了由居住结构单元直接进入城镇居住区的跨越式设计手法，以体现居住形态的整体性。

考虑到温泉镇处于地震多发地带，在设计中适当减小了居住建筑的集聚程度，消解体量，纳入康体、健身、休闲等元素，形成绿色开放空间和疏散场所，以强化休闲、健康的生活主题。

（2）整合区内人文和自然资源，与北京西山旅游风景区结合，将温泉镇打造成有别于一般风景旅游区的休闲消费性旅游产品。

### 12.2.3 规划组织方式

（1）公共设施平台的构筑

城镇核心区功能复杂，布设镇行政中心、商业中心、文化中心、商务会议中心、体育中心等公共设施。方案在保留了原有政府办公区的前提下，使行政办公、商贸洽谈等功能良性互通，有机结合，赋予核心区开放、半开放式的运作模式。同时将空间划分为"公共—办公—个性—私有"四个层次，使核心区建立起循环经营的新模式，进一步体现温泉镇海北地区（山后地区）中心镇的职能和地位。

（2）居住形制的建立

1）居住形制划分

市场型——以商品房的形式进入市

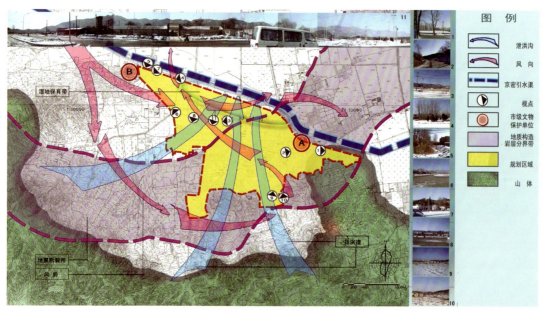

现状自然条件分布图

场，允许进行买卖。

半市场型——以政府调控为主，房屋的租、售由政府调节。

公寓型——面对一部分特殊人群，满足其中短期的居住要求，进行酒店式管理，以出租为主。

村民回迁型——主要解决本地居民的回迁问题，在政府控制的前提下可进行租售。

2）环境共享的开放式居住模式

方案强调环境共享的开放式的结构模式，结合体育健身、运动休闲、公益观赏等功能布置环境共享的开放式空间形态。

3）适应原有肌理的结构划分

调整到东埠头的居住用地为村民回

用地布局结构图

构思创意分析图（1）

迁居住区，尽量利用原有村庄的肌理和空间尺度进行设计，建筑空间特征为乡土化的田园风格。

4）回归自然的设计手法

一类居住用地区域，将以高档的复式住宅和别墅为主，二层到四层的高度，较低的居住密度和丰富的绿化空间，可以为中关村科技园的工作人员和其他高层次人士提供回归质朴的一种新生活模式。设计强调"淡雅、恬静、祥和"的田园生活意境。

(3) 个性化形态的塑造

在温泉镇的城镇形象塑造方面，着力体现淡雅、精致、小巧、紧凑的设计风格，以祥和、细腻、儒雅的环境品位塑造人性化的小镇形象。

### 12.2.4 规划道路系统

(1) 道路层次分明，主次衔接合理

本方案将区内道路分为五级：

一级道路：40～45米，二级道路：25～30米，三级道路：15～20米（开设自行车专用道），四级道路：10～12米，五级道路：4米。区内配备了公交换乘站及社会停车场，位于东、西旅游服务设施区。

(2) 加强道路生态性设计的内涵

道路规划以现状道路为基准，基本不作调整，并将本方案"绳结"状的绿地系统与道路景观设计相结合，以改善城市道路单调、乏味的缺陷。

方案设置了独具特色自行车交通体系。同时，将停车场设计为半透水性基质，以降低地表径流，强化防洪，培育湿地等生态效应。

### 12.2.5 绿化景观系统

(1) 绿化系统

1）保留原生态绿化要素，丰富绿化空间的功能内涵

本方案尽量利用原有的植被、水系及其他有价值的资源，充分挖掘现状自然风光脉络，设计出层次丰富的"绳结状"绿地系统，并将其与防洪设施结合，达到：补给地下水、增加土壤肥力、提高水源涵养度、降解污水等生态效应。

2）充分利用原有沟渠，引水入镇，丰富绿化体系

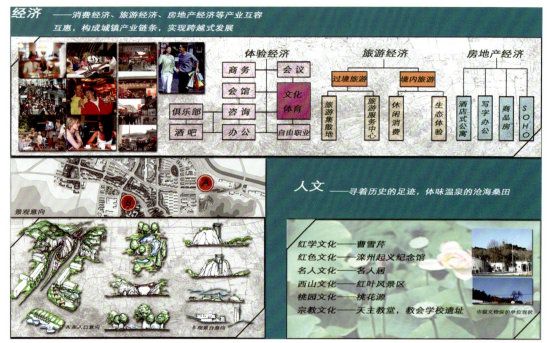

构思创意分析图（2）

在水系的设计上，结合现状用地中的泄洪沟，引水入镇，穿越核心区，流至康体休闲园。水系贯穿其中，形成良好的内环境。

3) 居住区绿化采用开放式结构，达到社会与社区共享

居住区级绿化方案借鉴了原有村庄建筑自然融合的形式，采用绿化分割空间的手法，形成绿树包围建筑的格局。以开放式的绿地为底衬，将绿篱和主题性树种点缀其中，辅以竹类及藤木，与小型公建、亭台楼阁、广场、喷泉浅溪体育场地等相结合。

（2）景观系统

设计采用1条景观生态廊道、1条景观轴线和3个景观控制点的布局方式统

用地使用功能图

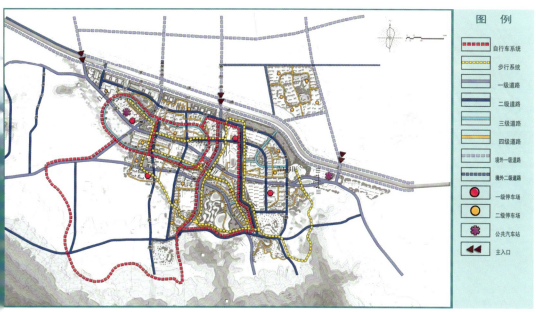

道路系统规划图

领全局，构筑起温泉镇中心区的景观框架。在景观生态廊道上设置了具有湿地培育、涵养水源等功能的大地景观。景观轴线串联起休闲场所和开放空间的节点（可作为地震疏散场地）进一步强化了轴线的作用。

(3) 建筑意向

建筑群体的组织方式采用让建筑与自然环境发生关系的处理手法，弱化道路体系，削减小区概念。

设计多种类型的单体，以初步反映规划设计意图。力求使建筑格调精致、紧凑，风格清馨、淡雅，尺度小巧、纯粹，材质自然、简单。在整体统一的前提下，明确不同建筑群体的职能，增强其可识别性。

设计单位：中国建筑设计研究院城镇规划院
项目负责人：方明、董艳芳
主要设计人：董艳芳、黄非、冯丽、丁奇、赵辉、侯智珩
获奖情况：2005年"第十二届首都城市规划汇报展"二等奖

# 13 河北省张家口怀安县左卫镇中心社区详细规划

[案例评述]

(1) 从改善人居环境和提高城镇综合质量出发,处理好城镇功能、街区空间形象及开发强度。

(2) 充分利用现有地形、地貌,创造有城镇地方特色和地方适用的环境,体现宜人、生态、地方性、时代感。

(3) 建筑风格以抽象的中式符号、具有时代感及地域性的材料与明快的色彩相结合,创新当地的时代建筑特色。

## 13.1 现状概况

左卫镇位于怀安县东北部,北距张家口市区26公里。本次设计范围为沿金泉大道东起张同公路,西至中心公园,全长900米。总用地37.074公顷。左卫镇西侧新建镇区主要以居住、行政办公、文化活动为主,结合水面、体育公园作为镇域范围内的行政、文化活动中心;本次设计内容包括左卫镇镇政府,

总平面图

小学，居住小区，商业步行街和办公商业综合区。

## 13.2 规划设计

### 13.2.1 规划立意与规划构思

（1）回归传统精神的现代环境。

在镇政府的规划中，以院落为基本单元进行组织，通过大小，内外，开敞程度的不同形成不同的院落景观。在小区规划中，充分利用院落的特点，底层布置庭院，二、三层布置露台平台，层叠的院落平台符合了现代人的生活需求，不但使家更具有归属感和领域感，并增进邻里间交往。在小学校的设计中，通过有趣味的多边形庭院营造围合感。

（2）创造有城镇地方特色和地方适用的环境。

充分考虑城镇的需求，不强调高大雄伟的高层建筑，而是以低层的院落建筑为特色，并且考虑地方材料，创造出地方适用的环境。小区提供了适用于城镇住宅的设计手法，考虑城镇住宅储存的农具物品多，利用地下室作为储藏间，考虑到城镇住宅的卫生情况，住宅户型的卫生间均为全明，厨房也尽可能考虑设计单独入口。楼梯间设计成开放式的，以增加适用系数，建筑形态也错落有致与自然相和谐。

（3）生态节能和环境优雅的环境。

利用现状的湖面营造了一条贯通各个地块的水系，开放式结构的绿化体系达到了社会与社区共享，形成绿树包围建筑的田园式景观。外部的绿化由带状的绿地沿金泉大道展开，步行休闲道和小块绿地点缀其中。绿化系统做到点线面相结合，并注重自然生态与人工生态相结合。小区的特色是沿小区周边把宽阔的带状绿地串联起来，成为整个小区的绿色纽带。并且根据当地的日照情况和对太阳能热水的利用，在单体设计中结合考虑太阳能集热板的放置。在屋顶的平屋面部分设置太阳能集热板，通过集中管井到达各户。

### 13.2.2 规划布局与功能分区

规划设计将机动车道路沿用地周边布置，是本规划的一大特点，直接带来三大好处：首先，彻底分开机动车与非机动车及步行三种交通流线的交叉混行；其次，用地四周城市道路红线后退产生的实地得到充分的利用；第三，6米

金泉大道总体鸟瞰图

宽周边式机动车道，为建筑建成后机动车发展增多，满足新增停车空间的要求成为可能。

地块内部提供了不受干扰的交通系统，并且成为安全自由的中心绿化，提升了环境质量。外环车行道路自由灵活案采用结合地形的自由曲线式路网，形式活泼生动。

停车面积根据建筑性质执行国家规范，沿街适当放大空间以满足步行和自行车交通的要求。划定自行车专门停放点，实行定点停放、专人管理，新建建筑应配套自行车停车房。

### 13.2.3 广场规划

步行街商业休闲广场应以铺地变化为主，结合建筑空间加以适当的高差变化。地面铺装的花纹和色彩应精心设计，人行道、骑楼地面、步行街的铺装应协调衔接并富于变化。广场采用透水性良好的材料进行铺装，达到节约水资源的目的。

街头的开放式花园小广场带以绿地围合为主，适当配合座椅、花池、花架、地灯和小雕塑。局部成下沉式或梯级小广场，打破单一的线状绿化空间，为行人提供交流和活动的场所。

### 13.2.4 绿化规划

（1）绿地系统

1）生态廊道，将整个镇区内的大型公园及广场绿地通过生态廊道连成一体，提高整个镇区的环境品质。

2）人行步道系统，沿主要干道设置以绿化分割的步行道路，给行人提供安全、便捷、舒适的交通环境。

3）绿化包围建筑，将传统的封闭式内院绿化与开放式外部绿化相结合，以外部绿化为主，构成以乔木、灌木、草地围合的立体化空间绿化系统，以

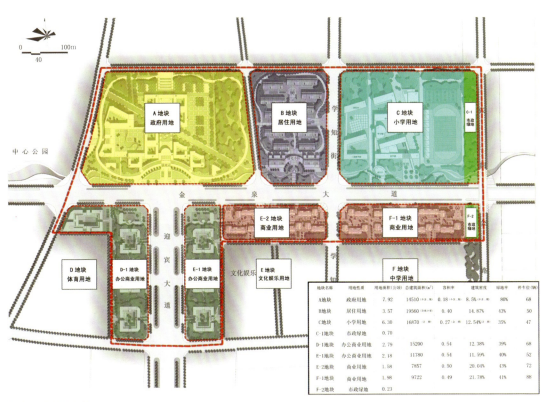

地块功能结构分析图

达到强化环境、强化绿化、弱化建筑的效果。

（2）绿化形式

金泉大道两侧的人行道和建筑之间严格控制出绿化带，根据绿地与其他环境要素之间的关系，分别设计成五种绿化类型：

1）形式：绿化与机动车和自行车的停车场地结合布局。

2）形式：绿化与水体、雕塑结合，配置花坛、草坪、绿篱、地灯、座椅等城市小品。

3）形式：绿化与广场结合，形成公共活动休闲、娱乐的场地。

4）形式：绿化与建筑墙体、屋顶、透空栏杆、挡土墙。

5）形式：绿化做分隔带使用，以乔木、草地、绿篱等互相配植，形成绿化分隔带。

#### 13.2.5 景观规划

保留原有地貌特征，保留原生杨树，并以此为设计的基点，进行建筑形态的设计。将各个地块串联起来，形成步移景异的滨水景观带和步行系统，利用水的不同形态特征形成多姿多彩的水体景观。

### 13.3 建筑设计

（1）建筑形态

建筑物外形和高大的乔木、路灯、公共绿地、广场等一起构成视景轮廓，是城镇特色空间的框架。

（2）高度层数

在设计中努力创造城镇优美的环境和不同于大城市的城镇特色，放弃高层建筑的做法，以2~3层的建筑为主，以环境取胜，突出城镇特有的品质和味道。

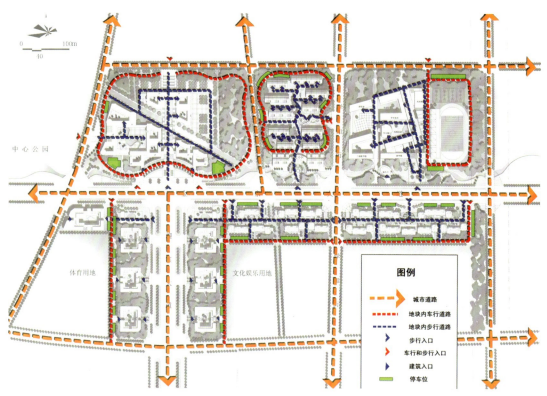

交通系统分析图

在住宅小区的规划设计中，建筑造型力图创造既现代、又有乡土意味的住宅形式，单坡反坡的坡屋顶形式突出现代感，椽头外露的形式又有中国传统的味道。通过白色涂料、深灰色涂料、灰砖、土黄色面砖的穿插对比，形成了典雅大方、细部丰富的建筑形式。

（3）进退控制

建筑红线的宽度和建筑之间的间距按规划实施规定和地块规划图则的要求进行控制，沿街的相邻建筑建筑规划红线宽度相同时，根据具体平面布局可略产生凹凸进退变化，为形成沿街的连续建筑界面，进退一般宜控制在0.5~3.5米之间。

（4）建筑色彩

建筑色彩应根据建筑的功能确定，一般说来，文化、休闲、办公及大型建筑组群宜采用清闲淡雅的浅色调；商业建筑可以选用较为亮丽的色彩；重要路口的标志性建筑的色彩宜统一不失凝重；绿地包围的中小型建筑的色彩宜活泼明快。建筑在选择色彩时，应与周围环境、建筑形式、建筑风格一并考虑。

（5）户型设计

户型分为北梯A户型和南梯B户型。住宅设计采用叠拼住宅，一层一户，二、三层一户，通过室外楼梯到达二层平台后入户，采用北梯A户型和南梯B户型相对，围合成尺度适宜，环境优美的庭院。

户型的特点为：南北通透，两卫全明，院落平台设计，三居三间房间朝南，两居两间房间朝南，玄关设计。户型设计力图合理分配户内各功能空间的面积，做到起居室的面积适中，主卧室适当扩大，卫生间均分室布置，在有限面积指标下，做到面积不大功能全，合理组织和布置各种功能空间，达到"公私分离"、"居寝分离"，提高居住舒适度。

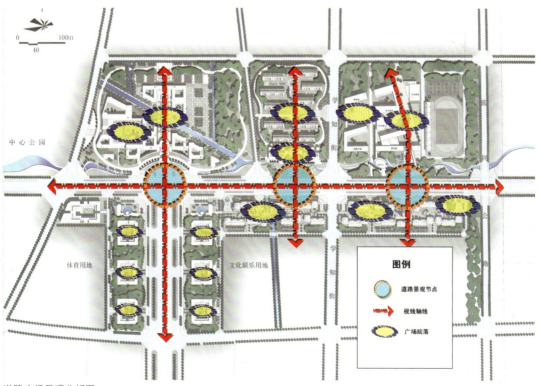

道路广场景观分析图

绿化水景分析图

镇政府鸟瞰图

小学校鸟瞰图

镇政府总平面图

镇政府效果图

镇政府庭院效果图

小学校效果图

小学校总平面图

住宅商业街效果图

A户型住宅效果图

商业街效果图

设计单位：中国建筑设计研究院城镇规划院
项目负责人：方明、刘军
主要设计人：陈力、汪海涛、李晨光、王春雷、俞涛、杨姗姗

# 14 四川省凉山州木里县鸭嘴牧民新村详细规划

[案例评述]

（1）规划选址场地背山面水，满足藏民依山傍水居住在半山风俗习惯的要求，在海拔高寒地区利用地形尽量避免冬季寒风侵袭。

（2）设计中充分运用藏文化元素，如在制高点堆嘛哩堆，在屋顶插经幡，修建鱼型广场，采用传统坡顶建筑等等，突出了民族特色，同时又对原有藏族建筑作了升华。

（3）在规划布局和建筑设计上运用现代科技，引入现代文明，包括：在布局上引入"人畜分流"、"人畜分离"的做法，提高牧民生活质量；建材选用混凝土空心砖及大量地方材料，降低室内燃料取暖用量，间接保护生态环境；建筑平面布局强化"厅"的核心地位，并且做到洁污、动静分区，引导牧民逐步适应现代生活模式；建筑坡顶防止积雪破坏，并设置暖廊积热充分利用太阳能。

## 14.1 现状概况

木里藏族自治县位于四川省西南边缘，凉山彝族自治州西北部，境内大部分地区冬无严寒，夏无酷暑，四季如春，

鸟瞰效果图

但鸭嘴牧场为高海拔，高寒地区。

从地形地貌条件看，场地位于一西高东低的自然斜坡上，斜坡地面坡度为8~10度，整个斜坡呈扇形，扇面中部宽约250米，顶部至尾部约850米。整个斜坡面积约25公顷，在尾部一线内分布有约150~200米的狭长形分布的平坦开阔场地，面积约15公顷，坡地中部至顶部段内南北两侧有山体，坡度较大，不宜修建。另有一条宽约15米的冲沟。

## 14.2 规划原则

（1）充分结合当地地形、地貌、气候条件及民俗习惯，因地制宜。

（2）规划及建筑设计应建立在对藏族牧民的生产、生活习俗的了解与尊重基础之上，适当运用现代科学技术，把现代生活方式融入到规划布局及建筑设计之中。

（3）因地制宜就地取材，营造具有强烈宗教氛围，同时又丰富多彩的藏族民居群落，同时做到经济、美观、实用。

## 14.3 总平面布局

（1）由于整个用地大多数坡度在8%~10%以上，且整块的用地面积不大，中间有河和较大的冲沟分割，因此在总体布局上，为进一步减少工程量，顺应地形采用小组团式的分散布局方式，共分4个组团，组团规划在30~50户，150~900人之间（根据调查，藏区每户人家约按5~7人计算），每户用地面积600平方米左右。组团之间以结合地形的流线型道路相联系，用绿化带隔开，即保持相互之间的紧密联系，同时又相对独立，每个小组团配有小型商业。

效果图

会所效果图

效果图

效果图

(2) 新村原址有一所小学，在保留该学校的基础上，改善其环境条件，增加户外体育活动场地及预留出其教育用房的扩建用地，对现有建筑做一定改建措施。

新村内根据实际情况在中心位置设置了一处新村会馆，包括托幼、村委会、商业、文化馆、电视转播台、邮电局、客房等，村馆直对回收区的新村入口，作为新村中的标志性建筑直扑眼前，加强了新村的归属感，使长年在外放牧回家的牧民有一种亲切温馨的感觉。

新村会馆，是在家牧民集中活动交流的场所，也是新村集会场所，因此在村馆北侧设有一处小型广场可供新村集中开会，放露天电影、跳民族舞蹈等。

(3) 由于牧民的习惯和生活必需，每户人家都有少量牲畜留在家中，为了满足牧民的习俗，同时提高牧民生活的环境质量，使人畜尽量分离，在总体布局中设置了牲畜集中喂养点，每8～20户设置一处，根据地形条件每户占地面积50平方米左右，家禽可喂养在家中后院。由于山地条件的限制人畜流线无法完全分离，只有在道路断面及地形高差上来部分解决人畜流线分离的问题，新村屠宰场在淅村小河下游500米范围外设置。

(4) 藏族人有登高、建白塔、堆玛尼堆、插经幡的习惯，结合藏族牧民的这些习俗，本方案在用地范围内的几个制高点设置了相应的地点，并配置有简易的休息亭，既可成为景观点，同时又可供牧民休憩。新村的两个入口处，均设有代表吉祥的藏式白塔。

木里地区村落及建筑形式

## 14.4 建筑设计

（1）木里县常年多雪、雨水，因此建筑形式多采用坡屋顶，建筑材料以木材为主。坡屋顶在当地被广泛使用，一是可以加快雪、雨水的流速，减少屋面积水，以达到较好的屋面防水效果，二是由于当地昼夜温差大，且冬天异常寒冷，平屋顶建筑的屋面易开裂、老化。因此为适应当地气候及风俗习惯，本次建筑设计采用了坡屋顶为主的藏族建筑作为主要建筑形式。并对原有藏式建筑作了升华。

（2）考虑到当地实际的经济状况，居住建筑面积大多控制在120平方米左右，每栋住宅的造价一般都能控制在十万元以内，当地的牧民通过各种渠道的筹资，基本都能承受新居的费用。

另外建筑主体材料拟采用混凝土空心砖（用当地砖石）及木材，第一，该建材在当地比红砖便宜，可以降低建筑造价；其次，混凝土空心砖的抗冻性能比红砖好（现场已建好的小学采用的是红砖，墙体开裂严重），且不会破坏生态环境，另外混凝土空心砖的隔热性能好，可在冬季大大减少室内热量的损失，降低燃料的使用量，可间接达到保护生态环境的目的。

（3）住宅建筑平面布局采用藏式传统布局与现代住宅文化想结合的方式，主要是加强"厅"在住宅中的核心地位，并对生活区作了洁污及动静做了适当区分，在室内配置了较完善的设施，以慢慢引导牧民走向现代生活模式。为尊重藏族牧民的习俗，每户在二屋设置了经堂，屋顶上设置了可插经幡的设施（藏族在过节尤其是藏历新年插经幡表示吉祥与喜庆）。

总图

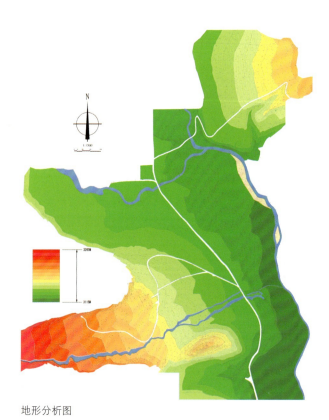

地形分析图

会馆立面图

派出所立面图

A型住宅立面图

B型住宅立面图

C型住宅立面图

D型住宅立面图

B型住宅正立面图

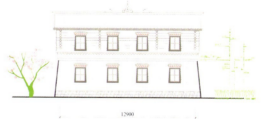
B型住宅背立面图

B型住宅侧立面图

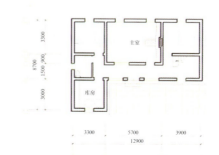
B型住宅（变化一）一层平面图

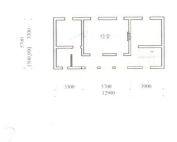
B型住宅（变化二）二层平面图

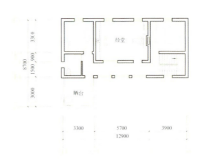
B型住宅（变化三）二层平面图

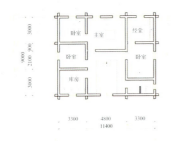
A型住宅平面图

A型住宅屋面图

A型住宅立面图

藏族活动广场　　　白塔　　　围墙

藏式壁画

卫生院

住宅暖房（利用太阳能）

实施效果照片3

设计单位：攀枝花市规划建筑设计研究院
设计人员：卢海滨、邓岗、陈立、余淼、赵雪峰、陈林、廖炳英
获奖情况：2003年度建设部优秀勘察设计（村镇规划设计专业）三等奖

胜券在握系列丛书

# 建设工程项目管理一书通关

嗨学网考试命题研究委员会　组织编写

肖国祥　主编

杨彬　徐玉璞　副主编

中国建筑工业出版社

图书在版编目（CIP）数据

建设工程项目管理一书通关/肖国祥主编；嗨学网考试命题研究委员会组织编写. —北京：中国建筑工业出版社，2017.5

（胜券在握系列丛书）

ISBN 978-7-112-20774-9

I.①建… II.①肖…②嗨… III.①基本建设项目－项目管理－资格考试－自学参考资料 IV.①F284

中国版本图书馆CIP数据核字（2017）第092674号

责任编辑：牛 松 李 杰 王 磊
责任校对：李美娜 姜小莲

胜券在握系列丛书
## 建设工程项目管理一书通关

嗨学网考试命题研究委员会 组织编写
肖国祥 主编
杨彬 徐玉璞 副主编

\*

中国建筑工业出版社出版、发行（北京海淀三里河路9号）
各地新华书店、建筑书店经销
北京嗨学网教育科技有限公司制版
北京同文印刷有限责任公司印刷

\*

开本：787×1092毫米 1/16 印张：20¾ 字数：598千字
2017年5月第一版 2017年5月第一次印刷
定价：72.00元
ISBN 978-7-112-20774-9
（30429）

如有印装质量问题，可寄本社退换
（邮政编码 100037）

**版权所有 翻印必究**

**请读者识别、监督：**

本书环衬用含有中国建筑工业出版社水印的专用防伪纸印刷，封底贴有中国建筑工业出版社专用防伪标，否则为盗版书，欢迎举报监督！举报电话：(010) 58337026；举报QQ：3050159269

本社法律顾问：上海博和律师事务所许爱东律师

# 建设工程项目管理
# 一书通关

| 主　　编 | 肖国祥 | | | | |
|---|---|---|---|---|---|
| 副 主 编 | 杨　彬 | 徐玉璞 | | | |
| 编委成员 | 陈　印 | 李佳升 | 肖国祥 | 徐　蓉 | 朱培浩 | 程庭龙 |
| | 杜诗乐 | 郭俊辉 | 韩　铎 | 李四德 | 李冉馨 | 李珊珊 |
| | 王　丹 | 王　欢 | 王　玮 | 王晓波 | 王维雪 | 徐玉璞 |
| | 杨　彬 | 杨　光 | 杨海军 | 杨占国 | | |
| 监　　制 | 王丽媛 | | | | |
| 执行编辑 | 王倩倩 | 李红印 | | | |
| 版　　权 | 北京嗨学网教育科技有限公司 | | | | |
| 网　　址 | www.haixue.com | | | | |
| 地　　址 | 北京市朝阳区红军营南路绿色家园 | | | | |
| | 媒体村天畅园7号楼二层 | | | | |

关注我们
一建公众微信二维码

# 前　言

2010年，互联网教育行业浪潮迭起，嗨学网（www.haixue.com）顺势而生。七年来，嗨学网深耕学术团队建设、技术能力升级和用户体验提升，不断提高教育产品的质量与效用；时至今日，嗨学网拥有注册用户接近500万人，他们遍布中国大江南北乃至海外各地，正在使用嗨学产品改变着自身职场命运。

为了更好的教学效果和更佳的学习体验，嗨学团队根据多年教研成果倾力打造了此套"胜券在握系列丛书"，丛书以《建设工程经济》《建设工程项目管理》《建设工程法规及相关知识》《建筑工程管理与实务》《机电工程管理与实务》《市政公用工程管理与实务》等六册考试教材为基础，依托嗨学网这一国内先进互联网职业教育平台，研究历年考试真题，结合专家多年实践教学经验，为广大建筑类考生奉上一套专业、高效、精致的辅导书籍。

此套"胜券在握系列丛书"具有以下特点：

（1）内容全面，紧扣考试大纲

图书编写紧扣考试大纲和一级建造师执业资格考试教材，知识点全面，重难点突出，图书逻辑思路在教材的基础上，本着便于复习的原则重新得以优化，是一本源于大纲和教材却又高于教材、复习时可以代替教材的辅导用书。编写内容适用于各层次考生复习备考，全面涵盖常考点、难点和部分偏点。

（2）模块实用，考学用结合

知识点讲解过程中辅之以经典例题和章节练习题，同时扫描二维码还可以获得配套知识点讲解高清视频；"嗨·点评"模块集结口诀、记忆技巧、知识点总结、易混知识点对比、关键点提示等于一体，是相应内容的"点睛之笔"；全书内容在仔细研读历年超纲真题和超纲知识点的基础上，结合工程实践经验，为工程管理的从业人员提供理论上的辅导，并为考生抓住超纲知识点提供帮助和指导。总之，这是一本帮助考生准确理解知识点、把握考点、熟练运用并举一反三的备考全书。

（3）名师主笔，保驾护航

本系列丛书力邀陈印、李佳升、肖国祥、徐蓉、朱培浩等名师组成专家团队，嗨学考试命题研究委员会老师组成教学研究联盟，将多年的教学经验、深厚的科研实力，以及丰富的授课技巧汇聚在一起，作为每一位考生坚实的后盾。行业内权威专家组织图书编写并审稿，一线教学经验丰富的名师组稿，准确把握考试航向，将教学实践与考试复习相结合，严把图书内容质量关。

（4）文字视频搭配，线上线下配合

全书每节开篇附二维码，扫码可直接播放相应知识点配套名师精讲高清视频课程；封面二维码扫描获赠嗨学大礼包，可获得增值课程与高质量经典试题；关注嗨学网一建官方微信公众号可加入我们的嗨学大家庭，获得更多考试信息的同时，名师、"战友"一起陪你轻松过考试。

本书在编写过程中虽斟酌再三，但由于时间仓促，难免存在疏漏之处，望广大读者批评指正。

嗨学网，愿做你学业之路的良师，春风化雨，蜡炬成灰；职业之路的伙伴，携手并肩，攻坚克难；事业之路的朋友，助力前行，至臻至强。

编者<br>2017年5月

# 目录 CONTENTS

## 第一篇 前导篇

一、考试介绍 ... 3
二、复习指导 ... 4

## 第二篇 考点精讲篇

### ❶ 1Z201000 建设工程项目的组织与管理

1Z201010 建设工程管理的内涵和任务 ... 10
1Z201020 建设工程项目管理的目标和任务 ... 14
1Z201030 建设工程项目的组织 ... 21
1Z201040 建设工程项目策划 ... 33
1Z201050 建设工程项目采购的模式 ... 37
1Z201060 建设工程项目管理规划的内容和编制方法 ... 44
1Z201070 施工组织设计的内容和编制方法 ... 47
1Z201080 建设工程项目目标的动态控制 ... 54
1Z201090 施工企业项目经理的工作性质、任务和责任 ... 60
1Z201100 建设工程项目的风险和风险管理的工作流程 ... 68
1Z201110 建设工程监理的工作性质、工作任务和工作方法 ... 73

### ❷ 1Z202000 建设工程项目施工成本控制

1Z202010 施工成本管理的任务与措施 ... 81
1Z202020 施工成本计划 ... 88
1Z202030 施工成本控制 ... 95
1Z202040 施工成本分析 ... 101

### ❸ 1Z203000 建设工程项目进度控制

1Z203010 建设工程项目进度控制与进度计划系统 ... 109
1Z203020 建设工程项目总进度目标的论证 ... 114
1Z203030 建设工程项目进度计划的编制和调整方法 ... 119
1Z203040 建设工程项目进度控制的措施 ... 134

## ❹ 1Z204000 建设工程项目质量控制

| 1Z204010 建设工程项目质量控制的内涵 | 139 |
| --- | --- |
| 1Z204020 建设工程项目质量控制体系 | 149 |
| 1Z204030 建设工程项目施工质量控制 | 158 |
| 1Z204040 建设工程项目施工质量验收 | 172 |
| 1Z204050 施工质量不合格的处理 | 180 |
| 1Z204060 数理统计方法在工程质量管理中的应用 | 186 |
| 1Z204070 建设工程项目质量的政府监督 | 191 |

## ❺ 1Z205000 建设工程职业健康安全与环境管理

| 1Z205010 职业健康安全管理体系与环境管理体系 | 196 |
| --- | --- |
| 1Z205020 建设工程安全生产管理 | 204 |
| 1Z205030 建设工程生产安全事故应急预案和事故处理 | 217 |
| 1Z205040 建设工程施工现场职业健康安全与环境管理的要求 | 225 |

## ❻ 1Z206000 建设工程合同与合同管理

| 1Z206010 建设工程施工招标与投标 | 236 |
| --- | --- |
| 1Z206020 建设工程合同的内容 | 248 |
| 1Z206030 合同计价方式 | 261 |
| 1Z206040 建设工程施工合同风险管理、工程保险和工程担保 | 269 |
| 1Z206050 建设工程施工合同实施 | 278 |
| 1Z206060 建设工程索赔 | 286 |
| 1Z206070 国际建设工程施工承包合同 | 297 |

## ❼ 1Z207000 建设工程项目信息管理

| 1Z207010 建设工程项目信息管理的目的和任务 | 305 |
| --- | --- |
| 1Z207020 建设工程项目信息的分类、编码和处理方法 | 309 |
| 1Z207030 建设工程管理信息化及建设工程项目管理信息系统的功能 | 313 |

# 第三篇 知识总结篇

| 跨章节知识点归纳总结 | 321 |
| --- | --- |

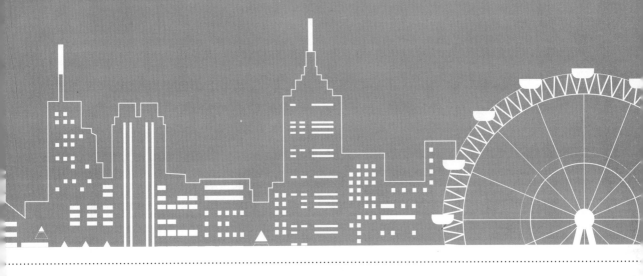

# 第一篇 前导篇

## 一、考试介绍

### （一）一级建造师考试资格与要求

报名条件

1.凡遵守国家法律、法规，具备以下条件之一者，可以申请参加一级建造师执业资格考试：

（1）取得工程类或工程经济类大学专科学历，工作满6年，其中从事建设工程项目施工管理工作满4年；

（2）取得工程类或工程经济类大学本科学历，工作满4年，其中从事建设工程项目施工管理工作满3年；

（3）取得工程类或工程经济类双学士学位或研究生班毕业，工作满3年，其中从事建设工程项目施工管理工作满2年；

（4）取得工程类或工程经济类硕士学位，工作满2年，其中从事建设工程项目施工管理工作满1年；

（5）取得工程类或工程经济类博士学位，从事建设工程项目施工管理工作满1年。

2.符合上述报考条件，于2003年12月31日前，取得建设部颁发的《建筑业企业一级项目经理资质证书》，并符合下列条件之一的人员，可免试《建设工程经济》和《建设工程项目管理》2个科目，只参加《建设工程法规及相关知识》和《专业工程管理与实务》2个科目的考试：

（1）受聘担任工程或工程经济类高级专业技术职务；

（2）具有工程类或工程经济类大学专科以上学历并从事建设项目施工管理工作满20年。

3.已取得一级建造师执业资格证书的人员，也可根据实际工作需要，选择《专业工程管理与实务》科目的相应专业，报名参加考试。考试合格后核发国家统一印制的相应专业合格证明。该证明作为注册时增加执业专业类别的依据。

4.上述报名条件中有关学历或学位的要求是指经国家教育行政部门承认的正规学历或学位。从事建设工程项目施工管理工作年限是指取得规定学历前后从事该项工作的时间总和。全日制学历报考人员，未毕业期间经历不计入相关专业工作年限。

### （二）一级建造师考试科目

| 考试科目 | 考试时间 | 题型 | 题量 | 满分 |
| --- | --- | --- | --- | --- |
| 建设工程经济 | 2小时 | 单选题 | 60题 | 100分 |
| | | 多选题 | 20题 | |
| 建设工程项目管理 | 3小时 | 单选题 | 70题 | 130分 |
| | | 多选题 | 30题 | |
| 建设工程法规及相关知识 | 3小时 | 单选题 | 70题 | 130分 |
| | | 多选题 | 30题 | |
| 专业工程管理与实务 | 4小时 | 单选题 | 20题 | 160分（其中案例分析题120分） |
| | | 多选题 | 10题 | |
| | | 案例分析题 | 5题 | |

《专业工程管理与实务》科目共包括10个专业，分别为：建筑工程、公路工程、铁路工程、民航机场工程、港口与航道工程、水利水电工程、市政公用工程、通信与广电工程、矿业工程和机电工程。

**（三）《建设工程项目管理》试卷分析**

1.试卷构成

一级建造师职业资格考试《建设工程项目管理》试卷共分2部分：单项选择题、多项选择题。其中单项选择题70道，多项选择题30道。

全卷总分共计130分，其中：单项选择题70分（每题1分），多项选择题60分（每题2分）。

2.评分规则

（1）单项选择题：每题1分。每题的备选项中，只有1个最符合题意，选择正确则得分。

（2）多项选择题：每题2分。每题的备选项中，有2个或2个以上符合题意，至少有1个错项。如果选中错项，则本题不得分；如果少选，所选的每个选项得0.5分。

3.答题思路

（1）单项选择题

单项选择题多为基础知识的考查，一般出题方式为填空式选择，相对简单。个别题目稍有难度，也可以应用排除法来排除错误选项进而得出正确答案。需要注意的是，单选题要求选择最符合题意的选项，因此应该综合比较全部四个选项后再作答。

（2）多项选择题

多项选择题侧重对知识综合运用的考查，相对难度较大，比较少能够拿足全部2分，且很容易导致0分结果。因此多选题作答时应强调"宁缺毋滥"，即一切以得分为原则，模棱两可的选项尽量不做考虑，宁可不拿满分，也千万不要得0分。

## 二、复习指导

1.历年考情分析

近三年考试真题分值统计　　　　　　　　　　　　　　　　（单位：分）

| 章 \ 年份 | 2014年 | 2015年 | 2016年 |
|---|---|---|---|
| 1Z201000 建设工程项目的组织与管理 | 35 | 27 | 28 |
| 1Z202000 建设工程项目施工成本控制 | 14 | 16 | 18 |
| 1Z203000 建设工程项目进度控制 | 17 | 19 | 18 |
| 1Z204000 建设工程项目质量控制 | 23 | 25 | 23 |
| 1Z205000 建设工程职业健康安全与环境管理 | 13 | 13 | 15 |
| 1Z206000 建设工程合同与合同管理 | 25 | 26 | 25 |
| 1Z207000 建设工程项目信息管理 | 3 | 4 | 3 |

1Z201000　建设工程项目的组织与管理，考试分值30分左右，为七章最高。本章共11节，内容驳杂，节次之间关联不大，初学者易产生混乱感。本章学习宜分章为节，按节消化。

1Z202000　建设工程项目施工成本控制，考试分值17分左右，相对中位。本章共四节，围绕"施工成本管理的任务"这一主题进行展开，节次之间关联性较强，容易理解。

1Z203000　建设工程项目进度控制，考试分值17分左右，分值与第二章相当，但是难度在本科目考试中却是最高。本章共四节，第三节"网络进度计划的编制及计算"涉及四类网络进度计划，这里对考生的要求是，在掌握双代号网络进度计划的基础上，再延伸拓展至其他网络进度计划。

1Z204000　建设工程项目质量控制，考试分值20分左右。本章共七节，围绕"质量控制"这个核心问题，从各方面进行阐述。对于"质量控制"的要求多来自于规范、法规，遵循的是硬性规定，所以本章内容相对枯燥，学习切忌贪多、求全，应着重把握考试重点。

1Z205000　建设工程职业健康安全与环境管理，考试分值15分左右，2016年分值略异常。本章共四节，核心内容集中在二、三节中。从整体考虑，相比其他各章，本章分值不高，内容简单，易于理解。

1Z206000　建设工程合同与合同管理，考试分值25分左右，分值相对较高。本章共七节，从招投标、签订合同开始，到合同价款、担保、执行、索赔各个程序均有涉及，本章学习的关键是明确不同合同关系下合同双方的权利义务关系，注意理清合同实施的过程。

1Z207000　建设工程项目信息管理，考试分值3分左右，历史最高分值为5分。本章教材内容过多，但是考试分值太低，建议平时无需耗费过多精力，考前两周着力复习即可。

2.学习建议

《建设工程项目管理》是一门注重知识点记忆的科目，题型全部为客观题，包括单项选择题和多项选择题。

《建设工程项目管理》考题绝大部分出自教材本身，较少出现超书、超纲题目。所以复习备考的重点就是抓住教材。然而应该注意到注册建造师考试是合格性考试，卷面分值达到60%合格线即可通过考试。所以对于教材并不需要通读通背，而应该注重抓重点、识考点。

其次《建设工程项目管理》科目备考还应做到有学有练，最好的方式是边学边练，即一点一题的方式。动手做题一方面能检查知识点掌握情况，另一方面也能帮助熟悉考试出题方式。

当然，在考前关键阶段（20天左右）还是应该回归到知识点本身上，如果能做到全书框架、重要考点全部清晰了然，相信通过本科目考试对您来说不是难事。

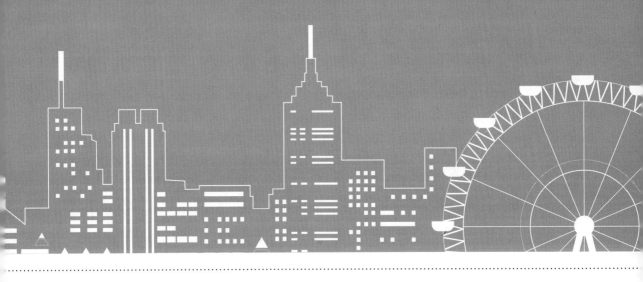

# 第二篇 考点精讲篇

# 1Z201000 建设工程项目的组织与管理

### 一、本章近三年考情

| 本章近三年考试真题分值统计 | | | | | | （单位：分） |
|---|---|---|---|---|---|---|
| | 2014年 | | 2015年 | | 2016年 | |
| | 单选题 | 多选题 | 单选题 | 多选题 | 单选题 | 多选题 |
| 1Z201010 建设工程管理的内涵和任务 | 1 | | 1 | | 1 | |
| 1Z201020 建设工程项目管理的目标和任务 | 2 | 2 | 1 | 2 | 1 | 2 |
| 1Z201030 建设工程项目的组织 | 2 | 2 | 3 | 2 | 2 | 2 |
| 1Z201040 建设工程项目策划 | 2 | | | 2 | 1 | |
| 1Z201050 建设工程项目采购的模式 | 4 | 2 | 1 | 2 | 2 | 2 |
| 1Z201060 建设工程项目管理规划的内容和编制方法 | 1 | | 1 | | 1 | |
| 1Z201070 施工组织设计的内容和编制方法 | 1 | 2 | 1 | 2 | 1 | 2 |
| 1Z201080 建设工程项目目标的动态控制 | 2 | 2 | 1 | | 1 | |
| 1Z201090 施工企业项目经理的工作性质、任务和责任 | 2 | 2 | 2 | 2 | 2 | 2 |
| 1Z201100 建设工程项目的风险和风险管理的工作流程 | 1 | 2 | 1 | | 1 | 2 |
| 1Z201110 建设工程监理的工作性质、工作任务和工作方法 | 1 | 2 | 1 | 2 | 1 | 2 |

### 二、本章学习提示

本章共11节，每一节为独立知识内容，相互联系不大。复习过程中应以节为块、逐块消化，分值高、难度大的节次应重点对待，比如第三节"建设工程项目的组织"、第五节"建设工程项目采购的模式"、第九节"施工企业项目经理的工作性质、任务和责任"，均应该作为第一章中的重点，给予更多的精力来进行复习。而对于第四节"建设工程项目策划"、第六节"建设工程项目管理规划的内容和编制方法"这两节，内容繁琐，记忆不便，考试分值又不高，则可作为次要点对待，无需花费过多精力在其中。

## 1Z201010 建设工程管理的内涵和任务

**本节知识体系**

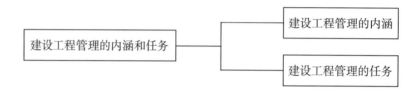

**核心内容讲解**

### 一、建设工程管理的内涵

**（一）建设工程项目全寿命周期**

建设工程项目的全寿命周期包括项目决策阶段、实施阶段和使用阶段（或称运营阶段，或称运行阶段）。其中实施阶段包括设计前的准备阶段、设计阶段、施工阶段、动用前准备阶段和保修期。（详见图1Z201010-1）

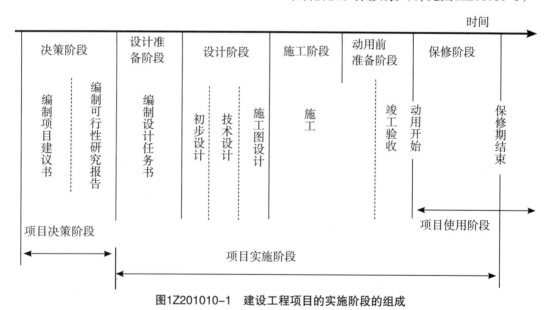

图1Z201010-1 建设工程项目的实施阶段的组成

## （二）建设工程管理的内涵（见图1Z201010-2）

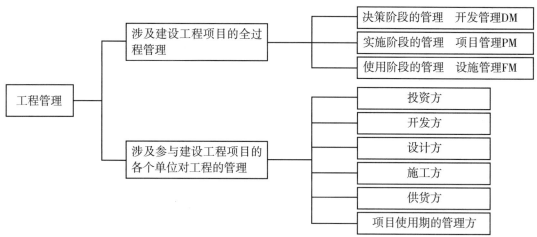

图1Z201010-2 建设工程管理的内涵

1.建设工程管理的内涵涉及工程项目全过程的管理，包括：决策阶段的管理（开发管理DM）、实施阶段的管理（项目管理PM）、使用阶段的管理（设施管理FM）。

（1）项目立项（立项批准）是项目决策的标志。决策阶段管理工作的主要任务是确定项目的定义；

（2）实施阶段管理的主要任务是通过管理使项目的目标得以实现；

（3）设施管理包括物业资产管理和物业运行管理，与我国物业管理的概念尚有差异。（详见图1Z201010-3）

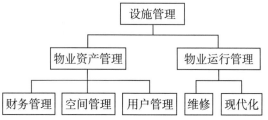

图1Z201010-3 IFMA确定的设施管理的含义

2.建设工程管理涉及参与工程项目的各个方面对工程的管理，即包括投资方、开发方、设计方、施工方、供货方和项目使用期的管理方的管理。

🔊 嗨·点评 建设工程管理的内涵有两个层次的含义：时间上，三个阶段的管理；空间上，六大参与方的管理。

【经典例题】1.（2016年真题）根据国际设施管理协会的设施管理定义，下列管理事项中，属于物业运行管理的是（　　）。

A.空间管理　　　B.用户管理

C.维修管理　　　D.财务管理

【答案】C

【嗨·解析】设施管理包括物业资产管理和物业运行管理，物业资产管理包括财务管理、空间管理和用户管理。物业运行管理包括维修和现代化。

【经典例题】2.（2015年真题）项目设计准备阶段的工作包括（　　）。

A.编制项目建议书

B.编制项目设计任务书

C.编制项目可行性研究报告

D.编制项目初步设计

【答案】B

【嗨·解析】设计准备阶段的工作是编制设计任务书。A、C选项属于决策阶段的工作，D选项属于设计阶段的工作。

## 二、建设工程管理的任务（详见图1Z201010-4）

建设工程管理工作是一种增值服务工作，其核心任务是为工程的建设和使用增值。

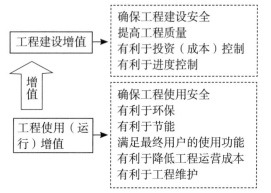

图1Z201010-4　建设工程管理的任务

🔊 嗨·点评　建设工程管理的核心任务在"增值"，而"增值"的对象是工程的建设和使用。

【经典例题】3.（2015年真题）关于建设工程管理内涵的说法，正确的是（　　）。

A.建设工程项目管理和设施管理即为建设工程管理

B.建设工程管理不涉及项目使用期的管理方对工程的管理

C.建设工程管理是对建设工程的行政事务管理

D.建设工程管理工作是一种增值服务

【答案】D

【嗨·解析】建设工程管理工作是一种增值服务工作，其核心任务是为工程的建设和使用增值。

# 章节练习题

## 单项选择题

1. 在项目寿命管理中,实施阶段的管理被称为( )。
   A.开发管理　　　B.设施管理
   C.项目管理　　　D.使用管理

2. 建设工程项目管理的时间范畴是建设工程项目的( )。
   A.实施阶段　　　B.施工阶段
   C.决策阶段　　　D.运行阶段

3. 建设工程管理工作是一种增值服务,其核心任务是为工程的建设和使用增值,下列不属于工程使用增值的是( )。
   A.确保工程使用安全
   B.有利于环保
   C.有利于工程维护
   D.有利于进度控制

4. 关于项目管理和工程管理的说法,正确的是( )。
   A. 工程项目管理的时间是项目的全寿命周期
   B. 建设工程管理的时间是项目的实施阶段
   C. 工程管理的核心任务是为项目的建设和使用增值
   D. 项目管理的核心任务是目标控制

# 参考答案及解析

## 单项选择题

1.【答案】C
【解析】将项目决策阶段的开发管理、实施阶段的项目管理和使用阶段的设施管理集成为项目全寿命管理。因此,正确选项是C。

2.【答案】A
【解析】项目的实施阶段包括设计前的准备阶段、设计阶段、施工阶段、动用前准备阶段和保修期。项目实施阶段管理的主要任务是通过管理使项目的目标得以实现。建设工程项目管理的时间范畴是建设工程项目的实施阶段。因此,正确选项是A。

3.【答案】D
【解析】建设工程管理工作是一种增值服务,其核心任务是为工程的建设和使用增值,其中建设增值主要包括:确保工程建设安全;提高工程质量;有利于投资(成本)控制;有利于进度控制。而使用增值主要包括:确保工程使用安全;有利于环保;有利于节能;满足最终用户的使用功能;有利于降低工程运营成本;有利于工程维护。

4.【答案】D
【解析】选项A的正确说法应为工程项目管理的时间是项目实施阶段,选项B的正确说法应为建设工程管理的时间是项目的全寿命周期,选项C的正确说法应为建设工程管理的核心任务是为工程的建设和使用增值。所以D正确。

# 1Z201020 建设工程项目管理的目标和任务

### 本节知识体系

### 核心内容讲解

**一、建设工程项目管理的内涵**

1.建设工程项目管理的内涵是：自项目开始至项目完成，通过项目策划和项目控制，以使项目的费用目标、进度目标和质量目标得以实现：

（1）"自项目开始至项目完成"指的是项目的实施阶段；

（2）"项目策划"指的是目标控制前的一系列筹划和准备工作；

（3）"费用目标"对业主而言是投资目标，对施工方而言是成本目标。

2.建设工程项目管理的时间范畴是建设工程项目的实施阶段。

3.项目管理的核心任务是项目的目标控制。没有明确目标的建设工程不是项目管理的对象。

🔊 **嗨·点评** 建设工程项目管理的内涵，应明确"时间范畴、手段、目标"三点内容。其核心任务注意与建设工程管理的核心任务区别。详见表1Z201020-1。

工程管理与项目管理对比　表1Z201020-1

| | 时间范畴 | 核心任务 |
| --- | --- | --- |
| 工程管理 | 项目全寿命期 | 为工程的建设和使用增值 |
| 项目管理 | 实施阶段 | 项目的目标控制 |

【经典例题】1.建设工程项目管理就是自项目开始到项目完成，通过（　　）使项目目标得以实现。

A.项目策划和项目组织
B.项目控制和项目协调
C.项目组织和项目控制
D.项目策划和项目控制

【答案】D

【嗨·解析】建设工程项目管理的内涵是：自项目开始至完成，通过项目策划和项目控制，以使项目目标得以实现。

【经典例题】2.建设工程项目管理的核心任务是项目的（　　）。

A.目标控制　　B.安全管理
C.投资控制　　D.质量控制

【答案】A

【嗨·解析】由于项目管理的核心任务是项目的目标控制，没有明确目标的建设工程不是项目管理的对象。

【经典例题】3.关于建设工程项目管理相关概念的说法正确的有（　　）。

A.项目开始至项目完成包括了项目的决策实施阶段

B.同一项目的目标内涵对项目的各参与单位来说是相同的

C.项目决策阶段的主要任务是确定项目的定义

D.项目实施阶段的主要任务是实现项目的目标

E.项目的策划指的是项目目标控制前的筹划和准备工作

【答案】CDE

【嗨·解析】"自项目开始至项目完成"指的是项目的实施期，故选项A错误；"项目策划"指的是项目实施的策划，即项目目标控制前的一系列筹划和准备工作；项目决策期管理工作的主要任务是确定项目的定义，而项目实施期管理的主要任务是通过管理使项目的目标得以实现；各参与单位的工作性质、工作任务和利益不同，因此就形成了不同类型的项目管理，故B选项错误。

## 二、建设工程项目管理的类型

1.按建设工程项目不同参与方的工作性质和组织特征划分，项目管理有如下几种类型：

（1）业主方的项目管理（如投资方和开发方的项目管理，或由工程管理咨询公司提供的代表业主方利益的项目管理服务）；

（2）设计方的项目管理；

（3）施工方的项目管理（施工总承包方、施工总承包管理方和分包方的项目管理）；

（4）建设物资供货方的项目管理（材料和设备供应方的项目管理）；

（5）建设工程项目总承包（或称建设项目工程总承包）方的项目管理，如设计和施工任务综合的承包（简称DB模式），或设计、采购和施工任务综合的承包（简称EPC承包）的项目管理等。

2.在国际上，项目管理咨询公司可以接受业主方、设计方、施工方、供货方和建设工程项目总承包方的委托，提供代表委托方利益的项目管理服务。项目管理咨询公司所提供的这类服务的工作性质属于工程咨询（工程顾问）服务，我国的建设工程监理为业主提供的服务就是这一性质，我国的工程监理属于国际上业主方项目管理的范畴。

3.由于业主方是建设工程项目实施过程的总集成者，也是建设工程项目生产过程的总组织者，因此对于一个建设工程项目而言，业主方的项目管理是该项目项目管理的核心。

4.建设项目工程总承包的主要意义并不在于总价包干和"交钥匙"，其核心是通过设计与施工过程的组织集成，促进设计与施工的紧密结合，以达到为项目建设增值的目的。

【嗨·点评】建设工程项目管理的类型，即五方项目管理（业主方、设计方、施工方、供货方、项目总承包方的项目管理），业主方是五方项目管理的核心。需要注意咨询公司所进行的项目管理服务属于委托方的项目管理。项目总承包的基本出发点在于设计与施工的组织集成。

【经典例题】4.下列项目参与单位中，所进行的项目管理属于施工方项目管理的是（　　）。

A.施工总承包方　　B.施工总承包管理方

C.项目总承包方　　D.开发方

E.咨询公司

【答案】AB

【嗨·解析】施工方为施工任务的执行方，且仅执行施工任务的我们才称之为施工方。

而项目总承包方是任务的综合承包方，除承担施工任务外还承担设计任务，不能将其归为施工方。

【经典例题】5.（2016年真题）关于建设工程项目管理的说法，正确的有（　　）。

A.业主方是建设工程项目生产过程的总组织者

B.建设工程项目各参与方的工作性质和工作任务不尽相同

C.建设工程项目管理的核心任务是项目的费用控制

D.施工方的项目管理是项目管理的核心

E.实施建设工程项目管理需要有明确的投资、进度和质量目标

【答案】ABE

【嗨·解析】项目管理的核心任务是项目的目标控制，C选项错误；对于一个建设工程项目而言，业主方的项目管理往往是该项目的项目管理的核心，D选项错误。

【经典例题】6.关于建设工程项目管理的说法，正确的有（　　）。

A.建设工程项目管理工作的核心任务是为工程的建设和使用增值

B.业主方的项目管理工作涉及项目实施阶段的全过程

C.建造师的业务范围只限于项目实施阶段的项目管理工作

D.只有施工企业对项目的管理，才能称为施工方的项目管理

E.项目决策阶段项目管理工作的主要任务是进行项目定义

【答案】BE

【嗨·解析】A选项错误，混淆了建设工程管理和建设工程项目管理，正确描述应该为建设工程管理工作的核心任务是为工程的建设和使用增值；C选项建造师的执业范围不局限于施工单位，如在建设单位也可涉及决策阶段；D选项的说法狭隘，代表施工方利益的工程项目管理咨询机构的项目管理也属于施工方项目管理范畴内。

### 三、五方项目管理的目标和任务

1.五方项目管理的目标和任务

五方项目管理的目标和任务需要从四个方面来考虑：利益、阶段、目标、任务。详见表1Z201020-2。

五方管理对比　　表1Z201020-2

| 参与方 | 利益 | 目标 | 任务 | 涉及主要阶段 |
| --- | --- | --- | --- | --- |
| 业主方 | 业主方的利益 | 投资、进度、质量 | 三控三管一协调 | 实施阶段全过程 |
| 设计方 | 项目整体利益及自身利益 | 成本、进度、质量 项目的投资目标 | 三控三管一协调（设计成本控制和与设计工作有关的工程造价控制） | 设计阶段 |
| 供货方 | 项目整体利益及自身利益 | 成本、进度、质量 | 三控三管一协调 | 施工阶段 |
| 施工方 | 项目整体利益及自身利益 | 成本、进度、质量 安全管理目标 | 三控三管一协调 | 施工阶段 |
| 项目总承包方 | 项目整体利益及自身利益 | 成本、进度、质量 安全管理、项目的总投资目标 | 三控三管一协调（项目的总投资控制和项目总承包方的成本控制） | 实施阶段全过程 |

2.业主方项目管理的目标

业主方项目管理的投资目标指的是项目的总投资目标。进度目标指的是项目动用的时间目标，也即项目交付使用的时间目标，如工厂建成可以投入生产、道路建成可以通车、办公楼可以启用、旅馆可以开业的时间目标等。项目的质量目标不仅涉及施工的质量，还包括设计质量、材料质量、设备质量和影响项目运行或运营的环境质量等。

3.施工方项目管理的目标和任务

施工方必须按工程合同规定的工期目标和质量目标完成建设任务。而施工方的成本目标是由施工企业根据其生产和经营的情况自行确定的。

按国际工程的惯例，当采用指定分包商时，不论指定分包商与施工总承包方，或与施工总承包管理方，或与业主方签订合同，由于指定分包商合同在签约前必须得到施工总承包方或施工总承包管理方的认可，因此，施工总承包方或施工总承包管理方应对合同规定的工期目标和质量目标负责。

4.工程总承包项目管理的主要内容及工作程序

（1）工程总承包项目管理的主要内容应包括：

1）任命项目经理，组建项目部，进行项目策划并编制项目计划；

2）实施设计管理，采购管理，施工管理，试运行管理；

3）进行项目范围管理，进度管理，费用管理，设备材料管理，资金管理，质量管理，安全、职业健康和环境管理，人力资源管理，风险管理，沟通与信息管理，合同管理，现场管理，项目收尾等。

（2）项目总承包方的工作程序如下：

1）项目启动：任命项目经理，组建项目部；

2）项目初始阶段：进行项目策划，编制项目计划，召开开工会议；

3）设计阶段；

4）采购阶段；

5）施工阶段：施工开工前的准备工作，现场施工，竣工试验，移交工程资料，办理管理权移交，进行竣工决算；

6）试运行阶段；

7）合同收尾：取得合同目标考核证书，办理决算手续，清理各种债权债务；缺陷通知期限满后取得履约证书；

8）项目管理收尾：办理项目资料归档，进行项目总结，对项目部人员进行考核评价，解散项目部。

🔊 嗨·点评 1.五方项目管理的目标和任务需要牢固掌握四个关键词：利益、阶段、目标、任务。其中不同点应格外注意。

2.业主方项目管理的进度目标关键就在一个"用"字，而对于"用"字的具体例子描述则是考试的出题点。

3.施工总承包方或施工总承包管理方要对指定分包商的工期、质量目标负责。

4.项目总承包方项目管理的工作程序中合同收尾、项目管理收尾的具体工作内容应作出区分，抓住特征，带有"项目"两个字的工作都属于项目管理收尾。

【经典例题】7.（2016年真题）关于业主方项目管理目标和任务的说法，正确的有（　　）。

A.业主方的项目管理是建设工程项目管理的核心

B.业主方的项目管理工作不涉及施工阶段的安全管理工作

C.业主方的项目管理目标包括项目的投资目标、进度目标和质量目标

D.业主方的项目管理质量目标不包括影响项目运行的环境质量

E.业主方的项目管理工作涉及项目实施阶段的全过程

【答案】ACE

【嗨·解析】业主方的项目管理工作涉及项目实施阶段的全过程，B选项错误；业主方项目管理的质量目标不仅涉及施工的质量，还包括设计质量、材料质量、设备质量和影响项目运行或运营的环境质量等。D选项错误。

【经典例题】8.（2015年真题）关于施工方项目管理目标和任务的说法，正确的是（　　）。

A.施工方项目管理仅服务于施工方本身的利益

B.施工方项目管理不涉及动用前准备阶段

C.施工方成本目标由施工企业根据其生产和经营情况自行确定

D.施工方不对业主方指定分包商承担的目标和任务负责

【答案】C

【嗨·解析】施工方项目管理不仅服务于施工方本身的利益，也必须服务于项目的整体利益，A选项错误；施工方项目管理涉及整个实施阶段，B选项错误；按国际工程的惯例，施工总承包方或施工总承包管理方应对合同规定的指定分包商工期目标和质量目标负责，D选项错误。

# 章节练习题

## 一、单项选择题

1. 建设工程项目管理的核心主体是（   ）。
   A.工程总承包方　　B.工程咨询方
   C.施工总承包方　　D.业主方

2. "项目策划"指的是目标控制前的一系列（   ）工作。
   A.筹划和协调　　B.筹划和准备
   C.计划和协调　　D.计划和准备

3. 业主方项目管理工作中，最重要的任务是（   ）。
   A.投资控制　　B.合同管理
   C.质量控制　　D.安全管理

4. 按照国际工程惯例，当建设工程采用指定分包时，（   ）应对分包工程的工期目标和质量目标负责。
   A.业主方　　B.监理方
   C.施工总承包方　　D.劳务分包方

## 二、多项选择题

1. 设计方的项目管理目标包括（   ）。
   A.成本目标　　B.进度目标
   C.安全目标　　D.项目的投资目标
   E.项目的运营目标

2. 设计方作为项目建设的一个参与方，其项目管理主要服务于（   ）。
   A.业主的利益　　B.项目的整体利益
   C.设计方本身的利益　　D.施工单位的利益
   E.政府方的利益

3. 建设工程项目管理的内涵是:自项目开始至项目完成，通过项目策划和项目控制，以使项目的（   ）得以实现。
   A.费用目标　　B.进度目标
   C.节能目标　　D.质量目标
   E.环境目标

4. 关于项目参与各方项目管理的说法，正确的是（   ）。
   A.业主方项目管理的投资目标指的是项目的总投资目标
   B.设计方的项目管理目标不包括项目的投资目标
   C.施工方的项目管理不包括安全管理
   D.供货方的项目管理工作主要在施工阶段，但也涉及准备阶段、设计阶段等
   E.项目总承包方项目管理的目标包括项目的总投资目标等

5. 项目总承包方作为项目建设的一个重要参与方，其项目管理主要服务于（   ）。
   A.业主的利益
   B.项目的整体利益
   C.设计方的利益
   D.总承包方本身的利益
   E.政府方的利益

6. 在建设工程项目管理中，施工方项目管理的任务有（   ）。
   A.施工安全管理　　B.施工合同管理
   C.施工信息管理　　D.施工成本控制
   E.建设项目与外部环境的协调

## 参考答案及与解析

### 一、单项选择题

1.【答案】D
【解析】业主是建设工程项目生产过程的总组织者，因此对于一个建设工程项目而言，业主方的管理往往是该项目管理的核心。所以D正确。

2.【答案】B
【解析】建设工程项目管理的内涵是:自项目开始至项目完成，通过项目策划和项目控制，以使项目的费用目标、进度目标和质量目标得以实现。该定义的有关字面的含义如下："自项目开始至项目完成"指

的是项目的实施阶段;"项目策划"指的是目标控制前的一系列筹划和准备工作;"费用目标"对业主而言是投资目标,对施工方而言是成本目标。所以B正确。

3.【答案】D

【解析】构成业主方项目管理的任务,其中安全管理是项目管理中的最重要的任务,因为安全管理关系到人身的健康与安全,而投资控制、进度控制、质量控制和合同管理等则主要涉及物质的利益。所以D正确。

4.【答案】C

【解析】按国际工程的惯例,当采用指定分包商讨,不论指定分包商与施工总承包方,或与施工总承包管理方,或与业主方签订合同,由于指定分包商合同在签约前必须得到施工总承包方或施工总承包管理方的认可,因此,施工总承包方或施工总承包管理方要对合同规定的工期目标和质量目标负责。所以C正确。

二、多项选择题

1.【答案】ABD

【解析】设计方作为项目建设的一个参与方,其项目管理主要服务于项目的整体利益和设计方本身的利益。由于项目的投资目标能否得以实现与设计工作密切相关,因此,设计方项目管理的目标包括设计的成本目标、设计的进度目标和设计的质量目标以及项目的投资目标。选项A、B、D都属于设计方的项目管理目标。因此,正确选项是ABD。

2.【答案】BC

【解析】设计方作为项目建设的一个参与方,其项目管理主要服务于项目的整体利益和设计方本身的利益。因此,正确选项是BC。

3.【答案】ABD

【解析】建设工程项目管理的内涵是:自项目开始至项目完成,通过项目策划和项目

控制,以使项目的费用目标、进度目标和质量目标得以实现(参考英国皇家特许建造师学会关于建设工程项目管理的定义,此定义也是大部分国家建造师学会或协会一致认可的)。所以A、B、D正确。

4.【答案】ADE

【解析】业主方项目管理的目标包含项目的投资目标、进度目标和质量目标,其中投资目标指的是项目的总投资目标,选项A正确。设计方项目管理的目标包含设计的成本目标、设计的进度目标和设计的质量目标以及项目的投资目标,选项B错误。施工方的项目管理包含安全管理、成本控制、进度控制、质量控制、合同管理、信息管理以及与施工有关的组织与协调,选项C错误。供货方的项目管理工作主要在施工阶段进行,但它也涉及项目的准备阶段、设计阶段以及动用前准备阶段和保修期,选项D正确,建设工程总承包方的项目管理目标包含工程建设的安全管理目标、项目的总投资目标和建设项目工程总承包方的成本目标、进度目标和质量目标,选项E正确。所以A、D、E正确。

5.【答案】BD

【解析】项目总承包方作为项目建设的一个重要参与方,其项目管理主要服务于项目的整体利益和项目总承包方本身的利益,其项目管理的目标应符合合同的要求。所以B、D正确。

6.【答案】ABCD

【解析】施工方项目管理的任务包括:施工安全管理,施工成本控制,施工进度控制;施工质量控制;施工合同管理;施工信息管理;与施工有关的组织与协调等。选项E是建设方的任务。所以A、B、C、D正确。

# 1Z201030 建设工程项目的组织

**本节知识体系**

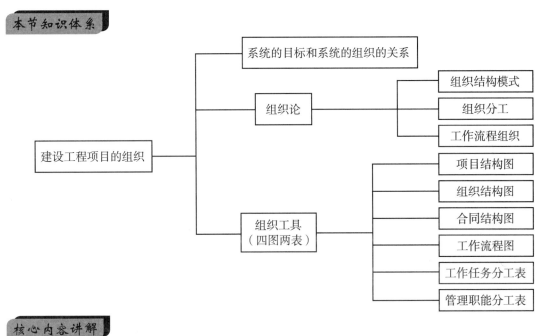

**核心内容讲解**

## 一、系统的目标和系统的组织的关系（详见图1Z201030-1）

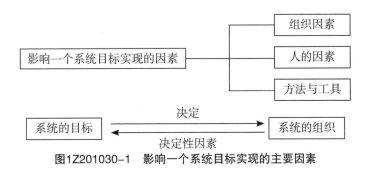

图1Z201030-1 影响一个系统目标实现的主要因素

系统的目标决定了系统的组织，而组织是目标能否实现的决定性因素。

控制项目目标的主要措施包括组织措施、管理措施、经济措施和技术措施，其中组织措施是最重要的措施。如果对一个建设工程的项目管理进行诊断，首先应分析其组织方面存在的问题。

🔊 **嗨·点评** 目标决定组织，组织是目标能否实现的决定性因素。

【经典例题】1.（2015年真题）关于影响系统目标实现因素的说法，正确的是（　　）。

A.组织是影响系统目标实现的决定性因素

B.系统组织决定了系统目标

C.增加人员数量一定会有助于系统目标的实现

D.生产方法与工具的选择与系统目标实现无关

【答案】A

【嗨·解析】系统的目标决定了系统的组织，而组织是目标能否实现的决定性因素。

## 二、组织论和组织工具（详见图1Z201030-2）

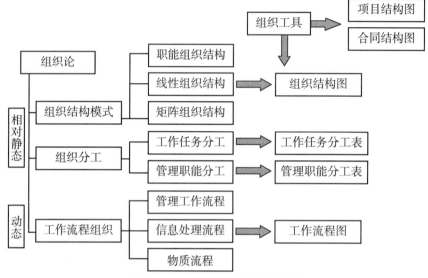

图1Z201030-2 组织论的基本理论

1.组织结构模式反映了一个组织系统中各子系统之间或各元素（各工作部门或各管理人员）之间的指令关系。组织分工反映了一个组织系统中各子系统或各元素的工作任务分工和管理职能分工。组织结构模式和组织分工都是一种相对静态的组织关系。工作流程组织则可反映一个组织系统中各项工作之间的逻辑关系，是一种动态关系。

2.组织工具

组织工具是组织论的应用手段，用图或表等形式表示各种组织关系，它包括：项目结构图、组织结构图、合同结构图、工作流程图、工作任务分工表、管理职能分工表等（简称四图两表）。

【嗨·点评】组织论研究的三大内容注意各自所表达关系的不同，是相对静态还是动态。

【经典例题】2.（2015年真题）关于组织结构模式、组织分工和工作流程组织的说法，正确的有（　　）。

A.组织结构模式反映指令关系
B.工作流程组织反映工作间逻辑关系
C.组织分工是指工作任务分工
D.组织分工和工作流程组织都是动态组织关系
E.组织结构模式是一种相对静态的组织关系

【答案】ABE

【嗨·解析】组织分工反映了一个组织系统中各子系统或各元素的工作任务分工和管理职能分工。组织结构模式和组织分工都是一种相对静态的组织关系。

【经典例题】3.（2016年真题）下列组织论基本内容中，属于相对静态的组织关系的有（　　）。

A.组织分工
B.物质流程组织
C.信息处理工作流程组织

D.管理工作流程组织
E.组织结构模式

【答案】AE

【嗨·解析】组织结构模式和组织分工都是一种相对静态的组织关系。工作流程组织则反映一个组织系统中各项工作之间的逻辑关系,是一种动态关系。

### 三、项目结构图和项目结构编码

1.项目结构图通过树状图的方式对一个项目的结构进行逐层分解,以反映组成该项目的所有工作任务。项目结构图中,矩形框表示工作任务,矩形框之间用直线连接。项目结构图描述的是工作对象之间的关系。详见图1Z201030-3。

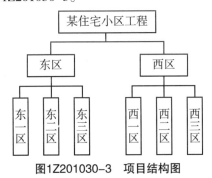

图1Z201030-3 项目结构图

项目结构分解并没有统一的模式,项目结构的分解应与整个工程实施的部署相结合,并与将采用的合同结构相结合。

2.项目结构的编码

项目结构的编码依据项目结构图,对目结构的每一层的每一个组成部分进行编码,项目结构图和项目结构的编码是编制其他项目管理工作编码的基础。

◀)) 嗨·点评 注意项目结构图的概念和特征,要求会识图。

【经典例题】4.（2016年真题）下列组织工具中,可以用来对项目的结构进行逐层分解,以反映组成该项目的所有工作任务的是（    ）。

A.项目结构图    B.组织结构图
C.工作任务分工表    D.管理分工表

【答案】A

【嗨·解析】项目结构图通过树状图的方式对一个项目的结构进行逐层分解,以反映组成该项目的所有工作任务。

【经典例题】5.下列组织工具图,表示的是（    ）。

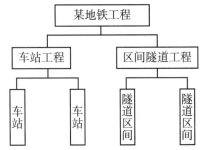

A.项目结构图    B.工作流程图
C.组织结构图    D.合同结构图

【答案】A

【嗨·解析】项目结构图是一个组织工具,它通过树状图的方式对一个项目的结构进行逐层分解,以反映组成该项目的所有工作任务。项目结构图中,矩形表示工作任务,矩形框之间的连接用连线表示。

【经典例题】6.关于项目结构分解的说法,正确的有（    ）。

A.项目结构图通过树状图的方式对一个项目的结构进行逐层分解
B.项目结构图能够反应组成该项目的所有工作任务
C.项目结构的分解应该和整个工程实施的部署相结合,并结合将采用的合同结构
D.同一个建设工程项目只能有一个项目结构分解方法
E.项目结构分解考虑到项目进展的总体部署,采用统一的分解方案

【答案】ABC

【嗨·解析】同一个建设工程项目可有不同的项目结构的分解方法,项目结构的分解

应和整个工程实施的部署相结合，并和将采用的合同结构相结合。

### 四、组织结构图

组织结构模式可用组织结构图来描述，组织结构图反映一个组织系统中各组成部门（组成元素）之间的组织关系（指令关系）。在组织结构图中，矩形框表示工作部门，上级工作部门对其直接下属工作部门的指令关系用单向箭线表示。

常用的组织结构模式包括职能组织结构、线性组织结构和矩阵组织结构等。这几种常用的组织结构模式既可以在企业管理中运用，也可在建设项目管理中运用。

**（一）职能组织结构**

职能组织结构是一种传统的组织结构模式。在职能组织结构中，每一个职能部门可根据它的管理职能对其直接和非直接的下属工作部门下达工作指令，每一个工作部门可能得到其直接和非直接的上级工作部门下达的工作指令，会有多个矛盾的指令源。一个工作部门的多个矛盾的指令源会影响企业管理机制的运行。详见图1Z201030-4。

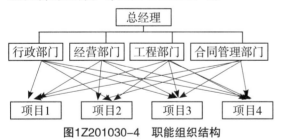

图1Z201030-4　职能组织结构

**（二）线性组织结构**

线性组织结构中，每一个工作部门只能对其直接的下属部门下达工作指令，每一个工作部门也只有一个直接的上级部门，每一个工作部门只有唯一的指令源，避免了由于矛盾的指令而影响组织系统的运行。在国际上，线性组织结构模式是建设项目管理组织系统的一种常用模式，但在一个特大的组织系统中，由于线性组织结构模式的指令路径过长，有可能会造成组织系统在一定程度上运行的困难。详见图1Z201030-5。

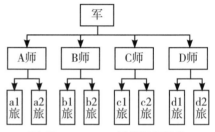

图1Z201030-5　职能组织结构

**（三）矩阵组织结构**

矩阵组织结构是一种较新型的组织结构模式。矩阵组织结构适宜用于大的组织系统，在矩阵组织结构中，每一项纵向和横向交汇的工作指令来自于纵向和横向两个工作部门，其指令源为两个。当纵向和横向工作部门的指令发生矛盾时，由该组织系统的最高指挥者进行协调或决策。

在矩阵组织结构中为避免纵向和横向工作部门指令矛盾对工作的影响，可以采用以纵向工作部门指令为主或以横向工作部门指令为主的矩阵组织结构模式，这样也可减轻该组织系统的最高指挥者的协调工作量。详见图1Z201030-6。

# 1Z201000 建设工程项目的组织与管理

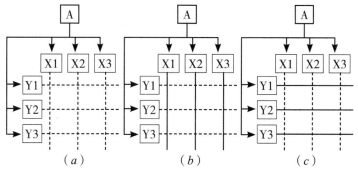

（a）矩阵组织结构；（b）以纵向工作部门指令为主的矩阵组织结构；（c）以横向工作部门指令为主的矩阵组织结构

图1Z201030-6　矩阵组织结构图

三类职能组织结构图的优缺点　表1Z201030-1

| 类型 | 优点 | 缺点 |
| --- | --- | --- |
| 职能组织结构 | 项目部成员来自于各职能部门，便于工作的顺利开展 | 可能会有多个矛盾的指令源 |
| 线性组织结构 | 只有一个指令源 | 信息传递路径过长，运行较困难 |
| 矩阵组织结构 | 适用于较大的组织系统 | 存在两个指令源 |

## （四）项目管理的组织结构图

对一个项目的组织结构进行分解，并用图的方式表示，就形成项目组织结构图，或称项目管理组织结构图。项目组织结构图反映一个组织系统中各子系统之间和各组织元素之间的组织关系，反映的是各工作单位、各工作部门和各工作人员之间的组织关系。

**嗨·点评**　三种组织结构模式最本质的区别就是指令的传递方式不同，进而呈现出指令源多少的特征。职能、线性、矩阵三种组织结构模式指令源为"多一二"。对于考虑矩阵组织结构模式下以谁指令为主的问题时，可以遵循这样的口诀"虚实相交实为主，两虚相交找老大"。

【**经典例题**】7.某施工单位采用下图所示的组织结构模式，则关于该组织结构的说法，正确的有（　　）。

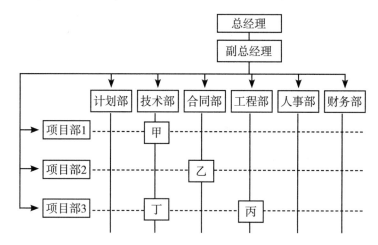

A.技术部可以对甲、乙、丙、丁直接下达指令

B.工程部不可以对甲、乙、丙、丁直接下达指令

C.甲工作涉及的指令源有2个,即项目部1和技术部

D.该组织结构属于矩阵式

E.当乙工作来自项目部2和合同部的指令矛盾时,应以合同部指令为主

【答案】CDE

【嗨·解析】图中的组织结构属于矩阵式。在矩阵组织结构中,每一项纵向和横向交汇的工作,指令来自于纵向和横向2个工作部门,因此其指令源为2个。在矩阵组织结构中为避免纵向和横向工作部门指令矛盾对工作的影响,可以采用以纵向工作部门指令为主或以横向工作部门指令为主。所以本题正确选项为CDE。

【经典例题】8.某施工企业组织结构如下,关于该组织结构模式特点的说法,正确的是(    )。

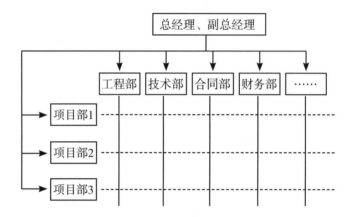

A.当纵向和横向工作部门的指令发生矛盾时,以横向部门指令为主

B.当纵向和横向工作部门的指令发生矛盾时,由总经理进行决策

C.每一项纵向和横向交汇的工作只有1个指令源

D.当纵向和横向工作部门的指令发生矛盾时,以纵向部门指令为主

【答案】D

【嗨·解析】在矩阵组织结构中为避免纵向和横向工作部门指令矛盾对工作的影响,可以采用以纵向工作部门指令为主或以横向工作部门指令为主。图示是以纵向指令为主的矩阵组织结构图。因此D选项正确。

【经典例题】9.(2015年真题)用来表示组织系统中各子系统或元素间指令关系的工具是(    )。

A.项目结构图　　B.工作流程图
C.组织结构图　　D.职能分工表

【答案】C

【嗨·解析】组织结构模式反映了一个组织系统中各子系统之间或各元素(各工作部门或各管理人员)之间的指令关系。

【经典例题】10.某建设项目业主采用如下图所示的组织结构模式。关于业主和各参与方之间组织关系的说法,正确的有(    )。

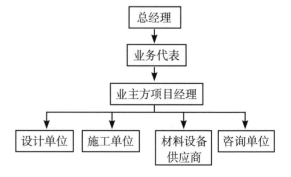

A.业主代表必须通过业主方项目经理下达指令

B.施工单位不可直接接受总经理指令

C.设计单位可直接接受业主方项目经理的指令

D.咨询单位的唯一指令来源是业主方项目经理

E.总经理可直接向业主方项目经理下达指令

【答案】ABCD

【嗨·解析】图示为线性组织结构，指令逐层传递，不可跨越层级，E选项错误。

## 五、合同结构图和工作流程图

### 1.合同结构图

合同结构图反映业主方和项目各参与方之间以及项目各参与方之间的合同关系。通过合同结构图可以了解一个项目有哪些，或将有哪些合同以及了解项目各参与方的合同组织关系。两个单位之间如果有合同关系，则用双向箭线联系。在项目管理的组织结构图中，如果两个单位之间有管理指令关系，则用单向箭线联系。

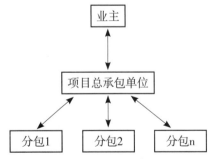

图1Z201030-7　合同结构图

### 2.工作流程组织

（1）每一个建设项目都有工作流程组织的任务，项目参与各方都有各自的工作流程组织的任务。工作流程组织的任务，即定义工作的流程。详见图1Z201030-8。

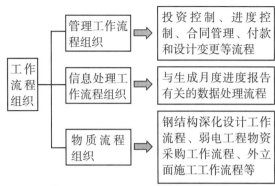

图1Z201030-8　工作流程组织分类

物质流程组织对于建设工程项目而言，指的是项目实施任务（设计、施工和物资采购）的工作流程组织。

（2）工作流程图用图的形式反映一个组织系统中各项工作之间的逻辑关系，它可用以描述工作流程组织。工作流程图用矩形框表示工作，箭线表示工作之间的逻辑关系，菱形框表示判别条件。

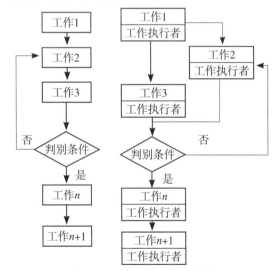

图1Z201030-9　工作流程图

一项管理工作的工作流程图并不只有一种绘制方式，比如可以在工作流程图中用两层矩形框分别表示工作和工作的执行者。一个工作流程图可能有多个项目参与方，比如设计变更就可能会涉及业主方、设计方、施工方等单位。

四个重要的组织工具：项目结构图、组

织结构图、合同结构图、工作流程图的比较。见表1Z201030-2。

"四图"对比　表1Z201030-2

| | 表达的含义 | 矩形框含义 | 特征 |
|---|---|---|---|
| 项目结构图 | 对一个项目的结构进行逐层分解,以反映组成该项目的所有工作任务 | 一个项目的组成部分 | 直线连接 |
| 组织结构图 | 反映一个组织系统中各组成部门(组成元素)之间的组织关系(指令关系) | 工作部门 | 单向箭线 |
| 合同结构图 | 反映一个建设项目参与单位之间的合同关系 | 参与单位 | 双向箭线 |
| 工作流程图 | 反映组织系统中各项工作之间的逻辑关系 | 各项工作 | 单向箭线 菱形框表示判别条件 |

【嗨·点评】两个单位之间可以有合同关系,也可以有管理指令关系,但是应注意两种关系的连线表达不同。关于物质流程组织,应注意并不是描述带有"设计"的流程就属于物质流程,只有"设计工作"流程才属于物质流程组织。比如设计变更工作流程组织其实描述的是变更工作,属于管理工作流程组织。

【经典例题】11.关于合同结构图的说法,正确的是(　　)。

A.合同结构图只反映业主和项目各参与方之间的合同关系

B.在合同结构图中,如果两个单位之间有合同关系,在合同结构图中用直线表示

C.合同结构图反映项目参与各方之间的合同关系

D.合同结构图也可以反映管理指令关系

【答案】C

【嗨·解析】合同结构图反映业主方与项目各参与方之间以及项目各参与方之间的合同关系。所C正确。

【经典例题】12.(2015年真题)承包商就已完工,经检验合格的工程提出支付申请,监理工程师复核后,业主批准支付,此工作程序属于(　　)流程。

A.物资采购工作　　B.信息处理工作

C.设计工作　　　　D.管理工作

【答案】D

【嗨·解析】管理工作流程组织,如投资控制、进度控制、合同管理、付款和设计变更等流程。

【经典例题】13.关于工作流程与工作流程图的说法,正确的是(　　)。

A.业主方与项目各参与方的工作流程任务是一致的

B.工作流程组织的任务就是编制组织结构图

C.工作流程图可以用来描述工作流程组织

D.工作流程图中用双向箭线表示工作间的逻辑关系

【答案】C

【嗨·解析】业主方和项目各参与方,如工程管理咨询单位、设计单位、施工单位和供货单位都有各自的工作流程组织的任务,故A选项不正确;工作流程组织的任务是定义工作流程,故B选项不正确;工作流程图用单向箭头表示工作之间的逻辑关系,故D选项不正确;工作流程图用图的形式反映一个组织系统中各项工作之间的逻辑关系,它可用于描述工作流程组织,故选择C。

### 六、工作任务分工表和管理职能分工表

组织分工反映了一个组织系统中各子系统或各元素的工作任务分工和管理职能分工。工作任务分工表和管理职能分工表是组织分工对应的组织工具。

**(一)工作任务分工表**

业主方和项目各参与方,如设计单位、施工单位、供货单位和工程管理咨询单位等都有各自的项目管理的任务,各方都应该编制各自的项目管理任务分工表。每一个建设项目都应编制项目管理任务分工表,这是一

个项目的组织设计文件的一部分。

1. 工作任务分工表的编制程序

编制项目管理任务分工表，首先应对项目实施各阶段的费用（投资或成本）控制、进度控制、质量控制、合同管理、信息管理和组织与协调等管理任务进行详细分解，在项目管理任务分解的基础上，明确项目经理和费用（投资或成本）控制、进度控制、质量控制、合同管理、信息管理和组织与协调等主管工作部门或主管人员的工作任务，从而编制工作任务分工表。

2. 工作任务分工表

在工作任务分工表中应明确各项工作任务由哪个工作部门（或个人）负责，由哪些工作部门（或个人）配合或参与。在项目的进展过程中，应视必要对工作任务分工表进行调整。随着工程的进展，任务分工表还将不断深化和细化。

（1）工作任务分工表主要明确哪项任务由哪个工作部门（机构）负责主办，另明确协办部门和配合部门，主办、协办和配合在表中分别用三个不同的符号表示（☆——主办；△——协办；○——配合）；

（2）在任务分工表的每一个任务，都有至少一个主办工作部门；

（3）运营部和物业开发部参与整个项目实施过程，而不是在工程竣工前才介入工作。

（二）管理职能分工表

1. 管理职能

管理是由多个环节组成的过程，这些组成管理的环节就是管理的职能。见图1Z201030-10。

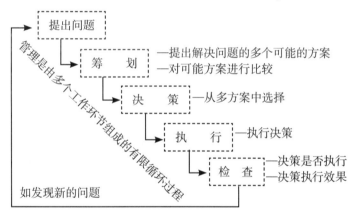

图1Z201030-10 管理职能

不同的管理职能可由不同的职能部门承担，同一职能部门也可以承担不同的管理职能。业主方和项目各参与方，如设计单位、施工单位、供货单位和工程管理咨询单位等都有各自的项目管理的任务和其管理职能分工，各方都应该编制各自的管理职能分工表。

2. 管理职能分工表

管理职能分工表是用表的形式反映项目管理班子内部项目经理、各工作部门和各工作岗位对各项工作任务的项目管理职能分工。表中用拉丁字母表示管理职能。管理职能分工表也可用于企业管理。

我国多数企业和建设项目的指挥或管理机构，习惯用岗位责任制的岗位责任描述书来描述每一个工作部门的工作任务（包括责任、权利和任务等）。工业发达国家在建设项目管理中广泛应用管理职能分工表，以使管理职能的分工更清晰、更严谨，并会暴露仅用岗位责任描述书时所掩盖的矛盾。如使用管理职能分工表还不足以明确每个工作部门的管理职能，则可辅以使用管理职能分工描述书。

"两表"对比　表1Z201030-3

| | 表达的含义 |
|---|---|
| 工作任务分工表 | 明确项目经理和主管工作部门（主管人员）的工作任务 |
| 管理职能分工表 | 反映项目管理班子内部项目经理、各工作部门和各工作岗位对各项工作任务的项目管理职能分工 |

🔊 **嗨·点评** 工作任务分工表和管理职能分工表都有"各编各表"的要求，在项目上应用时二者均只能反映项目内部人员、部门的分工。对于工作任务分工表应明确：①编制程序；②主办部门至少一个。对于管理职能分工表应明确：①可以用于企业管理；②管理职能分工表、岗位责任描述书、管理职能分工描述书各自的概念。

【经典例题】14.（2016年真题）关于管理职能分工表的说法，错误的是（　　）。

A.是用表的形式反映项目管理班子内部项目经理、各工作部门和各工作岗位对各项工作任务的项目管理职能分工

B.管理职能分工表无法暴露仅用岗位描述书时所掩盖的矛盾

C.可辅以管理职能分工描述书来明确每个工作部门的管理职能

D.可以用管理职能分工表来区分业主方方和代表业主利益的项目管理方和工程建设监理方等的管理职能

【答案】B

【嗨·解析】管理职能分工表是用表的形式反映项目管理班子内部项目经理、各工作部门和各工作岗位对各项工作任务的项目管理职能分工。应用管理职能分工表，使管理职能的分工更清晰、更严谨，并会暴露仅用岗位责任描述书时所掩盖的矛盾。如使用管理职能分工表还不足以明确每个工作部门的管理职能，则可辅以使用管理职能分工描述书。为了区分业主方和代表业主利益的项目管理方和工程建设监理方等的管理职能，也可以用管理职能分工表表示，因此B选项错误。

【经典例题】15.项目管理任务分工表是（　　）的一部分。

A.项目组织设计文件
B.项目结构分解
C.项目工作流程图
D.项目管理职能分工

【答案】A

【嗨·解析】每一个建设项目都应编制项目管理任务分工表，这是一个项目的组织设计文件的一部分。

【经典例题】16.（2014年真题）施工单位的项目管理任务分工表可用于确定（　　）的任务分工。

A.项目各参与方
B.项目经理
C.企业内部各部门
D.企业内部各工作人员
E.项目各职能主管工作部门

【答案】BE

【嗨·解析】为了编制项目管理任务分工表，首先应对项目实施各阶段的费用（投资或成本）控制、进度控制、质量控制、合同管理、信息管理和组织与协调等管理任务进行详细分解，在项目管理任务分解的基础上定义项目经理和费用（投资或成本）控制、进度控制、质量控制、合同管理、信息管理和组织与协调等主管工作部门或主管人员的工作任务。

# 章节练习题

## 一、单项选择题

1. 反映一个组织系统中各子系统之间或各元素（各工作部门或各管理人员）之间指令关系的是（　　）。
   A.组织结构模式　　　B.组织分工
   C.工作流程组织　　　D.组织论

2. 反映业主方和项目各参与方之间以及项目各参与方之间的合同关系的是（　　）。
   A.项目结构图　　　B.组织分工图
   C.组织结构图　　　D.合同结构图

3. 在项目管理的组织结构图中，如果两单位之间有管理指令关系，则用（　　）。
   A.直线　　　　　　B.虚线
   C.单向箭线　　　　D.双向箭线

4. 控制项目目标的主要措施中最重要的是（　　）。
   A.组织措施　　　　B.管理措施
   C.经济措施　　　　D.技术措施

5. 在常用的组织结构模式中，会产生多个矛盾的指令源的是（　　）。
   A.线性组织结构　　B.职能组织结构
   C.矩阵组织结构　　D.混合组织结构

6. 关于线性组织结构的特点的说法，正确的是（　　）。
   A.线性组织结构适合于大的系统
   B.线性组织结构中，每一个工作部门只有一个上级部门
   C.线性组织机构中可以对非直接的下属部门下达工作指令
   D.可以越级指挥或请示

## 二、多项选择题

1. 组织论主要研究系统的（　　）。
   A.技术流程主旨　　B.合同关系
   C.组织结构模式　　D.组织目标
   E.组织分工

2. 下列工作流程中，属于管理工作流程组织的有（　　）。
   A.投资控制
   B.钢结构深化设计工作流程
   C.外立面工作流程
   D.挖基坑工作流程
   E.合同管理

# 答案与解析

## 一、单项选择题

1.【答案】A

【解析】组织论是一门学科，它主要研究系统的组织结构模式、组织分工和工作流程组织，它是与项目管理学相关的一门非常重要的基础理论学科。组织结构模式反映了一个组织系统中各子系统之间或各元素（各工作部门或各管理人员）之间的指令关系。组织分工反映了一个组织系统中各子系统或各元素的工作任务分工和管理职能分工。组织结构模式和组织分工都是一种相对静态的组织关系。工作流程组织则可反映一个组织系统中各项工作之间的逻辑关系，是一种动态关系。因此，正确选项是A。

2.【答案】D

【解析】合同结构图反映业主方和项目各参与方之间以及项目、参与方之间的合同关系。通过合同结构图可以非常清晰地了解一个项目有哪些参与方，有哪些合同，以及了解项目各参与方的合同组织关系。因此，正确选项是D。

3.【答案】C

【解析】组织结构模式反映了一个组织系统中各子系统或各组织元素（如各工作部门）之间的指令关系。为了表示它们之间的指令关系，通常用单向箭线表示。

因此，正确选项是C。

4.【答案】A
【解析】控制项目目标的主要措施包括组织措施、管理措施、经济措施和技术措施，其中组织措施是最重要的措施。所以A正确。

5.【答案】B
【解析】在职能组织结构中，每一个工作部门可能得到其直接或非直接的上级工作部门下达的工作指令，它就会有多个矛盾的指令源。所以B正确。

6.【答案】B
【解析】在线性组织结构中，每一个工作部门只能对其直接的下属工作部门下达工作指令，每一个工作部门也只有一个直接的上级部门，因此，每一个工作部门只有唯一的指令源，避免了由于矛盾的指令而影响组织系统的运行。所以B正确。

二、多项选择题

1.【答案】CE
【解析】组织论是一门学科，它主要研究系统的组织结构模式、组织分工和工作流程组织，它是与项目管理学相关的一门非常重要的基础理论学科。因此，正确选项是CE。

2.【答案】AE
【解析】工作流程组织包括:（1）管理工作流程组织，如投资控制、进度控制、合同管理、付款和设计变更等流程；（2）信息处理工作流程组织，如与生成月度进度报告有关的数据处理流程；（3）物质流程组织，如钢结构深化设计工作流程，弱电工程物资采购工作流程，外立面施工工作流程等。因此，正确选项是AE。

# 1Z201040 建设工程项目策划

## 本节知识体系

```
                                    ┌── 项目环境和条件的调查与分析
                                    ├── 项目定义和项目目标论证
                                    ├── 组织策划
                    决策阶段策划的工作内容 ┼── 管理策划
                   ┌                ├── 合同策划
                   │                ├── 经济策划
                   │                └── 技术策划
建设工程项目策划 ──┤
                   │                ┌── 项目实施的环境和条件的调查与分析
                   │                ├── 项目目标的分析和再论证
                   │                ├── 项目实施的组织策划
                    实施阶段策划的工作内容 ┼── 项目实施的管理策划
                                    ├── 项目实施的合同策划
                                    ├── 项目实施的经济策划
                                    ├── 项目实施的技术策划
                                    └── 项目实施的风险策划等
```

## 核心内容讲解

### 一、建设工程项目策划

**1. 目的**

建设工程项目策划针对建设工程项目的决策和实施，或决策和实施中的某个问题，旨在为项目建设的决策和实施增值。

**2. 实质**

建设工程项目策划的实质是知识管理的过程，即通过知识的获取，经过知识的编写、组合和整理，而形成新的知识。工程项目策划是一个开放性的工作过程，需整合多方面专家的知识。

**3. 主要任务**

建设工程项目决策阶段策划的主要任务是定义项目开发或建设的任务和意义。建设工程项目实施阶段策划的主要任务是确定如何组织该项目的开发或建设。建设工程项目实施阶段策划的内容涉及的范围和深度，在理论上和工程实践中并没有统一的规定，应视项目的特点而定。

**4. 决策阶段策划的工作内容**（详见表1Z201040-1）

决策阶段策划的工作内容 表1Z201040-1

| 基本内容 | 主要工作内容 |
|---|---|
| 项目环境和条件的调查与分析 | 环境和条件包括自然环境、宏观经济环境、政策环境、市场环境、建设环境等 |

（续表）

| 基本内容 | 主要工作内容 |
|---|---|
| 项目定义和项目目标论证 | （1）确定项目建设的目的、宗旨和指导思想；（2）项目的规模、组成、功能和标准的定义；（3）项目总投资规划和论证；（4）建设周期规划和论证 |
| 组织策划 | （1）决策期的组织结构；（2）决策期任务分工；（3）决策期管理职能分工；（4）决策期工作流程；（5）实施期组织总体方案；（6）项目编码体系分析 |
| 管理策划 | （1）项目实施期管理总体方案；（2）生产运营期设施管理总体方案；（3）生产运营期经营管理总体方案 |
| 合同策划 | （1）决策期的合同结构；（2）决策期的合同内容和文本；（3）实施期合同结构总体方案 |
| 经济策划 | （1）项目建设成本分析；（2）项目效益分析；（3）融资方案；（4）编制资金需求量计划 |
| 技术策划 | （1）技术方案分析和论证；（2）关键技术分析和论证；（3）技术标准、规范的应用和制定 |

5.实施阶段策划的工作内容（详见表1Z201040-2）

实施阶段策划的工作内容  表1Z201040-2

| 基本内容 | 主要工作内容 |
|---|---|
| 项目实施的环境和条件的调查与分析 | 环境和条件包括自然环境、建设政策环境、建筑市场环境、建设环境（能源、基础设施等）、建筑环境（民用建筑的风格和主色调等）等 |
| 项目目标的分析和再论证 | （1）投资目标的分解和论证；（2）编制项目投资总体规划；（3）进度目标的分解和论证；（4）编制项目建设总进度规划；（5）项目功能分解；（6）建筑面积分配；（7）确定项目质量目标 |
| 项目实施的组织策划 | （1）业主方项目管理的组织结构；（2）任务分工和管理职能分工；（3）项目管理工作流程；（4）建立编码体系 |
| 项目实施的管理策划 | （1）项目实施各阶段项目管理的工作内容；（2）项目风险管理与工程保险方案 |
| 项目实施的合同策划 | （1）方案设计竞赛的组织；（2）项目管理委托、设计、施工、物资采购的合同结构方案；（3）合同文本 |
| 项目实施的经济策划 | （1）资金需求量计划；（2）融资方案的深化分析 |
| 项目实施的技术策划 | （1）技术方案的深化分析和论证；（2）关键技术的深化分析和论证；（3）技术标准和规范的应用和制定等 |
| 项目实施的风险策划 | |

**嗨·点评** 涉及增值的概念有三个：建设工程管理的核心任务、项目总承包的意义、建设工程项目策划的目的。

**【经典例题】**1.（2016年真题）下列建设工程项目策划工作中，属于实施阶段策划的是（　　）。

A.编制项目实施期组织总体方案

B.编制项目实施期管理总体方案

C.编制项目实施期合同结构总体方案

D.制订项目风险管理与工程保险方案

【答案】D

【嗨·解析】本题考查的是项目实施阶段策划的工作内容。建设工程项目实施阶段策划的基本内容中包括项目实施的管理策划，其主要工作内容包括：（1）项目实施各阶段项目管理的工作内容；（2）项目风险管理与工程保险方案。故D选项正确。

**【经典例题】**2.（2015年真题）下列工程项目策划工作中，属于项目决策阶段合同策划的是（　　）。

A.组织方案设计竞赛

B.确定实施期合同结构总体方案

C.确定项目设计合同结构方案

D.拟定施工合同文本

【答案】B

【嗨·解析】合同策划的主要工作内容包括：（1）决策期的合同结构；（2）决策期的合同内容和文本；（3）实施期合同结构总体方案。因此，正确选项是B。

# 章节练习题

## 一、单项选择题

1. 关于建设工程项目策划的说法,正确的有( )。
   A.工程项目策划只针对建设工程项目的决策和实施
   B.工程项目策划是一个封闭性的工作过程
   C.旨在为项目建设的决策和实施增值
   D.其实质就是知识组合的过程

2. 建设工程项目实施阶段策划的主要任务是确定( )。
   A.项目建设的总目标
   B.如何实现项目的目标
   C.项目建设的指导思想
   D.如何组织项目的开发或建设

3. 下列选项中属于项目决策阶段策划中组织策划工作内容的是( )。
   A.确定项目建设的目的、宗旨和指导思想
   B.决策期任务分工
   C.项目总投资规划和论证
   D.建设周期规划和论证

4. 下列选项中不属于项目实施阶段策划的工作内容的是( )。
   A.技术方案分析和论证
   B.项目实施的风险策划
   C.项目环境和条件的调查与分析
   D.项目实施的合同策划

5. 下列项目策划工作中,不属于决策阶段组织策划的是( )。
   A.决策期的组织结构
   B.决策期任务分工
   C.实施期组织总体方案
   D.建设周期规划和论证

## 二、多项选择题

1. 关于工程项目策划的说法,正确的有( )。
   A.须整合多方面专家的知识
   B.是一个封闭性的工作过程
   C.旨在为项目建设的决策和实施增值
   D.其过程的实质是知识组合的过程
   E.其过程的实质是知识管理的过程

2. 在建设工程项目实施阶段策划工作中,对项目目标的分析和再论证的主要工作内容包括( )。
   A.进度目标的分解和论证
   B.项目总投资规划和论证
   C.编制项目建设总进度规划
   D.建立编码体系
   E.确定建设规模和标准

# 答案与解析

## 一、单项选择题

1.【答案】C
【解析】建设工程项目策划指的是通过调查研究和收集资料,在充分占有信息的基础上,针对建设工程项目的决策和实施,或决策和实施中的某个问题,进行组织、管理、经济和技术等方面的科学分析和论证,旨在为项目建设的决策和实施增值。所以C正确。

2.【答案】D
【解析】建设工程项目实施阶段策划的主要任务是确定如何组织该项目开发或建设。所以D正确。

3.【答案】B
【解析】组织策划其主要工作内容包括:决策期的组织结构、决策期任务分工、决策期管理职能分工、决策期工作流程、实施期组织总体方案、项目编码体系分析。所以B正确。

4.【答案】A
【解析】项目实施阶段策划的工作内容包

括：项目实施环境和条件的调查与分析、项目目标的分析和再论证、项目实施的组织策划、项目实施的管理策划、项目实施的合同策划、项目实施的经济策划、项目实施的技术策划、项目实施的风险策划。所以A正确。

5.【答案】D
【解析】组织策划其主要工作内容包括：(1)决策期的组织结构；(2)决策期任务分工；(3)决策期管理职能分工；(4)决策期工作流程；(5)实施期组织总体方案；(6)项目编码体系分析。因此，正确选项是D。

二、多项选择题

1.【答案】ACE
【解析】建设工程项目策划指的是通过调查研究和收集资料，在充分占有信息的基础上，针对建设工程项目的决策和实施，或决策和实施中的某个问题，进行组织、管理、经济和技术等方面的科学分析论证，旨在为项目建设的决策和实施增值。工程项目策划的过程是专家知识的组成和集合以及信息的组织和集成的过程，其实质是知识管理的过程。工程项目策划是一个开放性的工作过程，它需整合多方面专家们知识。所以A、C、E正确。

2.【答案】AC
【解析】项目目标的分析和再论证的主要内容包括:投资目标的分解和论证、编制项目投资总体规划、进度目标的分解和论证、编制项目建设总进度规划、项目功能分解、建筑面积分配、确定项目质量目标。所以A、C正确。

# 1Z201050 建设工程项目采购的模式

**本节知识体系**

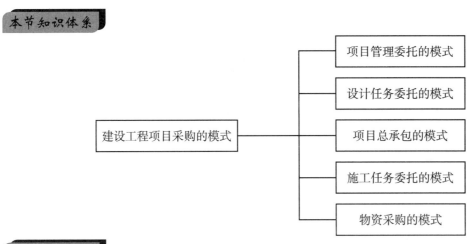

**核心内容讲解**

## 一、工程承发包模式

工程承发包模式研究的就是工程任务的委托模式，详见图1Z201050。

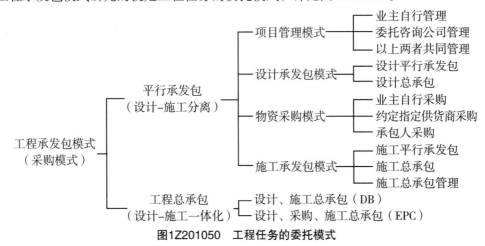

图1Z201050 工程任务的委托模式

1. 项目管理模式中的"两者共同管理模式"下，业主方从事项目管理的人员要在项目管理咨询公司委派的项目经理的领导下工作。

2. 国际上的设计单位一般是专业设计事务所（建筑师事务所起着主导作用），而我国则是综合设计院。我国主要通过设计招标的方式选择设计单位，而国际上很多国家存在设计竞赛条例，但是设计竞赛与设计任务的委托并没有直接的联系。

3. 在国际上，民用项目总承包的招标多数采用项目功能描述的方式，而不采用项目构造描述的方式。

**嗨·点评** 项目总承包的内涵、工作程序，请参考《1Z201020 建设工程项目管理的目标和任务》。

【经典例题】1.在国际上，项目管理咨询公司所提供的服务属于（　　）。

A.工程顾问　　　B.工程技术
C.工程监督　　　D.工程采购

【答案】A

【嗨·解析】在国际上项目管理咨询公司（咨询事务所，或称顾问公司）可以接受业主方、设计方、施工方、供货方和建设项目工程总承包方的委托，提供代表委托方利益的项目管理服务。项目管理咨询公司所提供的这类服务的工作性质属于工程咨询（工程顾问）服务。因此，正确选项是A。

## 二、施工任务委托的模式

施工任务的委托主要有：施工平行承发包模式、施工总承包模式、施工总承包管理模式。

1.施工总承包模式和施工总承包管理模式的特点（详见表1Z201050-1）。

施工总承包模式和施工总承包管理模式特点　　表1Z201050-1

| 基本内容 | 施工总承包 | 施工总承包管理 |
| --- | --- | --- |
| 概念 | 业主方委托施工总包单位，经业主同意，施工总承包单位可以根据需要将施工任务部分分包 | 业主方委托施工总承包管理单位，另委托其他施工单位作为分包单位进行施工。一般情况下，施工总承包管理单位不参与具体工程的施工，如想承担可以参加投标，竞争取得 |
| 投资控制 | 以施工图设计为投标报价的基础，投标人的投标报价较有依据；在开工前就有较明确的合同价，有利于业主的总投资控制 | 进行施工总承包管理单位招标时，只确定施工总承包管理费，不确定工程总造价，可能成为业主控制总投资的风险；分包合同的投标报价以施工图为依据；多数情况下，业主方与分包人直接签约，有可能增加业主方的风险 |
| 进度控制 | 等施工图设计全部结束后，才进行施工总承包的招标，建设周期会较长。这是施工总承包模式的最大缺点，限制了其在建设周期紧迫的建设工程项目上的应用 | 不需要等待施工图设计完成后再进行招标，有利于提前开工，有利于缩短建设周期 |
| 质量控制 | 建设工程项目质量的好坏在很大程度上取决于施工总承包单位的管理水平和技术水平 | 分包工程任务符合质量控制的"他人控制"原则，对质量控制有利 |
| 合同管理 | 业主招标及合同管理工作量小；采用"费率招标"实质上是开口合同，对业主方的合同管理和投资控制十分不利 | 一般情况下，所有分包合同的招标投标、合同谈判以及签约工作均由业主负责，业主方的招标及合同管理工作量较大 |
| 组织与协调 | 由于业主只负责对施工总承包单位的管理及组织协调，对业主有利 | 由施工总承包管理单位负责对所有分包人的管理及组织协调，大大减轻业主方的工作。这是采用施工总承包管理模式的基本出发点 |

## 2.施工总承包模式和施工总承包管理模式的比较（表1Z201050-2）

施工总承包模式和施工总承包管理模式对比　表1Z201050-2

| | 施工总承包管理 | 施工总承包 |
|---|---|---|
| 工作程序 | 不依赖完整图纸 | 依赖完整图纸 |
| 合同关系 | （1）业主与分包单位签；<br>（2）施工总承包管理单位与分包单位签 | 施工总承包单位与分包单位签 |
| 分包单位的选择与认可 | 业主选择，施工总承包管理单位认可 | 施工总承包单位选择，业主认可 |
| 对分包单位的付款 | （1）施工总承包管理单位付款；<br>（2）业主直接付款 | 施工总承包单位付款 |
| 合同价格 | 分阶段确定 | 一次确定 |
| 对分包单位的管理和服务 | 一致，既负责对施工现场的总体管理与协调，也负责对分包人提供相应服务 | |

### 3.施工总承包管理模式对比施工总承包模式在合同价方面的优点

施工总承包管理模式与施工总承包模式相比在合同价方面有以下优点：

（1）合同总价不是一次确定，整个建设项目的合同总额的确定较有依据；

（2）所有分包都通过招标获得有竞争力的投标报价，对业主方节约投资有利；

（3）在施工总承包管理模式下，分包合同价对业主是透明的。

**嗨·点评** 施工总承包模式与施工总承包管理模式应明确基本工作程序和合同关系。

【经典例题】2.（2014年真题）施工总承包管理模式与施工总承包模式相比，其优点有（　　）。

A.投标人的报价较有依据
B.整个项目合同总额的确定较有依据
C.有利于业主节约投资
D.可以缩短建设周期
E.可以为分包单位提供更好的管理和服务

【答案】BCD

【嗨·解析】施工总承包管理模式与施工总承包模式相比在合同价方面有以下优点：（1）合同总价不是一次确定，某一部分施工图设计完成以后，再进行该部分施工招标，确定该部分合同价，因此整个建设项目的合同总额的确定较有依据；（2）所有分包都通过招标获得有竞争力的投标报价，对业主方节约投资有利；（3）在施工总承包管理模式下，分包合同价对业主是透明的。因此，正确选项是B、C、D。

【经典例题】3.关于施工总承包模式与施工总承包管理模式的说法，错误的是（　　）。

A.施工总承包模式的工作程序是先进行建设项目的设计，待施工图设计结束后再进行施工总承包招标投标，然后再进行施工

B.施工总承包管理模式，施工总承包管理单位的招标可以不依赖完整的施工图，完成一部分施工图就可对其进行招标

C.施工总承包管理模式，分包合同由业主与分包单位直接签订，但每一个分包人的选择和每一个分包合同的签订都要经过施工总承包管理单位的认可

D.采用施工总承包管理模式时，分包单位由施工总承包单位选择，业主方认可

【答案】D

【嗨·解析】一般情况下，当采用施工总承包管理模式时，分包合同由业主与分包单位直接签订，但每一个分包人的选择和每一个分包合同的签订都要经过施工总承包管理

单位的认可,因为施工总承包管理单位要承担施工总体管理和目标控制的任务和责任。如果施工总承包管理单位认为业主选定的某个分包人确实没有能力完成分包任务,而业主执意不肯更换分包人,施工总承包管理单位也可以拒绝认可该分包合同,并且不承担该分包人所负责工程的管理责任。而当采用施工总承包模式时,分包单位由施工总承包单位选择,由业主方认可。所以选项D是错误的。因此,正确选项是D。

### 三、物资采购的模式

我国《建筑法》对物资采购有这样的规定:"按照合同约定,建筑材料、建筑构配件和设备由工程承包单位采购的,发包单位不得指定承包单位购入用于工程的建筑材料、建筑构配件和设备或者指定生产厂、供应商"。

采购管理应遵循下列程序:

(1)明确采购产品或服务的基本要求、采购分工及有关责任;

(2)进行采购策划,编制采购计划;

(3)进行市场调查,选择合格的产品供应或服务单位,建立名录;

(4)采用招标或协商等方式实施评审工作,确定供应或服务单位;

(5)签订采购合同;

(6)运输、验证、移交采购产品或服务;

(7)处置不合格产品或不符合要求的服务;

(8)采购资料归档。

🔊 **嗨·点评** 如合同约定材料由承包方采购,则发包单位不得指定生产厂、供货商。

# 章节练习题

## 一、单项选择题

1. 与发达国家不同,我国业主方选择设计方案和设计单位主要通过的方式是( )。
   A.设计竞赛　　　B.设计招标
   C.设计评审　　　D.专项委托

2. 按国际工程惯例,对工业与民用建筑工程的设计任务委托而言,下列专业设计事务所中,通常起主导作用的是( )。
   A.测量师事务所　　B.建筑师事务所
   C.结构工程师事务所　D.水电工程师事务所

3. 建设项目工程总承包即使采用总价包干的方式,稍大一些的项目也难以采用固定总价包干,而多数采用( )。
   A.变动总价合同　　B.单价合同
   C.成本价酬金合同　D.视情况而定

4. 业主方委托一个施工单位或由多个施工单位组成的施工联合体或施工合作体作为施工总承包单位,施工总承包单位视需要再委托其他施工单位作为分包单位配合施工,这种施工任务委托模式是( )。
   A.施工总承包
   B.施工总承包管理
   C.平行承发包
   D.建设工程项目总承包

5. 施工总承包模式的最大缺点是( )。
   A.容易引发索赔
   B.建设周期较长
   C.不利于投资控制
   D.业主组织协调工作量较大

6. 施工总承包模式下,投标报价的基础为( )。
   A.企业定额　　　B.预算定额
   C.工程量清单　　D.施工图设计

7. 关于施工总承包和施工总承包管理模式的说法,正确的是( )。
   A.施工总承包模式如果采用费率招标,对投资控制有利
   B.施工总承包管理模式,业主方招标和合同管理的工作量较小
   C.施工总承包管理模式一般要等到施工图全部设计完成才能进行招标
   D.施工总承包管理模式有利于压缩工期

8. 下列模式中只需进行一次招标的是( )。
   A.施工总承包管理模式
   B.施工总承包模式
   C.DBB模式
   D.指定分包模式

9. 在施工总承包管理模式下,施工项目总体管理和目标控制的责任由( )承担。
   A.业主
   B.分包单位
   C.施工总承包管理单位
   D.施工总承包单位

10. 在物资采购管理工作中,编制完成采购计划后进行的工作是( )。
    A.进行采购合同谈判,签订采购合同
    B.明确采购产品的基本要求、采购分工和有关责任
    C.选择材料、设备的采购单位
    D.进行市场调查,选择合格产品供应单位,建立名录

## 二、多项选择题

1. 建设项目工程总承包方在合同收尾时的工作包括( )。
   A.取得合同目标考核证书
   B.办理决算手续
   C.办理项目资料归档
   D.清理各种债权债务
   E.进行项目总结

2. 施工总承包模式从投资控制方面来看其特

点有（　　）。

A. 限制了在建设周期紧迫的建设工程项目上的应用

B. 在开工前就有较明确的合同价，有利于业主的总投资控制

C. 一般以施工图设计为投标报价的基础，投标人的投标报价较有依据

D. 缩短建设周期，节约资金成本

E. 若在施工过程中发生设计变更，可能会引发索赔

3. 关于施工总承包管理模式特点的说法，正确的有（　　）。

A. 业主方的招标及合同管理工作量较大

B. 在开工前有较明确的合同价，有利于业主的总投资控制

C. 分包工程任务符合质量控制的"他人控制"原则，对质量控制有利

D. 各分包之间的关系可由施工总承包管理单位负责协调，这样可减轻业主管理的工作量

E. 多数情况下，由业主方与分包人直接签约，这样有可能减少业主方的风险

## 参考答案及解析

一、单项选择题

1.【答案】B

【解析】我国业主方主要通过设计招标的方式，而国际上常见设计竞赛方式。所以选项B正确。

2.【答案】B

【解析】对工业与民用建筑工程而言，在国际上，建筑师事务所往往起着主导作用，其他专业设计事务所则配合建筑师事务所从事相应的设计工作。所以选项B正确。

3.【答案】A

【解析】建设项目工程总承包的主要意义并不在于总价包干和"交钥匙"，其核心是通过设计与施工过程的组织集成，促进设计与施工的紧密结合，以达到为项目建设增值的目的。应该指出，即使采用总价包干的方式，稍大一些的项目也难以采用固定总价包干，而多数采用变动总价合同。所以选项A正确。

4.【答案】A

【解析】业主方委托一个施工单位或由多个施工单位组成的施工联合体或施工合作体作为施工总承包单位，施工总承包单位视需要再委托其他施工单位作为分包单位配合施工，这种选工任务委托模式是施工总承包。所以选项A正确。

5.【答案】B

【解析】施工总承包模式在进度控制方面，由于一般要等施工图设计全部结束后，业主方能进行施工总承包单位的招标，因此，开工日期不可能太早，建设周期会较长，这是施工总承包模式最大的缺点，限制了其在建设周期紧迫的建设工程项目上的应用。所以选项B正确。

6.【答案】D

【解析】施工总承包模式一般以施工图设计为投标报价的基础，投标人的投标报价较有依据。所以选项D正确。

7.【答案】D

【解析】施工总承包管理模式，业主方的招标与合同管理工作量较大；施工总承包管理单位的招标可以不依赖完整的施工图，当完成一部分施工图就可对其进行招标。施工总承包模式中，"费率招标"实质上是开口合同，对业主方的合同管理和投资控制十分不利。所以选项D正确。

8.【答案】B

【解析】施工总承包模式业主只需要进行一次招标，与施工总承包商签约，因此招标

及合同管理工作量将会减小。所以选项B正确。

9.【答案】C
【解析】在施工总承包管理模式下，施工项目总体管理和目标控制的责任由施工总承包管理单位承担。所以选项C正确。

10.【答案】D
【解析】采购管理应遵循下列程序：①明确采购产品或服务的基本要求、采购分工及有关责任；②进行采购策划，编制采购计划；③进行市场调查，选择合格的产品供应或服务单位，建立名录；④采用招标或协商等方式实施评审工作，确定供应或服务单位；⑤签订采购合同；⑥运输、验证、移交采购产品或服务；⑦处置不合格产品或不符合要求的服务；⑧采购资料归档。所以选项D正确。

二、多项选择题

1.【答案】ABD
【解析】建设项目工程总承包方在合同收尾时的工作包括：取得合同目标考核证书，办理决算手续，清理各种债权债务，缺陷通知期限满后取得履约证书。所以选项A、B、D正确。

2.【答案】BCE
【解析】施工总承包模式在投资控制方面的特点如下：一般以施工图设计为投标报价的基础，投标人的投标报价有依据，在开工前就有较明确的合同价，有利于业主的总投资控制；若在施工过程中发生设计变更，可能会引发索赔。所以选项B、C、E正确。

3.【答案】ACD
【解析】一般情况下，所有分包合同的招标投标、合同谈判以及签约工作均由业主负责，业主方的招标及合同管理工作量较大，在进行对施工总承包管理单位进行招标时，只确定施工总承包管理费，而不确定工程总造价，这可能成为业主控制总投资的风险，多数情况下，由业主方与分包人直接签约，这样有可能增加业主方的风险。所以选项A、C、D正确。

## 1Z201060 建设工程项目管理规划的内容和编制方法

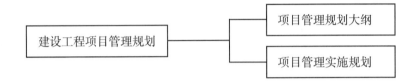

### 核心内容讲解

**一、建设工程项目管理规划**

建设工程项目管理规划是指导项目管理工作的纲领性文件。建设工程项目管理规划涉及项目整个实施阶段，属于业主方项目管理的范畴。如果采用建设项目工程总承包的模式，业主方也可以委托建设项目工程总承包方编制建设工程项目管理规划。建设项目的其他参与单位为进行其项目管理也需要编制项目管理规划，但它只涉及项目实施的一个方面，并体现一个方面的利益。项目管理规划应包括项目管理规划大纲和项目管理实施规划两类文件。

项目管理规划大纲和项目管理实施规划的比较，详见表1Z201060。

项目管理规划大纲和项目管理实施规划的对比　　表1Z201060

| | 项目管理规划大纲 | 项目管理实施规划 |
|---|---|---|
| 编制者 | 管理层或委托的项目管理单位编制 | 由项目经理组织编制 |
| 编制依据 | （1）可行性研究报告；<br>（2）设计文件、标准、规范与有关规定；<br>（3）招标文件及有关合同文件；<br>（4）相关市场信息与环境信息 | （1）项目管理规划大纲；<br>（2）项目条件和环境分析资料；<br>（3）工程合同及相关文件；<br>（4）同类项目的相关资料 |
| 编制程序 | （1）明确项目目标；<br>（2）分析项目环境和条件；<br>（3）收集项目的有关资料和信息；<br>（4）确定项目管理组织模式、结构和职责；<br>（5）明确项目管理内容；<br>（6）编制项目目标计划和资源计划；<br>（7）汇总整理，报送审批 | （1）了解项目相关各方的要求；<br>（2）分析项目条件和环境；<br>（3）熟悉相关法规和文件；<br>（4）组织编制；<br>（5）履行报批手续 |

# 1Z201000 建设工程项目的组织与管理

续表

| | 项目管理规划大纲 | 项目管理实施规划 |
|---|---|---|
| 内容 | （1）项目概况；<br>（2）项目范围管理规划；<br>（3）项目管理目标规划；<br>（4）项目管理组织规划；<br>（5）项目成本管理规划；<br>（6）项目进度管理规划；<br>（7）项目质量管理规划；<br>（8）项目职业健康安全与环境管理规划；<br>（9）项目采购与资源管理规划；<br>（10）项目信息管理规划；<br>（11）项目沟通管理规划；<br>（12）项目风险管理规划；<br>（13）项目收尾管理规划 | （1）项目概况；<br>（2）总体工作计划；<br>（3）组织方案；<br>（4）技术方案；<br>（5）进度计划；<br>（6）质量计划；<br>（7）职业健康安全与环境管理计划；<br>（8）成本计划；<br>（9）资源需求计划；<br>（10）风险管理计划；<br>（11）信息管理计划；<br>（12）沟通管理计划；<br>（13）收尾管理计划；<br>（14）项目现场平面布置图；<br>（15）项目目标控制措施；<br>（16）技术经济指标 |

🔊 **嗨·点评** 项目管理大纲和项目管理实施规划的内容可以抓住规律：规划大纲的内容主要是"××规划"，而实施规划的内容主要是"××计划"。

**【经典例题】** 1.（2015年真题）根据《建设工程项目管理规范》GB/T 50326—2006，项目管理规划包括（　　）。

A.项目管理规划原则和内容
B.目管理规划大纲和配套措施
C.项目管理规划大纲和实施大纲
D.项目管理规划大纲和实施规划

**【答案】** D

**【嗨·解析】** 《建设工程项目管理规范》GB/T 50326—2006对项目管理规划作了如下的术语解释："项目管理规划作为指导项目管理的纲领性文件，应对项目管理的目标、依据、内容、组织、资源、方法、程序和控制措施进行确定"。在该规范中，把项目管理规划分成两个类型："项目管理规划应规划大纲和项目管理实施规划两类文件"。因此，正确选项是D。

**【经典例题】** 2.（2014年真题）项目管理实施规划的编制过程包括：①熟悉相关法规和文件；②分析项目条件和环境；③履行报批手续；④组织编制。根据《建设工程项目管理规范》GB/T 50326—2006，正确的编制程序是（　　）。

A.①-②-③-④　　B.①-②-④-③
C.②-①-④-③　　D.②-①-③-④

**【答案】** C

**【嗨·解析】** 编制项目管理实施规划应遵循下列程序：（1）了解项目相关各方的要求；（2）分析项目条件和环境；（3）熟悉相关法规和文件；（4）组织编制；（5）履行报批手续。因此，正确选项是C。

## 章节练习题

### 一、单项选择题

1. 项目管理实施规划的编制依据,不包括(　　)。
   A.技术经济指标
   B.项目管理规划大纲
   C.项目条件和环境分析资料
   D.工程合同及相关文件

2. 建设工程项目管理规划涉及整个实施阶段,它属于(　　)项目管理范畴。
   A.业主方　　　　B.承包方
   C.咨询单位　　　D.设计单位

3. 项目管理规划是指导项目管理工作的(　　)文件。
   A.操作性　　　　B.实施性
   C.纲领性　　　　D.作业性

4. 根据《建设工程项目管理规范》GB/T 50326—2006,项目管理实施规划应由(　　)组织编制。
   A.项目技术负责人　B.项目经理
   C.企业技术负责人　D.企业生产负责人

5. 建设工程项目管理规划的内容涉及的范围与深度要求是(　　)。
   A.一经编制则不得改变
   B.必须随着项目进展过程中情况的变化而动态调整
   C.不会因项目而变化
   D.可按《建设工程项目管理规范》标准化

### 二、多项选择题

项目管理规划大纲可由(　　)负责编制。
A.组织的管理层
B.组织委托的项目管理单位
C.设计单位
D.施工单位
E.供货单位

## 参考答案及解析

### 一、单项选择题

1.【答案】A
【解析】项目管理实施规划可依据下列资料编制:(1)项目管理规划大纲;(2)项目条件和环境分析资料;(3)工程合同及相关文件;(4)同类项目的相关资料。

2.【答案】A
【解析】建设工程项目管理规划涉及整个实施阶段,它属于业主方项目管理的范畴。

3.【答案】C
【解析】项目管理规划作为指导项目管理的纲领性文件。

4.【答案】B
【解析】《建设工程项目管理规范》GB/T 50326—2006规定:"项目管理规划大纲应由组织的管理层或组织委托的项目管理单位编制";"项目管理实施规划应由项目经理组织编制"。所以B正确。

5.【答案】B
【解析】建设工程项目管理规划内容涉及的范围和深度,在理论上和工程实践中并没有统一的规定,应视项目的特点而定。由于项目实施过程中主客观条件的变化是绝对的,不变则是相对的;在项目进展过程中平衡是暂时的,不平衡则是永恒的,因此,建设工程项目管理规划必须随着情况的变化而进行动态调整。所以B正确。

### 二、多项选择题

【答案】AB
【解析】项目管理规划大纲应由组织的管理层或组织委托的项目管理单位编制。故选A、B两项。

# 1Z201070 施工组织设计的内容和编制方法

## 本节知识体系

施工组织设计的内容和编制方法
- 施工组织设计的基本内容
- 施工组织设计的分类及其内容
- 施工组织设计的编制和审批
- 施工组织设计的动态管理

## 核心内容讲解

### 一、施工组织设计的基本内容

施工组织设计的基本内容包括：工程概况、施工部署及施工方案、施工进度计划、施工平面图、主要技术经济指标。

1.施工部署及施工方案的内容包括：

根据工程情况，结合人力、材料、机械设备、资金、施工方法等条件，全面部署施工任务，合理安排施工顺序，确定主要工程的施工方案；对拟建工程可能采用的几个施工方案进行比选，选择最佳方案。

2.施工进度计划反映了最佳施工方案在时间上的安排。在其基础上编制相应的人力和时间安排计划、资源需求计划和施工准备计划。

3.施工平面图是施工方案及施工进度计划在空间上的全面安排。它使整个现场能有组织地进行文明施工。

🔊 嗨·点评 应注意几个关键词：施工顺序、时间上、空间上、文明施工。

【经典例题】1.（2015年真题）关于施工组织设计中施工平面图的说法，正确的有（　　）。

A.反映了最佳施工方案在时间上的安排
B.反映了施工机具等资源的供应情况
C.反映了施工方案在空间上的全面安排
D.反映了施工进度计划在空间上的全面安排
E.整个现场能有组织地进行文明施工

【答案】CDE

【嗨·解析】施工平面图是施工方案及施工进度计划在空间上的全面安排。它把投入的各种资源、材料、构件、机械、道路、水电供应网络、生产和生活活动场地及各种临时工程设施合理地布置在施工现场，使整个现场能有组织地进行文明施工。因此，正确选项是CDE。

### 二、施工组织设计的分类及其内容

施工组织设计按编制对象，可分为施工组织总设计、单位工程施工组织设计和施工方案。详见表1Z201070-1。

施工组织设计的分类　表1Z201070-1

| 施工组织总设计 | 以若干单位工程组成的群体工程或特大型项目为主要对象编制的施工组织设计，对整个项目的施工过程起统筹规划、重点控制的作用 |
|---|---|
| 单位工程施工组织设计 | 以单位（子单位）工程为主要对象编制的施工组织设计，对单位（子单位）工程的施工过程起指导和制约作用 |
| 施工方案 | 以分部（分项）工程或专项工程为主要对象编制的施工技术与组织方案，用以具体指导其施工过程 |

1.在我国，大型房屋建筑工程标准一般指：

（1）25层以上的房屋建筑工程；

（2）高度100m及以上的构筑物或建筑物工程；

（3）单体建筑面积3万$m^2$及以上的房屋建筑工程；

（4）单跨跨度30m及以上的房屋建筑工程；

（5）建筑面积10万$m^2$及以上的住宅小区或建筑群体工程；

（6）单项建安合同额1亿元及以上的房屋建筑工程。

2.三类施工组织设计的内容详见表1Z201070-2。

三类施工组织设计的内容　表1Z201070-2

| 施工组织总设计 | （1）工程概况；<br>（2）总体施工部署；<br>（3）施工总进度计划；<br>（4）总体施工准备与主要资源配置计划；<br>（5）主要施工方法；<br>（6）施工总平面布置 |
|---|---|
| 单位工程施工组织设计 | （1）工程概况；<br>（2）施工部署；<br>（3）施工进度计划；<br>（4）施工准备与资源配置计划；<br>（5）主要施工方案；<br>（6）施工现场平面布置 |
| 施工方案 | （1）工程概况；<br>（2）施工安排；<br>（3）施工进度计划；<br>（4）施工准备与资源配置计划；<br>（5）施工方法及工艺要求 |

记忆技巧：施工方案：①无部署；②无平面。

🔊嗨·点评　本知识点下三点内容均是考试重点：三类施工组织设计的编制对象、大型房屋建筑工程标准，三类施工组织设计的内容。

【经典例题】2.（2016年真题）下列施工组织设计内容中，属于施工方案的有（　　）。

A.施工安排

B.施工进度计划

C.施工现场平面布置

D.施工方法及工艺要求

E.资源配置计划

【答案】ABDE

【嗨·解析】本题考查的是施工组织设计的内容。施工方案在某些时候也被称为分部（分项）或专项工程施工组织设计，其主要内容如下：

（1）工程概况；
（2）施工安排；
（3）施工进度计划；
（4）施工准备与资源配置计划；
（5）施工方法及工艺要求。

【经典例题】3.（2015年真题）下列施工组织设计的内容中，属于施工部署及施工方案的是（　　）。
A.施工资源的需求计划
B.施工资源的优化配置
C.投入材料的堆场设计
D.施工机械的分析选型
【答案】D
【嗨·解析】施工部署及施工方案包括：（1）根据工程情况，结合人力、材料、机械设备、资金、施工方法等条件，全面部署施工任务，合理安排施工顺序，确定主要工程的施工方案；（2）对拟建工程可能采用的几个施工方案进行定性、定量的分析，通过技术经济评价，选择最佳方案。因此，正确选项是D。

### 三、施工组织设计的编制和审批

（1）施工组织设计应由项目负责人主持编制，可根据需要分阶段编制和审批。
（2）施工组织设计的审批（表1Z201070-3）。

施工组织设计的审批　表1Z201070-3

| 类别 | 审批 |
| --- | --- |
| 施工组织总设计 | 总承包单位技术负责人 |
| 单位工程施工组织设计 | 施工单位技术负责人或技术负责人授权的技术人员 |
| 施工方案 | 项目技术负责人 |
| 重点、难点分部（分项）工程和专项工程施工方案 | 施工单位技术部门组织相关专家评审，施工单位技术负责人批准 |

🔊 嗨·点评　施工组织设计的审批，除施工方案外，均需要由公司层级技术负责人审批。

【经典例题】4.（2016年真题）根据施工组织设计的管理要求，重点、难点分部（分项）工程施工方案的批准人是（　　）。
A.项目技术负责人
B.施工单位技术责任人
C.项目负责人
D.总监理工程师
【答案】B
【嗨·解析】本题考查的是施工组织设计的编制和审批。重点、难点分部（分项）工程和专项工程施工方案应由施工单位技术部门组织相关专家评审，施工单位技术负责人批准。

【经典例题】5.（2014年真题）根据《建筑施工组织设计规范》GB/T 50502—2009，施工组织设计应由（　　）主持编制。
A.施工单位技术负责人
B.项目负责人
C.施工单位技术负责人授权人
D.项目技术负责人
【答案】B
【嗨·解析】施工组织设计应由项目负责人主持编制，可根据需要分阶段编制和审批。因此，正确选项是B。

### 四、施工组织设计的动态管理

项目施工前应进行施工组织设计逐级交底，施工过程中，应对施工组织设计的执行情况进行检查、分析并适时调整。经修改或补充的施工组织设计应重新审批后实施。

项目施工过程中，发生以下情况之一时，施工组织设计应及时进行修改或补充。

（1）工程设计有重大修改；

（2）有关法律、法规、规范和标准实施、修订和废止；

（3）主要施工方法有重大调整；

（4）主要施工资源配置有重大调整；

（5）施工环境有重大改变。

**嗨·点评** 动态管理强调的就是变化，施工组织设计不是一成不变，遇特定情况应进行修改，修改之后要重新审批，合格方可执行。

**【经典例题】** 6.项目施工过程中，施工组织设计应及时进行修改或补充的情形有（　　）。

A.某施工中的项目，设计单位应业主要求对工程设计图纸的楼梯部分进行了细微修改

B.某在建大桥，由于政府对预应力钢筋进行了新的规范调整修改导致需要重新调整工艺

C.某在建钢混结构大楼，由于国际钢材市场的大幅度调整导致采用的进口钢材无法提取，严重影响工程施工

D.在建项目，由于自然灾害导致工期严重滞后

E.某工程在施工时，施工单位发现设计图纸存在严重错误，无法正常施工

**【答案】** BCDE

**【嗨·解析】** 项目施工过程中，发生以下情况之一时，施工组织设计应及时进行修改或补充。（1）工程设计有重大修改。（2）有关法律、法规、规范和标准实施、修订和废止。（3）主要施工方法有重大调整。（4）主要施工资源配置有重大调整。（5）施工环境有重大改变。因此，正确选项是B、C、D、E。

# 章节练习题

## 一、单项选择题

1. 施工方案即以（　　）为主要对象编制的施工技术与组织方案，用以具体指导其施工过程。
   A.单位工程
   B.任何工程
   C.分部（分项）工程或专项工程
   D.子单位工程

2. 施工组织设计应由（　　）主持编制。
   A.项目负责人　　　B.项目技术负责人
   C.企业技术负责人　D.监理工程师

3. 编制工程项目施工组织设计时，一般将施工顺序的安排，确定主要工程的施工方案列入施工组织设计的（　　）部分。
   A.施工进度计划
   B.施工总平面图
   C.施工部署和施工方案
   D.工程概况

4. 不属于单位工程施工组织设计主要内容的是（　　）。
   A.工程概况　　　　B.施工现场平面布置
   C.主要施工方案　　D.施工安排

5. 施工组织总设计应由（　　）审批。
   A.施工单位技术负责人
   B.总承包单位技术负责人
   C.施工单位技术负责人授权人
   D.项目技术负责人

6. 施工组织设计是以（　　）为对象编制的。
   A.施工项目　　　　B.施工内容
   C.施工单位　　　　D.施工目标

7. 用以衡量组织施工的水平，并对施工组织设计文件的技术经济效益进行全面评价的是（　　）。
   A.施工平面图　　　B.施工进度计划
   C.施工方案　　　　D.主要技术经济指标

8. 技术经济指标用以衡量（　　）的水平。
   A.科技创效　　　　B.技术管理
   C.组织施工　　　　D.管理施工

## 二、多项选择题

1. 关于施工组织设计审批的说法，正确的有（　　）。
   A.施工组织总设计应由建设单位技术负责人或总监理工程师审批
   B.单位工程施工组织设计应由总承包单位的技术负责人审批
   C.施工组织总设计应由总承包单位技术负责人审批
   D.施工方案应由项目技术负责人审批
   E.施工方案应由监理工程师审批

2. 依据我国标准，属于大型房屋建筑工程的有（　　）。
   A.建筑面积4.5万㎡的某住宅小区工程
   B.28层的写字楼工程
   C.单项建安合同额1.2亿元的某酒店
   D.建筑面积9万㎡的住宅小区
   E.单跨跨度36m的体育场馆

3. 施工组织设计必须及时进行修改或补充的情况有（　　）。
   A.工程设计图纸的重大修改
   B.对工程设计图纸的细微更正
   C.主要施工方法有重大调整
   D.施工环境有重大改变
   E.主要施工资源配置有重大调整

4. 施工组织设计按编制对象，可分为（　　）。
   A.施工组织总设计
   B.单项施工组织设计
   C.单位工程施工组织设计
   D.施工方案
   E.分项工程施工组织设计

5. 一般在施工中涉及（　　）的专项施工方

案，施工单位还应当组织专家进行论证审查。

A. 深基坑　　B. 地下暗挖工程
C. 脚手架工程　　D. 高大模板工程
E. 钢筋工程

## 参考答案及解析

### 一、单项选择题

1. 【答案】C
【解析】施工方案即以分部（分项）工程或专项工程为主要对象编制的施工技术与组织方案，用以具体指导其施工过程。

2. 【答案】A
【解析】施工组织设计应由项目负责人主持编制。

3. 【答案】C
【解析】根据工程情况，结合人力、材料、机械设备、资金、施工方法等条件，全面部署施工任务，合理安排施工顺序，确定主要工程的施工方案。

4. 【答案】D
【解析】单位工程施工组织设计的主要内容如下：（1）工程概况；（2）施工部署；（3）施工进度计划；（4）施工准备与资源配置计划；（5）主要施工方案；（6）施工现场平面布置。

5. 【答案】B
【解析】（1）施工组织设计应由项目负责人主持编制，可根据需要分阶段编制和审批。有些分期分批建设的项目跨越时间很长，还有些项目地基基础、主体结构、装修装饰和机电设备安装并不是由一个总承包单位完成，此外还有一些特殊情况的项目，在征得建设单位同意的情况下，施工单位可分阶段编制施工组织设计。（2）施工组织总设计应由总承包单位技术负责人审批。

6. 【答案】A
【解析】《建筑施工组织设计规范》GB/T 50502—2009对施工组织设计作了如下的解释：以施工项目为对象编制的，用以指导施工的技术、经济和管理的综合性文件。所以A正确。

7. 【答案】D
【解析】技术经济指标用以衡量组织施工的水平，它是对施工组织设计文件的技术经济效益进行全面评价。

8. 【答案】C
【解析】技术经济指标用以衡量组织施工的水平，它是对施工组织设计文件的技术经济效益进行全面评价。

### 二、多项选择题

1. 【答案】CD
【解析】施工组织总设计应由总承包单位技术负责人审批；单位工程施工组织设计应由施工单位技术负责人或技术负责人授权的技术人员审批，施工方案应由项目技术负责人审批；重点、难点分部（分项）工程和专项工程施工方案应由施工单位技术部门组织相关专家评审，施工单位技术负责人批准。

2. 【答案】BCE
【解析】在我国，大型房屋建筑工程标准一般指：（1）25层以上的房屋建筑工程；（2）高度100m及以上的构筑物或建筑物；（3）工程单体建筑面积3万㎡及以上的房屋建筑工程；（4）跨度30m及以上的房屋建筑工程；（5）建筑面积10万㎡及以上的住宅小区或建筑群体工程；（6）单项建安合同额1亿元及以上的房屋建筑工程。所以B、C、E正确。

3. 【答案】ACDE
【解析】项目施工过程中，发生以下情况

之一时，施工组织设计应及时进行修改或补充。（1）工程设计有重大修改；（2）有关法律、法规、规范和标准实施、修订和废止；（3）主要施工方法有重大调整；（4）主要施工资源配置有重大调整；（5）施工环境有重大改变。

4.【答案】ACD

【解析】施工组织设计按编制对象，可分为施工组织总设计、单位工程施工组织设计和施工方案。

5.【答案】ABD

【解析】涉及深基坑、地下暗挖工程、高大模板工程的专项施工方案，施工单位还应当组织专家进行论证审查。

## 1Z201080 建设工程项目目标的动态控制

**本节知识体系**

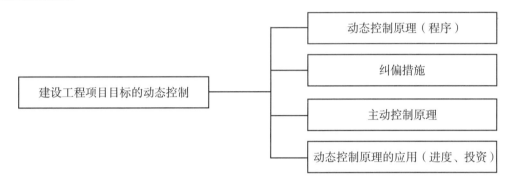

**核心内容讲解**

### 一、动态控制原理

#### （一）动态控制的程序

项目目标动态控制的工作程序包含三个步骤，详见图1Z201080-1：

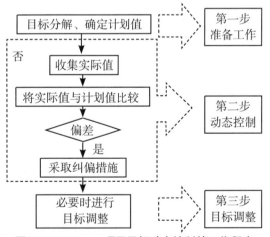

图1Z201080-1 项目目标动态控制的工作程序

1.项目目标动态控制的核心

项目目标动态控制的核心是，在项目实施的过程中定期地进行项目目标的计划值和实际值的比较，当发现项目目标偏离时采取纠偏措施。

2.主动控制

为避免项目目标偏离的发生，还应重视事前的主动控制，即事前分析可能导致项目目标偏离的各种影响因素，并针对这些影响因素采取有效的预防措施。

#### （二）动态纠偏措施

项目目标动态控制的纠偏措施主要包括：组织措施、管理措施（包括合同措施）、经济措施、技术措施。可简记为"组管经技"。详见表1Z201080。

项目动态控制的纠偏措施　表1Z201080

| 措施 | 内容 |
|---|---|
| 组织措施 | 调整项目组织结构、任务分工、管理职能分工、工作流程组织和项目管理班子人员 |
| 管理措施 | 调整进度管理的方法和手段，改变施工管理和强化合同管理 |
| 经济措施 | 落实加快工程施工进度所需的资金 |
| 技术措施 | 调整设计、改进施工方法和改变施工机具 |

**嗨·点评** 动态控制程序中只在"有必要"时才进行目标调整。

【经典例题】1.（2016年真题）根据动态控制原理，项目目标动态控制的第一步工作是（　　）。

A.调整项目目标　B.分解项目目标

C.制定纠偏措施　D.收集项目目标实际值

【答案】B

【嗨·解析】本题考查的是项目目标动态控制的方法及其应用。动态控制第一步，项目目标动态控制的准备工作：将项目的目标进行分解，以确定用于目标控制的计划值。

【经典例题】2.（2015年真题）为赶上已拖延的施工进度，项目部决定采用混凝土泵代替原来的塔吊运输混凝土。该纠偏措施属于（　　）。

A.管理措施　　　　B.组织措施

C.技术措施　　　　D.经济措施

【答案】C

【嗨·解析】项目目标动态控制的纠偏措施主要包括:（1）组织措施，分析由于组织的原因而影响项目目标实现的问题，并采取相应的措施，如调整项目组织结构、任务分工、管理职能分工、工作流程组织和项目管理班子人员等;（2）管理措施（包括合同措施），分析由于管理的原因而影响项目目标实现的问题，并采取相应的措施，如调整进度管理的方法和手段，改变施工管理和强化合同管理等;（3）经济措施，分析由于经济的原因而影响项目目标实现的问题，并采取相应的措施如落实加快工程施工进度所需的资金等;（4）技术措施，分析由于技术（包括设计和施工的技术）的原因而影响项目目标实现的问题，并采取相应的措施，如调整设计、改进施工方法和改变施工机具等。综上，更换供应商应属于管理措施。因此，正确选项是C。

## 二、动态控制原理的应用

### （一）动态控制原理在进度控制中的应用

1.对于大型建设工程项目，应通过编制工程总进度规划、工程总进度计划、项目各子系统和各子项目工程进度计划等进行项目工程进度目标的逐层分解。

2.进度的控制周期应视项目的规模和特点而定，一般的项目控制周期为一个月，对于重要的项目，控制周期可定为一旬或一周。进度的计划值和实际值的比较应是定量的数据比较，比较的成果是进度跟踪和控制报告，如编制进度控制的旬、月、季、半年和年度报告等。

### （二）动态控制原理在投资控制中的应用

1.项目投资目标的分解是通过编制项目投资规划来实现的。

2.项目投资的控制周期应视项目的规模和特点而定，一般的项目控制周期为一个月。

在施工过程中投资的计划值和实际值的比较包括：

（1）工程合同价与工程概算的比较；

（2）工程合同价与工程预算的比较；

（3）工程款支付与工程概算的比较；

（4）工程款支付与工程预算的比较；

（5）工程款支付与工程合同价的比较；

（6）工程决算与工程概算、工程预算和工程合同价的比较。各投资值的先后顺序见图1Z201080-2。

图1Z201080-2 施工过程中投资的计划值和实际值的比较

🔊 嗨·点评　投资的计划值和实际值是相对的。计划值形成时间早于实际值。

【经典例题】3.（2014年真题）项目投资的动态控制中，相对于工程合同价，可作为投资计划值的是（　　）。

A．工程预算　　　　B．工程支付款

C．工程决算　　　　D．项目预测

【答案】A

【嗨·解析】投资的计划值和实际值是相对的，如：相对于工程预算而言，工程概算是投资的计划值；相对于工程合同价，则工程概算和工程预算都可作为投资的计划值等。因此，正确选项是A。

# 章节练习题

## 一、单项选择题

1. 应用动态控制原理进行建设工程项目目标控制时，产生的偏差可采取多种纠偏措施，下列纠偏措施中不属于管理措施的是（　　）。
   A.调整进度管理的方法和手段
   B.调整管理职能分工
   C.改变施工管理
   D.强化合同管理

2. 项目进度的控制周期应视项目的规模和特点而定，一般的项目控制周期为（　　）。
   A.一周　　　　　　B.一旬
   C.一个月　　　　　D.两个月

3. 在下列目标控制措施中，属于经济措施的是（　　）。
   A.落实加快工程进度所需的资金
   B.改变施工方法和改变施工机具
   C.强化合同管理
   D.调整项目管理班子人员

4. 在某大型工程项目的施工过程中，由于"下情不能上传，上情不能下达"，导致项目经理不能及时作出正确决策，拖延了工期。为了加快施工进度，项目经理修正了信息传递工作流程。这种纠偏措施属于动态控制的（　　）措施。
   A.技术　　　　　　B.管理
   C.经济　　　　　　D.组织

5. 项目目标动态控制的核心是：在项目实施的过程中定期地进行项目目标（　　）的比较。
   A.偏差值和调整值　B.偏差值和实际值
   C.计划值和实际值　D.计划值和调整值

6. 下列各项中属于施工过程中投资的计划值和实际值比较的是（　　）。
   A.工程概算和投资规划的比较
   B.工程预算和投资规划的比较
   C.设计阶段的工程概算和预算的比较
   D.合同价与工程概算的比较

7. 下列目标动态控制的措施中，属于管理措施的是（　　）。
   A.对进度控制的任务分工进行调整
   B.对进度管理控制的方法进行调整
   C.落实加快工程施工进度所需的资金
   D.改变施工机械加快工程进度

8. 在项目目标动态控制中,为避免项目目标偏离的发生,除了项目目标的过程控制的动态控制外,还应重视（　　）的主动控制。
   A.事前控制　　　　B.事中控制
   C.事后控制　　　　D.全过程控制

## 二、多项选择题

1. 下列项目目标动态控制的纠偏措施中，属于技术措施的有（　　）。
   A.调整项目管理工作流程组织
   B.改进施工方法
   C.选择高效的施工机具
   D.调整进度控制的方法和手段
   E.调整项目管理任务分工

2. 应用动态控制原理进行建设工程项目投资控制时，在施工过程中，相对于工程合同价而言，投资的计划值有（　　）。
   A.投资规划　　　　B.工程概算
   C.工程预算　　　　D.工程进度款
   E.工程决算

3. 建设工程项目进度控制的技术措施有（　　）。
   A.优化设计，尽量选用新技术、新工艺、新材料
   B.制定与进度计划相适应的资源保证计划
   C.优化施工方案
   D.对设计技术与工程进度的关系作分析比较
   E.建立图纸审查、工程变更和设计变更管理制度

4. 在施工过程中，投资的计划值和实际值的比较包括（    ）。
   A.工程合同价与工程概算的比较
   B.工程合同价与工程预算的比较
   C.工程款支付与工程概算的比较
   D.工程款支付与工程预算的比较
   E.工程决算与投资规划的比较
5. 动态控制在投资控制的应用中，通过项目投资计划值和实际值的比较，如发现偏差，则可采取的纠偏措施有（    ）。
   A.优化施工方法
   B.改变施工机具
   C.调整投资控制的方法和手段
   D.制定节约投资的奖励措施
   E.采取限额设计的方法
6. 控制项目目标的主要措施包括（    ）。
   A.组织措施          B.管理措施
   C.经济措施          D.技术措施
   E.生产措施

## 参考答案及解析

### 一、单项选择题

1.【答案】B
【解析】管理措施（包括合同措施），分析由于管理的原因而影响项目目标实现的问题，并采取相应的措施，如调整进度管理的方法和手段，改变施工管理和强化合同管理等。B选项是组织措施，所以B正确。

2.【答案】C
【解析】进度的控制周期应视项目的规模和特点而定，一般的项目控制周期为一个月，对于重要的项目，控制周期可定为一旬或一周等。

3.【答案】A
【解析】经济措施，分析由于经济的原因而影响项目目标实现的问题，并采取相应的措施，如落实加快工程施工进度所需的资金等。故选A项。

4.【答案】D
【解析】组织纠偏措施，分析由于组织的原因而影响项目目标实现的问题，并采取相应的措施，如调整组织结构任务分工、管理职能分工、工作流程组织和项目管理班子。因此此题中的这种措施属于组织措施。

5.【答案】C
【解析】项目目标动态控制的核心是，在项目实施的过程中定期地进行项目目标的计划值和实际值的比较，当发现项目目标偏离时采取纠偏措施。

6.【答案】D
【解析】在施工过程中投资的计划值和实际值的比较包括：（1）工程合同价与工程概算的比较；（2）工程合同价与工程预算的比较；（3）工程款支付与工程概算的比较；（4）工程款支付与工程预算的比较；（5）工程款支付与工程合同价的比较；（6）工程决算与工程概算、工程预算和工程合同价的比较。故选D项。

7.【答案】B
【解析】管理措施（包括合同措施），分析由于管理的原因而影响项目目标实现的问题，并采取相应的措施，如调整进度管理的方法和手段，改变施工管理和强化合同管理等。

8.【答案】A
【解析】为避免项目目标偏离的发生，还应重视事前的主动控制，即事前分析可能导致项目目标偏离的各种影响因素，并针对这些影响因素采取有效的预防措施。所以A正确。

### 二、多项选择题

1.【答案】BC

【解析】项目目标动态控制纠偏措施中的技术措施，分析由于技术（包括设计和施工的技术）的原因而影响项目目标实现的问题，并采取相应的措施，如调整设计、改进施工方法和改变施工机具等。

2.【答案】BC

【解析】投资的计划值和实际值是相对的，如：相对于工程预算而言，工程概算是投资的计划值；相对于工程合同价，则工程概算和工程预算都可作为投资的计划值等。

3.【答案】ACD

【解析】技术措施，分析由于技术（包括设计和施工的技术）的原因而影响项目目标实现的问题，并采取相应的措施，如调整设计、改进施工方法和改变施工机具等。

4.【答案】ABCD

【解析】在施工过程中，投资的计划值和实际值的比较包括：工程合同价和工程概算的比较；工程合同价与工程预算的比较；工程款支付与工程概算的比较；工程款支付与工程预算的比较；工程款支付与工程合同价的比较；工程决算与工程概算、工程决算与工程预算、工程决算与工程合同价的比较。所以A、B、C、D正确。

5.【答案】ACDE

【解析】动态控制在投资控制中的应用：通过项目投资计划值和实际值的比较，如发现偏差，则必须采取相应的纠偏措施进行纠偏，如：采取限额设计的方法、调整投资控制的方法和手段、采用价值工程的方法、制定节约投资的奖励措施、调整或修改设计，优化施工方法等。

6.【答案】ABCD

【解析】项目目标动态控制的纠偏措施主要包括：组织措施、管理措施、经济措施、技术措施。故选A、B、C、D四项。

## 1Z201090 施工企业项目经理的工作性质、任务和责任

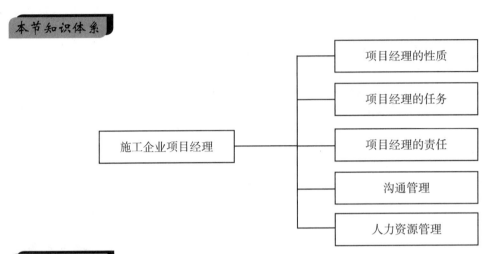

### 一、施工企业项目经理的工作性质

（一）建造师和项目经理

1.大、中型工程项目施工的项目经理必须由取得建造师注册证书的人员担任，但取得建造师注册证书的人员是否担任工程项目施工的项目经理，由企业自主决定。

2.建筑施工企业项目经理，是建筑施工企业法定代表人在工程项目上的代表人（国际上一般不是）。对建设工程项目施工负有全面管理责任。

3.建造师是一种专业人士的名称，项目经理是一个工作岗位（管理岗位）的名称。

4.国际上项目经理的任务仅限于主持项目管理工作，而我国项目经理的任务包括项目的行政管理和项目管理两个方面。

（二）《建设工程施工合同（示范文本）》（GF—2013—0201）中涉及项目经理的条款

1.项目经理应为合同当事人所确认的人选，并在专用合同条款中明确项目经理的姓名、职称、注册执业证书编号、联系方式及授权范围等事项。

2.项目经理应是承包人正式聘用的员工，承包人应向发包人提交项目经理与承包人之间的劳动合同以及承包人为项目经理缴纳社会保险的有效证明。

3.项目经理应常驻施工现场，且每月在施工现场时间不得少于专用合同条款约定的天数。

4.项目经理不得同时担任其他项目的项目经理。

5.在紧急情况下为确保施工安全和人员安全，项目经理有权采取必要的措施保证与工程有关的人身、财产和工程的安全，但应在48小时内向发包人代表和总监理工程师提交书面报告。

6.更换项目经理：

（1）承包人要求更换，应提前14天书面通知，取得发包人同意。

（2）发包人要求更换的，承包人接到通知后14天内，提交改进报告，发包人接到改进报告后仍要求更换，承包人应在第二次接到通知后28天内进行更换。

7.授权下属代为履行某项职责时，应提前7天书面通知监理人，征得发包人同意。

**🔊 嗨·点评** 建造师是专业人士，项目经理是工作岗位。

【经典例题】1.（2016年真题）根据《建设工程施工合同》，施工单位任命项目经理需要向建设单位提供哪些证明（　　）。

A.劳动合同

B.缴纳的社会保险

C.项目经理持有的注册执业证书

D.职称证书

E.授权范围

【答案】AB

【嗨·解析】本题考查的是施工企业项目经理的工作性质。项目经理应是承包人正式聘用的员工，承包人应向发包人提交项目经理与承包人之间的劳动合同以及承包人为项目经理缴纳社会保险的有效证明。

【经典例题】2.（2015年真题）根据《建设工程施工合同（示范文本）》GF—2013—0201，承包人应在首次收到发包人要求更换项目经理的书面通知后（　　）天内向发包人提出书面改进报告。

A.7　　B.14　　C.21　　D.28

【答案】B

【嗨·解析】承包人需要更换项目经理的，应提前14天书面通知发包人和监理人，并征得发包人书面同意。因此，正确选项是B。

## 二、施工企业项目经理的任务

（一）项目经理在承担工程项目施工管理过程中，履行下列职责：

1.贯彻执行国家和工程所在地政府的有关法律、法规和政策，执行企业的各项管理制度；

2.严格财务制度，加强财经管理，正确处理国家、企业与个人的利益关系；

3.执行项目承包合同中由项目经理负责履行的各项条款；

4.对工程项目施工进行有效控制，执行有关技术规范和标准，积极推广应用新技术，确保工程质量和工期，实现安全、文明生产，努力提高经济效益。

（二）项目经理在承担工程项目施工的管理过程中，应当在企业法定代表人授权范围内，行使以下管理权力：

1.组织项目管理班子；

2.以企业法定代表人的代表身份处理与所承担的工程项目有关的外部关系，受托签署有关合同；

3.指挥工程项目建设的生产经营活动，调配并管理进入工程项目的人力、资金、物资、机械设备等生产要素；

4.选择施工作业队伍；

5.进行合理的经济分配；

6.企业法定代表人授予的其他管理权力。

**🔊 嗨·点评** 这里强调的职责和权利，都是限定在施工管理过程中。

【经典例题】3.（2013年真题）项目经理在承担项目施工管理过程中，需履行的职责有（　　）。

A.贯彻执行国家和工程所在地政府的有关法律、法规和政策

B.对工程项目施工进行有效控制

C.严格财务制度，加强财务管理

D.确定项目部和企业之间的利益分配

E.保工程质量和工期，实现安全、文明生产

【答案】ABCE

【嗨·解析】项目经理在承担工程项目

施工管理过程中应履行的职责有：(1)贯彻执行国家和工程所在地政府的有关法律、法规和政策，执行企业的各项管理制度；(2)严格财务制度，加强财经管理，正确处理国家、企业与个人的利益关系；(3)执行项目承包合同中由项目经理负责履行的各项条款；(4)对工程项目施工进行有效控制，执行有关技术规范和标准，积极推广应用新技术，确保工程质量和工期，实现安全、文明生产，努力提高经济效益。因此，正确选项是A、B、C、E。

## 三、施工企业项目经理的责任

### （一）项目管理目标责任书

项目管理目标责任书编制　　表1Z201090-1

| 签订方式 | 由企业法定代表人或其授权人与项目经理协商制定 |
|---|---|
| 签订时间 | 项目实施之前 |
| 编制依据 | (1)项目合同文件；<br>(2)组织的管理制度；<br>(3)项目管理规划大纲；<br>(4)组织的经营方针和目标 |

### （二）项目经理的职责

(1)项目管理目标责任书规定的职责；

(2)主持编制项目管理实施规划，并对项目目标进行系统管理；

(3)对资源进行动态管理；

(4)建立各种专业管理体系，并组织实施；

(5)进行授权范围内的利益分配；

(6)收集工程资料，准备结算资料，参与工程竣工验收；

(7)接受审计，处理项目经理部解体的善后工作；

(8)协助组织进行项目的检查、鉴定和评奖申报工作。

注：(6)、(8)两条是企业层面的工作，其余是项目层面的工作。

### （三）项目经理权限

(1)参与项目招标、投标和合同签订；

(2)参与组建项目经理部；

(3)主持项目经理部工作；

(4)决定授权范围内的项目资金的投入和使用；

(5)制定内部计酬办法；

(6)参与选择并使用具有相应资质的分包人；

(7)参与选择物资供应单位；

(8)在授权范围内协调与项目有关的内、外部关系；

(9)法定代表人授予的其他权力。

注：(3)、(4)、(5)、(8)、(9)条是项目经理有决定权的事项，简记"三授一定一主持"；(1)、(2)、(6)、(7)条是项目经理只有参与权的事项，简记"两选一签一组建"。

项目经理由于主观原因，或由于工作失误有可能承担法律责任和经济责任。政府主管部门将追究的主要是其法律责任，企业将追究的主要是其经济责任，但是，如果由于项目经理的违法行为而导致企业的损失，企业也有可能追究其法律责任。

🔊嗨·点评　项目经理的职责、权限应配合提示进行记背。

【经典例题】4.根据《建设工程项目管理规范》GB/T 50326—2006，施工项目经理的职责有（　　）。

A.确保项目建设资金的落实到位

B.项目管理目标责任书规定的职责

C.对资源进行动态管理

D.参与工程竣工验收
E.与建设单位签订总承包合同
【答案】BCD
【嗨·解析】根据项目经理的职责(参考《建设工程项目管理规范》GB/T 50326—2006),项目经理应履行下列职责:(1)项目管理目标责任书规定的职责;(2)主持编制项目管理实施规划,并对项目目标进行系统管理;(3)对资源进行动态管理;(4)建立各种专业管理体系,并组织实施;(5)进行授权范围内的利益分配;(6)收集工程资料,准备结算资料,参与工程竣工验收;(7)接受审计,处理项目经理部解体的善后工作;(8)协助组织进行项目的检查、鉴定和评奖申报工作。因此,正确选项是BCD。

### 四、项目各参与方之间的沟通方法

#### (一)沟通过程的要素

沟通过程包括五个要素,即:沟通主体、沟通客体、沟通介体、沟通环境和沟通渠道。

沟通主体在沟通过程中处于主导地位。沟通介体包括沟通内容和沟通方法。

#### (二)沟通能力

沟通能力包括表达能力、争辩能力、倾听能力和设计能力(形象设计、动作设计、环境设计)。沟通有两个要素:思维与表达;沟通也有两个层面:思维的交流和语言的交流。

#### (三)沟通障碍

沟通障碍主要来自三个方面:发送者的障碍、接受者的障碍和沟通通道的障碍。

沟通障碍的来源    表1Z201090-2

| | |
|---|---|
| 发送者的障碍 | 表达能力不佳;信息传送不全;信息传递不及时或不适时;知识经验的局限;对信息的过滤等 |
| 接受者的障碍 | 信息译码不准确;对信息的筛选;对信息的承受力;心理上的障碍;过早地评价情绪 |
| 沟通通道的障碍 | (1)选择沟通媒介不当。因"口说无凭","随便说说"而不加重视;<br>(2)几种媒介相互冲突;<br>(3)沟通渠道过长。组织机构庞大,内部层次多;<br>(4)外部干扰 |

沟通障碍有两种形式:组织的沟通障碍、个人的沟通障碍。

🔊 嗨·点评 五要素、四能力、三方面、两形式。

【经典例题】5.(2016年真题)沟通的两个层面是指(    )。
A.信息的发送者和接受者
B.沟通内容和沟通方法
C.信息传递和交换
D.思维交流和语言交流
【答案】D
【嗨·解析】本题考查的是沟通能力。沟通有两个要素:思维与表达;沟通也有两个层面:思维的交流和语言的交流。

### 五、施工企业人力资源管理的任务

#### (一)项目人力资源管理

项目人力资源管理的目的是调动所有项目参与人的积极性。

#### (二)施工企业劳动用工管理

目前我国施工企业劳动用工大致有三种情况:企业自有职工;劳务分包企业用工;施工企业直接雇佣的短期用工。劳动用工管理的要求如下:

(1)建筑施工企业应当按照相关规定办理用工手续,不得使用零散工,不得允许未与企业签订劳动合同的劳动者在施工现场从事施工活动;

(2)建筑施工企业与劳动者应当自用工

之日起订立书面劳动合同。劳动合同一式三份，双方当事人各持一份，劳动者所在工地保留一份备查；

（3）施工总承包企业和专业承包企业不得允许劳务分包企业使用未签订劳动合同的劳动者；

（4）项目人员发生变更的，应当在变更后7个工作日内，在建筑业企业信息管理系统中作相应变更。

**（三）工资支付管理**

（1）建筑施工企业不得以工程款被拖欠、结算纠纷、垫资施工等理由克扣劳动者工资；

（2）建筑施工企业应当每月对劳动者应得的工资进行核算，并由劳动者本人签字；

（3）建筑施工企业应当至少每月向劳动者支付一次工资，且支付部分不得低于当地最低工资标准，每季度末结清劳动者剩余应得的工资；

（4）建筑施工企业应当将工资直接发放给劳动者本人，不得将工资发放给包工头或者不具备用工主体资格的其他组织或个人；

（5）建筑施工企业应当对劳动者出勤情况进行记录，作为发放工资的依据；

（6）经协商一致后，可以延期支付工资，但最长不得超过30日。超过30日不支付劳动者工资的，属于无故拖欠工资行为；

（7）建筑施工企业与劳动者终止或者依法解除劳动合同，应当在办理终止或解除合同手续的同时一次性付清劳动者工资。

【经典例题】6.（2016年真题）建筑施工企业因暂时生产经营困难无法按劳动合同约定的日期支付工资的，应当向劳动者说明情况，并经与工会或职工代表协商一致后，可以延期支付工资，但最长不得超过（　　）日。

A. 30　　B. 60　　C. 90　　D. 120

【答案】A

【嗨·解析】本题考查的是施工企业人力资源管理的任务。建筑施工企业因暂时生产经营困难无法按劳动合同约定的日期支付工资的，应当向劳动者说明情况，并经与工会或职工代表协商一致后，可以延期支付工资，但最长不得超过30日。

# 章节练习题

**一、单项选择题**

1. 沟通过程的五要素包括（　　）。
   A. 沟通主体、沟通客体、沟通介体、沟通内容和沟通渠道
   B. 沟通主体、沟通客体、沟通介体、沟通环境和沟通方法
   C. 沟通主体、沟通客体、沟通介体、沟通内容和沟通方法
   D. 沟通主体、沟通客体、沟通介体、沟通环境和沟通渠道

2. 沟通的两个要素及沟通两个层面分别是（　　）。
   A. 思维与表达；情感的交流和语言的交流
   B. 表达与倾听；思维的交流和语言的交流
   C. 思维与表达；思维的交流和语言的交流
   D. 信息传递与交换；思维的交流和语言的交流

3. 根据《建设工程项目管理规范》GB/T 50326—2006，施工方项目经理的管理权限包括（　　）等。
   A. 主持项目的投标工作
   B. 组建工程项目经理部
   C. 制定内部计酬办法
   D. 选择具有相应资质的分包人

4. 在国际上，项目经理是其上级任命的一个项目的项目管理班子的负责人，它的主要任务是（　　）。
   A. 负责项目物资和设备的采购
   B. 负责项目部的日常行政管理工作
   C. 负责项目的技术工作
   D. 项目目标的控制

5. 建筑施工企业因暂时生产经营困难无法按劳动合同约定的日期支付工资的，应当向劳动者说明情况，并经与工会或职工代表协商一致后，可以延期支付工资，但最长不得超过（　　）天。
   A. 7     B. 10
   C. 15    D. 30

6. 按照我国现行管理体制，施工方项目经理（　　）。
   A. 是施工企业法定代表人
   B. 是施工企业法定代表人在工程项目上的代表人
   C. 是一个技术岗位，而不是管理岗位
   D. 须在企业项目管理领导下主持项目管理工作

7. 根据《建设工程项目管理规范》的职责，项目经理的职责包括（　　）。
   A. 主持编制项目管理规划大纲，并对项目目标进行系统管理
   B. 进行项目范围内的利益分配
   C. 主持组织进行项目的检查、鉴定和评奖申报工作
   D. 接受审计，处理项目经理部解体的善后工作

8. 沟通能力包含（　　）。
   A. 表达能力、争辩能力、倾听能力和设计能力
   B. 思维能力、表达能力、争辩能力和倾听能力
   C. 思维能力、表达能力、倾听能力和说服能力
   D. 表达能力、争辩能力、倾听能力和说服能力

9. 根据《建设工程项目管理规范》（GB/T 50326—2006），施工方项目经理的管理权限包括（　　）等。
   A. 参与项目招标、投标和合同签订
   B. 组建工程项目经理部
   C. 协调与项目有关的内部关系
   D. 选择具有相应资质的分包人

## 二、多项选择题

1. 导致沟通失真的沟通障碍主要来自（　　）。
   A.发送者的障碍　　B.处理者的障碍
   C.接受者的障碍　　D.沟通通道的障碍
   E.沟通方式的障碍

2. 关于建造师和项目经理说法，正确的有（　　）。
   A.建造师是一种专业人士的名称
   B.项目经理是一个工作岗位的名称
   C.取得建造师执业资格表示其知识和能力符合建造师执业的要求
   D.建造师在企业中的工作岗位由企业视工作需要和安排而定
   E.建造师在企业中的工作岗位由其知识和能力而定

## 参考答案及解析

### 一、单项选择题

1. 【答案】D
   【解析】沟通过程包括五个要素，即：沟通主体、沟通客体、沟通介体、沟通环境和沟通渠道。故选D项。

2. 【答案】C
   【解析】沟通有两个要素：思维与表达；沟通也有两个层面：思维的交流和语言的交流。

3. 【答案】C
   【解析】项目经理的权限（参考《建设工程项目管理规范》GB/T 50326—2006）项目经理应具有下列权限：（1）参与项目招标、投标和合同签订；（2）参与组建项目经理部；（3）主持项目经理部工作；（4）决定授权范围内的项目资金的投入和使用；（5）制定内部计酬办法；（6）参与选择并使用具有相应资质的分包人；（7）参与选择物资供应单位；（8）在授权范围内协调与项目有关的内、外部关系；（9）法定代表人授予的其他权力。

4. 【答案】D
   【解析】在国际上，项目经理是企业任命的一个项目的项目管理班子的负责人（领导人），项目经理的任务仅限于主持项目管理工作，其主要任务是项目目标的控制和组织协调。故选D项。

5. 【答案】D
   【解析】建筑施工企业因暂时生产经营困难无法按劳动合同约定的日期支付工资的，应当向劳动者说明情况，并经与工会或职工代表协商一致后，可以延期支付工资，但最长不得超过30日。超过30日不支付劳动者工资的，属于无故拖欠工资行为。所以D正确。

6. 【答案】B
   【解析】建筑施工企业项目经理，是指受企业法定代表人委托，对工程项目施工过程全面负责的项目管理者，是建筑施工企业法定代表人在工程项目上的代表人。所以B正确。

7. 【答案】D
   【解析】项目经理的职责：（1）项目管理目标责任书规定的职责；（2）主持编制项目管理实施规划，并对项目目标进行系统管理；（3）对资源进行动态管理；（4）建立各种专业管理体系，并组织实施；（5）进行授权范围内的利益分配；（6）收集工程资料，准备结算资料，参与工程竣工验收；（7）接受审计，处理项目经理部解体的善后工作；（8）协助组织进行项目的检查、鉴定和评奖申报工作。

8. 【答案】A
   【解析】沟通能力包括表达能力、争辩能力、倾听能力和设计能力。故选A项。

9. 【答案】A

【解析】项目经理应具有下列权限：（1）参与项目招标、投标和合同签订；（2）参与组建项目经理部；（3）主持项目经理部工作；（4）决定授权范围内的项目资金的投入和使用；（5）制定内部计酬办法；（6）参与选择并使用具有相应资质的分包人；（7）参与选择物资供应单位；（8）在授权范围内协调与项目有关的内、外部关系；（9）法定代表人授予的其他权力。故选A。

二、多项选择题

1.【答案】ACD

【解析】沟通障碍主要来自三个方面：发送者的障碍、接受者的障碍和沟通通道的障碍。故选A、C、D三项。

2.【答案】ABCD

【解析】建造师是一种专业人士的名称，而项目经理是一个工作岗位的名称，应注意这两个概念的区别和关系。取得建造师执业资格的人员表示其知识和能力符合建造师执业的要求，但其在企业中的工作岗位则由企业视工作需要和安排而定。

# 1Z201100 建设工程项目的风险和风险管理的工作流程

**本节知识体系**

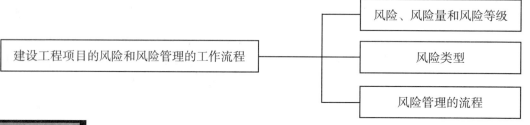

**核心内容讲解**

## 一、风险、风险量和风险等级

风险指的是损失的不确定性；风险量反映不确定的损失程度和损失发生的概率。风险等级则是对于风险的人为评级。

1. 风险量区域图（详见图1Z201100）

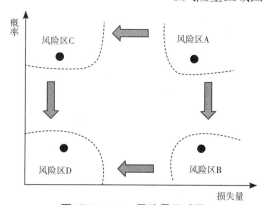

图1Z201100　风险量区域图

由A→B→C→D，可以形成一个逆写的N。

2. 风险等级评估表（详见表1Z201100-1）

风险等级评估　表1Z201100-1

| | 轻度损失 | 中度损失 | 重大损失 |
|---|---|---|---|
| 很大 | 3 | 4 | 5 |
| 中等 | 2 | 3 | 4 |
| 极小 | 1 | 2 | 3 |

对应风险量区域图，A区为5级风险，D区为1级风险。

🔊 **嗨·点评** 风险量、风险等级通过两个要素来描述风险：损失程度、发生概率。风险等级简单记忆：中中=3。

**【经典例题】** 1.（2015年真题）根据《建设工程项目管理规范》GB/T 50326—2006条文说明中的风险等级评估表，如果某个风险事件将对项目造成中度损失，且发生的可能性很大。则该事件的风险等级为（　　）级。

A.2　　B.3　　C.4　　D.5

【答案】C

【嗨·解析】根据风险等级评估表，正确选项是C。

## 二、风险类型

建设工程项目的风险有如下几种类型：（详见表1Z201100-2）

建设工程项目管理的风险类型　表1Z201100-2

| 类型 | 内容 |
| --- | --- |
| 组织风险 | 组织结构模式；<br>工作流程组织；<br>任务分工和管理职能分工；<br>业主方人员的构成和能力；<br>设计人员和监理工程师的能力；<br>承包方管理人员和一般技工的能力；<br>施工机械操作人员的能力和经验等；<br>损失控制和安全管理人员的资历和能力等 |
| 经济与管理风险 | 宏观和微观经济情况；<br>工程资金供应的条件；<br>合同风险；<br>现场与公用防火设施的可用性及其数量；<br>事故防范措施和计划；<br>人身安全控制计划；<br>信息安全控制计划等 |
| 工程环境风险 | 自然灾害；<br>岩土地质条件和水文地质条件；<br>气象条件；<br>引起火灾和爆炸的因素等 |
| 技术风险 | 工程勘测资料和有关文件；<br>工程设计文件；<br>工程施工方案；<br>工程物资；<br>工程机械等 |

🔊 **嗨·点评** 对比动态控制的四大纠偏措施学习。

【经典例题】2.（2016年真题）下列建设工程项目风险中，属于经济与管理风险的有（　　）。

A.事故防范措施和计划

B.工程施工方案

C.现场与公用防火设施的可用性

D.承包方管理人员的能力

E.引起火灾和爆炸的因素

【答案】AC

【嗨·解析】本题考查的是建设工程项目的风险类型。经济与管理风险包括：宏观和微观经济情况；工程资金供应的条件；合同风险；现场与公用防火设施的可用性及其数量；事故防范措施和计划；人身安全控制计划；信息安全控制计划等。

## 三、项目风险管理的工作流程

风险管理过程包括项目实施全过程的项目风险识别、项目风险评估、项目风险响应和项目风险控制。（详见表1Z201100-3）

| 风险识别 | （1）收集与项目风险有关的信息；<br>（2）确定风险因素；<br>（3）编制项目风险识别报告 |
|---|---|
| 风险评估 | （1）利用已有数据资料和相关专业方法分析各种风险因素发生的概率；<br>（2）分析各种风险的损失量；<br>（3）确定各种风险的风险量和风险等级 |
| 风险响应 | 常用的风险对策包括：<br>（1）风险规避；<br>（2）风险减轻；<br>（3）风险自留；<br>（4）风险转移 |
| 风险控制 | 在项目进展过程中应收集和分析与风险相关的各种信息，预测可能发生的风险，对其进行监控并提出预警 |

🔊 **嗨·点评** 要求会排序，对于识别、评估的具体内容也需要掌握。

【经典例题】3.（2016年真题）下列项目风险管理工作中，属于风险响应的是（　　）。

A. 收集与项目风险有关的信息

B. 监控可能发生的风险并提出预警

C. 确定各种风险的风险量和风险等级

D. 向保险公司投保难以控制的风险

【答案】D

【嗨·解析】本题考查的是项目风险管理的工作流程。选项A属于风险识别；选项B属于风险控制；选项C属于风险评估。

# 章节练习题

## 一、单项选择题

1. 对于工程项目管理而言,风险是指可能出现的影响项目目标实现的( )。
   A.确定因素　　　　B.肯定因素
   C.不确定因素　　　D.确定事件

2. 下列工程项目风险管理工作中,属于风险识别阶段的工作是( )。
   A.分析各种风险的损失量
   B.分析各种风险因素发生的概率
   C.确定风险因素
   D.对风险进行监控

3. 在事件风险量的区域图中,若某事件经过风险评估,处于风险区A,则应采取措施降低其概率,可使它移位至( )。
   A.风险区B　　　　B.风险区C
   C.风险区D　　　　D.风险区E

4. 建设工程项目的技术风险不包括( )。
   A.工程设计文件
   B.工程机械
   C.工程物资
   D.事故防范措施和计划

5. 下列建设工程项目风险中,属于技术风险的是( )。
   A.人身安全控制计划
   B.施工机械操作人员的能力
   C.防火设施的可用性
   D.工程设计文件

6. 下列针对防范土方开挖过程中的塌方风险而采取的措施,属于风险转移对策的是( )。
   A.投保建设工程一切险
   B.设置警示牌
   C.进行专题安全教育
   D.设置边坡护壁

7. 某企业承接了一大型水坝施工任务,但企业有该类项目施工经验的人员较少,大部分管理人员缺乏经验,这类属于建设工程风险类型中的( )。
   A.组织风险　　　　B.经济与管理风险
   C.工程环境风险　　D.技术风险

## 二、多项选择题

1. 某在建商业建筑区在项目风险管理过程中,风险评估工作包括( )。
   A.分析各种风险的损失量
   B.确定应对各种风险的对策
   C.确定风险因素
   D.确定风险等级
   E.分析各种风险因素的发生概率

2. 建设工程项目的组织风险有( )。
   A.设计人员的能力
   B.组织人员的能力
   C.安全管理人员的能力
   D.一般技工的能力
   E.监理工程师的能力

3. 施工风险管理过程包括施工全过程的( )。
   A.风险识别　　　　B.风险评估
   C.风险响应　　　　D.风险控制
   E.风险转移

4. 常用的风险响应对策包括( )。
   A.风险规避　　　　B.风险减轻
   C.风险自留　　　　D.风险控制
   E.风险转移

5. 风险管理包括策划、( )等方面的工作。
   A.组织　　　　　　B.协调
   C.归纳　　　　　　D.领导
   E.控制

## 参考答案及解析

### 一、单项选择题

1. 【答案】C

   【解析】对于工程项目管理而言，风险是指可能出现的影响项目目标实现的不确定因素。

2. 【答案】C

   【解析】风险识别阶段的工作包括：收集与项目风险有关的信息；确定风险因素；编制项目风险识别报告。

3. 【答案】A

   【解析】若某事件经过风险评估，处于风险区A，则应采取措施，降低其概率，可使它移位至风险区B。故选A项。

4. 【答案】D

   【解析】技术风险，如：工程勘测资料和有关文件；工程设计文件；工程施工方案；工程物资；工程机械等。所以D正确。

5. 【答案】D

   【解析】技术风险，如：（1）工程勘测资料和有关文件；（2）工程设计文件；（3）工程施工方案；（4）工程物资；（5）工程机械等。

6. 【答案】A

   【解析】常用的风险对策包括风险规避、减轻、自留、转移及其组合等策略。对难以控制的风险向保险公司投保是风险转移的一种措施。防范土方开挖过程中塌方风险属于难以控制的风险。

7. 【答案】A

   【解析】组织风险，如：（1）组织结构模式；（2）工作流程组织；（3）任务分工和管理职能分工；（4）业主方（包括代表业主利益的项目管理方）人员的构成和能力；（5）设计人员和监理工程师的能力；（6）承包方管理人员和一般技工的能力；（7）施工机械操作人员的能力和经验；（8）损失控制和安全管理人员的资历和能力等。

### 二、多项选择题

1. 【答案】ADE

   【解析】项目风险评估包括以下工作：（1）利用已有数据资料（主要是类似项目有关风险的历史资料）和相关专业方法分析各种风险因素发生的概率；（2）分析各种风险的损失量，包括可能发生的工期损失、费用损失，以及对工程的质量、功能和使用效果等方面的影响；（3）根据各种风险发生的概率和损失量，确定各种风险的风险量和风险等级。所以A、D、E正确。

2. 【答案】ACDE

   【解析】组织风险，如：（1）组织结构模式；（2）工作流程组织；（3）任务分工和管理职能分工；（4）业主方（包括代表业主利益的项目管理方）人员的构成和能力；（5）设计人员和监理工程师的能力；（6）承包方管理人员和一般技工的能力；（7）施工机械操作人员的能力和经验；（8）损失控制和安全管理人员的资历和能力等。

3. 【答案】ABCD

   【解析】风险管理过程包括项目实施全过程的项目风险识别、项目风险评估、项目风险响应和项目风险控制。故选A、B、C、D四项。

4. 【答案】ABCE

   【解析】常用的风险对策包括风险规避、减轻、自留、转移及其组合等策略。故选A、B、C、E四项。

5. 【答案】ABDE

   【解析】风险管理包括策划，组织，领导，协调和控制等方面的工作。

# 1Z201110 建设工程监理的工作性质、工作任务和工作方法

**本节知识体系**

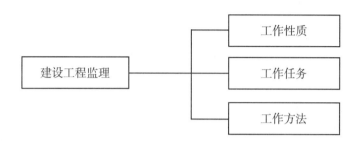

**核心内容讲解**

## 一、监理的工作性质

建设工程监理（以下简称工程监理）单位是建筑市场的主体之一，它是一种高智能的有偿技术服务，工程监理的工作性质有如下几个特点（详见表1Z201110-1）。

**建设工程监理的工作性质　表1Z201110-1**

| 服务性 | 受业主的委托进行工程建设的监理活动。但它不可能保证项目的目标一定实现，也不可能承担由于不是它的责任而导致项目目标的失控 |
|---|---|
| 科学性 | 工程监理单位拥有从事工程监理工作的专业人士——监理工程师 |
| 独立性 | 指不依附性，在组织上和经济上不能依附于监理工作的对象（如承包商、材料和设备的供货商等） |
| 公平性 | 当业主方和承包商发生利益冲突或矛盾时，工程监理机构应以事实为依据，以法律和有关合同为准绳，在维护业主的合法权益时，不损害承包商的合法权益，这体现了工程监理的公平性 |

🔊 **嗨·点评** 公平性不是绝对公平。

**【经典例题】** 1.关于工程监理的说法，错误的有（　　）。

A.我国的工程监理属于国际上施工方项目管理的范畴

B.工程监理单位可以是施工单位的隶属单位

C.工程监理单位与业主应当在实施工程监理前以书面形式签订监理合同

D.工程监理单位应当选派具备相应资格的总监理工程师和监理工程师进驻施工现场

E.工程监理单位对施工质量承担监理责任

**【答案】** AB

**【嗨·解析】** 在我国工程监理属于国际上的业主方项目管理，工程监理单位具有独立性，在组织上和经济上不能依附于监理工作的对象。因此，正确选项是A、B。

## 二、监理的工作任务

### （一）《建设工程质量管理条例》有关规定（详见表1Z201110-2）

《建设工程质量管理条例》中监理的工作任务　表1Z201110-2

| 依据、责任 | 依据法律、法规以及有关技术标准、设计文件和建设工程承包合同进行监理，对施工质量承担监理责任 |
|---|---|
| 监理人员 | 未经监理工程师签字，建筑材料、建筑构配件和设备不得在工程上使用或者安装，施工单位不得进行下一道工序的施工。<br>未经总监理工程师签字，建设单位不拨付工程款，不进行竣工验收 |
| 监理方式 | 旁站、巡视和平行检验 |

### （二）《建设工程安全生产管理条例》有关规定

工程监理单位应当审查施工组织设计中的安全技术措施或者专项施工方案是否符合工程建设强制性标准。

（1）工程监理单位在实施监理过程中，发现存在安全事故隐患，应当要求施工单位整改；

（2）情况严重的，应当要求施工单位暂时停止施工，并及时报告建设单位；

（3）施工单位拒不整改或者不停止施工的，工程监理单位应当及时向有关主管部门报告。

### （三）施工准备阶段建设监理工作的主要任务

（1）审查施工单位提交的施工组织设计中的质量安全技术措施、专项施工方案与工程建设强制性标准的符合性；

（2）参与设计单位向施工单位的设计交底；

（3）检查施工单位工程质量、安全生产管理制度及组织机构和人员资格；

（4）检查施工单位专职安全生产管理人员的配备情况；

（5）审核分包单位资质条件；

（6）检查施工单位的试验室；

（7）查验施工单位的施工测量放线成果；

（8）审查工程开工条件，签发开工令。

### （四）工程施工阶段建设监理工作的主要任务（详见表1Z201110-3）

施工阶段监理工作的主要任务　表1Z201110-3

| 质量控制 | （1）核验施工测量放线，签署分项、分部工程和单位工程质量评定表；<br>（2）检查施工单位的测量、检测仪器设备、度量衡定期检验的证明文件 |
|---|---|
| 进度控制 | 建立工程进度台账 |
| 投资控制 | （1）审核施工单位提交的工程款支付申请，签发或出具工程款支付证书，并报业主审核、批准；<br>（2）建立计量支付签证台账，定期与施工单位核对清算；<br>（3）审查施工单位提交的工程变更申请，协调处理施工费用索赔、合同争议等事项；<br>（4）审查施工单位提交的竣工结算申请 |
| 安全生产管理 | 编制安全生产事故的监理应急预案，并参加业主组织的应急预案的演练 |

### （五）竣工验收阶段建设监理工作的主要任务

（1）督促和检查施工单位及时整理竣工文件和验收资料，并提出意见；

（2）审查施工单位提交的竣工验收申请，编写工程质量评估报告；

（3）组织工程预验收，参加业主组织的竣工验收，并签署竣工验收意见；

（4）编制、整理工程监理归档文件并提交给业主。

🔊 嗨·点评　监理工作的任务须在理解的基础上掌握。比如施工准备阶段一定是开工之前进行的工作；施工过程之中，监理的工作是监督管理，而不是具体任务的执行，需要进行的是计量、支付审核等相关工作。

【经典例题】2.根据《建设工程质量管理条例》，未经（　　）签字，建筑材料、建筑构配件和设备不得在工程上使用或者安装，施工单位不得进行下一道工序的施工。

A.建设单位
B.总监理工程师
C.政府质量检验检疫部门
D.监理工程师

【答案】D

【嗨·解析】工程监理单位应当选派具备相应资格的总监理工程师和监理工程师进驻施工场。未经监理工程师签字，建筑材料、建筑构配件和设备不得在工程上使用或者安装，施工单位不得进行下一道工序的施工。未经总监理工程师签字，建设单位不拨付工程款，不进行竣工验收。因此，正确选项是D。

### 三、监理的工作方法

#### （一）监理的工作方法

实施建筑工程监理前，建设单位应当将委托的工程监理单位、监理的内容及监理权限，书面通知被监理的建筑施工企业。（详见表1Z201110-4）

监理的工作方法　　表1Z201110-4

| 事项 | 处理 |
| --- | --- |
| 工程施工不符合工程设计要求、施工技术标准和合同约定 | 有权要求建筑施工企业改正 |
| 工程设计不符合建筑工程质量标准或者合同约定的质量要求 | 应当报告建设单位要求设计单位改正 |

#### （二）监理文件

监理工作涉及两类监理文件，监理规划和监理实施细则。（详见表1Z201110-5）

监理规划和监理实施细则的对比　　表1Z201110-5

| | 监理规划 | 监理实施细则 |
| --- | --- | --- |
| 应用 | 所有的监理项目 | 中型及中型以上或专业性较强的工程项目 |
| 编制时间 | 签订监理合同及收到设计文件后 | 施工开始前 |
| 编制人 | 总监理工程师主持，各专业监理工程师参加 | 各专业监理工程师参与 |
| 审批人 | 监理单位技术负责人 | 总监理工程师 |
| 编制依据 | （1）相关法律、法规及项目审批文件；<br>（2）标准、设计文件和技术资料；<br>（3）监理大纲、委托监理合同文件以及建设项目相关的合同文件 | （1）已批准的工程建设监理规划；<br>（2）相关的专业工程的标准、设计文件和有关的技术资料；<br>（3）施工组织设计 |
| 内容 | （1）建设工程概况；<br>（2）监理工作范围；<br>（3）监理工作内容；<br>（4）监理工作目标；<br>（5）监理工作依据；<br>（6）项目监理机构的组织形式；<br>（7）项目监理机构的人员配备计划；<br>（8）项目监理机构的人员岗位职责；<br>（9）监理工作程序；<br>（10）监理工作方法及措施；<br>（11）监理工作制度；<br>（12）监理设施 | （1）专业工程的特点；<br>（2）监理工作的流程；<br>（3）监理工作的控制要点及目标值；<br>（4）监理工作的方法和措施 |

**🔊 嗨·点评** 面对施工单位和设计单位监理的工作方式方法是不一样的。两类监理文件应对比记忆。

**【经典例题】** 3.（2016年真题）根据《建设工程监理规范》GB/T 50319—2013，工程建设监理规划应在（　　）后开始编制。

A. 第一次工地会议
B. 建设单位指定日期
C. 签订委托监理合同
D. 施工单位进场
E. 收到设计文件

**【答案】** CE

**【嗨·解析】** 本题考查的是监理的工作方法。工程建设监理规划应在签订委托监理合同及收到设计文件后开始编制，完成后必须经监理单位技术负责人审核批准，并应在召开第一次工地会议前报送业主。

**【经典例题】** 4.（2015年真题）据《建设工程监理规范》GB/T 50319—2013，编制工程建设监理实施细则的依据有（　　）。

A. 监理大纲　　　B. 监理规划
C. 施工组织设计　D. 监理委托合同
E. 工程设计文件

**【答案】** BCE

**【嗨·解析】** 编制工程建设监理实施细则的依据如下：（1）已批准的工程建设监理规划；（2）相关的专业工程的标准、设计文件和有关的技术资料；（3）施工组织设计。因此，正确选项是B、C、E。

## 章节练习题

**一、单项选择题**

1. 工程建设监理规划应在签订委托监理合同及收到设计文件后开始编制，完成后必须经（    ）审核批准，并应在召开第一次工地会议前报送业主。
   A.监理单位技术负责人
   B.总监
   C.专业监理工程师
   D.专业工程师

2. 在我国现阶段，监理单位与业主的关系是（    ）。
   A.合同          B.监理
   C.指令          D.行政

3. 工程建设监理实施细则应在工程施工开始前编制完成，并必须经（    ）批准。
   A.专业监理工程师
   B.总监理工程师
   C.监理单位技术负责人
   D.业主代表

4. 《建设工程安全生产管理条例》中的有关规定："工程监理单位应当审查施工组织设计中的安全技术措施或者专项施工方案是否符合工程建设强制性标准。工程监理单位在实施监理过程中，发现存在安全事故隐患的，应当要求施工单位整改；情况严重的，应当（    ）"。
   A.立即报告建设单位，并及时向有关主管部门报告
   B.要求施工单位立即停止施工
   C.要求施工单位立即停止施工，并及时向有关主管部门报告
   D.要求施工单位暂时停止施工，并及时报告建设单位

5. 国际上把建设监理单位所提供的服务归为（    ）服务。
   A.工程咨询       B.工程管理
   C.工程监督       D.工程策划

6. 工程监理机构将尽一切努力进行项目的目标控制，但它不可能保证项目的目标一定实现，它也不可能承担由于不是它的缘故而导致项目目标的失控。这体现了监理工作性质的（    ）。
   A.公正性         B.科学性
   C.独立性         D.服务性

7. 工程监理人员认为工程施工不符合工程设计要求，施工技术标准和合同约定的，有权要求（    ）。
   A.施工单位改正
   B.设计单位变更设计
   C.报告质量监督机构要求设计单位改正
   D.报告建设单位要求设计单位改正

8. 工程建设监理规划应由总监理工程师主持，（    ）参加编制。
   A.项目各方工程师
   B.监理单位项目技术负责人
   C.专业监理工程师
   D.总承包单位专业工程师

9. 对专业性较强的工程项目，项目监理机构应编制工程建设监理实施细则，并必须经（    ）批准后执行。
   A.监理单位技术负责人
   B.总监理工程师
   C.专业监理工程师
   D.专业工程师

**二、多项选择题**

1. 建设工程监理应当依照法律、行政法规及有关的技术标准、设计文件和建筑工程承包合同，对承包单位在（    ）等方面，代表建设单位实施监督。
   A.施工质量       B.安全管理
   C.建设工期       D.建设资金使用

E.投资控制

2. 编制工程建设监理实施细则的依据有（　　）。
   A.已批准的工程建设监理规划
   B.相关的专业工程的标准、设计文件和有关的技术资料
   C.施工组织设计
   D.监理工作的方法和措施
   E.建设工程概况

3. 建筑工程监理应当依照（　　），对承包单位在施工质量、建设工期和建设资金使用等方面，代表建设单位实施监督。
   A.法律及行政法规
   B.有关的技术标准
   C.项目建议书
   D.设计文件
   E.建筑工程承包合同

4. 工程建设监理规划一般包括（　　）内容。
   A.建设工程概况
   B.监理工作范围
   C.监理工作内容
   D.监理工作的方法和措施
   E.专业工程的特点

## 参考答案及解析

一、单项选择题

1.【答案】A
【解析】工程建设监理规划应在签订委托监理合同及收到设计文件后开始编制，完成后必须经监理单位技术负责人审核批准，并应在召开第一次工地会议前报送业主。

2.【答案】A
【解析】工程监理单位与业主（建设单位）应当在实施工程监理前以书面形式签订监理合同。

3.【答案】B
【解析】工程建设监理实施细则应在工程施工开始前编制完成，并必须经总监理工程师批准。

4.【答案】D
【解析】工程监理单位应当审查施工组织设计中的安全技术措施或者专项施工方案是否符合工程建设强制性标准。工程监理单位在实施监理过程中，发现存在安全事故隐患的，应当要求施工单位整改；情况严重的，应当要求施工单位暂时停止施工，并及时报告建设单位。故选D项。

5.【答案】A
【解析】建设工程监理（以下简称工程监理）单位是建筑市场的主体之一，它是一种高智能的有偿技术服务，我国的工程监理属于国际上业主方项目管理的范畴。在国际上把这类服务归为工程咨询（工程顾问）服务。

6.【答案】D
【解析】服务性，工程监理单位受业主的委托进行工程建设的监理活动，它提供的是服务，工程监理单位将尽一切努力进行项目的目标控制，但它不可能保证项目的目标一定实现，它也不可能承担由于不是它的责任而导致项目目标的失控。

7.【答案】A
【解析】工程监理人员认为工程施工不符合工程设计要求、施工技术标准和合同约定的，有权要求建筑施工企业改正。

8.【答案】C
【解析】工程建设监理规划应由总监理工程师主持，专业监理工程师参加编制。

9.【答案】B
【解析】工程建设监理实施细则应在工程施工开始前编制完成，并必须经总监理工程师批准。

## 二、多项选择题

1. 【答案】ACD
   【解析】建筑工程监理应当依照法律、行政法规及有关的技术标准、设计文件和建筑工程承包合同，对承包单位在施工质量、建设工期和建设资金使用等方面，代表建设单位实施监督，故选A、C、D。

2. 【答案】ABC
   【解析】编制工程建设监理实施细则的依据如下：(1) 已批准的工程建设监理规划；(2) 相关的专业工程的标准、设计文件和有关的技术资料；(3) 施工组织设计。

3. 【答案】ABDE
   【解析】建筑工程监理应当依照法律、行政法规及有关的技术标准、设计文件和建筑工程承包合同，对承包单位在施工质量、建设工期和建设资金使用等方面，代表建设单位实施监督。

4. 【答案】ABC
   【解析】工程建设监理规划一般包括以下内容：(1) 建设工程概况；(2) 监理工作范围；(3) 监理工作内容；(4) 监理工作目标；(5) 监理工作依据；(6) 项目监理机构的组织形式；(7) 项目监理机构的人员配备计划；(8) 项目监理机构的人员岗位职责；(9) 监理工作程序；(10) 监理工作方法及措施；(11) 监理工作制度；(12) 监理设施。

# 1Z202000 建设工程项目施工成本控制

### 一、本章近三年考情

本章近三年考试真题分值统计 （单位：分）

|  | 2014年 | | 2015年 | | 2016年 | |
| --- | --- | --- | --- | --- | --- | --- |
|  | 单选题 | 多选题 | 单选题 | 多选题 | 单选题 | 多选题 |
| 1Z202010 施工成本管理的任务与措施 | 2 |  | 2 | 2 | 2 | 2 |
| 1Z202020 施工成本计划 | 2 | 2 | 2 | 2 | 2 | 2 |
| 1Z202030 施工成本控制 | 2 | 2 | 2 | 2 | 3 | 2 |
| 1Z202040 施工成本分析 | 2 | 2 | 2 | 2 | 3 | 2 |

### 二、本章学习提示

本章共4节内容，均围绕"施工成本管理"这一概念进行叙述，核心是施工成本管理的六大任务"预计控核分考"。本章知识内容相对简单，但是其中涉及的计算题对于建造考生而言还是有一定难度的，应该注意多学多练，注重方式技巧。

# 1Z202000 建设工程项目施工成本控制

## 1Z202010 施工成本管理的任务与措施

**本节知识体系**

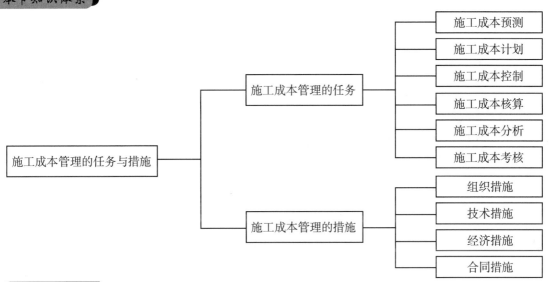

**核心内容讲解**

### 一、施工成本管理的任务

#### （一）施工成本

施工成本是指在建设工程项目的施工过程中所发生的全部生产费用的总和，包括直接成本和间接成本。（详见表1Z202010-1）

施工成本　表1Z202010-1

| | 概念 | 内容 |
|---|---|---|
| 直接成本 | 构成工程实体或有助于工程实体形成的各项费用支出，是可以直接计入工程对象的费用 | 人工费、材料费和施工机具使用费 |
| 间接成本 | 非直接用于也无法直接计入工程对象，但为进行工程施工所必须发生的费用 | 管理人员工资、办公费、差旅交通费 |

#### （二）施工成本管理的任务

建设工程项目施工成本管理应从工程投标报价开始，直至项目保证金返还为止，贯穿于项目实施的全过程。

施工成本管理就是要在保证工期和质量满足要求的情况下，采取相应管理措施，包括组织措施、经济措施、技术措施、合同措施，把成本控制在计划范围内，并进一步寻求最大限度的成本节约。

施工成本管理的任务和环节主要包括：
（1）施工成本预测；
（2）施工成本计划；
（3）施工成本控制；
（4）施工成本核算；
（5）施工成本分析；
（6）施工成本考核。

简记"预计控核分考"。(详见图1Z202010及详见表1Z202010-2)

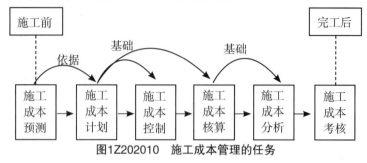

图1Z202010 施工成本管理的任务

施工成本管理的任务　表1Z202010-2

| 环节 | 内容 |
| --- | --- |
| 施工成本预测 | 施工成本预测是在施工前对成本进行的估算,是施工项目成本决策与计划的依据。预测出工程的单位成本和总成本 |
| 施工成本计划 | 施工成本计划是以货币形式编制施工项目在计划期内的生产费用、成本水平、成本降低率以及为降低成本所采取的主要措施和规划的书面方案。<br>它是建立施工项目成本管理责任制、开展成本控制和核算的基础,此外,它还是项目降低成本的指导文件,是设立目标成本的依据,即成本计划是目标成本的一种形式。<br>施工成本计划有三类指标:(1)数量指标(数值);(2)质量指标(成本降低率);(3)效益指标(成本降低额) |
| 施工成本控制 | 建设工程项目施工成本控制应贯穿于项目从投标阶段开始直至保证金返还的全过程,它是企业全面成本管理的重要环节。<br>合同文件和成本计划规定了成本控制的目标,进度报告、工程变更与索赔资料是成本控制过程中的动态资料 |
| 施工成本核算 | 施工成本核算包括两个基本环节:<br>一是按照规定的成本开支范围对施工费用进行归集和分配,计算出施工费用的实际发生额;<br>二是根据成本核算对象,采用适当的方法,计算出该施工项目的总成本和单位成本。<br>施工成本核算一般以单位工程为对象。<br>施工成本核算"三同步":形象进度、产值统计、实际成本归集"三同步",即三者的取值范围(对应的工程量)应是一致的。<br>对竣工工程的成本核算,应区分为竣工工程现场成本和竣工工程完全成本,分别由项目经理部和企业财务部门进行核算分析,其目的在于分别考核项目管理绩效和企业经营效益 |
| 施工成本分析 | 施工成本分析贯穿于施工成本管理的全过程,主要利用施工项目的成本核算资料(成本信息),与目标成本、预算成本以及类似的施工项目的实际成本等进行比较,深入研究成本变动的规律,寻找降低施工项目成本的途径,以便有效地进行成本控制。<br>成本偏差的控制,分析是关键,纠偏是核心 |
| 施工成本考核 | 以施工成本降低额和施工成本降低率作为成本考核的主要指标。成本考核可分别考核公司层和项目经理部 |

成本预测是成本决策的前提,成本计划是成本决策所确定目标的具体化。成本计划控制则是对成本计划的实施进行控制和监督,保证决策的成本目标的实现,而成本核算又是对成本计划是否实现的最后检验,它所提供的成本信息又将为下一个施工项目成本预测和决策提供基础资料。成本考核是实现成本目标责任制的保证和实现决策目标的重要手段。

（三）施工成本管理的基础工作

成本管理责任体系的建立是施工成本管理最根本最重要的基础工作。

（1）统一组织内部工程项目成本计划的内容和格式；

（2）建立企业内部施工定额并保持其适

应性、有效性和相对的先进性，为施工成本计划的编制提供支持；

（3）建立生产资料市场价格信息的收集网络和必要的派出询价网点，做好市场行情预测，保证采购价格信息的及时性和准确性。同时，建立企业的分包商、供应商评审注册名录，发展稳定、良好的供方关系，为编制施工成本计划与采购工作提供支持；

（4）建立已完项目的成本资料、报告报表等的归集、整理、保管和使用管理制度；

（5）科学设计施工成本核算账册体系、业务台账、成本报告报表，为施工成本管理的业务操作提供统一的范式。

🔊**嗨·点评** 施工成本管理的任务重在理解，其中一些特殊点需要加强记忆，比如：成本计划的三类指标，成本控制的两类资料，"三同步"等。

【经典例题】1.（2016年真题）建设工程项目施工成本管理涉及的时间范围是（　　）。

A. 从工程投标报价开始至项目保证金返还为止

B. 从施工图预算开始至项目运用为止

C. 从工程投标报价开始至项目竣工结算完成为止

D. 从施工准备开始至项目竣工结算完成为止

【答案】A

【嗨·解析】本题考查的是建设工程项目施工成本控制。建设工程项目施工成本管理应从工程投标报价开始，直至项目保证金返还为止，贯穿于项目实施的全过程。

【经典例题】2.（2015年真题）根据建设工程项目施工成本的组成，属于直接成本的是（　　）。

A.工具用具使用费　　B.职工教育经费
C.机械折旧费　　　　D.管理人员工资

【答案】C

【嗨·解析】直接成本是指施工过程中耗费的构成工程实体或有助于工程实体形成的各项费用支出，是可以直接计入工程对象的费用，包括人工费、材料费和施工机具使用费等。间接成本是指准备施工、组织和管理施工生产的全部费用支出，是非直接用于也无法直接计入工程对象，但为进行工程施工所必须发生的费用，包括管理人员工资、办公费、差旅交通费等。

【经典例题】3.（2016年真题）关于建设工程项目施工成本的说法，正确的是（　　）。

A. 施工成本计划是对未来的成本水平和发展趋势作出估计

B. 施工成本核算是通过实际成本与计划的对比，评定成本计划的完成情况

C. 施工成本考核是通过成本的归集和分配，计算施工项目的实际成本

D. 施工成本管理是通过采取措施，把成本控制在计划范围内，并最大限度地节约成本

【答案】D

【嗨·解析】本题考查的是施工成本管理的任务。施工成本预测是对未来的成本水平及其发展趋势作出科学的估计，所以选项A错误；施工成本考核是将成本的实际指标与计划、定额、预算进行对比和考核，评定施工项目成本计划的完成情况和各责任者的业绩，并以此给予相应的奖励和处罚，所以选项B错误；施工成本核算按照规定的成本开支范围对施工费用进行归集和分配，计算出施工费用的实际发生额，所以选项C错误。

【经典例题】4.（2015年真题）施工成本核算要求的归集"三同步"是指（　　）的取值范围应当一致。

A.成本预测、成本计划、成本分析
B.目标成本、预算成本、实际成本
C.人工成本、材料成本、机械成本
D.形象进度、产值统计、实际成本

【答案】D

【嗨·解析】形象进度、产值统计、实际成本归集"三同步",即三者的取值范围应是一致的。

## 二、施工成本管理的措施

施工成本管理的措施包括:组织措施、技术措施、经济措施、合同措施。简记"组合经技"。(详见表1Z202010-3)

施工成本管理的措施  表1Z202010-3

| 措施 | 内容 |
|---|---|
| 组织措施 | 组织措施一方面是从施工成本管理的组织方面采取的措施,另一方面是编制施工成本控制工作计划、确定合理详细的工作流程。<br>实行项目经理责任制;<br>加强施工定额管理和施工任务单管理;<br>加强施工调度,避免窝工。<br>关键词:人、部门、组织、分工、流程 |
| 技术措施 | 进行技术经济分析,确定最佳的施工方案;<br>结合施工方法,进行材料使用的比选,通过代用、改变配合比、使用外加剂等方法降低材料消耗的费用;<br>确定最合适的施工机械、设备使用方案;<br>结合项目的施工组织设计及自然地理条件,降低材料的库存成本和运输成本;<br>应用先进的施工技术,运用新材料,使用先进的机械设备等。<br>运用技术纠偏措施的关键,一是要能提出多个不同的技术方案;二是要对不同的技术方案进行技术经济分析比较,以选择最佳方案。<br>关键词:施工方案、材料、机械设备 |
| 经济措施 | 经济措施是最易为人们所接受和采用的措施。<br>管理人员应编制资金使用计划,确定、分解施工成本管理目标。<br>对施工成本管理目标进行风险分析,并制定防范性对策。<br>对各种支出,应认真做好资金的使用计划,并在施工中严格控制各项开支。<br>及时准确地记录、收集、整理、核算实际支出的费用。<br>对各种变更,应及时做好增减账、落实业主签证并结算工程款。<br>通过偏差分析和未完工工程预测,可发现一些潜在的可能引起未完工程施工成本增加的问题,对这些问题应以主动控制为出发点,及时采取预防措施。<br>关键词:资金、成本目标风险分析、核算费用、签字、偏差分析 |
| 合同措施 | 采用合同措施控制施工成本。应贯穿整个合同周期,包括从合同谈判开始到合同终结的全过程。<br>选用合适的合同结构。<br>在合同的条款中应仔细考虑一切影响成本和效益的因素,特别是潜在的风险因素。<br>在合同执行期间,合同管理的措施密切注视对方合同执行的情况,以寻求合同索赔的机会;同时也要密切关注自己履行合同的情况,以防被对方索赔。<br>关键词:合同结构、合同条款、索赔 |

【嗨·点评】对比动态控制四大措施"组管经技",成本管理的措施为"组合经技",少了管理措施,多了合同措施。

【经典例题】5.(2014年真题)下列施工成本管理的措施中,属于组织措施的是( )。

A.选用合适的分包项目合同结构
B.确定合理的施工成本控制工作流程
C.确定合适的施工机械、设备使用方案
D.施工成本管理目标进行风险分析,并制定防范性对策

【答案】B

【嗨·解析】组织措施是从施工成本管理的组织方面采取的措施。施工成本控制是全员的活动,如实行项目经理责任制,落实施工成本管理的组织机构和人员,明确各级施工成本管理人员的任务和职能分工、权力和责任。施

工成本管理不仅是专业成本管理人员的工作，各级项目管理人员都负有成本控制责任。组织措施的另一方面是编制施工成本控制工作计划、确定合理详细的工作流程。要做好施工采购计划，通过生产要素的优化配置、合理使用、动态管理，有效控制实际成本，加强施工定额管理和施工任务单管理，控制活劳动和物化劳动的消耗；加强施工调度，避免因施工计划不周和盲目调度造成窝工损失、机械利用率降低、物料积压等现象。成本控制工作只有建立在科学管理的基础之上，具备合理的管理体制、完善的规章制度、稳定的作业秩序、完整准确的信息传递，才能取得成效。因此，正确选项是B。

## 章节练习题

### 一、单项选择题

1. 施工成本控制的工作内容之一是计算和分析成本差异,其需比较( )。
   A.预测成本与实际成本
   B.预算成本与计划成本
   C.计划成本与实际成本
   D.预算成本与实际成本

2. 在成本形成过程中,( )是衡量成本降低的实际成果,也是对成本指标完成情况的总结和评价。
   A.施工成本分析  B.施工成本考核
   C.施工成本控制  D.施工成本核算

3. 建设工程项目成本管理责任体系包括公司层和项目经理部,其中的公司层应( )。
   A.体现效益中心的管理职能
   B.确定施工成本管理目标
   C.对生产成本进行管理
   D.达到责任成本目标

4. 施工项目完成以后,拟考核各责任者的业绩,需要进行评定的是施工项目( )。
   A.成本计划的落实情况
   B.成本计划的完成情况
   C.实际成本的发生情况
   D.实际成本的控制情况

5. 作为施工企业全面成本管理的重要环节,施工项目成本控制应贯穿于( )的全过程。
   A.从项目策划开始到项目开始运营
   B.从项目设计开始到项目开始运营
   C.从投标阶段开始直至保证金返还的全过程
   D.从项目施工开始到项目竣工验收

6. 通过施工成本( )做到有奖有惩,赏罚分明,才能调动每一个职能部门完成目标成本的积极性。
   A.分析  B.计划  C.预测  D.考核

7. 某工程施工,项目经理部要求成本控制程序需要体现动态跟踪控制原理,其主要表现的是重视施工成本的( )。

   A.最终结果  B.计划形成
   C.预测分析  D.发生过程

8. 施工成本( )是建立施工项目成本管理责任制、开展成本控制和核算的基础,是该项目降低成本的指导文件和设立目标成本的依据。
   A.预测  B.计划
   C.控制  D.核算

### 二、多项选择题

1. 施工成本管理基础工作中最根本和最重要的内容,是建立涉及成本管理的( )。
   A.施工定额  B.组织制度
   C.工作程序  D.责任制度
   E.业务台账

2. 某承包公司对一钢结构高层建筑工程的施工成本进行划分,应计入间接成本的有( )。
   A.钢材购置费
   B.安全施工费
   C.差旅交通费
   D.大型机械进出场及安拆费
   E.管理人员工资

3. ( )规定了成本控制的目标。
   A.合同文件
   B.进度报告
   C.成本计划
   D.工程变更与索赔资料
   E.成本预测

4. 为评价和优化施工成本计划,通常的施工成本计划指标有( )。
   A.数量指标  B.质量指标
   C.经济指标  D.效益指标
   E.利润指标

## 参考答案及解析

### 一、单项选择题

1.【答案】C

# 1Z202000 建设工程项目施工成本控制

【解析】施工成本控制通过动态监控并及时反馈，严格审查各项费用是否符合标准，计算实际成本和计划成本之间的差异并进行分析，进而采取多种措施，减少或消除施工中的损失浪费。故选C。

2.【答案】B

【解析】施工成本考核是衡量成本降低的实际成果，也是对成本指标完成情况的总结和评价。故选B。

3.【答案】A

【解析】公司层的成本管理除生产成本以外，还包括经营管理费用；项目经理部应对生产成本进行管理。公司层贯穿于项目投标、实施和结算过程，体现效益中心的管理职能；项目经理部则着眼于执行公司确定的施工成本管理目标，发挥现场生产成本控制中心的管理职能。故选A。

4.【答案】B

【解析】施工成本考核是指在施工项目完成后，对施工项目成本形成中的各责任者，按施工项目成本目标责任制的有关规定，将成本的实际指标与计划、定额、预算进行对比和考核，评定施工项目成本计划的完成情况和各责任者的业绩，并以此给予相应的奖励和处罚。故选B。

5.【答案】C

【解析】建设工程项目施工成本控制应贯穿于项目从投标阶段开始直至保证金返还的全过程，它是企业全面成本管理的重要环节。故选C。

6.【答案】D

【解析】通过成本考核，做到有奖有惩，赏罚分明，才能有效地调动每一位员工在各自施工岗位上努力完成目标成本的积极性，从而降低施工项目成本，提高企业效益。故选D。

7.【答案】D

【解析】在项目的施工过程中，需按动态控制原理对实际施工成本的发生过程进行有效控制。所以选项D正确。施工成本的预测分析或计划形成不是动态跟踪控制原理的核心，选项A、B、C不合适。

8.【答案】B

【解析】施工成本计划它是建立施工项目成本管理责任制、开展成本控制和核算的基础，此外，它还是项目降低成本的指导文件，是设立目标成本的依据，即成本计划是目标成本的一种形式。故选B。

## 二、多项选择题

1.【答案】BCD

【解析】施工成本管理的基础工作是多方面的，成本管理责任体系的建立是其中最根本最重要的基础工作，涉及成本管理的一系列组织制度、工作程序、业务标准和责任制度的建立。

2.【答案】CE

【解析】直接成本是指施工过程中耗费的构成工程实体或有助于工程实体形成的各项费用支出，是可以直接计入工程对象的费用，包括人工费、材料费和施工机具使用费等。间接成本是指准备施工、组织和管理施工生产的全部费用支出，是非直接用于也无法直接计入工程对象，但为进行工程施工所必须发生的费用，包括管理人员工资、办公费、差旅交通费等。

3.【答案】AC

【解析】合同文件和成本计划规定了成本控制的目标，进度报告、工程变更与索赔资料是成本控制过程中的动态资料。故选A、C。

4.【答案】ABD

【解析】施工成本计划一般情况下有以下三类指标：（1）成本计划的数量指标；（2）成本计划的质量指标；（3）成本计划的效益指标；故选A、B、D。

# 1Z202020 施工成本计划

**本节知识体系**

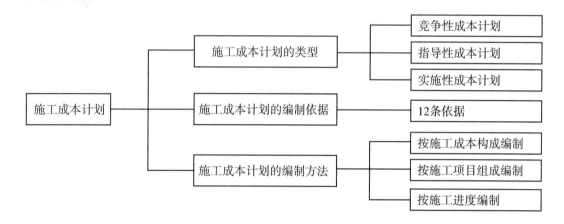

**核心内容讲解**

## 一、施工成本计划的类型

1.按照发挥的作用不同,施工成本计划可以分为三类。(详见表1Z202020-1)

施工成本计划的类型　表1Z202020-1

| | 编制阶段 | 编制依据 |
|---|---|---|
| 竞争性成本计划 | 投标及签订合同阶段 | 合同条件、投标者须知、技术规程、设计图纸、工程量清单 |
| 指导性成本计划 | 选派项目经理阶段 | 以合同价为依据,按照企业的预算定额制定的设计预算成本计划 |
| 实施性成本计划 | 施工准备阶段 | 以施工实施方案为依据,采用施工定额通过施工预算编制施工成本计划 |

2.施工预算

(1)施工预算的内容是以单位工程为对象,进行人工、材料、机械台班数量及其费用总和的计算。它由编制说明和预算表格两部分组成。(详见图1Z202020-1)

# 1Z202000 建设工程项目施工成本控制

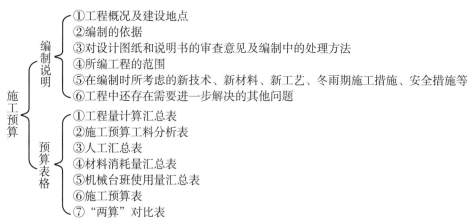

图1Z202020-1　施工预算的内容

（2）施工预算与施工图预算的区别（详见表1Z202020-2）

施工预算与施工图预算的区别　表1Z202020-2

| | 施工预算 | 施工图预算 |
|---|---|---|
| 编制依据 | 施工定额 | 预算定额 |
| 适用范围 | 企业内部管理的一种文件，与发包人无直接关系 | 既适用于发包人，又适用于承包人 |
| 发挥作用 | 施工预算是施工企业组织生产、编制施工计划、准备现场材料、签发任务书、考核功效、进行经济核算的依据 | 投标报价的主要依据 |

（3）"两算"对比

"两算"对比指同一工程内容的施工预算与施工图预算的对比。"两算"对比的方法有实物对比法和金额对比法。施工预算的人工数量及人工费比施工图预算一般要低6%左右。（详见表1Z202020-3）

"两算"对比　表1Z202020-3

| "两算"对比的内容 | | 施工预算 | 施工图预算 |
|---|---|---|---|
| 依据的定额 | | 施工定额 | 预算定额 |
| 人工量及人工费对比 | | 施工定额的用工量低（费、量） | |
| 材料消耗量及材料费对比 | | 施工预算低（费、量） | |
| 施工机具费对比 | | 如果发生施工预算的机具费大量超支，而又无特殊原因时，则应考虑改变原施工方案 | |
| 周转材料使用费对比 | 脚手架 | 施工方案 | 以建筑面积为基数计算 |
| | 模板 | 接触面积 | 混凝土体积 |

🔊 嗨·点评　不同阶段对应不同类型的施工成本计划，发挥不同的作用。

【经典例题】1.（2016年真题）施工企业在工程投标及签订合同阶段编制的估算成本计划，属于（　　）成本计划。

A．指导性　　B．实施性
C．作业性　　D．竞争性

【答案】D

【嗨·解析】本题考查的是施工成本计划的类型。竞争性成本计划是施工项目投标及签订合同阶段的估算成本计划。

【经典例题】2.（2016年真题）在编制施工成本计划时，通常需要进行"两算"对比分析，"两算"指的是（　　）。

A. 施工图预算、成本核算
B. 施工图预算、施工预算
C. 施工预算、成本核算
D. 施工预算、施工决算

【答案】B

【嗨·解析】本题考查的是施工预算。"两算"指施工预算与施工图预算。

## 二、施工成本计划的编制依据

施工成本计划的编制依据包括：
（1）投标报价文件；
（2）企业定额、施工预算；
（3）施工组织设计或施工方案；
（4）人工、材料、机械台班的市场价；
（5）企业颁布的材料指导价、企业内部机械台班价格、劳动力内部挂牌价格；
（6）周转设备内部租赁价格、摊销损耗标准；
（7）已签订的工程合同、分包合同（或估价书）；
（8）结构件外加工计划和合同；
（9）有关财务成本核算制度和财务历史资料；
（10）施工成本预测资料；
（11）拟采取的降低施工成本的措施；
（12）其他相关资料。

🔊 嗨·点评 依据投标文件而不是招标文件，依据施工预算而不是施工图预算。

【经典例题】3.（2014年真题）某施工项目为实施成本管理收集了以下资料，其中可以作为编制施工成本计划依据的有（　　）。
A.施工预算　　　　　B.施工图预算
C.签订的工程合同　　D.分包合同
E.资源市场价格

【答案】ACDE

【嗨·解析】"施工成本计划的编制依据"共12条内容。

## 三、施工成本计划的编制方法

施工成本计划的编制以成本预测为基础，关键是确定目标成本。施工成本计划的编制方式有三种：

（1）按施工成本构成编制施工成本计划（详见图1Z202020-2）

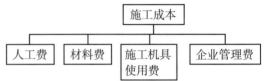

图1Z202020-2　按施工成本构成编制施工成本计划

注意联系"建筑安装工程费用项目分类"，明确每项费用的具体分类。

（2）按施工项目组成编制施工成本计划（详见图1Z202020-3）

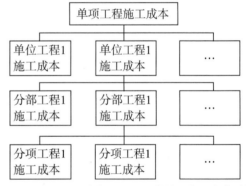

图1Z202020-3　按施工项目组成编制施工成本计划

编制施工成本计划时，首先要把项目总施工成本分解到单项工程和单位工程中，再进一步分解到分部工程和分项工程中。并且注意要在项目总体层面上考虑总的预备费，也要在主要的分项工程中安排适当的不可预见费。

（3）按施工进度编制施工成本计划

通过对施工成本目标按时间进行分解，在网络计划基础上，可获得项目进度计划的横道图。在此基础上编制成本计划。

其表示方式有两种：一种是在时标网络图上按月编制的成本计划直方图；另一种是用时间——成本累积曲线（S形曲线）表示。

（详见图1Z202020-4）

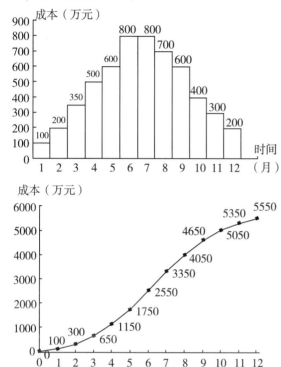

图1Z202020-4 按施工进度编制施工成本计划

"S形曲线"是累积的曲线，曲线总体趋势是向上的，曲线的陡和缓可以反映对应时间成本投入的多少，进而反映工作进度的快慢。

S形曲线必然包络在由全部工作都按最早开始时间开始和全部工作都按最迟必须开始时间开始的曲线所组成的"香蕉图"内。项目经理可以通过调整非关键路线上的工序项目的最早或最迟开工时间，力争将实际的成本支出控制在计划的范围内。

一般而言，所有工作都按最迟开始时间开始，对节约资金贷款利息是有利的。但同时也降低了项目按期竣工的保证率。

🔊 **嗨·点评** 三种编制施工成本计划的方式并不是相互独立的。往往结合起来使用，例如：将按项目分解与按施工成本构成分解两种方式相结合，或者还可将按子项目分解与按时间分解结合起来。

【经典例题】4.项目按施工进度编制了如下图所示的施工成本计划，错误的是（ ）。

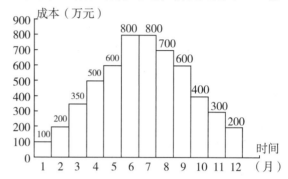

A.该项目前五个月的累计支出为1750万元
B.该项目本年度的成本计划支出总额为5550万元
C.该项目本年度平均每月的计划支出是462.5万元
D.该项目前半年平均每月的计划支出是420万元

【答案】D

【嗨·解析】如上图所示，依次计算出项目前五个月的累计支出为1750万元，整个年度的成本计划支出总额为5550万元，相应每月的计划支出为（5550/12=462.5）万元，项目前半年平均每月的计划支出是[（1750+800）/6=425]万元。因此，正确选项是D。

## 章节练习题

### 一、单项选择题

1. 施工预算的内容是以单位工程为对象,进行人工、材料、机械台班数及其费用总和的计算,它的两个组成部分是（　　）。
   A.施工预算工料分析表和施工预算表
   B.编制说明和预算表格
   C.施工预算表和"两算"对比表
   D.编制说明和人、料、机使用量汇总

2. 施工成本计划是施工项目成本控制的一个重要环节,一般情况下,施工成本计划总额应控制在（　　）范围内。
   A.固定成本　　　　B.目标成本
   C.预算成本　　　　D.实际成本

3. 编制成本计划时,施工成本可以按成本构成分解为（　　）。
   A.人工费、材料费、施工机具使用费、企业管理费等
   B.人工费、材料费、施工机具使用费、规费和企业管理费等
   C.人工费、材料费、施工机具使用费、规费和间接费等
   D.人工费、材料费、施工机具使用费、间接费、利润和税金等

4. 采用企业施工定额通过施工预算的编制而形成的成本计划属于（　　）。
   A.指导性成本计划　　B.竞争性成本计划
   C.实施性成本计划　　D.预测性成本计划

5. 在编制施工成本计划时,对预备费的考虑,下列描述错误的是（　　）。
   A.编制成本支出计划时,要在项目总体层面上考虑总的预备费
   B.编制成本支出计划时,要在主要的分项工程中安排适当的不可预见费
   C.编制成本支出计划时,不需要在不必要的分项工程中安排不可预见费
   D.编制成本支出计划时,要在所有的分项工程中安排适当的不可预见费

6. （　　）是工程项目投标及签订合同阶段的估算成本计划。
   A.竞争性成本计划　　B.指导性成本计划
   C.实施性成本计划　　D.施工项目成本计划

7. 施工图预算和施工预算编制依据的区别,主要在于（　　）。
   A.定额不同
   B.图纸不同
   C.图纸不同,定额相同
   D.图纸不同,定额不同

8. 关于实施性成本计划的说法,正确的是（　　）。
   A.以合同标书为依据
   B.选派项目经理阶段的预算成本计划
   C.工程项目投标及签订合同阶段的估算成本计划
   D.以项目实施方案为依据

9. 施工成本计划编制的依据不包括（　　）。
   A.投标报价文件　　B.施工组织设计
   C.施工成本预测资料　D.项目总概算

### 二、多项选择题

1. 根据《建筑安装工程费用项目组成》（建标〔2013〕44号）,下列属于"企业管理费"项目的有（　　）。
   A.燃油动力费　　　B.地方教育费附加
   C.工具用具使用费　D.检验试验费
   E.财产保险费

2. 施工成本可以按成本构成分解为人工费、材料费和（　　）等。
   A.措施项目费　　　B.施工机具使用费
   C.企业管理费　　　D.暂估价
   E.规费

3. 下列施工成本计划中,属于战术安排的是（　　）。

A.竞争性成本计划　B.指导性成本计划
C.实施性成本计划　D.预测性成本计划
E.适应性成本计划
4. 施工成本按成本组成分解包括（　　）。
A.税金　　　　　　B.材料费
C.人工费　　　　　D.施工机具使用费
E.企业管理费

## 参考答案及解析

### 一、单项选择题

1.【答案】B
【解析】施工预算的内容是以单位工程为对象，进行人工、材料、机械台班数量及其费用总和的计算。它由编制说明和预算表格两部分组成。

2.【答案】B
【解析】施工成本计划是施工项目成本控制的一个重要环节，是实现降低施工成本任务的指导性文件。一般情况下，施工成本计划总额应控制在目标成本范围内，并使成本计划建立在切实可行的基础上。故选B项。

3.【答案】A
【解析】施工成本可以按成本构成分解为人工费、材料费、施工机具使用费和企业管理费等。在此基础上，编制按施工成本构成分解的施工成本计划。

4.【答案】C
【解析】采用企业施工定额通过施工预算的编制而形成的成本计划属于实施性成本计划，它以项目实施方案为依据，落实项目经理责任目标为出发点。

5.【答案】D
【解析】在编制成本支出计划时，要在项目总体层面上考虑总的预备费，也要在主要的分项工程中安排适当的不可预见费，

避免在具体编制成本计划时，可能发现个别单位工程或工程量表中某项内容的工程量计算有较大出入，偏离原来的成本预算。因此，应在项目实施过程中对其尽可能地采取一些措施。所以D正确。

6.【答案】A
【解析】竞争性成本计划：即工程项目投标及签订合同阶段的估算成本计划。故选A项。

7.【答案】A
【解析】施工预算和施工图预算均按施工图编制。施工预算的编制以施工定额为主要依据，施工图预算的编制以预算定额为主要依据，而施工定额比预算定额划分得更详细、更具体，并对其中所包括的内容，如质量要求、施工方法以及所需劳动工日、材料品种、规格型号等均有较详细的规定或要求。因此A项正确。

8.【答案】D
【解析】实施性成本计划是项目施工准备阶段的施工预算成本计划，它是以项目实施方案为依据，以落实项目经理责任目标为出发点，采用企业的施工定额通过施工预算的编制而形成的实施性施工成本计划。

9.【答案】D
【解析】施工成本计划的编制依据包括：（1）投标报价文件；（2）企业定额、施工预算；（3）施工组织设计或施工方案；（4）人工、材料、机械台班的市场价；（5）企业颁布的材料指导价、企业内部机械台班价格、劳动力内部挂牌价格；（6）周转设备内部租赁价格、摊销损耗标准；（7）已签订的工程合同、分包合同（或估价书）；（8）结构件外加工计划和合同；（9）有关财务成本核算制度和财务历史资料；（10）施工成本预测资料；（11）拟采取的降低施工成本的措施；（12）其他相关资料。

二、多项选择题
1.【答案】CDE
【解析】企业管理费包括：管理人员工资、办公费、差旅交通费、固定资产使用费、工具用具使用费、劳动保险和职工福利费、劳动保护费、检验试验费、工会经费、职工教育经费、财产保险费、财务费、税金。

2.【答案】BC
【解析】施工成本可以按成本构成分解为人工费、材料费、施工机具使用费和企业管理费等。

3.【答案】BC
【解析】指导性成本计划和实施性成本计划，都是战略性成本计划的进一步开展和深化，是对战略性成本计划的战术安排。

4.【答案】BCDE
【解析】施工成本可以按成本构成分解为人工费、材料费、施工机具使用费和企业管理费等，在此基础上，编制按施工成本构成分解的施工成本计划。

## 1Z202030 施工成本控制

**本节知识体系**

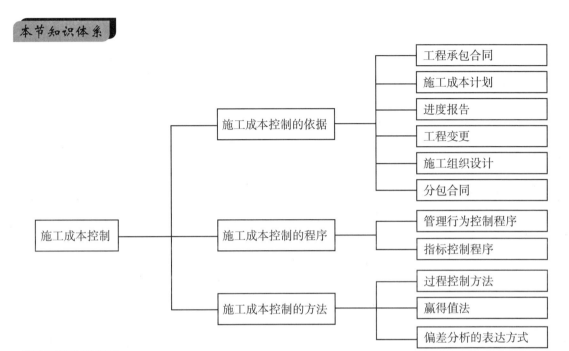

**核心内容讲解**

### 一、施工成本控制的依据

施工成本控制的依据包括：
（1）工程承包合同；
（2）施工成本计划；
（3）进度报告；
（4）工程变更；
（5）施工组织设计；
（6）分包合同。

🔊 **嗨·点评** 施工成本计划是施工成本控制的指导文件。进度报告提供了对应时间节点的工程实际完成量，工程施工成本实际支付情况等重要信息。

【经典例题】1.建设工程项目施工成本控制的主要依据有（　　）。

A.工程承包合同
B.进度报告
C.施工成本计划
D.施工成本预测资料
E.工程变更

【答案】ABCE

【嗨·解析】施工成本控制的依据包括以下内容：工程承包合同、施工成本计划、进度报告、工程变更。除了这几种施工成本控制工作的主要依据以外，施工组织设计、分包合同有关文件资料也都是施工成本控制的依据。因此，正确选项是A、B、C、E。

### 二、施工成本控制的程序

成本的过程控制中，有两类控制程序，一是管理行为控制程序，二是指标控制程序。

管理行为控制程序是对成本全过程控制的基础，指标控制程序则是成本进行过程控制的重点。两个程序既相对独立又相互联系，既相互补充又相互制约。（详见表1Z202030-1）

施工成本控制的程序　　表1Z202030-1

| 管理行为控制程序 | （1）建立项目施工成本管理体系的评审组织和评审程序；<br>（2）建立项目施工成本管理体系运行的评审组织和评审程序；<br>（3）目标考核，定期检查；<br>（4）制定对策，纠正偏差 |
|---|---|
| 成本指标控制程序 | （1）确定施工项目成本目标及月度成本目标；<br>（2）收集成本数据，监测成本形成过程；<br>（3）分析偏差原因，制定对策；<br>（4）成本指标考核管理行为，用管理行为来保证成本指标 |

🔊 **嗨·点评** 质量管理体系反映的是企业的质量保证能力，由社会有关组织进行评审和认证；成本管理体系的建立是企业自身生存发展的需要，没有社会组织来评审和认证。

**【经典例题】2.**（2016年真题）关于施工成本控制程序的说法，正确的是（　　）。

A. 管理行为控制程序是成本全过程控制的重点

B. 指标控制程序是对成本进行过程控制的基础

C. 管理行为控制程序是项目施工成本结果控制的主要内容

D. 管理行为控制程序和指标控制程序在实施过程中相互制约

**【答案】** D

**【嗨·解析】** 本题考查的是施工成本控制的步骤。成本的过程控制中，有两类控制程序，一是管理行为控制程序，二是指标控制程序。管理行为控制程序是对成本全过程控制的基础，指标控制程序则是成本进行过程控制的重点。两个程序既相对独立又相互联系，既相互补充又相互制约。选项C，成本的过程控制中，有两类控制程序，一是管理行为控制程序，二是指标控制程序。这里是项目施工成本过程控制的内容，不是结果控制。

### 三、施工成本控制的方法

#### （一）施工成本的过程控制方法

施工成本的过程控制主要是对四项费用的控制：人工费、材料费、施工机械使用费、施工分包费。

1.人工费的控制

人工费的控制实行"量价分离"的方法。加强劳动定额管理，提高劳动生产率，降低工程耗用人工工日，是控制人工费支出的主要手段。

2.材料费的控制

按照"量价分离"原则，控制材料用量和材料价格。

（1）材料用量的控制（详见表1Z202030-2）

材料用量的控制　　表1Z202030-2

| 定额控制 | 对于有消耗定额的材料，以消耗定额为依据，实行限额领料制度。限额领料的形式：<br>（1）按分项工程实行限额领料：以施工班组为对象；<br>（2）按工程部位实行限额领料：以施工专业队为对象；<br>（3）按单位工程实行限额领料：以项目经理部或分包单位为对象 |
|---|---|
| 指标控制 | 没有消耗定额的材料，实行计划管理和按指标控制的办法 |
| 计量控制 | 准确做好材料物资的收发计量检查和用料计量检查 |
| 包干控制 | 对部分小型零星材料根据工程计算出所需量，将其折算成费用，由作业者包干使用 |

（2）材料价格的控制：主要由材料采购部门控制。通过掌握市场信息，应用招标和询价等方式控制材料、设备的采购价格。

3.施工机械使用费的控制

在选择起重运输机械时，首先应根据工程特点和施工条件确定采取的起重运输机械的组合方式。在确定采用何种组合方式时，首先应满足施工需要，其次要考虑到费用的高低和综合经济效益。施工机械使用费主要由台班数量和台班单价两方面决定。

4.施工分包费用的控制

对分包费用的控制，主要是要做好分包工程的询价、订立平等互利的分包合同、建立稳定的分包关系网络、加强施工验收和分包结算等工作。

（二）赢得值法

赢得值法三项基本参数：（详见表1Z202030-3）

**赢得值法三项基本参数　表1Z202030-3**

| 赢得值法三个基本参数 | 已完工作预算费用（BCWP）=已完成工作量×预算单价 | 实量×虚价 |
|---|---|---|
| | 计划工作预算费用（BCWS）=计划工作量×预算单价 | 虚量×虚价 |
| | 已完工作实际费用（ACWP）=已完成工作量×实际单价 | 实量×实价 |

赢得值法四个评价指标：（详见表1Z202030-4）

**赢得值法四个评价指标　表1Z202030-4**

| 赢得值法的四个评价指标 | 费用偏差（CV）=已完工作预算费（BCWP）-已完工作实际费（ACWP）<br>（1）CV为负值时，表示项目运行超支<br>（2）CV为正值时，表示项目运行节支 | 仅适合于对同一项目作偏差分析（绝对偏差） |
|---|---|---|
| | 进度偏差（SV）=已完工作预算费（BCWP）-计划工作预算费用（BCWS）<br>（1）SV为负值时，表示进度延误<br>（2）SV为正值时，表示进度提前 | |
| | 费用绩效指数（CPI）=已完工作预算费（BCWP）/已完工作实际费（ACWP）<br>（1）CPI小于1时，表示超支<br>（2）CPI大于1时，表示节支 | 可适用于同一项目和不同项目之间的偏差分析（相对偏差） |
| | 进度绩效指数（SPI）=已完工作预算费（BCWP）/计划工作预算费（BCWS）<br>（1）SPI小于1时，表示进度延误<br>（2）SPI大于1时，表示进度提前 | |

🔊 **嗨·点评** 人工费、材料费的控制遵循"量价分离"的原则。

赢得值法对应英文：

| 费用 Cost | 实际的 Actual |
|---|---|
| | 预算的 Budgeted |
| 工作 Work | 完成的 Performed |
| | 计划的 Scheduled |

【经典例题】3.（2016年真题）施工成本的过程控制中，人工费的控制实行（　　）方法。

A.量化管理　　　　B.弹性管理
C.量价分离　　　　D.指标包干

【答案】C

【嗨·解析】人工费的控制实行"量价分离"的方法，将作业用工及零星用工按定额工日的一定比例综合确定用工数量与单价，通过劳务合同进行控制。因此，正确选项是C。

【经典例题】4.（2015年真题）某施工项目部根据以往项目的材料实际耗用情况，结合具体施工项目要求，制定领用材料标准控制发料。这种材料用量控制方法是（　　）。

A.定额控制　　　　B.指标控制

C.计量控制　　　　　　D.包干控制

【答案】B

【嗨·解析】指标控制。对于没有消耗定额的材料，则实行计划管理和按指标控制的办法。依据以往项目的实际耗用情况，结合具体施工项目的内容和要求，制定领用材料指标，以控制发料。超过指标的材料，必须经过一定的审批手续方可领用。

【经典例题】5.（2016年真题）某分项工程某月计划工程量为3200$m^2$，计划单价为15元/$m^2$；月底核定承包商实际完成工程量为2800$m^2$，实际单价为20元/$m^2$，则该工程的已完成工作实际费用（ACWP）为（　　）元。

A. 56000　　　　　　B. 42000
C. 48000　　　　　　D. 64000

【答案】A

【嗨·解析】ACWP=20×2800=56000元。

### 四、偏差分析的表达方法

偏差分析的表达方法有横道图法，表格法，曲线法。

1.横道图法：具有形象、直观、一目了然等优点，它能够准确表达出费用的绝对偏差，而且能直观地表明偏差的严重性。但这种方法反映的信息量少，一般在项目的较高管理层应用。

2.表格法是偏差分析最常用的方法。具有如下优点：

（1）灵活、适用性强；

（2）信息量大；

（3）表格处理可借助于计算机，从而节约大量数据处理所需的人力，并大大提高速度。

3.曲线法：计划工作预算费用、已完工作预算费用、已完工作实际费用曲线。

【嗨·点评】成本偏差原因分析在实际执行过程中，最理想的状态是已完工作实际费用、计划工作预算费用、已完工作预算费用三条曲线靠得很近、平稳上升，表示项目按预定计划目标进行。如果三条曲线离散度不断增加，则可能出现较大的投资偏差。

【经典例题】6.（2016年真题）关于施工成本偏差分析方法的说法，正确的有（　　）。

A.横道图法是进行偏差分析最常用的一种方法

B.横道图法具有形象、直观等优点

C.曲线法不能用于定量分析

D.表格法反映的信息量大

E.表格法具有灵活、适用性强的优点

【答案】BDE

【嗨·解析】本题考查的是偏差分析的表达方法。选项A，表格法是进行偏差分析最常用的一种方法；选项C，曲线法可以进行定量和定性分析。

【经典例题】7.（2015年真题）某工作横道图费用偏差分析如下图所示，正确的有（　　）。

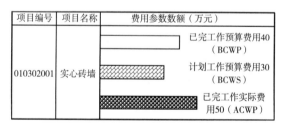

A.费用超支

B.进度较快

C.效率较高

D.可采用抽出部分人员，放慢进度的措施

E.投入超前

【答案】ABE

【嗨·解析】CV<0，则效率较低。C错误；对应措施应为：抽出部分人员，增加少量骨干人员，D错误。

# 章节练习题

## 一、单项选择题

1. 某打桩工程合同约定，某月计划完成工程桩120根；单价为1.2万元／根。至该月底，经确认的承包商实际完成的工程桩为110根；实际单价为1.3万元／根。在该月度内，工程的计划工作预算费用（BCWS）为（　　）万元。
   A.132　　B.143　　C.144　　D.156

2. 在曲线法偏差分析中，已知计划工作预算费用曲线a、已完工作预算费用曲线b和已完工作实际费用曲线c，其中，曲线b和曲线c的竖向距离表示（　　）。
   A.绝对偏差　　　　B.费用偏差
   C.相对偏差　　　　D.进度偏差

3. 进行施工成本偏差分析最常用的一种方法是（　　）。
   A.表格法　　　　B.横道图法
   C.曲线法　　　　D.直方图法

4. 施工中成本的控制中，除了对人工费、材料费、施工机械使用费外，还应对（　　）进行控制。
   A.工程设计费用　　B.工程监理费用
   C.业主建设管理成本　D.分包费用

5. （　　）是进行偏差分析最常用的一种方法，其优点是灵活、信息量大、可借助于计算机操作等。
   A.曲线法　　　　B.横道图法
   C.表格法　　　　D.折线法

6. 某工程施工，至某月的月末，出现了工程的费用偏差小于0、进度偏差大于0的状况，则该工程的已完工作实际费用（ACWP）、计划工作预算费用（BCWS）和已完工作预算费用（BCWP）的关系可表示为（　　）。
   A. BCWP>ACWP>BCWS
   B. BCWS>BCWP>ACWP
   C. ACWP>BCWP>BCWS
   D. BCWS>ACWP>BCWP

7. 某项目进行成本偏差分析，结果为：已完工程预算施工成本-已完工程实际施工成本>0；已完工程预算施工成本-计划工作预算施工成本<0。则说明（　　）。
   A.成本超支，进度提前
   B.成本节约，进度提前
   C.成本超支，进度拖后
   D.成本节约，进度拖后

## 二、多项选择题

1. 在施工成本的过程控制中，控制材料价格主要是通过（　　）等方式。
   A.量价分离　　　　B.定额控制
   C.包干控制　　　　D.掌握市场信息
   E.应用招标和询价

2. 施工成本控制的依据包括（　　）。
   A.施工成本计划　　B.进度报告
   C.设计文件　　　　D.工程承包合同
   E.工程变更

3. 某土方工程施工拟按赢得值法进行管理。工程于某年1月开工，根据计划2月份完成土方量4000m³，计划单价80元/m³。时至2月底，实际完成工程量为4500m³，实际单价为78元/m³，通过赢得值法分析可得到（　　）。
   A.进度提前完成40000元工作量
   B.进度延误完成40000元工作量
   C.费用节支9000元
   D.费用超支9000元
   E.费用超支31000元

## 参考答案及解析

### 一、单项选择题

1.【答案】C

【解析】计划工作预算费用（BCWS）=计划工作量×预算单价=120×1.2=144。故选C。

2.【答案】B

【解析】曲线b代表已完工作预算费用，曲线c代表已完工作实际费用，某时间点，两曲线的竖向距离（即纵坐标差）即某时间点的费用偏差。费用偏差（CV）=已完工作预算费用（BCWP）–已完工作实际费用（ACWT），故选B。

3.【答案】A

【解析】表格法表格法是进行偏差分析最常用的一种方法。故选A。

4.【答案】D

【解析】施工成本的过程控制方法包括：（1）人工费的控制；（2）材料费的控制；（3）施工机械使用费的控制；（4）施工分包费的控制。故选D。

5.【答案】C

【解析】用表格法进行偏差分析具有如下优点：（1）灵活、适用性强。可根据实际需要设计表格，进行增减项；（2）信息量大。可以反差分析所需的资料，从而有利于费用控制人员及时采取针对性措施，加强控制；（3）表格处理可借助于计算机，从而节约大量数据处理所需的人力，并大大提高速度。故选C。

6.【答案】C

【解析】赢得值法，费用偏差CV=BCWP–ACWP；进度偏差SV=BCWP–BCWS。若CV小于0，则ACWP大于BCWP；SV大于0，则BCWP大于BCWS。故有ACWP>BCWP>BCWS。故选C。

7.【答案】D

【解析】费用偏差（CV）=已完工作预算费用（BCWP）–已完工作实际费用（ACWP）当费用偏差CV为负值时，即表示项目运行超出预算费用；当费用偏差CV为正值时，表示项目运行节支，实际费用没有超出预算费用。进度偏差（SV）=已完工作预算费用（BCWP）–计划工作预算费用（BCWS）当进度偏差SV为负值时，表示进度延误，即实际进度落后于计划进度；当进度偏差SV为正值时，表示进度提前，即实际进度快于计划进度。故选D。

二、多项选择题

1.【答案】DE

【解析】材料价格主要由材料采购部门控制。由于材料价格是由买价、运杂费、运输中的合理损耗等所组成，因此控制材料价格，主要是通过掌握市场信息，应用招标和询价等方式控制材料、设备的采购价格。故选D、E。

2.【答案】ABDE

【解析】施工成本控制的依据包括以下内容：（1）工程承包合同；（2）施工成本计划；（3）进度报告；（4）工程变更。故选A、B、D、E。

3.【答案】AC

【解析】费用偏差（CV）=已完工作预算费用（BCWP）–已完工作实际费用（ACWP）。当费用偏差CV为负值时，即表示项目运行超出预算费用；当费用偏差CV为正值时，表示项目运行节支，实际费用没有超出预算费用。进度偏差（SV）=已完工作预算费用（BCWP）–计划工作预算费用（BCWS）。当进度偏差SV为负值时，表示进度延误，即实际进度落后于计划进度；当进度偏差SV为正值时，表示进度提前，即实际进度快于计划进度。SV=（4500–4000）×80=40000（元），为正值，进度提前。CV=4500×（80–78）=9000（元），为正值，费用节支。故选A、C。

# 1Z202040 施工成本分析

**本节知识体系**

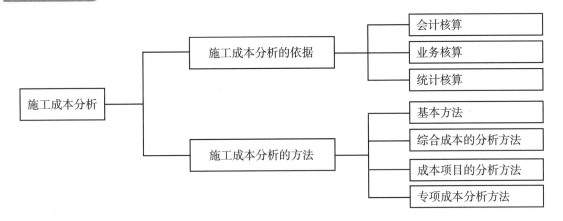

**核心内容讲解**

## 一、施工成本分析的依据

施工成本分析的依据包括：会计核算、业务核算、统计核算。（详见图1Z202040）

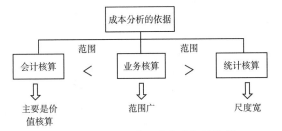

图1Z202040 施工成本分析的依据

会计核算具有连续性、系统性、综合性等特点，它是施工成本分析的重要依据。业务核算的范围比会计、统计核算要广。业务核算的目的在于迅速取得资料，以便在经济活动中及时采取措施进行调整。统计核算的计量尺度比会计宽，可以用货币计算，也可以用实物或劳动量计量。

🔊 **嗨·点评** 业务核算（范围）＞统计核算（计量尺度）＞会计核算

【经典例题】1.（2016年真题）下列施工成本分析依据中，属于可对已发生，又可对尚未发生或正在发生的经济活动进行核算的是（　　）。

A. 会计核算　　B. 统计核算
C. 成本预测　　D. 业务核算

【答案】D

【嗨·解析】本题考查的是施工成本分析的依据。会计和统计核算一般是对已经发生的经济活动进行核算，而业务核算不但可以核算已经完成的项目是否达到原定的目的、取得预期的效果，而且可以对尚未发生或正在发生的经济活动进行核算。

## 二、施工成本分析的方法

### （一）施工成本分析的基本方法

施工成本分析的基本方法包括比较法、因素分析法、差额计算法、比率法等。（详见表1Z202040-1）

### 施工成本分析的基本方法　表1Z202040-1

| | |
|---|---|
| 比较法 | （1）将实际指标与目标指标对比；<br>（2）本期实际指标与上期实际指标对比；<br>（3）与本行业平均水平、先进水平对比 |
| 因素分析法 | 又称连环置换法，可用来分析各种因素对成本的影响程度。因素分析法的计算程序：<br>（1）列式<br>①量A×价B×率C ——目标值<br>②量A1×价B×率C ——换量<br>③量A1×价B1×率C ——换价<br>④量A1×价B1×率C1 ——换率<br>（2）计算<br>②-①，量的变化对成本的影响程度<br>③-②，价的变化对成本的影响程度<br>④-③，率的变化对成本的影响程度 |
| 差额计算法 | 差额计算法是因素分析法的一种简化形式 |
| 比率法 | 指用两个以上的指标的比例进行分析的方法。<br>（1）相关比率法：将两个性质不同且相关的指标加以对比；<br>（2）构成比率法：考察成本总量的构成情况及各成本项目占总成本的比重；<br>（3）动态比率法：将同类指标不同时期的数值进行对比，求出比率，以分析该项指标的发展方向和发展速度。通常采用基期指数和环比指数两种方法 |

## （二）综合成本的分析方法

综合成本的分析方法包括分部分项工程成本分析、月（季）度成本分析、年度成本分析、竣工成本的综合分析。（详见表1Z202040-2）

### 综合成本的分析方法　表1Z202040-2

| | |
|---|---|
| 分部分项工程成本分析 | （1）分部分项工程成本分析是施工项目成本分析的基础；<br>（2）分部分项工程成本分析的对象为已完成分部分项工程；<br>（3）分析的方法是：进行预算成本、目标成本和实际成本的"三算"对比，分别计算实际偏差和目标偏差，分析偏差产生的原因；<br>（4）分部分项工程成本分析的资料来源为：预算成本来自投标报价成本，目标成本来自施工预算，实际成本来自施工任务单的实际工程量、实耗人工和限额领料单的实耗材料 |
| 月季度成本分析 | 月（季）度成本分析的依据是当月（季）的成本报表,分析通常包括以下几个方面 |
| 年度成本分析 | 企业成本要求一年结算一次，不得将本年成本转入下一年度。年度成本分析的依据是年度成本报表。年度成本分析重点是针对下一年度的施工进展情况制定切实可行的成本管理措施，以保证施工项目成本目标的实现 |
| 竣工成本的综合分析 | 单位工程竣工成本分析，应包括以下三方面内容：<br>（1）竣工成本分析；<br>（2）主要资源节超对比分析；<br>（3）主要技术节约措施及经济效果分析 |

## （三）成本项目的分析方法

成本项目的分析包括：人工费分析、材料费的分析、机械使用费的分析和管理费的分析。材料费分析包括主要材料、结构件和周转材料使用费的分析以及材料储备的分析。储备天数是影响储备资金的关键因素。

## （四）专项成本分析方法（详见表1Z202040-3）

针对与成本有关的特定事项的分析，包括成本盈亏异常分析、工期成本分析和资金成本分析等内容。

## 专项成本分析方法 表1Z202040-3

| 成本盈亏异常分析 | 注意三同步检查 |
|---|---|
| 工期成本分析 | 将计划工期成本与实际工期成本进行比较，然后应用"因素分析法"分析各种因素的变动对工期成本差异的影响程度 |
| 资金成本分析 | 资金与成本的关系是指工程收入与成本支出的关系。<br>成本支出率 = $\dfrac{\text{计算期实际成本支出}}{\text{计算期实际工程款收入}} \times 100\%$ |

**🔊 嗨·点评** 因素分析法的计算在管理考试中可以遵循"量价率"的代换顺序。

【经典例题】2.（2015年真题）某项目施工成本数据如下表所示，根据差额计算法，成本降低率提高对成本降低额的影响程度为（　　）万元。

| 项目 | 单位 | 计划 | 实际 | 差额 |
|---|---|---|---|---|
| 成本 | 万元 | 220 | 240 | 20 |
| 成本降低率 | % | 3 | 3.5 | 0.5 |
| 成本降低额 | 万元 | 6.6 | 8.4 | 1.8 |

A.0.6　B.0.7　C.1.1　D.1.2

【答案】D

【嗨·解析】差额计算法是因素分析法的一种简化形式，它利用各个因素的目标值与实际值的差额来计算其对成本的影响程度。

预算成本增加对成本降低额的影响程度：(240-220)×3%=0.60万元 成本降低率提高对成本降低额的影响程度：(3.5%-3%)×240=1.20万元。因此，正确选项是D。

【经典例题】3.（2016年真题）关于分部分项工程成本分析，下列说法正确的有（　　）。

A.分部分项成本分析是施工项目成本分析的基础

B.必须对施工项目所有的分部分项进行成本分析

C.分部分项成本分析的方法是进行实际成本与目标成本比较

D.分部分项成本分析的对象为已完分部分项工程

E.对主要的分部分项工程要做到从开工到竣工进行系统的成本分析

【答案】ADE

【嗨·解析】本题考查的是综合成本的分析方法。由于施工项目包括很多分部分项工程，无法也没有必要对每一个分部分项工程都进行成本分析，选项B错误；分部分项工程成本分析的方法是：进行预算成本、目标成本和实际成本的"三算"对比，选项C错误。

【经典例题】4.关于月度成本分析的说法，错误的是（　　）。

A.通过预算成本与计划成本的对比分析当月成本降低水平

B.过实际成本与目标成本的对比，分析目标成本的落实情况

C.通过对各成本项目的分析，了解成本总量的构成比例

D.过主要技术经济指标的实际与目标对比，分析产量、工期、质量节约率

【答案】A

【嗨·解析】月（季）度成本分析的依据是当月（季）的成本报表，分析通常包括以下几个方面。

通过实际成本与预算成本的对比，分析当月（季）的成本降低水平；通过累计实际成本与累计预算成本的对比，分析累计的成本降低水平，预测实现项目成本目标的前景。

通过实际成本与目标成本的对比，分析目标成本的落实情况以及目标管理中的问题和不足，进而采取措施，加强成本管理，保证成本目标的实现。

通过对各成本项目的成本分析,可以了解成本总量的构成比例和成本管理的薄弱环节。例如:在成本分析中,若发现人工费、机械费等项目大幅度超支,则应该对这些费用的收支配比关系进行研究,并采取对应的应对措施,防止今后再超支。如果是属于规定的"政策性"亏损,则应从控制支出着手,把超支额压缩到最低限度。

通过主要技术经济指标的实际与目标对比,分析产量、工期、质量、"三材"节约率、机械利用率等对成本的影响。

通过对技术组织措施执行效果的分析,寻求更加有效的节约途径。

分析其他有利条件和不利条件对成本的影响。

# 章节练习题

## 一、单项选择题

1. 业务核算是施工成本分析的依据之一，其目的是（　　）。
   A. 预测成本变化发展的趋势
   B. 迅速取得资料，及时采取措施调整经济活动
   C. 计算当前的实际成本水平
   D. 记录企业的一切生产经营活动

2. 分部分项工程成本分析的资料来源是（　　）。
   A. 投标报价成本、施工概算、实际工程量、实际消耗人工和材料
   B. 投标报价成本、施工预算、计划工程量、计划消耗人工和材料
   C. 投标报价成本、施工概算、实际工程量、计划消耗人工和材料
   D. 投标报价成本、施工预算、实际工程量、实际消耗人工和材料

3. 某项目需要运用成本分析方法中的比率法寻求降低成本的有效途径，从而需要了解预算成本、实际成本和降低成本的比例关系，应该采用比率法的是（　　）。
   A. 相关比率法　　B. 构成比率法
   C. 动态比率法　　D. 静态比率法

4. 运用比较法进行施工成本分析的形式中，若想分析影响目标完成的积极因素和消极因素，以便及时采取措施，保证成本目标实现，应采取（　　）。
   A. 将实际指标与目标指标对比
   B. 将本期实际指标与上期实际指标对比
   C. 与本行业的平均水平对比
   D. 将本期目标指标与上期目标指标对比

5. 某项目运用月（季）度成本分析方法对施工成本进行分析，拟需要了解成本管理的薄弱环节，应该采用的方法是（　　）。
   A. 通过实际成本与预算成本的对比
   B. 通过实际成本与目标成本的对比
   C. 通过对各成本项目的成本分析
   D. 通过对技术组织措施执行效果的分析

6. 属于施工项目定期的经常性的中间成本分析是（　　）成本分析。
   A. 竣工　　　　　　B. 月（季）度
   C. 分部分项工程　　D. 年度

7. 通过（　　），可以考察成本总量的构成情况及各成本项目占总成本的比重，同时也可看出预算成本、实际成本和降低成本的比例关系，从而寻求降低成本的途径。
   A. 构成比率法　　B. 相关比率法
   C. 动态比率法　　D. 指数比率法

8. 关于分部分项工程成本分析，下列说法正确的是（　　）。
   A. 分部分项工程成本分析的对象为未完成分部分项工程
   B. 分部分项工程成本分析方法是进行实际与目标成本比较
   C. 需对施工项目中的所有分部分项工程进行成本分析
   D. 分部分项工程成本分析是施工项目成本分析的基础

9. 在年度成本分析中，下列说法正确的是（　　）。
   A. 年度成本分析的内容不包括月（季）成本分析所包含的内容
   B. 年度成本分析的重点是对下一年度制定切实可行的成本管理措施
   C. 施工周期较长的项目，无需进行月（季）分析，只需进行年度分析
   D. 年度成本分析的依据是月（季）成本报表

## 二、多项选择题

1. 比率法的特点是把对比分析的数值变成相对数，再观察其相互之间的关系。常用的

方法有（　　）。
A.相关比率法　　B.差额比率法
C.构成比率法　　D.动态比率法
E.静态比率法

2. 分部分项工程成本分析的方法是进行（　　）的"三算"对比。
A.预算成本　　B.目标成本
C.直接成本　　D.间接成本
E.实际成本

3. 施工成本分析的依据有（　　）。
A.会计核算　　B.业务核算
C.统计核算　　D.成本核算
E.单项核算

4. 关于综合成本的分析方法，下列说法不正确的是（　　）。
A.分部分项工程成本分析的方法是进行预算成本、目标成本和实际成本的三算对比
B.每一个分部分项工程都必须进行成本分析
C.分部分项成本分析的对象为已完分部分项工程
D.年度成本分析的重点是规划下一年度的成本管理措施
E.单位工程竣工成本分析主要是质量成本隐患与实施结果的进行对比分析

5. 单位工程竣工成本分析，应包括的内容有（　　）。
A.竣工成本分析
B.年度成本分析
C.主要资源节超对比分析
D.企业生产成本分析
E.主要技术节约措施及经济效果分析

# 参考答案及解析

## 一、单项选择题

1.【答案】B
【解析】业务核算的目的，在于迅速取得资料，以便在经济活动中及时采取措施进行调整。故选B。

2.【答案】D
【解析】分部分项工程成本分析的资料来源为：预算成本来自投标报价成本，目标成本来自施工预算，实际成本来自施工任务单的实际工程量、实耗人工和限额领料单的实耗材料。故选D。

3.【答案】B
【解析】构成比率法又称比重分析法或结构对比分析法。通过构成比率，可以考察成本总量的构成情况及各成本项目占总成本的比重，同时也可看出预算成本、实际成本和降低成本的比例关系，从而寻求降低成本的途径，故选B。

4.【答案】A
【解析】将实际指标与目标指标对比以此检查目标完成情况，分析影响目标完成的积极因素和消极因素，以便及时采取措施，保证成本目标的实现。在进行实际指标与目标指标对比时，还应注意目标本身有无问题，如果目标本身出现问题，则应调整目标，重新评价实际工作。故选A。

5.【答案】C
【解析】月（季）度成本分析：通过对各成本项目的成本分析，可以了解成本总量的构成比例和成本管理的薄弱环节。故选C。

6.【答案】B
【解析】月（季）度成本分析，是施工项目定期的、经常性的中间成本分析，对于施工项目来说具有特别重要的意义。故选

B。

7.【答案】A
【解析】构成比率法又称比重分析法或结构对比分析法。通过构成比率，可以考察成本总量的构成情况及各成本项目占总成本的比重，同时也可看出预算成本、实际成本和降低成本的比例关系，从而寻求降低成本的途径。故选A。

8.【答案】D
【解析】分部分项工程成本分析是施工项目成本分析的基础。分部分项工程成本分析的对象为已完成分部分项工程，分析的方法是：进行预算成本、目标成本和实际成本的"三算"对比，分别计算实际偏差和目标偏差，分析偏差产生的原因，为今后的分部分项工程成本寻求节约途径。故选D。

9.【答案】B
【解析】年度成本分析的依据是年度成本报表。年度成本分析的内容，除了月（季）度成本分析的六个方面以外，重点是针对下一年度的施工进展情况制定切实可行的成本管理措施，以保证施工项目成本目标的实现。故选B。

二、多项选择题
1.【答案】ACD
【解析】比率法常用的比率法有以下几种：相关比率法、构成比率法、动态比率法。

2.【答案】ABE
【解析】分部分项工程成本分析的方法是：进行预算成本、目标成本和实际成本的"三算"对比，分别计算实际偏差和目标偏差，分析偏差产生的原因，为今后的分部分项工程成本寻求节约途径。故选A、B、E。

3.【答案】ABC
【解析】施工成本分析的主要依据是会计核算、业务核算和统计核算所提供的资料。故选A、B、C三项。

4.【答案】BE
【解析】分部分项工程成本分析的对象为已完成分部分项工程，故C正确。分析的方法是：进行预算成本、目标成本和实际成本的"三算"对比。故A正确。由于施工项目包括很多分部分项工程，无法也没有必要对每一个分部分项工程都进行成本分析。特别是一些工程量小、成本费用少的零星工程。故B错误。年度成本分析年度成本分析的内容，除了月（季）度成本分析的六个方面以外，重点是针对下一年度的施工进展情况制定切实可行的成本管理措施，以保证施工项目成本目标的实现。故D正确。竣工成本的综合分析单位工程竣工成本分析，应包括以下三方面内容：（1）竣工成本分析；（2）主要资源节超对比分析；（3）主要技术节约措施及经济效果分析。故E错误。

5.【答案】ACE
【解析】单位工程竣工成本分析，应包括以下三方面内容：（1）竣工成本分析；（2）主要资源节超对比分析；（3）主要技术节约措施及经济效果分析。故选A、C、E。

# 1Z203000 建设工程项目进度控制

## 一、本章近三年考情

<table>
<tr><td colspan="7" align="center">本章近三年考试真题分值统计（单位：分）</td></tr>
<tr><td rowspan="2"></td><td colspan="2">2014年</td><td colspan="2">2015年</td><td colspan="2">2016年</td></tr>
<tr><td>单选题</td><td>多选题</td><td>单选题</td><td>多选题</td><td>单选题</td><td>多选题</td></tr>
<tr><td>1Z203010 建设工程项目进度控制与进度计划系统</td><td>1</td><td></td><td>2</td><td></td><td>1</td><td></td></tr>
<tr><td>1Z203020 建设工程项目总进度目标的论证</td><td>2</td><td>2</td><td>1</td><td>2</td><td>1</td><td>2</td></tr>
<tr><td>1Z203030 建设工程项目进度计划的编制和调整方法</td><td>5</td><td>4</td><td>7</td><td>4</td><td>7</td><td>4</td></tr>
<tr><td>1Z203040 建设工程项目进度控制的措施</td><td>1</td><td>2</td><td>1</td><td>2</td><td>1</td><td>2</td></tr>
</table>

## 二、本章学习提示

本章共四节内容，历年分值在18分左右，其中第三节"建设工程项目进度计划的编制和调整方法"占一半分值以上。同时第三节也是学习难度最大的一节，关于网络图的计算是必须掌握的内容，在实务考试中通常与索赔结合起来以案例题的形式存在。学习该内容时应注重技巧的掌握。网络图的计算有多种方法，选择合适的计算方法会节省大量时间。第三章其余三个小节考点相对简单、固定，掌握所列内容即可，无须过多深入。

# 1Z203010 建设工程项目进度控制与进度计划系统

**本节知识体系**

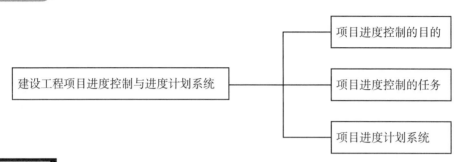

**核心内容讲解**

## 一、项目进度控制的目的和任务

### （一）建设工程项目进度控制

在工程施工实践中，必须树立和坚持一个最基本的工程管理原则，即在确保工程质量的前提下，控制工程的进度。进度控制是一个动态的管理过程。它包括：

（1）进度目标的分析和论证；

（2）在收集资料和调查研究的基础上编制进度计划；

（3）进度计划的跟踪检查与调整。

### （二）项目进度控制的目的

进度控制的目的是通过控制以实现工程的进度目标。为了实现进度目标，进度控制的过程也就是随着项目的进展，进度计划不断调整的过程。

### （三）进度控制的任务

项目不同参与方都有进度控制的任务，但是，其控制的目标和时间范畴并不相同。（详见表1Z203010-1）

进度控制的任务　表1Z203010-1

| 参与方 | 进度控制的任务 |
| --- | --- |
| 业主方 | 控制整个项目实施阶段的进度，包括控制设计准备阶段的工作进度、设计工作进度、施工进度、物资采购工作进度以及项目动用前准备阶段的工作进度 |
| 设计方 | 依据设计任务委托合同控制设计工作进度。在国际上，设计进度计划主要是各设计阶段的设计图纸的出图计划。出图计划是设计方进度控制的依据，也是业主方控制设计进度的依据 |
| 施工方 | 依据施工任务委托合同控制施工进度 |
| 供货方 | 依据供货合同控制供货进度。供货进度计划应包括供货的所有环节，如采购、加工制造、运输等 |

**嗨·点评** 进度控制遵循的基本原则是确保质量，而没有强调成本。

【经典例题】1.（2016年真题）建设工程项目进度控制的过程包括：①收集资料和调查研究；②进度计划的跟踪检查；③编制进度计划；④根据进度偏差情况纠偏或调整进度计划。其正确的工作步骤是（　　）。

A.①-③-②-④　B.①-②-③-④
C.①-③-④-②　D.③-①-②-④

【答案】A

【嗨·解析】本题考查的是建设工程项目进度控制。建设工程项目是在动态条件下实施的，因此进度控制也就必须是一个动态的管理过程。它包括：

（1）进度目标的分析和论证，其目的是论证进度目标是否合理，进度目标有否可能实现。如果经过科学的论证，目标不可能实现，则必须调整目标；

（2）在收集资料和调查研究的基础上编制进度计划；

（3）进度计划的跟踪检查与调整，它包括定期跟踪检查所编制进度计划的执行情况，若其执行有偏差，则采取纠偏措施，并视必要调整进度计划。

### 二、项目进度计划系统

建设工程项目进度计划系统是由多个相互关联的进度计划组成的系统，它是项目进度控制的依据。项目进度计划系统的建立和完善有一个过程，是逐步形成的。根据项目进度控制不同的需要和不同的用途，业主方和项目各参与方可以构建多个不同的建设工程项目进度计划系统。（详见表1Z203010-2）

不同类型的进度计划系统　表1Z203010-2

| 不同类型的进度计划系统 | 进度控制的任务 |
| --- | --- |
| 不同深度 | （1）总进度规划（计划）；<br>（2）项目子系统进度规划（计划）；<br>（3）项目子系统中的单项工程进度计划等 |
| 不同功能 | （1）控制性进度规划（计划）；<br>（2）指导性进度规划（计划）；<br>（3）实施性（操作性）进度计划等 |
| 不同项目参与方 | （1）业主方编制的整个项目实施的进度计划；<br>（2）设计进度计划；<br>（3）施工和设备安装进度计划；<br>（4）采购和供货进度计划等 |
| 不同周期 | （1）5年建设进度计划；<br>（2）年度、季度、月度和旬计划等 |

在建设工程项目进度计划系统中各进度计划编制和调整时必须注意其相互间的联系和协调。

🔊 嗨·点评　不同深度进度计划系统简记"总子单"。

【经典例题】2.如果一个进度计划系统由总进度计划、项目子系统进度计划、项目子系统中的单项工程进度计划组成。该进度计划系统是由（　　）的计划组成的计划系统。

A.不同深度　　　B.不同功能
C.不同项目参与方　D.不同周期

【答案】A

【嗨·解析】由不同深度的计划构成进度计划系统，包括：（1）总进度规划（计划）；（2）项目子系统进度规划（计划）；（3）项目子系统中的单项工程进度计划等。因此，正确选项是A。

# 章节练习题

## 一、单项选择题

1. 在国际上,设计进度计划主要是各设计阶段的设计图纸的(　　)。
   A.出图计划　　　　B.专业协调计划
   C.数量计划　　　　D.交底计划

2. 项目参与各方可根据不同的项目进度计划系统,由不同的深度的计划构成的进度计划系统包括(　　)。
   A.控制性进度计划
   B.子系统进度计划
   C.设计进度计划
   D.年度计划和季度计划、月度计划

3. 建设项目设计方进度控制的任务是控制设计工作进度,其依据是(　　)。
   A.可行性研究报告　　B.设计标准和规范
   C.设计总进度纲要　　D.设计任务委托合同

4. 控制设计工作进度是(　　)进度控制的任务。
   A.业主方　　　　B.设计方
   C.施工方　　　　D.供货方

5. 下列关于项目进度计划系统的说明,正确的是(　　)。
   A.项目进度计划系统应该在项目决策阶段完成
   B.项目进度计划系统应该在开工之前完成
   C.项目进度计划系统应该在施工图招标前完成
   D.项目进度计划系统是随着项目的进展逐步形成的

6. 对建设工程项目进度目标进行分析和论证,其目的是(　　)。
   A.论证进度目标是否合理
   B.制定进度控制措施
   C.论证进度目标实现的经济性
   D.确定调整进度目标的方法

7. 供货方进度计划应包括供货的所有环节,如采购、加工制造和(　　)。
   A.运输　　B.保险　　C.投标　　D.仓储

8. 施工方进度计划编制的内容不包括(　　)。
   A.与进度计划有关系的资金使用计划
   B.周期不同的施工计划
   C.深度不同的控制性、指导性施工进度计划
   D.实施性施工进度计划

9. 为使业主方各工作部门和项目各参与方方便快捷地获取进度信息,可利用(　　)作为基于互联网的信息处理平台辅助进度控制。
   A. Internet　　　　B.局域网
   C. Extranet　　　　D.项目信息门户

## 二、多项选择题

1. 进度控制的管理过程包括(　　)。
   A.进度目标的分析和论证
   B.在收集资料和调查研究的基础上编制进度计划
   C.进度计划的跟踪检查与调整
   D.工程组织的变动
   E.项目目标的论证

2. 在建设工程项目进度计划系统中各进度计划或各子系统进度计划编制和调整时,必须注意其相互间的联系和协调,如(　　)。
   A.总进度计划与业主方编制的整个进度计划的联系和协调
   B.总进度计划与指导性进度计划的联系和协调
   C.项目子系统进度规划与项目子系统中的单项工程进度计划的联系和协调
   D.指导性进度规划与实施性进度计划之间的联系和协调
   E.施工和设备安装方编制的进度计划与采购和供货方编制的进度计划之间的联系和协调

3. 由不同项目参与方的计划构成的进度计划系统包括（　　）。
   A.年度、季度、月度计划
   B.设计进度计划
   C.采购供应进度计划
   D.设备安装进度计划
   E.控制性进度计划

4. 计算机辅助工程网络计划编制的意义如下（　　）。
   A.通过计算机实现对信息的收集、存储和整理
   B.解决当工程网络计划计算量大，而手工计算难以承担的困难
   C.确保工程网络计划计算的准确性
   D.有利于工程网络计划及时调整
   E.有利于编制资源需求计划等

5. 由不同深度的计划构成的进度计划系统包括（　　）。
   A.总进度计划
   B.项目子系统进度计划
   C.项目子系统中的单项工程进度计划
   D.施工安装进度计划
   E.控制性进度计划

6. 进度控制的主要工作环节包括（　　）。
   A.进度目标的分析和论证
   B.进度控制工作任务分工
   C.定期跟踪进度计划的执行情况
   D.采取纠偏措施
   E.进度控制工作管理职能分工

7. 在建设工程项目进度计划系统中，控制性进度规划（计划）应与（　　）相互协调。
   A.监理方编制的进度计划
   B.政府行政主管部门编制的进度计划
   C.业主方编制的进度计划
   D.指导性进度规划（计划）
   E.实施性（操作性）进度计划

# 参考答案及解析

## 一、单项选择题

1.【答案】A
【解析】在国际上，设计进度计划主要是各设计阶段的设计图纸（包括有关的说明）的出图计划。故选A。

2.【答案】B
【解析】由不同深度的计划构成进度计划系统，包括：（1）总进度规划（计划）；（2）项目子系统进度规划（计划）；（3）项目子系统中的单项工程进度计划等。故选B。

3.【答案】D
【解析】设计方进度控制的任务是依据设计任务委托合同对设计工作进度的要求控制设计工作进度，这是设计方履行合同的义务。故选D。

4.【答案】B
【解析】设计方进度控制的任务是依据设计任务委托合同对设计工作进度的要求控制设计工作进度，这是设计方履行合同的义务。故选B。

5.【答案】D
【解析】由于各种进度计划编制所需要的必要资料是在项目进展过程中逐步形成的，因此项目进度计划系统的建立和完善也有一个过程，它是逐步形成的。故选D。

6.【答案】A
【解析】进度目标的分析和论证，其目的是论证进度目标是否合理，进度目标有否可能实现。如果经过科学的论证，目标不可能实现，则必须调整目标。

7.【答案】A
【解析】供货方进度控制的任务是依据供货合同对供货的要求控制供货进度，这是供货方履行合同的义务。供货进度计划应包括供货的所有环节，如采购、加工制

造、运输等。故选A。

8.【答案】A

【解析】在进度计划编制方面，施工方应视项目的特点和施工进度控制的需要，编制深度不同的控制性、指导性和实施性施工的进度计划，以及按不同计划周期（年度、季度、月度和旬）的施工计划等。故选A。

9.【答案】D

【解析】为使业主方各工作部门和项目各参与方方便快捷地获取进度信息，可利用项目信息门户作为基于互联网的信息处理平台辅助进度控制。故选D。

二、多项选择题

1.【答案】ABC

【解析】建设工程项目是在动态条件下实施的，因此进度控制也就必须是一个动态的管理过程。它包括：（1）进度目标的分析和论证，其目的是论证进度目标是否合理，进度目标有否可能实现。如果经过科学的论证，目标不可能实现，则必须调整目标；（2）在收集资料和调查研究的基础上编制进度计划；（3）进度计划的跟踪检查与调整；它包括定期跟踪检查所编制进度计划的执行情况，若其执行有偏差，则采取纠偏措施，并视必要调整进度计划。故选A、B、C。

2.【答案】CDE

【解析】在建设工程项目进度计划系统中各进度计划或各子系统进度计划编制和调整时必须注意其相互间的联系和协调，如：（1）总进度规划（计划）、项目子系统进度规划（计划）与项目子系统中的单项工程进度计划之间的联系和协调；（2）控制性进度规划（计划）、指导性进度规划（计划）与实施性（操作性）进度计划之间的联系和协调；（3）业主方编制的整个项目实施的进度计划、设计方编制的进度计划、施工和设备安装方编制的进度计划与采购和供货方编制的进度计划之间的联系和协调等。故选C、D、E。

3.【答案】BCD

【解析】由不同项目参与方的计划构成进度计划系统，包括：（1）业主方编制的整个项目实施的进度计划；（2）设计进度计划；（3）施工和设备安装进度计划；（4）采购和供货进度计划等。故选B、C、D。

4.【答案】BCDE

【解析】计算机辅助工程网络计划编制的意义如下：（1）解决当工程网络计划计算量大，而手工计算难以承担的困难；（2）确保工程网络计划计算的准确性；（3）有利于工程网络计划及时调整；（4）有利于编制资源需求计划等。故选B、C、D、E。

5.【答案】ABC

【解析】由不同深度的计划构成进度计划系统，包括：（1）总进度规划（计划）；（2）项目子系统进度规划（计划）；（3）项目子系统中的单项工程进度计划等。

6.【答案】ACD

【解析】进度控制的主要工作环节包括进度目标的分析和论证、编制进度计划、定期跟踪进度计划的执行情况、采取纠偏措施以及调整进度计划。这些工作任务和相应的管理职能应在项目管理组织设计的任务分工表和管理职能分工表中标示并落实。

7.【答案】DE

【解析】控制性进度规划（计划）、指导性进度规划（计划）与实施性（操作性）进度计划之间的联系和协调。故选D、E。

# 1Z203020 建设工程项目总进度目标的论证

**本节知识体系**

建设工程项目总进度目标的论证 ── 项目总进度目标论证的工作内容
　　　　　　　　　　　　　　　└─ 项目总进度目标论证的工作步骤

**核心内容讲解**

## 一、项目总进度目标论证的工作内容

### （一）项目总进度目标的内涵

建设工程项目的总进度目标指的是整个工程项目的进度目标，是在项目决策阶段确定的。建设工程项目总进度目标的控制是业主方项目管理的任务。

在项目的实施阶段，项目总进度包括：
（1）设计前准备阶段的工作进度；
（2）设计工作进度；
（3）招标工作进度；
（4）施工前准备工作进度；
（5）工程施工和设备安装进度；
（6）工程物资采购工作进度；
（7）项目动用前的准备工作进度等。

### （二）项目总进度目标的论证

在进行建设工程项目总进度目标控制前，首先应分析和论证进度目标实现的可能性。建设工程项目总进度目标论证是分析和论证上述各项工作的进度以及上述各项工作进展的相互关系。

大型建设工程项目总进度目标论证的核心工作是通过编制总进度纲要论证总进度目标实现的可能性。总进度纲要的主要内容包括：
（1）项目实施的总体部署；
（2）总进度规划；
（3）各子系统进度规划；
（4）确定里程碑事件的计划进度目标；
（5）总进度目标实现的条件和应采取的措施等。

🔊 **嗨·点评** 总进度纲要的内容简记："三总一子里程碑"。

【经典例题】1.（2014年真题）关于建设工程项目总进度目标论证的说法，正确的是（　　）。

A.建设工程项目总进度目标指的是整个工程项目的施工进度目标

B.建设工程项目总进度目标的论证应分析项目实施阶段各项工作的进度和关系

C.大型建设工程项目总进度目标论证的核心工作是编制项目进度计划

D.建设工程项目总进度纲要应包含各子系统中的单项工程进度规划

【答案】B

【嗨·解析】建设工程项目的总进度目标指的是整个工程项目进度目标，它是在项目决策阶段项目定义时确定的，项目管理的主要任务是在项目的实施阶段对项目的目标进行控制。故选项A错误。

建设工程项目总进度目标论证应分析和论证实施阶段各项工作的进度，以及上述各项工作进展的相互关系。故选项B正确。

大型建设工程项目总进度目标论证的核心工作是通过编制总进度纲要论证总进度目标实现的可能性。故选项C错误。

总进度纲要的主要内容包括，(1)项目实施的总体部署；(2)总进度规划；(3)各子系统进度规划；(4)确定里程碑事件的计划进度目标；(5)总进度目标实现的条件和应采取的措施等。故选项D错误。

## 二、项目总进度目标论证的工作步骤

1.项目总进度目标论证的工作步骤如下：
(1)调查研究和收集资料；
(2)项目结构分析；
(3)进度计划系统的结构分析；
(4)项目的工作编码；
(5)编制各层进度计划；
(6)协调各层进度计划的关系，编制总进度计划；
(7)若所编制的总进度计划不符合项目的进度目标，则设法调整；
(8)若经过多次调整，进度目标无法实现，则报告项目决策者。

2.大型建设工程项目的结构分析是根据编制总进度纲要的需要，将整个项目进行逐层分解，并确立相应的工作目录，整个项目划分成多少结构层，应根据项目的规模和特点而定。

3.项目的工作编码指的是每一个工作项的编码，编码时应考虑下述因素：
(1)对不同计划层的标识；
(2)对不同计划对象的标识（如不同子项目）；
(3)对不同工作的标识（如设计工作、招标工作和施工工作等）。

🔊 **嗨·点评** 项目总进度论证的步骤遵循"三先三后"的顺序，即"先项目，后系统；先分析，后编码；先各层，后总体"。

【经典例题】2.（2016年真题）建设工程项目总进度目标认证时，在进行项目的工作编码前应完成的工作有（　　）。

A.编制各层进度计划
B.协调各层进度计划的关系
C.调查研究和收集资料
D.进度计划系统的结构分析
E.项目结构分析

【答案】CDE

【嗨·解析】详见上述论证工作的八个步骤。

# 章节练习题

## 一、单项选择题

1. 在进度计划系统的结构分析时，整个项目划分成多少结构层，其依据是项目的（　　）。
   A.规模和工期　　B.规模和特点
   C.组织和规模　　D.组织和工期

2. 在建设工程项目总进度目标论证时，往往还不掌握比较详细的设计资料，也缺乏比较全面的有关工程发包的组织、施工组织和施工技术等方面的资料以及其他有关项目实施条件的资料，因此，总进度目标论证并不是单纯的总进度规划的编制工作，它涉及许多（　　）方面的问题。
   A.各子系统进度规划和工程实施策划
   B.总进度目标实现的条件和应采取的措施
   C.工程实施的条件分析和工程实施策划
   D.项目实施的总体部署和工程实施的条件分析

3. 大型建设工程项目的结构分析是将整个项目进行逐层分解，并确定相应的工作目录，其依据是（　　）。
   A.编制施工平面图
   B.编制总进度纲要
   C.编制设备采购计划
   D.编制设计任务书

4. 在进行建设工程项目总进度目标的控制前，应首先（　　）。
   A.落实进度控制的措施
   B.分析和论证进度目标实现的可能性
   C.决定进度计划的不同功能
   D.确定进度计划系统内部关系

5. 大型建设工程项目总进度目标论证的核心工作是通过（　　）。
   A.编制总进度纲要，论证总进度目标实现的可能性

   B.分析工程发包组织方式，论证总进度目标分解的合理性
   C.分析施工技术方面的资料，论证总进度目标的控制措施
   D.分析施工组织资料论证总进度目标实现的条件

6. 根据建设工程的总进度目标要求，项目管理的主要任务是在项目的（　　）阶段对项目的目标进行控制。
   A.决策　　　　B.计划
   C.实施　　　　D.分析

7. 建设工程项目总进度目标论证的工作包括：①进度计划系统的结构分析；②项目的工作编码；③编制各层进度计划。它们的正确次序是（　　）。
   A.①②③　　　B.②①③
   C.②③①　　　D.③②①

8. 关于项目总进度论证，下列描述中正确的是（　　）。
   A.是单纯的总进度规划编制工作
   B.是在设计资料完备的情况下进行的
   C.应首先分析论证目标实现的可能性
   D.大型建设工程项目总进度论证就是总进度规划的编制过程

## 二、多项选择题

1. 大型建设工程项目的计划系统一般由多层计划构成，其中包括（　　）。
   A.将整个项目划分成若干个进度计划子系统
   B.将整个项目划分成若干个单项工程进度计划
   C.将每一个单项工程划分成若干个单位工程进度计划
   D.将每一个进度计划子系统分解为若干个子项目进度计划
   E.将每一个单位工程划分成若干个分部工

程进度计划

2. 进度计划系统的结构分析过程中对项目进行工作编码时，应考虑（　　）。
   A. 对不同计划层的标识
   B. 对不同楼层标高的标识
   C. 对不同工作的标识（如设计工作、招标工作和施工工作等）
   D. 对不同柱网尺寸的标识
   E. 对不同计划对象的标识（如不同子项目）

## 参考答案及解析

### 一、单项选择题

1.【答案】B
【解析】整个项目划分成多少结构层，应根据项目的规模和特点而定。故选B。

2.【答案】C
【解析】在建设工程项目总进度目标论证时，往往还没有掌握比较详细的设计资料，也缺乏比较全面的有关工程发包的组织、施工组织和施工技术等方面的资料，以及其他有关项目实施条件的资料，因此，总进度目标论证并不是单纯的总进度规划的编制工作，它涉及许多工程实施的条件分析和工程实施策划方面的问题。故选C。

3.【答案】B
【解析】大型建设工程项目的结构分析是根据编制总进度纲要的需要，将整个项目进行逐层分解，并确立相应的工作目录。故选B。

4.【答案】B
【解析】在进行建设工程项目总进度目标控制前，首先应分析和论证进度目标实现的可能性。

5.【答案】A
【解析】大型建设工程项目总进度目标论证的核心工作是通过编制总进度纲要论证总进度目标实现的可能性。故选A。

6.【答案】C
【解析】建设工程项目的总进度目标指的是整个工程项目的进度目标，它是在项目决策阶段项目定义时确定的，项目管理的主要任务是在项目的实施阶段对项目的目标进行控制。故选C。

7.【答案】A
【解析】建设工程项目总进度目标论证的工作步骤如下：（1）调查研究和收集资料；（2）项目结构分析；（3）进度计划系统的结构分析；（4）项目的工作编码；（5）编制各层进度计划；（6）协调各层进度计划的关系，编制总进度计划；（7）若所编制的总进度计划不符合项目的进度目标，则设法调整；（8）若经过多次调整，进度目标无法实现，则报告项目决策者。故选A。

8.【答案】C
【解析】进行建设工程项目总进度目标控制前，首先应分析和论证进度目标实现的可能性，故C正确。在建设工程项目总进度目标论证时，往往还没有掌握比较详细的设计资料，也缺乏比较全面的有关工程发包的组织、施工组织和施工技术等方面的资料以及其他有关项目实施条件的资料，因此，总进度目标论证并不是单纯的总进度规划的编制工作，它涉及许多工程实施的条件分析和工程实施策划方面的问题。故A、B错误。大型建设工程项目总进度目标论证的核心工作是通过编制总进度纲要论证总进度目标实现的可能性。故D错误。

### 二、多项选择题

1.【答案】AD
【解析】大型建设工程项目的结构分析是根据编制总进度纲要的需要，将整个项目进行逐层分解，并确立相应的工作目录，如：（1）一级工作任务目录，将整个项目划分成若干个子系统；（2）二级工作任务目录，将每一个子系统分解为若干个子项目；（3）三级工作任务目录，将每一个子项目分解为若干个工作项。整个项目划分成多少结构层，应根据项目的规模和特点而定。其中，大型建设工程项目的计划系统一般由多层计划构成，如：（1）第一层进度计划，将整个项目划分成若干个进度计划子系统；（2）第二层进度计划，将每一个进度计划子系统分解为若干个子项目进度计划；（3）第三层进度计划，将每一个子项目进度计划分解为若干个工作项的进度计划。整个项目划分成多少计划层，应根据项目的规模和特点而定。

2.【答案】ACE

【解析】项目的工作编码指的是每一个工作项的编码，编码有各种方式，编码时应考虑下述因素：（1）对不同计划层的标识；（2）对不同计划对象的标识（如不同子项目）；（3）对不同工作的标识（如设计工作、招标工作和施工工作等）。故选A、C、E。

# 1Z203030 建设工程项目进度计划的编制和调整方法

**本节知识体系**

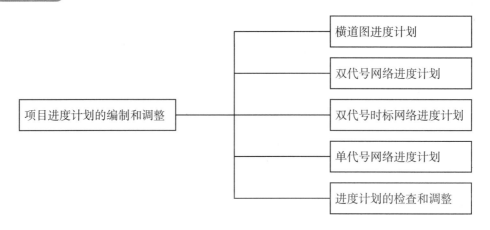

**核心内容讲解**

## 一、横道图进度计划

横道图是一种最简单、运用最广泛的传统的进度计划方法，表达直观，易看懂。通常表头为工作及其简要说明。多用于小型项目或大型项目的子项目上，或用于计算资源需要量和概要预示进度，也可用于其他计划技术的表示结果。

横道图进度计划法存在一些问题：

（1）工序（工作）之间的逻辑关系可以设法表达，但不易表达清楚；

（2）适用于手工编制计划；

（3）没有通过严谨的进度计划时间参数计算，不能确定计划的关键工作、关键路线与时差；

（4）计划调整只能用手工方式进行，其工作量较大；

（5）难以适应大的进度计划系统。

🔊 **嗨·点评** 逻辑关系不易表达清楚；关键工作、关键路线与时差不能确定。

## 二、双代号网络进度计划

**（一）基本概念**（详见表1Z203030-1）

双代号网络图是以箭线及其两端节点编号表示工作的网络图。箭尾节点表示工作的开始，箭头节点表示工作的完成。工作名称标注在箭线的上方，箭线的下方标注工作的持续时间。一项工作应当只有唯一的一条箭线和相应的一对节点表示。

双代号网络进度计划基本概念　表1Z203030-1

| 基本概念 | 内容和要求 |
|---|---|
| 节点 | 节点是网络图中箭线之间的连接点，用圆圈表示，圆圈内标注编号。指向该节点的工作全部完成后节点后面的工作才能开始。<br>（1）起点节点——只有外向箭线；<br>（2）终点节点——只有内向箭线；<br>（3）中间节点——既有内向箭线，又有外向箭线。<br>节点编号应从小到大，可不连续，但不允许重复 |
| 箭线 | 双代号网络图中，每一条箭线表示一项工作。<br>（1）实箭线：表示实工作（实际存在的工作），占用时间，多数要消耗资源；<br>（2）虚箭线：表示实际工作中并不存在的一项虚设工作，既不占用时间，也不消耗资源。在双代号网络图中，应用虚箭线是为了正确地表达工作之间的逻辑关系。起着联系、区分和断路的作用。<br>箭线可以为直线、折线或斜线，但其行进方向均应从左向右 |
| 线路 | 网络图中从起始节点开始，沿箭头方向顺序通过一系列箭线与节点，最后达到终点节点的通路称为线路。线路中各项工作持续时间之和就是该线路的长度。在各条线路中，有一条或几条线路的总时间最长，称为关键线路，一般用双线或粗线标注 |
| 工作间的关系 | （1）紧排在本工作之前的工作称为紧前工作；<br>（2）紧排在本工作之后的工作称为紧后工作；<br>（3）与之平行进行的工作称为平行工作 |
| 逻辑关系 | 网络图中工作之间相互制约或相互依赖的关系称为逻辑关系，它包括工艺关系和组织关系，在网络图中均应表现为工作之间的先后顺序 |
| 示图 |  |

**（二）绘图规则（详见图1Z203030）**

（1）双代号网络图必须正确表达已确定的逻辑关系；

（2）双代号网络图中，不允许出现循环回路；

（3）双代号网络图中，在节点之间不能出现带双向箭头或无箭头的连线；

（4）双代号网络图中，不能出现没有箭头节点或没有箭尾节点的箭线；

（5）当双代号网络图的某些节点有多条外向箭线或多条内向箭线时，为使图形简洁，可使用母线法绘制；

（6）绘制网络图时，箭线不宜交叉。当交叉不可避免时，可用过桥法或指向法；

（7）双代号网络图中应只有一个起点节点和一个终点节点；

（8）双代号网络图应条理清楚，布局合理。

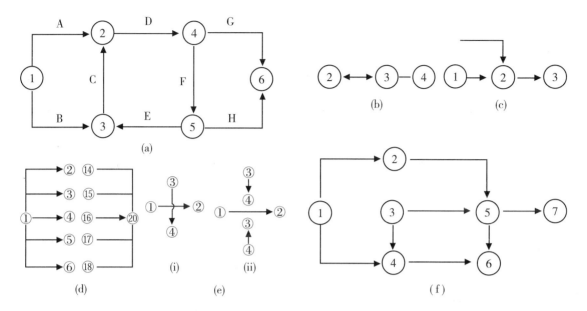

(a)不允许出现循环回路;(b)不允许出现双向箭头和无箭头连接;(c)没有箭尾节点的箭线;(d)母线法;(e)箭线交叉时的处理方法:i过桥法;ii指向法;(f)不允许出现多个起点节点和多个终点节

图1Z203030　双代号网络进度计划绘图规则

### (三) 工作时间参数的计算

1.双代号网络图相关时间参数(详见表1Z203030-2)

双代号网络图相关时间参数　表1Z203030-2

| 参数 | 名称 | 符号 | 计算方法 |
|---|---|---|---|
| 工期 | 计算工期 | Tc | (1)当规定了要求工期时,计划工期应小于等于要求工期:$Tp \leq Tr$ |
| | 要求工期 | Tr | |
| | 计划工期 | Tp | (2)未规定要求工期时,可令计划工期等于计算工期:$Tp=Tc$ |
| 最早时间 | 最早开始时间 | ES | (1)最早开始时间=各紧前工作最早完成时间的最大值,当没有紧前工作时,最早开始时间为零 |
| | 最早完成时间 | EF | (2)最早完成时间=最早开始时间+持续时间 |
| 最迟时间 | 最迟开始时间 | LS | (1)最迟完成时间=各紧后工作最迟开始时间的最小值,当没有紧后工作时,最迟完成时间等于计划工期 |
| | 最迟完成时间 | LF | (2)最迟开始时间=各紧后工作最迟完成时间-持续时间 |
| 时差 | 总时差 | TF | (1)总时差=最迟开始时间-最早开始时间=最迟完成时间-最早完成时间 |
| | 自由时差 | FF | (2)自由时差=紧后工作最早开始时间的最小值-本工作的最早完成时间,当没有紧后工作时,自由时差=计划工期-本工作的最早完成时间 |
| | 总时差:不影响总工期前提下本工作可以利用的机动时间 自由时差:不影响紧后工作最早开始时间的情况下本工作可以利用的机动时间 | | |

2.关键工作和关键线路

关键工作指的是网络计划中总时差最小的工作。当计划工期等于计算工期时,总时差为零的工作就是关键工作。

自始至终全部由关键工作组成的线路为关键线路,或线路上总的工作持续时间最长的线路为关键线路。

3.双代号网络图时间参数的计算步骤

（详见表1Z203030-3）

双代号网络图时间参数的计算步骤　　表1Z203030-3

| 计算步骤 | 口诀要点 |
|---|---|
| （1）计算工作的最早开始时间和最早完成时间 | 早时正向取大 |
| （2）确定网络计划的计划工期 | 计划工期$T_c$=以终点节点为完成节点的所有工作最早完成时间的最大值。没有要求工期时，$T_p = T_c$ |
| （3）计算工作的最迟完成时间和最迟开始时间 | 迟时逆向选小 |
| （4）计算工作的总时差 | 总时差=迟-早 |
| （5）计算工作的自由时差 | 自由时差=后早开（取小）-本早完 |
| （6）确定关键工作和关键线路 | 总时差最小的工作是关键工作 |

🔊 **嗨·点评**　一考概念、二考识图、三考计算。

【经典例题】1.某工程网络计划中，工作N最早完成时间为第17天，持续时间为5天。该工作有三项紧后工作，它们最早开始时间分别为第25天、第27天和第30天，则工作N的自由时差为（　　）天。

A.7　　B.2　　C.3　　D.8

【答案】D

【嗨·解析】N工作的自由时差FF=紧后工作最早开始时间的最小值-本工作最早完成时间=25-17=8天。

【经典例题】2.（2016年真题）某双代号网络计划中，工作M的自由时差3天，总时差5天。在进度计划实施检查中发现工作M实际进度落后，且影响总工期2天。在其他工作均正常的前提下，工作M的实际进度落后（　　）天。

A.7　　B.5　　C.6　　D.8

【答案】A

【嗨·解析】本题考查的是双代号网络计划。因为本项工作已有总时差5天，但还是影响总工期2天，所以工作M的实际进度是落后了5+2=7天。

【经典例题】3.（2015年真题）某网络计划如下图，逻辑关系正确的是（　　）。

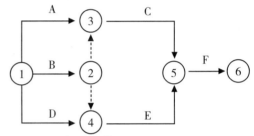

A. E的紧前工作是BD
B. A完成后同时进行CF
C. AB均完成后进行E
D. F的紧前工作是DE

【答案】A

【嗨·解析】紧前工作，即紧排在本工作之前的工作，只有紧前工作完成后，本工作才能开始。B工作与E工作通过虚箭线连接，所以B是E的紧前工作。

【经典例题】4.（2016年真题）关于工作总时差、自由时差及相邻两工作间间隔时间关系的说法，正确的有（　　）。

A. 工作的自由时差一定不超过其紧后工作的总时差

B. 工作的自由时差一定不超过其相应的总时差

C. 工作的总时差一定不超过其紧后工作的自由时差

D. 工作的自由时差一定不超过其紧后工作之间的间隔时间

E. 工作的总时差一定不超过其紧后工作之间的间隔时间

【答案】BD

【嗨·解析】本题考查的是工程网络计划有关时间参数的计算。工作的总时差大于等于其自由时差，工作的自由时差等于其与紧后工作时间间隔的最小值。所以正确答案为B、D。

【经典例题】5.（2016年真题）某双代号网络计划中，假设计划工期等于计算工期，且工作M的开始节点和完成节点均为关键节点。关于工作M的说法，正确的是（    ）。

A. 工作M是关键工作

B. 工作M的自由时差为零

C. 工作M的总时差等于自由时差

D. 工作M的总时差大于自由时差

【答案】C

【嗨·解析】本题考查的是网络计划时间参数的计算。以关键节点为完成节点的工作，其总时差等于自由时差。

## 三、双代号时标网络进度计划（详见表1Z203030-4）

双代号时标网络进度计划    表1Z203030-4

| | |
|---|---|
| 概念 | 双代号时标网络计划是以水平时间坐标为尺度编制的双代号网络计划。以实箭线表示工作，以虚箭线表示虚工作，以波形线表示工作的自由时差 |
| 特点 | （1）时标网络计划兼有网络计划与横道计划的优点，它能够清楚地表明计划的时间进程，使用方便；<br>（2）时标网络计划能在图上直接显示出各项工作的开始与完成时间、工作的自由时差及关键线路；<br>（3）在时标网络计划中可以统计每一个单位时间对资源的需要量，以便进行资源优化和调整；<br>（4）由于箭线受到时间坐标的限制，当情况发生变化时，对网络计划的修改比较麻烦，往往要重新绘图 |
| 一般规定 | 虚工作必须以垂直方向的虚箭线表示，有自由时差时加波形线表示 |
| 编制方法 | 时标网络计划宜按各个工作的最早开始时间编制。有间接法绘制和直接法绘制两种绘制方法 |
| 参数计算 | （1）最早开始时间——实箭线起点<br>（2）最早完成时间——实箭线终点<br>（3）计算工期——终点节点与起点节点位置之差<br>（4）自由时差——波形线长度<br>（5）总时差<br>结束工作的总时差＝计划工期-该工作的最早完成时间<br>其他工作的总时差＝min{紧后工作的总时差＋本工作与紧后工作时间间隔}<br>（6）关键线路——无波形线的路线（逆序）<br>（7）最迟开始时间——最早开始时间＋总时差<br>（8）最迟完成时间——最早完成时间＋总时差 |
| 示例 | 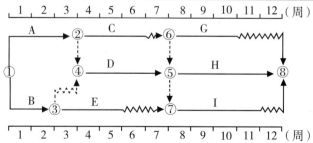<br>关键线路为：①-②-④-⑤-⑥；计算工期12（周）。<br>C工作：最早开始时间=3，最早完成时间=6，自由时差=1，总时差=3，最迟开始时间=6，最迟完成时间=9 |

🔊 **嗨·点评** 双代号时标网络图从图上能得出计算工期、关键线路、自由时差、最早开始时间和最早完成时间,而总时差、最迟开始时间和最迟完成时间则需要经过计算得出。

【经典例题】6.(2016年真题)某双代号时标网络计划如下图,如B、D、I工作共用同一台施工机械且按B-D-I顺序施工,则对网络计划可能造成的影响是( )。

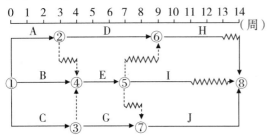

A.总工期不会延长,但施工机械会在现场闲置1周

B.总工期会延长1周,但施工机械在现场不会闲置

C.总工期不会延长,且施工机械在现场不会闲置

D.总工期会延长1周,且施工机械会在现场闲置1周

【答案】C

【嗨·解析】本题考查的是双代号时标网络计划。B、D、I三个工作,按照顺序施工,那么B工作是第4周完成,D工作紧接着开始,致使D工作拖延1周,但是D工作有1周的总时差,不影响总工期。D工作第10周结束后,I工作紧接着开始,持续4周,到第14周正好完成,不影响总工期。

【经典例题】7.(2015年真题)某工程双代号时标网络计划见下图(时间单位:天),工作A的总时差为( )天。

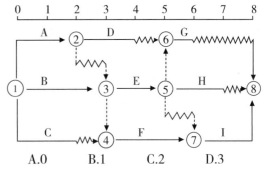

A.0  B.1  C.2  D.3

【答案】B

【嗨·解析】双代号时标网络图中,工作的总是时差=min(紧后工作的总时差+本工作与紧后工作时间间隔)。

【经典例题】8.(2015年真题)下列双代号时标网络计划中,关键线路有几条( )。

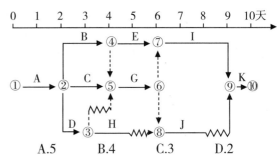

A.5  B.4  C.3  D.2

【答案】C

【嗨·解析】双代号时标网络计划中,没有波形线的线路是关键线路,12479-10,1245679-10,125679-10是关键线路。

## 四、单代号网络进度计划

(一)单代号网络进度计划(详见表1Z203030-5)

单代号网络进度计划  表1Z203030-5

| 概念 | 单代号网络进度计划是以节点及其编号表示工作,以箭线表示工作之间逻辑关系的网络图。单代号网络图在节点中加注工作代号、名称和持续时间;箭线表示紧邻工作之间的逻辑关系,既不占用时间,也不消耗资源 |
|---|---|
| 特点 | (1)工作之间的逻辑关系容易表达,且不用虚箭线,故绘图较简单;<br>(2)网络图便于检查和修改;<br>(3)由于工作持续时间表示在节点之中,没有长度,故不够直观;<br>(4)表示工作之间逻辑关系的箭线可能产生较多的纵横交叉现象 |
| 绘图规则 | 单代号网络进度计划的绘图规则大致与双代号网络进度计划绘图规则相同,不过不强调母线法的绘制方法。<br>当网络图中有多项起点节点或多项终点节点时,应在网络图的两端分别设置一项虚工作,作为该网络图的起点节点(St)和终点节点(Fin) |
| 示图 | |

## (二)单代号网络进度计划时间参数的计算(详见表1Z203030-6)

单代号网络进度计划时间参数的计算  表1Z203030-6

| 计算步骤 | 计算公式 |
|---|---|
| (1)计算工作的最早开始时间和最早完成时间 | (1)最早开始时间=各紧前工作最早完成时间的最大值,当没有紧前工作时,最早开始时间为零<br>(2)最早完成时间=最早开始时间+持续时间 |
| (2)确定网络计划的计划工期 | 计算工期$T_c$=网络计划的终点的最早完成时间,没有要求工期时,$T_p=T_c$ |
| (3)计算相邻两项工作之间的时间间隔 | LAG=紧后工作的最早开始时间−本工作的最早完成时间 |
| (4)计算工作的总时差 | (1)结束工作的总时差=计划工期−本工作的最早完成时间<br>(2)其他工作的总时差=min{紧后工作的总时差+本工作与紧后工作时间间隔} |
| (5)计算工作的自由时差 | (1)结束工作的自由时差=计划工期−本工作的最早完成时间<br>(2)其他工作的自由时差=本工作与紧后工作时间间隔的最小值 |
| (6)计算工作的最迟完成时间和最迟开始时间 | (1)最迟完成时间=总时差+最早完成时间<br>(2)最迟开始时间=总时差+最早开始时间 |
| (7)确定网络计划的关键线路 | 单代号网络计划中,工作总时差最小的工作是关键工作。从起点节点开始到终点节点均为关键工作,且所有工作之间的时间间隔均为零的线路为关键线路 |

## (三)单代号搭接网络进度计划

在普通双代号和单代号网络计划中,各项工作按顺序进行,任何一项工作都必须在它的紧前工作全部完成后才能开始。但在实际工作中,为了缩短工期,许多工作可采用平行搭接的方式进行,也就形成了搭接网络进度计划。详见表1Z203030-7。

**单代号搭接网络进度计划　表1Z203030-7**

| | |
|---|---|
| 概念 | 两项工作之间可能存在时距关系的单代号网络进度计划 |
| 搭接关系 | 单代号搭接网络图中，箭线及其上面的时距符号表示相邻工作间的逻辑关系。工作的搭接顺序关系是用前项工作的开始或完成时间与其紧后工作的开始或完成时间之间的间距来表示，具体有四类 |
| FTS | （1）完成到开始时距<br>例如修一条堤坝的护坡时，一定要等土堤自然沉降后才能修护坡，这种等待的时间就是FTS时距 |
| FTF | （2）完成到完成时距<br>例如相邻两工作，当紧前工作的施工速度小于紧后工作时，则必须考虑为紧后工作留有充分的工作面，否则紧后工作就将因无工作面而无法进行。这种结束工作时间之间的间隔就是FTF时距 |
| STS | （3）开始到开始时距<br>例如道路工程中的铺设路基和浇筑路面，待路基开始工作一定时间为路面工程创造一定工作条件之后，路面工程即可开始进行，这种开始工作时间之间的间隔就是STS时距 |
| STF | （4）开始到完成时距<br>例如要挖掘带有部分地下水的土壤，地下水位以上的土壤可以在降低地下水位工作完成之前开始，而在地下水位以下的土壤则必须要等降低地下水位之后才能开始。降低地下水位工作的完成与何时挖地下水位以下的土壤有关，至于降低地下水位何时开始，则与挖土没有直接联系。这种开始到结束的限制时间就是STF时距 |
| 计算要求 | （1）当中间工作出现ES为负值时的处理方法<br>在单代号搭接网络计划中，当某项中间工作的ES为负值时，应该将该工作用虚线与起点联系起来。这时该工作的最早开始时间就由起点所决定，其最早完成时间也要重新计算。<br>（2）终点一般是虚设的，只与没有外向箭线的工作相联系。但是当中间工作的完成时间大于最后工作的完成时间时，为了决定终点的时间（即工程的总工期）必须先把该工作与终点节点用虚箭线联系起来，然后再依法计算终点时间 |
| 示图 | 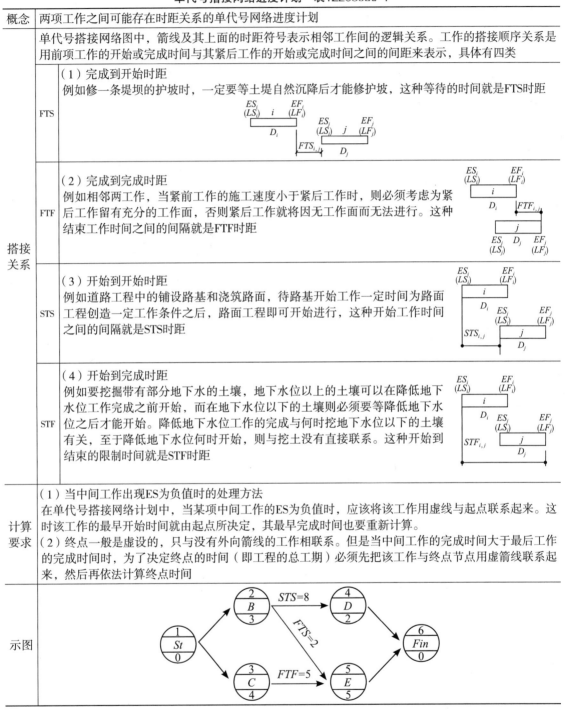 |

🔊 **嗨·点评** 单代号网络进度计划需要特别注意总时差、自由时差的计算，作为考试重点掌握。单代号搭接网络进度计划则相对次要。

**【经典例题】**9.（2016年真题）某单代号网络计划如下图（时间单位：天），其计算工期为（　　）天。

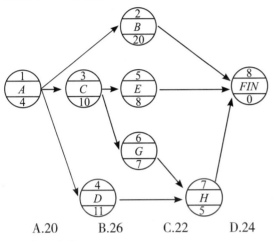

A.20　　B.26　　C.22　　D.24

**【答案】**B

**【嗨·解析】**本题考查的是单代号网络计划的时间参数计算。网络图的关键线路为：A→C→G→H→FIN（或①→③→⑥→⑦→⑧）。总工期为26天。

**【经典例题】**10.关于单代号网络计划的说法，正确的是（　　）。

A.在单代号网络计划图中以节点表示工作，箭线表示工作之间的逻辑关系

B.在单代号网络计划图中以节点工作之间的逻辑关系，箭线表示工作及其进行的方向

C.在单代号网络计划图中以节点表示工作的开始，箭线表示工作及其进行的方向

D.在单代号网络计划图中以节点表示工作方向，箭线表示工作之间的逻辑关系

**【答案】**A

**【嗨·解析】**单代号网络图中的每一个节点表示一项工作，节点宜用圆圈或矩形表示。节点所表示的工作名称、持续时间和工作代号等应标注在节点内，单代号网络图中的箭线表示紧邻工作之间的逻辑关系，既不占用时间，也不消耗资源。箭线水平投影的方向应自左向右，表示工作的行进方向。因此，正确选项是A。

**【经典例题】**11.某道路工程中的路基和路面两工作的程序是：待路基开始，工作一定时间后为浇筑路面创造一定工作条件之后，路面工程即可开始进行。则这种逻辑关系是（　　）。

A. STS　　B. FTS

C. FTF　　D. STF

**【答案】**A

**【嗨·解析】**$STS_{i,j}$工作开始时间与其紧后工作$j$开始时间的时间间距；题干中路基开始一定时间后路面工程即可开始进行，表明在两项工序开始时间之间有一个搭接关系，即STS。因此，正确选项是A。

**五、进度计划的检查和调整**

（一）进度计划的检查（详见表1Z203030-8）

进度计划的检查  表1Z203030-8

| 检查方法 | (1) 计划执行中的跟踪检查；<br>(2) 收集数据的加工处理；<br>(3) 实际进度检查记录的方式 |
|---|---|
| 检查的主要内容 | (1) 关键工作进度；<br>(2) 非关键工作的进度及时差利用情况；<br>(3) 实际进度对各项工作之间逻辑关系的影响；<br>(4) 资源状况；<br>(5) 成本状况；<br>(6) 存在的其他问题 |
| 检查结果分析判断（前锋线） | 对时标网络计划宜利用绘制的实际进度前锋线，分析计划的执行情况及其发展趋势。<br>实际进度前锋线是指在原时标网络计划上，从检查时刻的时标点出发，用点画线依次将各项工作实际进展位置点连接而成的折线。<br>(1) 工作实际进展位置点落在检查日期的左侧，表明该工作实际进度拖后，拖后的时间为二者之差；<br>(2) 工作实际进展位置点与检查日期重合，表明该工作实际进度与计划进度一致；<br>(3) 工作实际进展位置点落在检查日期的右侧，表明该工作实际进度超前，超前的时间为二者之差<br><br>![网络计划图] |

（二）进度计划的调整（详见表1Z203030-9）

进度计划的调整  表1Z203030-9

| 网络计划调整的内容 | (1) 调整关键线路的长度；<br>(2) 调整非关键工作时差；<br>(3) 增、减工作项目；<br>(4) 调整逻辑关系；<br>(5) 重新估计某些工作的持续时间；<br>(6) 对资源的投入作相应调整 |
|---|---|
| 网络计划调整的方法 | (1) 调整关键线路<br>当关键线路的实际进度比计划进度拖后时，应在尚未完成的关键工作中，选择资源强度小或费用低的工作缩短其持续时间。<br>当关键线路的实际进度比计划进度提前时，若不拟提前工期，应选用资源占用量大或者直接费用高的后续关键工作，适当延长其持续时间。<br>(2) 调整逻辑关系<br>逻辑关系的调整只有当实际情况要求改变施工方法或组织方法时才可进行 |

◁)) **嗨·点评** 进度计划检查的内容和调整的内容应对比学习。

**【经典例题】** 12.（2015年真题）下图所示的某工程双代号时标网络计划，在执行到第4周末和第10周末时，检查其实际进度如图中前锋线所示，检查结果表明（　　）。

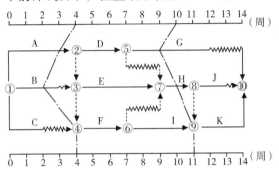

A.第4周末检查时，工作B拖后2周，但不影响工期

B.第4周末检查时，工作A拖后1周，影响工期1周

C.第10周末检查时，工作I提前1周，可使工期提前1周

D.第10周末检查时，工作G拖后1周，但不影响工期

E.在第5~10周内，工作E和工作F的实际进度正常

**【答案】** BD

**【嗨·解析】** 从第4周的前锋线可知，工作A拖后1周，作为关键工作，影响工期1周。工作B拖后2周，超过其总时差，影响工期1周，其紧后工作E、F都受影响。从第10周的前锋线可知，工作G拖后1周，未超过总时差，不影响工期。工作H进度正常。工作I提前1周，但不是关键工作，不能使工期提前1周。同时，可以看出第5~10周必然采取了措施，否则工作H不能实现计划目标，工作I甚至超过了计划目标。所以B、D正确。

**【经典例题】** 13.（2014年真题）某工程双代号时标网络计划，在第5天末进行检查得到的实际进度前锋线如下图所示，正确的有（　　）。

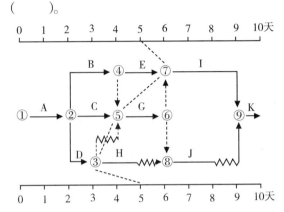

A.E工作提前1天完成

B.G工作进度落后1天

C.H工作还剩1天机动时间

D.总工期缩短1天

E.J工作影响总工期1天

**【答案】** AB

**【嗨·解析】** 由图可知，E工作提前一天完成，G工作进度落后一天，因此A、B正确。①②④⑦⑨⑩变为非关键线路，①②⑤⑥⑦⑩变为关键线路，总工期延长一天，因此D不正确。工作H原自由时差为1天，即有1天的机动时间，现由于其紧前工作D延误2天，导致工作H自由时差变为–1因此C不正确。因工作J还未开始，未知其对总工期的影响，因此E不正确。因此，正确选项是A、B。

# 章节练习题

## 一、单项选择题

1. 关于单代号网络计划的说法，正确的是（　　）。
   A.在单代号网络计划图中以节点表示工作，箭线表示工作之间的逻辑关系
   B.在单代号网络计划图中以节点工作之间的逻辑关系，箭线表示工作及其进行的方向
   C.在单代号网络计划图中以节点表示工作的开始，箭线表示工作及其进行的方向
   D.在单代号网络计划图中以节点表示工作方向，箭线表示工作之间的逻辑关系

2. 已知工程网络计划中某工作的自由时差为5d，总时差为7d。监理工程师在检查进度时发现只有该工作实际进度拖延，且影响工期3d，则该工作实际进度比计划进度拖延（　　）d。
   A.10　　B.8　　C.7　　D.3

3. 在双代号网络计划中，某工作有三项紧后工作，它们的最迟开始时间分别为第18天、第21天和第22天。如果该工作的持续时间为4天，则其最迟开始时间为（　　）天。
   A.14　　B.15　　C.18　　D.24

4. 某工程网络计划中工作M的总时差为3天，自由时差为0。该计划执行过程中，只有工作M的实际进度拖后4天，则工作M的实际进度将其紧后工作的最早开始时间推迟和使总工期延长的时间分别为（　　）。
   A.3天和0天　　B.3天和1天
   C.4天和0天　　D.4天和1天

5. 双代号时标网络计划能够在图上直接显示出计划的时间进程及各项工作的（　　）。
   A.开始和结束时间　　B.总时差和自由时差
   C.计划成本构成　　D.实际进度偏差

6. 下图为某工程的双代号时标网络计划，如果工作B、E、G使用同一台施工机械并依次施工，则图中该施工机械的总的闲置时间为（　　）天。

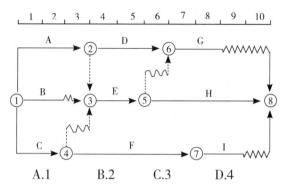

   A.1　　B.2　　C.3　　D.4

7. 已知AB工作的紧后工作为CD，其持续时间分别为3天、4天、2天、5天，AB工作的最早开始时间为第6天、4天，则D工作的最早完成时间为第（　　）。
   A.10天　　B.11天　　C.13天　　D.14天

8. 某工作的最早开始时间是5，最早结束时间9，最迟开始时间7，则该工作的最迟完成时间是（　　）。
   A.11　　B.12　　C.13　　D.14

9. 在某工程双代号时标网络计划中，除以终点节点为完成节点的工作外，工作箭线的波形线表示（　　）。
   A.工作的总时差
   B.工作与其紧前工作之间的时间间隔
   C.工作的持续时间
   D.工作与其紧后工作之间的时间间隔

10. 某工程双代号时标网络计划如下图（时间单位：天），工作A的总时差为（　　）天。

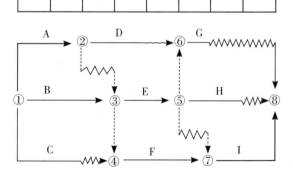

    A.0　　B.1　　C.2　　D.3

11. 如果A、B两项工作的最早开始时间分别为6天和7天，它们的持续时间分别为4天

和5天，则它们共同紧后工作C的最早开始时间为（　　）天。
A.10　　B.11　　C.12　　D.13

12. 下列关于关键工作的说明中，正确的有（　　）。
A.总时差为0的工作是关键工作
B.双代号网络图中，两端节点为关键节点的工作是关键工作
C.持续时间最长的工作是关键工作
D.关键工作的时差可以为负值

二、多项选择题

1. 横道图进度计划的优点包括（　　）。
A.适用于手工编制计划
B.易看懂计划编制的意图
C.表达方式较为直观
D.能清楚表达活动间的逻辑关系
E.能确定计划的关键工作、关键路线与时差

2. 在网络计划中，若某工作的最早和最迟开始时间分别为8天和13天，持续时间为2天，其所有紧后工作中，最早开始时间为15天，则该工作（　　）。
A.自由时差为4天　　B.自由时差为5天
C.总时差为5天　　D.总时差为3天
E.与紧后工作的最小时间间隔为5天

3. 某项目按最早开始时间编制的施工计划及各工作每月成本强度（单位：万元/月）如下图，D工作可以按最早开始时间或最迟开始时间进行安排，则4月份的施工成本计划值可以是（　　）万元。

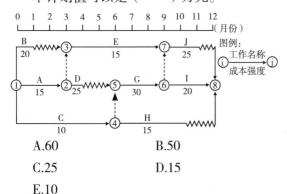

A.60　　　　　　B.50
C.25　　　　　　D.15
E.10

4. 在网络计划中，工作总时差为5天，自由时差为3天。若该工作拖延了4天，则（　　）。
A.不影响紧后工作　　B.不影响总工期
C.总工期拖后1天　　D.总工期拖后了4天
E.影响紧后工作1天

5. 某单代号网络图如下图所示，存在的错误有（　　）。

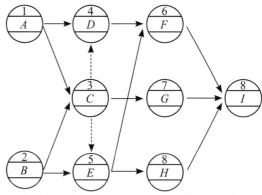

A.多个起点节点　　B.有多余虚箭线
C.出现交叉箭线　　D.没有终点节点
E.出现循环回路

6. 在工程网络计划中，当计划工期等于计算工期时，关键工作的判定条件是（　　）。
A.该工作的总时差为零
B.该工作与其紧后工作之间的时间间隔为零
C.该工作的最早开始时间与最迟开始时间相等
D.该工作的自由时差最小
E.该工作的持续时间最长

7. 双代号时标网络计划可以在图上直接显示出的内容有（　　）。
A.工作的最早开始时间
B.关键线路
C.工作的总时差
D.工作的最迟开始时间
E.工作的自由时差

# 参考答案及解析

## 一、单项选择题

1.【答案】A
【解析】单代号网络图中的每一个节点表示一项工作，节点宜用圆圈或矩形表示。节点所表示的工作名称、持续时间和工作代号等应标注在节点内，单代号网络图中的箭线表示紧邻工作之间的逻辑关系，既不占用时间，也不消耗资源。箭线水平投影的方向应自左向右，表示工作的行进方向。所以A正确。

2.【答案】A
【解析】时差总时差指的是在不影响总工期的前提下，本工作可以利用的机动时间。自由时差指的是在不影响其紧后工作最早开始时间的前提下，本工作可以利用的机动时间。故：实际拖延的天数=总时差+影响工期=7+3=10天。

3.【答案】A
【解析】本题主要考查双代号网络图中工作最迟开始时间的计算方法。即从后向前逆算过程中，所有紧后工作最迟开始时间的最小值为本工作最迟结束的时间。本题中所有紧后工作最迟开始时间最小值即为本工作最迟结束时间为18；由最迟结束的时间减去工作的持续时间即得最早开始时间18-4=14天。

4.【答案】D
【解析】时差总时差指的是在不影响总工期的前提下，本工作可以利用的机动时间。自由时差指的是在不影响其紧后工作最早开始时间的前提下，本工作可以利用的机动时间。本题：因为M的总时差为3天，实际进度拖后4天，所以会使总工期拖后1天；M的自由时差为0天，所以他与其紧后工作的时间间隔为0，所以实际进度拖后4天会导致其紧后工作也拖后4天。

5.【答案】A
【解析】双代号时标网络计划能在图上直接显示出各项工作的开始与完成时间、工作的自由时差及关键线路。故选A。

6.【答案】A
【解析】B工作按最迟开始时间1开始，B工作完成就可以紧接E工作，E工作完成机械闲置一天就可以开始G工作，G工作完成机械就可以退场。所以机械闲置1天。

7.【答案】D
【解析】最早完成时间等于最早开始时间加上其持续时间，最早开始时间等于各紧前工作的最早完成时间的最大值，故本题：A的最早开始6天加上持续时间3天得最早完成时间9天，B的最早开始时间4天加上持续时间4天得最早完成时间8天；D工作最早开始时间为9天，加上持续时间5天，则最早完成时间为14天。

8.【答案】A
【解析】最迟开始时间等于最迟完成时间减去其持续时间，故：工作的最迟完成时间=工作的最迟开始时间+工作的持续时间=7+（9-5）=11。

9.【答案】D
【解析】时标网络计划中应以实箭线表示工作，以虚箭线表示虚工作，以波形线表示工作的自由时差。也可表示工作与其紧后工作之间的时间间隔。故选D。

10.【答案】B
【解析】双代号时标网络图中，工作的总时差=min紧后工作的总时差+本工作与紧后工作时间间隔。

11.【答案】C
【解析】工作最早时间参数受到紧前工作的约束，最早开始时间等于各紧前工作的最早完成时间的最大值，最早完成时间等于最早开始时间加上其持续时间。故本题中，A、B共同紧后工作C的最早开始时间为max{（6+4），（7+5）}=12。

12.【答案】D

【解析】网络计划中总时差最小的工作是关键工作。故总时差为0的工作不一定是关键工作，因为总时差还有可能是负的。两端节点为关键节点，这样的工作并不一定是关键工作。关键线路是自始至终全部由关键工作组成的线路或线路上总的工作持续时间最长的线路。故某条线路上总的持续时间最长的是关键线路，关键线路上的为关键工作，而不是说持续时间最长的工作是关键工作。C错误。当有要求工期，且要求工期小于计算工期时，总时差最小的为负值，当要求工期大于计算工期时，总时差最小的为正值。故D正确。

## 二、多项选择题

1.【答案】BC

【解析】横道图计划表中的进度线（横道）与时间坐标相对应，这种表达方式较直观，易看懂计划编制的意图。但是，横道图进度计划法也存在一些问题，如：（1）工序（工作）之间的逻辑关系可以设法表达，但不易表达清楚；（2）适用于手工编制计划；（3）没有通过严谨的进度计划时间参数计算，不能确定计划的关键工作、关键路线与时差；（4）计划调整只能用手工方式进行，其工作量较大；（5）难以适应大的进度计划系统。

2.【答案】BCE

【解析】最迟开始时间等于最迟完成时间减去其持续时间；最迟完成时间等于各紧后工作的最迟开始时间的最小值；最早完成时间等于最早开始时间加上其持续时间；最早开始时间等于各紧前工作的最早完成时间的最大值；总时差等于其最迟开始时间减去最早开始时间，或等于最迟完成时间减去最早完成时间；自由时差等于紧后工作的最早开始时间减去本工作的最早完成时间。本题：该工作自由时差为15-（8+2）=5天，总时差为13-8=5天，工作与紧后工作时间间隔的最小值为5天。

3.【答案】BC

【解析】D按最早开始时间进行，4月份进行的工作有E、D、C三项，则4月成本计划值为15+25+10=50万元；D工作按最迟开始时间进行，4月份进行的工作有EC两项，则4月成本计划值为15+10=25万元。

4.【答案】BE

【解析】时差总时差指的是在不影响总工期的前提下，本工作可以利用的机动时间。自由时差指的是在不影响其紧后工作最早开始时间的前提下，本工作可以利用的机动时间。本题总时差大于拖延工作时间，故不影响总工期；自由时差小于拖延工作时间，故影响紧后工作一天。故选BE。

5.【答案】ABC

【解析】本题考查单代号网络计划图的特点。单代号网络计划有虚工作，但是没有虚箭线。

6.【答案】AC

【解析】关键工作指的是网络计划中总时差最小的工作。当计划工期等于计算工期时，总时差为零的工作就是关键工作。故A正确，因为总时差为0，最早开始时间和最迟开始时间相等，C正确。

7.【答案】ABE

【解析】双代号时标网络计划能在图上直接显示出各项工作的开始与完成时间、工作的自由时差及关键线路。故选ABE。

# 1Z203040 建设工程项目进度控制的措施

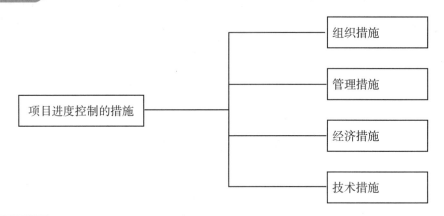

## 项目进度控制的措施

建设工程项目进度控制的措施包括：组织措施、管理措施、经济措施和技术措施。（详见表1Z203040）

项目进度控制的措施  表1Z203040

| 措施 | 内容 |
| --- | --- |
| 组织措施 | （1）充分重视健全项目管理的组织体系；<br>（2）有专门的工作部门和专人负责进度控制工作；<br>（3）在任务分工表和管理职能分工表中标示并落实进度控制工作任务和相应的管理职能；<br>（4）编制项目进度控制的工作流程；<br>（5）进行有关进度控制会议的组织设计 |
| 管理措施 | （1）建设工程项目进度控制的管理措施涉及管理的思想、管理的方法、管理的手段、承发包模式、合同管理和风险管理；<br>（2）用工程网络计划的方法编制进度计划；<br>（3）选择合理的合同结构；<br>（4）采取风险管理措施，以减少进度失控的风险量；<br>（5）重视信息技术在进度控制中的应用 |
| 经济措施 | （1）经济措施涉及资金需求计划、资金供应的条件和经济激励措施等；<br>（2）为确保进度目标的实现，应编制与进度计划相适应的资源需求计划；<br>（3）通过资源需求的分析，可发现所编制的进度计划实现的可能性，若资源条件不具备，则应调整进度计划；<br>（4）资金供应条件包括可能的资金总供应量、资金来源以及资金供应的时间；<br>（5）在工程预算中应考虑加快工程进度所需要的资金，其中包括为实现进度目标将要采取的经济激励措施所需要的费用 |
| 技术措施 | 技术措施涉及对实现进度目标有利的设计技术和施工技术的选用 |

🔊 嗨·点评 四大措施简记"组管经技"。

【经典例题】1.（2016年真题）关于建设工程项目进度控制措施的说法，正确的有（　　）。

A. 对于工程项目的进度开展风险管理属于经济措施

B. 各类进度计划的编制、审批程序属于组织措施

C. 进度控制会议的组织设计属于技术措施

D. 进度控制的管理措施涉及管理的思想、方法和手段、承发包模式等

E. 应用信息技术进行进度控制属于管理措施

【答案】BDE

【嗨·解析】本题考查的是建设工程项目进度控制的措施。选项A是管理措施，选项C是组织措施。

【经典例题】2.（2016年真题）下列建设工程项目进度控制的措施中，属于经济措施的是（　　）。

A. 落实资金供应条件

B. 选择发承包模式

C. 进行工程进度的风险分析

D. 优选工程项目的设计、施工方案

【答案】A

【嗨·解析】本题考查的是项目进度控制的经济措施。建设工程项目进度控制的经济措施涉及资金需求计划、资金供应的条件和经济激励措施等。

选项B属于管理措施；选项C属于管理措施；选项D属于技术措施。

# 章节练习题

## 一、单项选择题

1. 下列为加快进度而采取的各项措施中，属于技术措施的是（  ）。
   A.重视计算机软件的应用
   B.编制进度控制工作流程
   C.实行班组内部承包制
   D.用大模板代替小钢模

2. 承发包模式的选择直接关系到工程实施的组织和协调。为了实现进度目标，应选择合理的（  ）。
   A.合同结构     B.组织结构
   C.采购模式     D.施工模式

3. 进度控制工作包含了大量的组织和协调工作，而（  ）是组织和协调的重要手段。
   A.非正式沟通   B.正式沟通
   C.会议         D.信息沟通

4. 对进度计划进行多方案比较和优选，体现合理使用资源，合理安排工作面，是属于项目进度控制的（  ）。
   A.组织措施     B.管理措施
   C.经济措施     D.技术措施

5. 下列选项中，属于建设工程项目进度控制的技术措施的是（  ）。
   A.工程风险分析
   B.资金需求计划
   C.进度控制工作管理职能分工
   D.选用对实现进度目标有利的施工方案

6. 下列措施中，属于进度控制的管理措施的是（  ）。
   A.对计划进行动态调整
   B.定义进度计划系统组成
   C.进行经济激励
   D.更换施工机械

7. 对设计技术与工程进度的关系作分析比较，这项工作的主要时间段应该在（  ）。
   A.施工准备工作阶段
   B.设计工作的前期
   C.招标采购阶段
   D.设计工作的后期

8. 资金供应条件不包括（  ）。
   A.可能的资金总供应量
   B.资金来源
   C.资金供应的方式
   D.资金供应的时间

## 二、多项选择题

1. 下列属于进度纠偏的管理措施的是（  ）。
   A.调整进度管理的方法和手段
   B.强化合同管理
   C.改变施工方法
   D.改变施工机具
   E.及时解决工程款支付问题

2. 建设工程项目进度控制的主要工作环节包括（  ）等。
   A.进度目标的分析和论证
   B.定期跟踪进度计划的执行情况
   C.进度控制工作职能分工
   D.采取纠偏措施及调整进度计划
   E.进度控制工作流程的编制

# 参考答案及解析

## 一、单项选择题

1.【答案】D
【解析】建设工程项目进度控制的技术措施涉及对实现进度目标有利的设计技术和施工技术的选用。D选项属于施工技术方面，故正确。A、C管理措施；B组织措施。

2.【答案】A
【解析】承发包模式的选择直接关系到工程实施的组织和协调。为了实现进度目标，应选择合理的合同结构，以避免过多的合同交界面而影响工程的进展。工程物资的采购模式对进度也有直接的影响，对此应作比较分析。故选A。

3.【答案】C
【解析】进度控制工作包含了大量的组织和协调工作，而会议是组织和协调的重要手段，应进行有关进度控制会议的组织设计，故选C。

4.【答案】B
【解析】缺乏进度计划多方案比较和选优的观念是管理观念方面存在的问题合理的进度计划应体现资源的合理使用、工作面的合理安排、有利于提高建设质量、有利于文明施工和有利于合理地缩短建设周期。

5.【答案】D
【解析】施工方案对工程进度有直接的影响，在决策其是否选用时，不仅应分析技术的先进性和经济合理性，还应考虑其对进度的影响。故D正确，其中A是管理措施，B是经济措施，C是组织措施。

6.【答案】A
【解析】建设工程项目进度控制在管理观念方面存在的主要问题包括缺乏动态控制的观念，只重视计划的编制，而不重视及时地进行计划的动态调整。故A正确。

7.【答案】B
【解析】在设计工作的前期，特别是在设计方案评审和选用时，应对设计技术与工程进度的关系作分析比较。故B正确。

8.【答案】C
【解析】资金供应条件包括可能的资金总供应量、资金来源（自有资金和外来资金）以及资金供应的时间。故选C项。

二、多项选择题

1.【答案】AB
【解析】建设工程项目进度控制的管理措施涉及管理的思想、管理的方法、管理的手段、承发包模式、合同管理和风险管理等。故A、B正确。

2.【答案】ABD
【解析】进度控制的主要工作环节包括进度目标的分析和论证、编制进度计划、定期跟踪进度计划的执行情况、采取纠偏措施以及调整进度计划。故选A、B、D。

# 1Z204000 建设工程项目质量控制

## 一、本章近三年考情

本章近三年考试真题分值统计 （单位：分）

| | 2014年 | | 2015年 | | 2016年 | |
|---|---|---|---|---|---|---|
| | 单选题 | 多选题 | 单选题 | 多选题 | 单选题 | 多选题 |
| 1Z204010建设工程项目质量控制的内涵 | 2 | | 2 | 2 | 2 | |
| 1Z204020建设工程项目质量控制体系 | 1 | 2 | 2 | 2 | 2 | 2 |
| 1Z204030建设工程项目施工质量控制 | 3 | 2 | 3 | 2 | 3 | 2 |
| 1Z204040建设工程项目施工质量验收 | 3 | 2 | 2 | 2 | 2 | 2 |
| 1Z204050施工质量不合格的处理 | 2 | 2 | 2 | 2 | 2 | 2 |
| 1Z204060数理统计方法在工程质量管理中的应用 | 1 | 2 | 1 | 2 | 1 | 2 |
| 1Z204070建设工程项目质量的政府监督 | 1 | | 1 | | 1 | |

## 二、本章学习提示

本章共7节，年均分值约22分。各节次之间联系较少，相对独立。"质量控制"注重符合规范、标准的规定，所以本章对记背要求较高。

# 1Z204010 建设工程项目质量控制的内涵

本节知识体系

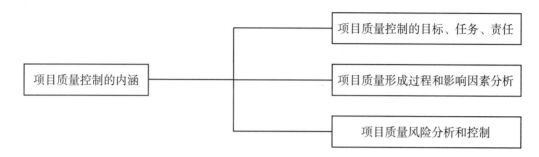

核心内容讲解

## 一、项目质量控制的目标、任务与责任

### （一）项目质量控制相关概念（详见表1Z204010-1）

项目质量控制相关概念　表1Z204010-1

| | |
|---|---|
| 质量 | 一组固有特性满足要求的程度，包括：（1）产品的质量；（2）工作质量；（3）质量管理体系运行的质量 |
| 质量管理 | 在质量方面指挥和控制组织的协调的活动。包括：质量方针和质量目标的建立、质量策划、质量控制、质量保证和质量改进等 |
| 质量控制 | 质量控制是质量管理的一部分，是致力于满足质量要求的一系列相关活动，包括：（1）设定目标；（2）测量结果；（3）评价；（4）纠偏 |
| 建设工程项目质量 | 是指通过项目实施形成的工程实体的质量 |
| 工程项目质量控制 | 在项目实施整个过程中，项目参与各方致力于实现业主要求的项目质量总目标的一系列活动 |

### （二）项目质量控制的目标与任务（详见表1Z204010-2）

项目质量控制的目标与任务　表1Z204010-2

| | |
|---|---|
| 目标 | 实现由项目决策所决定的项目质量目标，使项目的适用性、安全性、耐久性、可靠性、经济性及与环境的协调性等方面满足建设单位需要并符合国家法律、行政法规和技术标准、规范的要求 |
| 任务 | 对项目的建设、勘察、设计、施工、监理单位的工程质量行为以及涉及项目工程实体质量的设计质量、材料质量、设备质量、施工安装质量进行控制 |

### （三）项目质量控制的责任和义务

项目质量控制的责任和义务主要指项目的建设单位、勘察设计单位、施工单位、监理单位等各方的责任和义务。详见表1Z204010-3。

项目质量控制的责任和义务　表1Z204010-3

| | |
|---|---|
| 建设单位的质量责任和义务 | （1）建设单位应当将工程发包给具有相应资质等级的单位，并不得将建设工程肢解发包；<br>（2）建设单位应当依法对工程建设项目的勘察、设计、施工、监理以及与工程建设有关的重要设备、材料等的采购进行招标；<br>（3）建设单位必须向有关的勘察、设计、施工、工程监理等单位提供与建设工程有关的原始资料。原始资料必须真实、准确、齐全；<br>（4）建设工程发包单位不得迫使承包方以低于成本的价格竞标，不得任意压缩合理工期；不得明示或者暗示设计单位或者施工单位违反工程建设强制性标准，降低建设工程质量；<br>（5）建设单位应当将施工图设计文件上报县级以上人民政府建设行政主管部门或者其他有关部门审查。施工图设计文件未经审查批准的，不得使用；<br>（6）实行监理的建设工程，建设单位应当委托具有相应资质等级的工程监理单位进行监理；<br>（7）建设单位在领取施工许可证或者开工报告前，应当按照国家有关规定办理工程质量监督手续；<br>（8）按照合同约定，由建设单位采购建筑材料、建筑构配件和设备的，建设单位应当保证建筑材料、建筑构配件和设备符合设计文件和合同要求。建设单位不得明示或者暗示施工单位使用不合格的建筑材料、建筑构配件和设备；<br>（9）涉及建筑主体和承重结构变动的装修工程，建设单位应当在施工前委托原设计单位或者具有相应资质等级的设计单位提出设计方案；没有设计方案的，不得施工。房屋建筑使用者在装修过程中，不得擅自变动房屋建筑主体和承重结构；<br>（10）建设单位收到建设工程竣工报告后，应当组织设计、施工、工程监理等有关单位进行竣工验收。建设工程经验收合格的，方可交付使用；<br>（11）建设单位应当严格按照国家有关档案管理的规定，及时收集、整理建设项目各环节的文件资料，建立、健全建设项目档案，并在建设工程竣工验收后，及时向建设行政主管部门或者其他有关部门移交建设项目档案 |
| 勘察、设计单位的质量责任和义务 | （1）从事建设工程勘察、设计的单位应当依法取得相应等级的资质证书，在其资质等级许可的范围内承揽工程，并不得转包或者违法分包所承揽的工程；<br>（2）勘察、设计单位必须按照工程建设强制性标准进行勘察、设计，并对其勘察、设计的质量负责。注册建筑师、注册结构工程师等注册执业人员应当在设计文件上签字，对设计文件负责；<br>（3）勘察单位提供的地质、测量、水文等勘察成果必须真实、准确；<br>（4）设计单位应当根据勘察成果文件进行建设工程设计。设计文件应当符合国家规定的设计深度要求，注明工程合理使用年限；<br>（5）设计单位在设计文件中选用的建筑材料、建筑构配件和设备，应当注明规格、型号、性能等技术指标，其质量要求必须符合国家规定的标准。除有特殊要求的建筑材料、专用设备、工艺生产线等外，设计单位不得指定生产、供应商；<br>（6）设计单位应当就审查合格的施工图设计文件向施工单位作出详细说明；<br>（7）设计单位应当参与建设工程质量事故分析，并对因设计造成的质量事故，提出相应的技术处理方案 |

续表

| | |
|---|---|
| 施工单位的质量责任和义务 | （1）施工单位应当依法取得相应等级的资质证书，在其资质等级许可的范围内承揽工程，并不得转包或者违法分包工程；<br>（2）施工单位对建设工程的施工质量负责。施工单位应当建立质量责任制，确定工程项目的项目经理、技术负责人和施工管理负责人。建设工程实行总承包的，总承包单位应当对全部建设工程质量负责；建设工程勘察、设计、施工、设备采购的一项或者多项实行总承包的，总承包单位应当对其承包的建设工程或者采购的设备的质量负责；<br>（3）总承包单位依法将建设工程分包给其他单位的，分包单位应当按照分包合同的约定对其分包工程的质量向总承包单位负责，总承包单位与分包单位对分包工程的质量承担连带责任；<br>（4）施工单位必须按照工程设计图纸和施工技术标准施工，不得擅自修改工程设计，不得偷工减料。施工单位在施工过程中发现设计文件和图纸有差错的，应当及时提出意见和建议；<br>（5）施工单位必须按照工程设计要求、施工技术标准和合同约定，对建筑材料、建筑构配件、设备和商品混凝土进行检验，检验应当有书面记录和专人签字；未经检验或者检验不合格的，不得使用；<br>（6）施工单位必须建立、健全施工质量的检验制度，严格工序管理，作好隐蔽工程的质量检查和记录。隐蔽工程在隐蔽前，施工单位应当通知建设单位和建设工程质量监督机构；<br>（7）施工人员对涉及结构安全的试块、试件以及有关材料，应当在建设单位或者工程监理单位监督下现场取样，并送具有相应资质等级的质量检测单位进行检测；<br>（8）施工单位对施工中出现质量问题的建设工程或者竣工验收不合格的建设工程，应当负责返修；<br>（9）施工单位应当建立、健全教育培训制度，加强对职工的教育培训；未经教育培训或者考核不合格的人员，不得上岗作业 |
| 工程监理单位的质量责任和义务 | （1）工程监理单位应当依法取得相应等级的资质证书，在其资质等级许可的范围内承担工程监理业务，并不得转让工程监理业务；<br>（2）工程监理单位与被监理工程的施工承包单位以及建筑材料、建筑构配件和设备供应单位有隶属关系或者其他利害关系的，不得承担该项建设工程的监理业务；<br>（3）工程监理单位应当依照法律、法规以及有关技术标准、设计文件和建设工程承包合同，代表建设单位对施工质量实施监理，并对施工质量承担监理责任；<br>（4）工程监理单位应当选派具备相应资格的总监理工程师和监理工程师进驻施工现场。未经监理工程师签字，建筑材料、建筑构配件和设备不得在工程上使用或者安装，施工单位不得进行下一道工序的施工。未经总监理工程师签字，建设单位不拨付工程款，不进行竣工验收；<br>（5）监理工程师应当按照工程监理规范的要求，采取旁站、巡视和平行检验等形式，对建设工程实施监理 |
| 建筑工程五方责任主体项目负责人质量终身追究 | （1）建筑工程五方责任主体项目负责人是指承担建筑工程项目建设的建设单位项目负责人、勘察单位项目负责人、设计单位项目负责人、施工单位项目经理、监理单位总监理工程师。<br>（2）建筑工程五方责任主体项目负责人质量终身责任，是指参与新建、扩建、改建的建筑工程项目负责人按照国家法律法规和有关规定，在工程设计使用年限内对工程质量承担相应责任。<br>（3）符合下列情形之一的，县级以上地方人民政府住房和城乡建设主管部门应当依法追究项目负责人的质量终身责任：<br>①发生工程质量事故；<br>②发生投诉、举报、群体性事件、媒体报道并造成恶劣社会影响的严重工程质量问题；<br>③由于勘察、设计或施工原因造成尚在设计使用年限内的建筑工程不能正常使用；<br>④存在其他需追究责任的违法违规行为。<br>（4）工程质量终身责任实行书面承诺和竣工后永久性标牌等制度；<br>（5）违反法律法规规定，造成工程质量事故或严重质量问题的，除依照本办法规定追究项目负责人终身责任外，还应依法追究相关责任单位和责任人员的责任 |

**嗨·点评** 该知识点应明确以下三点内容：（1）质量控制与质量管理的关系；（2）目标应满足什么要求，任务是哪两方面任务；（3）各方责任与其立场相关。

【经典例题】1.（2014年真题）根据《质量管理体系基础和术语》GB/T 19000 2008/

ISO 9000：2005，质量控制的定义是（　　）。

A.工程建设参与者为了保证工程项目质量所从事工作的水平和完善程度

B.对建筑产品具备的满足规定要求能力的程度所作的系统检查

C.为达到工程项目质量要求所采取的作业技术和活动

D.质量管理的一部分，致力于满足质量要求的一系列相关活动

【答案】D

【嗨·解析】根据国家标准《质量管理体系基础和术语》GB/T 19000-2008/ISO 9000：2005的定义，质量控制是质量管理的一部分，是致力于满足质量要求的一系列相关活动。这些活动主要包括：（1）设定目标：即设定要求，确定需要控制的标准、区间、范围、区域；（2）测量结果：测量满足所设定目标的程度；（3）评价：即评价控制的能力和效果；（4）纠偏：对不满足设定目标的偏差，及时纠偏，保持控制能力的稳定性。因此，正确选项是D。

【经典例题】2.质量控制和质量管理的关系是（　　）。

A.质量控制是质量管理的一部分

B.质量管理是质量控制的一部分

C.质量管理和质量控制相互独立

D.质量管理和质量控制相互包容

【答案】A

【嗨·解析】根据国家标准《质量管理体系基础和术语》GB/T 19000-2008/ISO 9000：2005的定义，质量控制是质量管理的一部分，是致力于满足质量要求的一系列相关活动。因此，正确选项是A。

## 二、项目质量的形成过程和影响因素分析

### （一）建设工程项目质量的基本特性

建设工程项目质量的基本特性包括：反映使用功能的质量特性、反映安全可靠的质量特性、反映文化艺术的质量特性、反映建设工程环境的质量特性四方面。详见表1Z204010-4。

建设工程项目质量的基本特性　表1Z204010-4

| | |
|---|---|
| 使用功能 | 主要表现为反映项目使用功能需求的一系列特性指标，按照现代质量管理理念，功能性质量必须以顾客关注为焦点，满足顾客的需求或期望 |
| 安全可靠 | 在正常的使用条件下应能达到安全可靠的标准，可靠性质量必须在满足功能性质量需求的基础上，结合技术标准、规范（特别是强制性条文）的要求进行确定与实施 |
| 文化艺术 | 工程项目艺术文化特性的质量来自于设计者的设计理念、创意和创新以及施工者对设计意图的领会与精益施工 |
| 建设工程环境 | 建设工程环境质量包括项目用地范围内的规划布局、交通组织、绿化景观、节能环保；还要追求其与周边环境的协调性或适宜性 |

### （二）项目质量的形成过程

建设工程项目质量的形成过程，贯穿于整个建设项目的决策过程和各个子项目的设计与施工过程（贯穿于项目的决策过程和实施过程），体现在建设项目质量的目标决策、目标细化到目标实现的系统过程。详见表1Z204010-5。

项目质量的形成过程　表1Z204010-5

| | |
|---|---|
| 质量需求的识别过程 | （1）在建设项目决策阶段这一过程的质量管理职能在于识别建设意图和需求；（2）质量目标的决策是建设单位（业主）或项目法人的质量管理职能；（3）业主的需求和法律法规的要求，是决定建设项目质量目标的主要依据 |

续表

| 质量目标的定义过程 | （1）建设工程项目质量目标的具体定义过程，主要是在工程设计阶段；<br>（2）承包方有时也会为了创品牌工程或根据业主的创优要求及具体情况来制定更高的项目质量目标，创造精品工程 |
|---|---|
| 质量目标的实现过程 | 工程项目质量目标实现的最重要和最关键的过程是在施工阶段，包括施工准备过程和施工作业技术活动过程 |

### （三）项目质量的影响因素

建设工程项目质量的影响因素包括人的因素、机械因素、材料因素、方法因素和环境因素（简称人、机、料、法、环，4M1E）等。详见表1Z204010-6。

项目质量的影响因素　表1Z204010-6

| 人的因素 | （1）在工程项目质量管理中，人的因素起决定性的作用。项目质量控制应以控制人的因素为基本出发点；<br>（2）我国实行建筑业企业经营资质管理制度、市场准入制度、执业资格注册制度、作业及管理人员持证上岗制度等，从本质上说，都是对从事建设工程活动的人的素质和能力进行必要的控制 |
|---|---|
| 机械的因素 | 机械包括工程设备、施工机械和各类施工器具。<br>（1）工程设备是指组成工程实体的工艺设备和各类机具，其质量的优劣，直接影响到工程使用功能的发挥；<br>（2）施工机械和各类施工器具是指施工过程中使用的各类机具设备，施工机械设备是所有施工方案和工法得以实施的重要物质基础，合理选择和正确使用施工机械设备是保证项目施工质量和安全的重要条件 |
| 材料的因素 | 材料包括工程材料和施工用料，又包括原材料、半成品、成品、构配件和周转材料等。各类材料是工程施工的基本物质条件，材料质量是工程质量的基础 |
| 方法的因素 | （1）方法的因素也可以称为技术因素，包括勘察、设计、施工所采用的技术和方法以及工程检测、试验的技术和方法等；<br>（2）建设主管部门在建筑业中推广应用多项新技术，包括地基基础和地下空间工程技术、高性能混凝土技术、高强钢筋和预应力技术、新型模板及脚手架应用技术、钢结构技术、建筑防水技术以及BIM等信息技术 |
| 环境的因素 | 影响项目质量的环境因素，又包括项目的自然环境因素、社会环境因素、管理环境因素和作业环境因素。<br>（1）自然环境因素<br>主要指工程地质、水文、气象条件和地下障碍物以及其他不可抗力等影响项目质量的因素；<br>（2）社会环境因素<br>主要指会对项目质量造成影响的各种社会环境因素；<br>（3）管理环境因素<br>主要指项目参建单位的质量管理体系、质量管理制度和各参建单位之间的协调等因素；<br>（4）作业环境因素<br>主要指项目实施现场平面和空间环境条件，各种能源介质供应，施工照明、通风、安全防护设施，施工场地给排水，以及交通运输和道路条件等因素 |

**🔊 嗨·点评** 项目质量影响因素的环境因素中，自然环境因素可以简记为"天上地下"，是客观的自然条件；作业环境因素则是人为形成的保证工程实施的环境条件。

【经典例题】3.（2016年真题）下列影响项目质量的环境因素中，属于管理环境因素的是（　　）。

A. 项目现场施工组织系统
B. 项目所在地建筑市场规范程度
C. 项目所在地政府的工程质量监督
D. 项目咨询公司的服务水平

【答案】A

**【嗨·解析】**本题考查的是项目质量的影响因素。管理环境因素主要是指项目参建单位的质量管理体系、质量管理制度和各参建单位之间的协调等因素。比如，参建单位的质量管理体系是否健全，运行是否有效，决定了该单位的质量管理能力；在项目施工中根据承发包的合同结构，理顺管理关系，建立统一的现场施工组织系统和质量管理的综合运行机制，确保工程项目质量保证体系处于良好的状态，创造良好的质量管理环境和氛围，则是施工顺利进行，提高施工质量的保证。选项B、C、D均为社会环境因素。

### 三、项目质量风险分析和控制

建设工程项目质量风险通常是指某种因素对实现项目质量目标造成不利影响的不确定性。在项目实施的整个过程中，对质量风险进行识别、评估、响应及控制，减少风险源的存在，降低风险事故发生的概率，减少风险事故对项目质量造成的损害，把风险损失控制在可以接受的程度，是项目质量控制的重要内容。项目质量风险控制的程序及内容详见表1Z204010-7。

项目质量风险分析和控制　　表1Z204010-7

| | | | |
|---|---|---|---|
| 质量风险识别 | 按产生原因分常见的质量风险 | 自然风险 | 自然风险包括客观自然条件对项目质量的不利影响和突发自然灾害对项目质量造成的损害 |
| | | 技术风险 | 技术风险包括现有技术水平的局限和项目实施人员对工程技术的掌握、应用不当对项目质量造成的不利影响 |
| | | 管理风险 | 工程项目的建设、设计、施工、监理等工程质量责任单位的质量管理体系存在缺陷，组织结构不合理，工作流程组织不科学，任务分工和职能划分不恰当，管理制度不健全，或者各级管理者的管理能力不足和责任心不强 |
| | | 环境风险 | 环境风险包括项目实施的社会环境和项目实施现场的工作环境可能对项目质量造成的不利影响 |
| | 质量风险识别的方法 | | （1）采用层次分析法画出质量风险结构层次图；<br>（2）分析每种风险的促发因素；<br>（3）将风险识别的结果汇总成为质量风险识别报告 |
| 质量风险评估 | 风险评估方法 | | 质量风险评估应采取定性与定量相结合的方法进行。通常可以采用经验判断法或德尔菲法 |
| | 风险评估表 | | 风险评估表中应包括：编号、风险种类、风险因素、风险事件描述、发生概率、损失量、风险等级、备注 |
| 质量风险响应 | 质量风险应对策略 | 规避 | 采取恰当的措施避免质量风险的发生 |
| | | 减轻 | 针对无法规避的质量风险，研究制定有效的应对方案，尽量把风险发生的概率和损失量降到最低程度，从而降低风险量和风险等级 |
| | | 转移 | 依法采用正确的方法把质量风险转移给其他方承担。转移的方法有：分包转移、担保转移、保险转移 |
| | | 自留 | 又称风险承担。当质量风险无法避免，或者估计可能造成的质量损害不会很严重而预防的成本很高时采用。风险自留有两种：无计划自留和有计划自留 |
| | 质量风险管理计划 | | （1）项目质量风险管理方针、目标；<br>（2）质量风险识别和评估结果；<br>（3）质量风险应对策略和具体措施；<br>（4）质量风险控制的责任分工；<br>（5）相应的资源准备计划 |
| 质量风险控制 | 项目质量风险控制需要项目的建设单位、设计单位、施工单位和监理单位共同参与 | | |

🔊 **嗨·点评** 对比1Z201100风险管理的内容学习。

【经典例题】4.（2016年真题）关于工程项目质量风险识别的说法，正确的是（　　）。

A. 从风险产生的原因分析，质量风险分为自然风险、施工风险、设计风险

B. 可按风险责任单位和项目实施阶段分别进行风险识别

C. 因项目实施人员自身技术水平局限造成错误的质量风险属于管理风险

D. 风险识别的步骤是，分析每种风险的促发因素→画出质量风险结构层次图→将结果汇总成质量风险识别报告

【答案】B

【嗨·解析】本题考查的是质量风险识别。选项A，质量风险分为自然风险、技术风险、管理风险、环境风险；选项C，自身技术水平属于技术风险；选项D，风险识别步骤：画出质量风险结构层次图→分析每种风险的促发因素→将结果汇总成质量风险识别报告。

# 章节练习题

## 一、单项选择题

1. 在工程勘察设计、招标采购、施工安装、竣工验收等各个阶段,建设工程项目参与各方的质量控制,均应围绕致力于满足( )的质量总目标而展开。
   A.法律法规　　　　B.业主要求
   C.工程建设标准　　D.设计文件

2. 关于质量控制说法,正确的是( )。
   A.质量控制是指确定质量方针及实施质量方针的全部职能及工作内容,并对其工作效果进行评价和改进的一系列工作
   B.质量控制是质量管理的一部分,是致力于满足质量要求的一系列相关活动
   C.只要具备相关的作业技术能力,就能产生合格的质量
   D.质量控制是围绕质量方针采取的一系列活动

3. 建设工程项目的质量要求是由( )提出的。
   A.承包方　　　　B.业主方
   C.设计方　　　　D.发包方

4. 下列对施工单位的质量责任和义务说法错误的是( )。
   A.施工单位对建设工程的施工质量负责
   B.总承包单位对分包单位承包的分包工程不承担责任
   C.隐蔽工程在隐蔽前,施工单位应当通知建设单位和建设工程质量监督机构
   D.施工单位对施工中出现质量问题的建设工程或者竣工验收不合格的建设工程,应当负责返修

5. 按照现代质量管理理念,建设工程项目功能性质量必须以( )为焦点。
   A.建筑环境　　　　B.顾客关注
   C.文化艺术　　　　D.安全可靠

6. 在建设工程项目质量的形成过程中,应在建设项目的( )阶段完成质量需求的识别。
   A.决策　　　　　　B.施工
   C.竣工验收　　　　D.设计

7. 建设工程项目质量的形成过程,体现了从目标决策,目标细化到目标实现的系统过程,而质量目标的决策是( )的质量管理职能。
   A.建设单位
   B.设计单位
   C.项目管理咨询单位
   D.建设项目工程总承包单位

8. 项目质量的影响因素中,( )起着决定性的作用。
   A.材料的因素　　B.人的因素
   C.机械设备　　　D.环境的因素

9. 在我国,实行建筑业企业经营资质管理制度、执业资格注册制度、作业及管理人员持证上岗等制度,从本质上来说,都是对建设工程项目质量影响因素中( )的控制。
   A.管理因素　　　B.人的因素
   C.环境因素　　　D.技术因素

10. 下列项目质量风险中,属于管理风险的是( )。
    A.项目实施人员对工程技术的应用不当
    B.社会上的腐败现象和违法现象
    C.采用不够成熟的新结构、新技术、新工艺
    D.工程质量责任单位的质量管理体系存在缺陷

11. 在常见的质量风险中,现有技术水平的局限和项目实施人员对工程技术的掌握、应用不当对项目质量造成的不利影响,属于( )。
    A.自然风险　　　B.技术风险
    C.管理风险　　　D.环境风险

12. 当质量风险无法避免,或者估计可能造成的质量损害不会很严重而预防的成本很高时,( )常常是一种有效的风险响应策略。
    A.规避　　　　　B.减轻
    C.转移　　　　　D.承担

## 二、多项选择题

1. 质量控制是质量管理的一部分，是致力于满足质量要求的一系列相关活动，这些活动主要包括（　　）。
   A.设定目标　　　　B.保证
   C.测量结果　　　　D.评价
   E.纠偏

2. 关于建设工程项目质量的形成过程的说法，正确的有（　　）。
   A.建设工程项目质量的形成过程，贯穿于整个建设项目的决策过程和各个工程项目的设计与施工过程
   B.业主的需求和法律法规的要求，是决定建设工程项目质量目标的主要依据
   C.建设工程项目质量目标的具体定义过程为建设工程设计阶段
   D.建设工程项目质量目标实现的最重要和最关键的过程在设计阶段，包括施工准备过程和作业设计活动过程
   E.建设工程项目质量目标的识别过程在前期的可能性研究阶段，在于识别建设意图和需求

3. 建设工程项目质量的影响因素主要是指在建设工程项目质量目标策划决策和实现过程中各种客观因素和主观因素，包括人的因素、（　　）等。
   A.机械因素　　　　B.材料因素
   C.方法因素　　　　D.环境因素
   E.社会因素

4. 影响项目质量的环境因素，又包括项目的（　　）。
   A.自然环境因素　　B.社会环境因素
   C.管理环境因素　　D.作业环境因素
   E.法律环境因素

5. 下列影响建设工程项目质量的环境因素中，属于作业环境因素的有（　　）。
   A.照明方式　　　　B.地下水位置
   C.风力等级　　　　D.验收程序
   E.围挡设施

6. 常用的质量风险对策包括（　　）。
   A.风险规避　　　　B.风险减轻
   C.风险控制　　　　D.风险转移
   E.风险自留

7. 风险转移的方法有（　　）。
   A.分包转移　　　　B.合同转移
   C.担保转移　　　　D.保险转移
   E.互换转移

# 参考答案及解析

## 一、单项选择题

1. 【答案】B
   【解析】工程项目质量控制，就是在项目实施整个过程中，包括项目的勘察设计、招标采购、施工安装、竣工验收等各个阶段，项目参与各方致力于实现业主要求的项目质量总目标的一系列活动。

2. 【答案】B
   【解析】质量控制是质量管理的一部分，是致力于满足质量要求的一系列相关活动。

3. 【答案】B
   【解析】工程项目的质量要求是由业主方提出的，即项目的质量目标，是业主的建设意图通过项目策划，包括项目的定义及建设规模、系统构成、使用功能和价值、规格、档次、标准等的定位策划和目标决策来确定的。

4. 【答案】B
   【解析】总承包单位依法将建设工程分包给其他单位的，分包单位应当按照分包合同的约定对其分包工程的质量向总承包单位负责，总承包单位与分包单位对分包工程的质量承担连带责任。

5. 【答案】B
   【解析】功能性质量必须以顾客关注为焦点，满足顾客的需求或期望。

6. 【答案】A
   【解析】建在建设项目决策阶段，主要工作包括建设项目发展策划、可行性研究、建设方案论证和投资决策。这一过程的质量

管理职能在于识别建设意图和需求，对建设项目的性质、规模、使用功能、系统构成和建设标准要求等进行策划、分析、论证，为整个建设项目的质量总目标以及项目内各个子项目的质量目标提出明确要求。

7.【答案】A
【解析】由于建筑产品采取定制式的承发包生产，因此，其质量目标的决策是建设单位（业主）或项目法人的质量管理职能。

8.【答案】B
【解析】在工程项目质量管理中，人的因素起决定性的作用。

9.【答案】B
【解析】我国实行建筑业企业经营资质管理制度、市场准入制度、执业资格注册制度、作业及管理人员持证上岗制度等，从本质上说，都是对从事建设工程活动的人的素质和能力进行必要的控制。

10.【答案】D
【解析】管理风险：工程项目的建设、设计、施工、监理等工程质量责任单位的质量管理体系存在缺陷，组织结构不合理，工作流程组织不科学，任务分工和职能划分不恰当，管理制度不健全，或者各级管理者的管理能力不足和责任心不强，这些因素都可能对项目质量造成损害。

11.【答案】B
【解析】技术风险包括现有技术水平的局限和项目实施人员对工程技术的掌握、应用不当对项目质量造成的不利影响。

12.【答案】D
【解析】风险承担又称风险自留。当质量风险无法避免，或者估计可能造成的质量损害不会很严重而预防的成本很高时，风险承担也常常是一种有效的风险响应策略。

二、多项选择题

1.【答案】ACDE
【解析】质量控制是质量管理的一部分，是致力于满足质量要求的一系列相关活动。这些活动主要包括：设定目标、测量结果、评价、纠偏。

2.【答案】ABE
【解析】建设工程项目质量目标的具体定义过程，主要是在工程设计阶段。工程项目质量目标实现的最重要和最关键的过程是在施工阶段，包括施工准备过程和施工作业技术活动过程。

3.【答案】ABCD
【解析】建设工程项目质量的影响因素，主要是指在项目质量目标策划、决策和实现过程中影响质量形成的各种客观因素和主观因素，包括人的因素、机械因素、材料因素、方法因素和环境因素（简称人、机、料、法、环）等。

4.【答案】ABCD
【解析】影响项目质量的环境因素，又包括项目的自然环境因素、社会环境因素、管理环境因素和作业环境因素。

5.【答案】AE
【解析】建设工程项目质量的影响因素包括人的因素、技术因素、管理因素、环境因素和社会因素，其中劳动作业环境是指施工现场的通风、照明、安全卫生防护设施等，AE符合题意。

6.【答案】ABDE
【解析】常用的质量风险对策包括风险规避、减轻、转移、自留及其组合等策略。

7.【答案】ACD
【解析】风险转移的方法有分包转移、担保转移、保险转移三种。

# 1Z204020 建设工程项目质量控制体系

**本节知识体系**

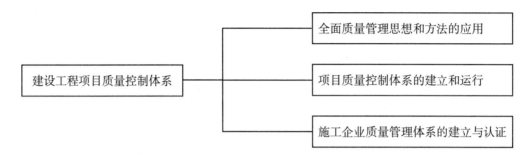

**核心内容讲解**

## 一、全面质量管理思想和方法的应用（详见表1Z204020-1）

全面质量管理思想和方法的应用　表1Z204020-1

| 全面质量管理（TQC）的思想 | | TQC的主要特点是：以顾客满意为宗旨；领导参与质量方针和目标的制定；提倡预防为主、科学管理、用数据说话等；<br>建设工程项目的质量管理，应贯彻"三全"管理的思想和方法，即全面质量管理、全过程质量管理、全员参与质量管理 |
|---|---|---|
| 质量管理的PDCA循环 | 计划P | （1）确定质量目标；<br>（2）制定实现质量目标的行动方案两方面 |
| | 实施D | （1）在质量活动实施前，要根据质量管理计划进行行动方案的部署和交底；<br>（2）在质量活动实施过程中，则要求严格执行计划的行动方案 |
| | 检查C | （1）检查是否严格执行了计划的行动方案；<br>（2）检查计划执行的结果 |
| | 处置A | 处置分纠偏和预防改进两个方面 |

◉ **嗨·点评** PDCA循环的考察为两个方面：（1）程序；（2）内容。

【经典例题】1. PDCA循环中，质量管理的计划职能是（　　）。

A.确定质量方针和目标

B.确定质量目标和制定实现质量目标的行动方案

C.对质量问题采取措施进行整改

D.展开工程的作业活动

【答案】B

【嗨·解析】计划由目标和实现目标的手段组成，所以说计划是一条"目标—手段链"。质量管理的计划职能，包括确定质量目标和制定实现质量目标的行动方案两方面。实践表明质量计划的严谨周密、经济合理和切实可行，是保证工作质量、产品质量和服务质量的前是条件。因此，正确选项是B。

## 二、项目质量控制体系的建立和运行

### （一）项目质量控制体系的性质、特点和构成

建设工程项目的实施，涉及业主方、勘

察方、设计方、施工方、监理方、供应方等多方质量责任主体的活动,各方主体各自承担不同的质量责任和义务。项目质量控制体系的性质、特点和构成详见表1Z204020-2。

项目质量控制体系的性质、特点和构成  表1Z204020-2

| 性质 | (1)项目质量控制体系是以项目为对象,由项目实施的总组织者负责建立的面向项目对象开展质量控制的工作体系; <br>(2)项目质量控制体系是项目管理组织的一个目标控制体系; <br>(3)项目质量控制体系根据项目管理的实际需要而建立,随着项目的完成和项目管理组织的解体而消失,是一个一次性的质量控制工作体系 | |
|---|---|---|
| 特点 | | 工程项目质量控制体系 | 企业质量管理体系 |
| | 建立目的 | 项目质量控制 | 企业质量管理 |
| | 服务范围 | 项目所有参与单位 | 施工企业 |
| | 控制目标 | 项目质量目标 | 企业质量管理目标 |
| | 作用时效 | 一次性 | 永久性 |
| | 评价方式 | 自我评价 | 第三方认证 |
| 结构 | 建设工程项目质量控制体系,一般形成多层次、多单元的结构形态。<br>(1)第一层次:由建设单位的工程项目管理机构负责建立;在委托代建、委托项目管理或实行交钥匙式工程总承包的情况下,应由相应的代建方项目管理机构、受托项目管理机构或工程总承包企业项目管理机构负责建立;<br>(2)第二层次:由项目的设计总负责单位、施工总承包单位等建立的相应管理范围内的质量控制体系;<br>(3)第三层次:承担工程设计、施工安装、材料设备供应等各承包单位的现场质量自控体系,或称各自的施工质量保证体系 | |

## (二)项目质量控制体系的建立

项目质量控制体系的建立过程,实际上就是项目质量总目标的确定和分解过程,也是项目各参与方之间质量管理关系和控制责任的确立过程。为了保证质量控制体系的科学性和有效性,必须明确体系建立的原则、程序和主体。详见表1Z204020-3。

项目质量控制体系的建立  表1Z204020-3

| 建立的原则 | (1)分层次规划原则;<br>(2)目标分解原则;<br>(3)质量责任制原则;<br>(4)系统有效性原则 |
|---|---|
| 建立的程序 | (1)确立系统质量控制网络;<br>(2)制定质量控制制度;<br>(3)分析质量控制界面;<br>(4)编制质量控制计划 |
| 一般情况下,项目质量控制体系应由建设单位或工程项目总承包企业的工程项目管理机构负责建立 | |

## (三)项目质量控制体系的运行

质量控制体系要有效地运行,还有赖于系统内部的运行环境和运行机制的完善。详见表1Z204020-4。

# 1Z204000 建设工程项目质量控制

项目质量控制体系的运行　表1Z204020-4

| 运行环境 | （1）项目的合同结构；<br>（2）质量管理的资源配置；<br>（3）质量管理的组织制度 |
|---|---|
| 运行机制 | （1）动力机制<br>动力机制是项目质量控制体系运行的核心机制，它来源于公正、公开、公平的竞争机制和利益机制的制度设计或安排；<br>（2）约束机制<br>约束机制取决于各质量责任主体内部的自我约束能力和外部的监控效力；<br>（3）反馈机制<br>运行状态和结果的信息反馈，是对质量控制系统的能力和运行效果进行评价，并为及时作出处置提供决策依据；<br>（4）持续改进机制 |

🔊 **嗨·点评**　对于项目质量控制体系，需要做到以下三点：搞清本质，抓住特征，理解程序。

**【经典例题】2.**（2016年真题）下列项目质量控制体系中，属于质量控制体系第二层次的是（　　）。

A. 建设单位项目管理机构建立的项目质量控制体系

B. 交钥匙工程总承包企业项目管理机构建立的项目质量控制体系

C. 项目设计总负责单位建立的项目质量控制体系

D. 施工设备安装单位建立的现场质量控制体系

**【答案】** C

**【嗨·解析】** 本题考查的是项目质量控制体系的性质、特点和构成。第二层次的质量控制体系，通常是指分别由项目的设计总负责单位、施工总承包单位等建立的相应管理范围内的质量控制体系，A、B属于第一层次，D属于第三层次。

**【经典例题】3.**（2016年真题）建立项目质量控制体系的过程包括：①分析质量控制界面；②确立系统质量控制网络；③制定质量控制制度；④编制质量控制计划。其正确的工作步骤是（　　）。

A. ②→③→①→④

B. ①→②→③→④

C. ②→①→③→④

D. ①→③→②→④

**【答案】** A

**【嗨·解析】** 本题考查的是项目质量控制体系的建立。

项目质量控制体系的建立过程，一般可按以下环节依次展开工作：

（1）确立系统质量控制网络；

（2）制定质量控制制度；

（3）分析质量控制界面；

（4）编制质量控制计划。

**【经典例题】4.**（2015年真题）项目质量控制体系运行的核心机制是（　　）。

A. 约束机制　　B. 反馈机制

C. 动力机制　　D. 持续改选机制

**【答案】** C

**【嗨·解析】** 动力机制是项目质量控制体系运行的核心机制，它来源于公正、公开、公平的竞争机制和利益机制的制度设计或安排；这是因为项目的实施过程是由多主体参与的价值增值链，只有保持合理的供方及分供方等各方关系，才能形成合力，是项目管理成功的重要保证。因此，正确选项是C。

### 三、施工企业质量管理体系的建立与认证

建筑施工企业质量管理体系是企业为实

施质量管理而建立的管理体系，通过第三方质量认证机构的认证，为该企业的工程承包经营和质量管理奠定基础。施工企业质量管理体系的建立与认证见表1Z204020-5。

**施工企业质量管理体系的建立与认证　表1Z204020-5**

| | |
|---|---|
| 质量管理的八项原则 | （1）以顾客为关注焦点；<br>（2）领导作用；<br>（3）全员参与；<br>（4）过程方法；<br>（5）管理的系统方法；<br>（6）持续改进；<br>（7）基于事实的决策方法；<br>（8）与供方互利的关系 |
| 企业质量管理体系文件构成 | （1）质量方针和质量目标；<br>（2）质量手册——纲领性文件<br>包括：企业的质量方针、质量目标；组织机构及质量职责；体系要素或基本控制程序；质量手册的评审、修改和控制的管理办法；<br>（3）程序性文件——手册的支持性文件；<br>（4）质量记录 |
| 企业质量管理体系的建立和运行 | 落实质量体系的内部审核程序，有组织有计划开展内部质量审核活动，其主要目的是：<br>（1）评价质量管理程序的执行情况及适用性；<br>（2）揭露过程中存在的问题，为质量改进提供依据；<br>（3）检查质量体系运行的信息；<br>（4）向外部审核单位提供体系有效的证据 |
| 企业质量管理体系的认证与监督 | 企业质量管理体系认证的程序：<br>（1）申请和受理；<br>（2）审核；<br>（3）审批与注册发证<br>企业质量管理体系获准认证的有效期为3年。质量管理体系获准认证后的维持与监督管理内容如下：<br>（1）企业通报；<br>（2）监督检查——定期检查通常是每年一次，不定期检查视需要临时安排；<br>（3）认证注销——注销是企业的自愿行为；<br>（4）认证暂停；<br>（5）认证撤销——企业不服可提出申诉。撤销认证的企业一年后可重新提出认证申请；<br>（6）复评；<br>（7）重新换证 |

🔊 **嗨·点评** 企业质量管理体系应重点注意两点：体系文件、认证监督。

【经典例题】5.（2014年真题）根据《质量管理体系基础和术语》GB/T 19000—2008/ISO 9000：2005，企业质量管理体系文件由（　　）构成。

A.质量方针和质量目标
B.质量记录
C.质量手册
D.质量报告
E.程序性文件

【答案】ABCE

【嗨·解析】量管理标准所要求的质量管理体系文件由下列内容构成，（1）质量方针和质量目标；（2）质量手册；（3）程序性文件；（4）质量记录。因此，正确选项是ABCE。

# 章节练习题

## 一、单项选择题

1. 在PDCA循环中，P阶段的职能包括（　　）等。
   A.检查计划执行的结果并进行确认和评价
   B.确定质量目标，制定实现质量目标的行动方案
   C.采取必要的措施，保持工程质量形成过程的受控状态
   D.根据质量管理计划进行行动方案的部署和交底

2. 建设工程项目质量管理的PDCA循环中，质量处置阶段的主要任务是（　　）。
   A.明确质量目标并制定实现目标的行动方案
   B.展开工程项目的施工作业技术活动
   C.对计划实施过程进行科学管理
   D.对质量问题进行原因分析，采取措施予以纠正

3. 建设工程项目质量控制系统是面向（　　）而建立的。
   A.工程项目
   B.工程实施参与各方
   C.建筑业企业
   D.施工单位项目经理部

4. 建设工程项目质量控制系统是面向工程项目建立的质量控制系统，该系统（　　）。
   A.属于一次性的系统
   B.需要进行第三方认证
   C.仅涉及施工承包单位
   D.需要通过业主方认证

5. 建设工程项目质量控制系统的服务范围是（　　）。
   A.项目实施的所有责任主体
   B.施工单位
   C.设计单位与施工单位
   D.设计单位、施工单位与监理单位

6. 关于项目质量控制体系的说法，正确的是（　　）。
   A.项目质量控制体系需要第三方认证
   B.项目质量控制体系是一个永久性的质量管理体系
   C.项目质量控制体系既适用于特定项目的质量控制，也适用于企业的质量管理
   D.项目质量控制体系涉及项目实施过程所有的质量责任主体

7. 先由建设单位和工程总承包企业对整个建设项目和总承包项目进行质量控制系统设计，再由设计、施工、监理企业进行责任范围内的质量控制系统设计，是依（　　）建立工程项目质量控制体系。
   A.分层次规划的原则
   B.总目标分解的原则
   C.质量责任制的原则
   D.系统有效性的原则

8. 质量控制系统的建立包括以下工作，①确立系统质量控制网络；②制定系统质量控制制度；③编制系统质量控制计划；④分析质量控制界面。这些工作的正确顺序是（　　）。
   A.①②④③　　　B.①②③④
   C.②①③④　　　D.②①④③

9. 按照建设工程项目质量控制系统的性质、范围和主体的构成，一般情况下其质量控制系统应由（　　）负责建立。
   A.建设单位或建设工程项目总承包企业的工程项目管理机构
   B.政府监督部门或监理单位
   C.监理单位或建设工程项目总承包企业的工程项目管理机构
   D.设计单位或建设单位

10. 在质量管理体系八项原则中，体现组织进行质量管理的基本出发点与归宿点的原则

是（　　）。

A.以顾客为关注焦点

B.领导作用

C.基于事实的决策方法

D.持续改进

11. 企业领导应该重视数据信息的收集、汇总和分析，以便为决策提供依据，这体现了质量管理体系八项原则中的（　　）原则。

A.管理的系统方法

B.基于事实的决策方法

C.持续改进

D.领导作用

12. 根据GB/T 19000质量管理体系标准，用来规定企业组织建立质量管理体系的文件是（　　）。

A.程序文件　　　B.质量手册

C.质量记录　　　D.管理标准

13. 企业质量管理体系获准认证的有效期为（　　）年。

A.1　　B.2　　C.3　　D.5

14. 当获得质量认证的企业的质量管理体系存在严重不符合规定的情况，认证机构将作出（　　）的决定。

A.认证注销　　　B.认证暂停

C.认证撤销　　　D.重新换证

15. 某企业通过质量管理体系认证后，由于管理不善，经认证机构调查做出了撤销认证的决定。则该企业（　　）。

A.可以提出申诉，并在一年后可重新提出认证申请

B.不能提出申诉，不能再重新提出认证申请

C.不能提出申诉，但在一年后可以重新提出认证申请

D.可以提出申诉，并在半年后可重新提出认证申请

二、多项选择题

1. 来自于全面质量管理TQC思想的三全管理包括（　　）。

A.全面质量控制　　B.全过程质量控制

C.全员参与质量管理　D.全方位质量控制

E.全社会质量控制

2. 在建设工程项目质量控制系统多层次结构中，下列属于第一层面质量控制系统的有（　　）。

A.代建单位项目管理机构建立的质量控制系统

B.受业主委托项目管理机构建立的质量控制系统

C.工程总承包商项目管理机构建立的质量控制系统

D.施工总承包商项目管理机构建立的质量控制系统

E.设计总承包商项目管理机构建立的质量控制系统

3. 建立建设工程项目质量控制系统的原则有（　　）。

A.分层次规划原则　B.质量责任制原则

C.全员参与原则　　D.目标分解原则

E.系统有效性原则

4. 建设工程项目质量控制系统运行的约束机制取决于（　　）。

A.各质量责任主体对利益的追求

B.各主体内部的自我约束能力

C.各主体外部的监控效力

D.工程项目管理文化建设的程度

E.质量信息反馈的及时性和准确性

5. 根据《质量管理体系基础和术语》GB/T 19000—2008，属于质量管理的八项原则的有（　　）。

A.以顾客为关注焦点

B.持续改进

C.全过程控制
D.全员参与
E.过程方法

6. 质量管理体系文件一般由（　　）构成。
   A.质量记录　　　　B.程序性文件
   C.质量手册　　　　D.质量报告
   E.质量方针和质量目标文件

7. 关于质量管理体系文件的说法，正确的有（　　）。
   A.所有企业程序文件的内容及详略有统一规定的形式
   B.质量手册是企业质量管理系统的纲领性文件
   C.质量方针和质量目标是企业质量管理的方向和目标，也是企业质量经营理念的反映
   D.质量记录具有可追溯性
   E.质量记录无统一规定的形式和程序，可视企业情况而定

8. 质量手册是规定企业组织建立质量管理的文件，对企业质量体系作系统、完整和概要的描述。它的基本内容一般应包括（　　）。
   A.企业的质量方针和质量目标
   B.组织机构及质量职责
   C.体系要素或基本控制程序
   D.质量手册的发行数量
   E.质量手册的评审、修改和控制的管理方法

9. 落实质量体系的内部审核程序，有组织有计划开展内部质量审核活动，其主要目的是（　　）。
   A.评价质量管理程序的执行情况及适用性
   B.揭露过程中存在的问题，为质量改进提供依据
   C.检查质量体系运行的信息
   D.向外部审核单位提供体系有效的证据
   E.促进企业完善质量体系

## 参考答案及解析

### 一、单项选择题

1.【答案】B
【解析】质量管理的计划职能，包括确定质量目标和制定实现质量目标的行动方案两方面。

2.【答案】D
【解析】质量处置阶段对于质量检查所发现的质量问题或质量不合格，及时进行原因分析，采取必要的措施，予以纠正，保持工程质量形成过程的受控状态。

3.【答案】A
【解析】建设工程项目质量控制系统是面向项目对象而建立的质量控制工作体系。

4.【答案】A
【解析】建设工程项目质量控制系统是面向项目对象而建立的质量控制工作体系，是一次性的质量工作体系，并非永久性的质量管理体系。

5.【答案】A
【解析】项目质量控制体系涉及项目实施过程所有的质量责任主体，而不只是针对某一个承包企业或组织机构，其服务的范围不同。

6.【答案】D
【解析】本知识点考查的是项目质量控制体系。项目质量控制体系涉及项目实施过程所有的质量责任主体，而不只是针对某一个承包企业或组织机构。

7.【答案】A
【解析】项目质量控制体系的分层次规划，是指项目管理的总组织者（建设单位或代建制项目管理企业）和承担项目实施任务的各参与单位，分别进行不同层次和范围的建设工程项目质量控制体系规划。

8.【答案】A

【解析】项目质量控制体系的建立过程，一般可按以下环节依次展开工作：确立系统质量控制网络、制定质量控制制度、分析质量控制界面、编制质量控制计划。

9.【答案】A

【解析】根据建设工程项目质量控制体系的性质、特点和结构，一般情况下，项目质量控制体系应由建设单位或工程项目总承包企业的工程项目管理机构负责建立。

10.【答案】A

【解析】以顾客为关注焦点是组织（从事一定范围生产经营活动的企业）依存于其顾客。组织应理解顾客当前的和未来的需求，满足顾客要求并争取超越顾客的期望。

11.【答案】B

【解析】基于事实的决策方法是有效的决策应建立在数据和信息分析的基础上，数据和信息分析是事实的高度提炼。以事实为依据做出决策，可防止决策失误。为此企业领导应重视数据信息的收集、汇总和分析，以便为决策提供依据。

12.【答案】B

【解析】质量手册是规定企业组织质量管理体系的文件，质量手册对企业质量体系作系统、完整和概要的描述。

13.【答案】C

【解析】企业质量管理体系获准认证的有效期为3年。

14.【答案】C

【解析】当获证企业发生质量管理体系存在严重不符合规定，或在认证暂停的规定期限未予整改，或发生其他构成撤销体系认证资格情况时，认证机构作出撤销认证的决定。企业不服可提出申诉。撤销认证的企业一年后可重新提出认证申请。

15.【答案】A

【解析】企业经认证机构调查作出撤销认证决定后，可以提出申诉，并在一年后重新提出认证申请。

二、多项选择题

1.【答案】ABC

【解析】建设工程项目的质量管理，应贯彻"三全"管理的思想和方法，即全面质量管理、全过程质量管理、全员参与质量管理。

2.【答案】ABC

【解析】第一层次的质量控制体系应由建设单位的工程项目管理机构负责建立；在委托代建、委托项目管理或实行交钥匙式工程总承包的情况下，应由相应的代建方项目管理机构、受托项目管理机构或工程总承包企业项目管理机构负责建立。

3.【答案】ABDE

【解析】实践经验表明，项目质量控制体系的建立，遵循以下原则：分层次规划原则、目标分解原则、质量责任制原则、系统有效性原则。

4.【答案】BC

【解析】没有约束机制的控制体系是无法使工程质量处于受控状态的。约束机制取决于各质量责任主体内部的自我约束能力和外部的监控效力。

5.【答案】ABDE

【解析】质量管理八项原则的具体内容如下：（1）以顾客为关注焦点；（2）领导作用；（3）全员参与；（4）过程方法；（5）管理的系统方法；（6）持续改进；（7）基于事实的决策方法；（8）与供方互利的关系。

6.【答案】ABCE

【解析】质量管理标准所要求的质量管理体系文件由下列内容构成：质量方针和质量目标、质量手册、程序性文件、质量记录。

7.【答案】BCD
【解析】选项A错误，程序文件的内容及详略程度没有统一规定，以适合企业使用；选项E错误，质量记录以规定的形式和程序进行，并有实施、验证、审核等签署意见。所以B、C、D正确。

8.【答案】ABCE
【解析】质量手册对企业质量体系作系统、完整和概要的描述。其内容一般包括：企业的质量方针、质量目标；组织机构及质量职责；体系要素或基本控制程序；质量手册的评审、修改和控制的管理办法。

9.【答案】ABCD
【解析】落实质量体系的内部审核程序，有组织有计划开展内部质量审核活动，其主要目的是：(1)评价质量管理程序的执行情况及适用性；(2)揭露过程中存在的问题，为质量改进提供依据；(3)检查质量体系运行的信息；(4)向外部审核单位提供体系有效的证据。

# 1Z204030 建设工程项目施工质量控制

**本节知识体系**

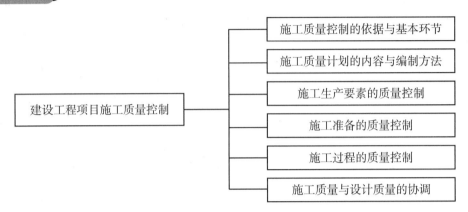

**核心内容讲解**

## 一、施工质量控制的依据与基本环节（详见表1Z204030-1）

施工质量控制的依据与基本环节　表1Z204030-1

| | | |
|---|---|---|
| 施工质量的基本要求 | | 施工质量要达到的最基本要求是：通过施工形成的项目工程实体质量经检查验收合格。建筑工程施工质量验收合格应符合下列规定：<br>（1）符合工程勘察、设计文件的要求；<br>（2）符合《建筑工程施工质量验收统一标准》GB 50300—2013和相关专业验收规范的规定 |
| 施工质量控制的依据 | 共同性依据 | 指适用于施工质量管理有关的、通用的、具有普遍指导意义和必须遵守的基本法规 |
| | 专业技术性依据 | 指针对不同的行业、不同质量控制对象制定的专业技术规范文件。包括规范、规程、标准、规定等 |
| | 项目专用性依据 | 指本项目的工程建设合同、勘察设计文件、设计交底及图纸会审记录、设计修改和技术变更通知以及相关会议记录和工程联系单等 |
| 施工质量控制的基本环节 | 事前质量控制 | 即在正式施工前进行的事前主动质量控制，通过编制施工质量计划，明确质量目标，制定施工方案，设置质量管理点，落实质量责任，分析可能导致质量目标偏离的各种影响因素，针对这些影响因素制定有效的预防措施，防患于未然 |
| | 事中质量控制 | 事中质量控制的目标是确保工序质量合格，杜绝质量事故发生；控制的关键是坚持质量标准；控制的重点是工序质量、工作质量和质量控制点的控制 |
| | 事后质量控制 | 事后控制包括对质量活动结果的评价、认定；对工序质量偏差的纠正；对不合格产品进行整改和处理 |

🔊 **嗨·点评** 归类选择，注意各自的特征。

【经典例题】1.（2016年真题）下列施工质量控制依据中，属于项目专用性依据的是（　　）。

A. 工程建设项目质量检验评定标准
B. 建设工程质量管理条例
C. 设计交底及图纸会审记录
D. 材料验收的技术标准

【答案】C

【嗨·解析】本题考查的是施工质量控制的依据。项目专用型依据指本项目的工程建设合同、勘察设计文件、设计交底及图纸会审记录、设计修改和技术变更通知以及相关会议记录和工程联系单等，A、D属于共同性依据，D属于项目专用性依据。

## 二、施工质量计划的内容与编制方法

在建设工程施工企业的质量管理体系中，以施工项目为对象的质量计划称为施工质量计划。施工质量计划的内容与编制方法详见表1Z204030-2。

施工质量计划的内容与编制方法　　表1Z204030-2

| | |
|---|---|
| 施工质量计划的基本内容 | （1）工程特点及施工条件（合同条件、法规条件和现场条件等）分析；<br>（2）质量总目标及其分解目标；<br>（3）质量管理组织机构和职责，人员及资源配置计划；<br>（4）确定施工工艺与操作方法的技术方案和施工组织方案；<br>（5）施工材料、设备等物资的质量管理及控制措施；<br>（6）施工质量检验、检测、试验工作的计划安排及其实施方法与检测标准；<br>（7）施工质量控制点及其跟踪控制的方式与要求；<br>（8）质量记录的要求等 |
| 施工质量计划的编制 | 施工质量计划应由自控主体即施工承包企业进行编制。<br>（1）在平行发包方式下，各承包单位应分别编制施工质量计划；<br>（2）在总分包模式下，施工总承包方有责任对各分包方施工质量计划的编制进行指导和审核，并承担相应施工质量的连带责任 |
| 施工质量计划的审批 | 施工质量计划的审批包括施工企业内部的审批和项目监理机构的审查。<br>（1）企业内部的审批<br>施工质量计划由项目经理部主持编制，报企业组织管理层批准；<br>（2）项目监理机构的审查<br>项目监理机构应审查施工单位报审的施工组织设计，符合要求时，应由总监理工程师签认后报建设单位。施工组织设计需要调整时，应按程序重新审查 |
| 质量控制点的设置 | 质量控制点应选择那些技术要求高、施工难度大、对工程质量影响大或是发生质量问题时危害大的对象进行设置。一般选择下列部位或环节作为质量控制点：<br>（1）对工程质量形成过程产生直接影响的关键部位、工序、环节及隐蔽工程；<br>（2）施工过程中的薄弱环节，或者质量不稳定的工序、部位或对象；<br>（3）对下道工序有较大影响的上道工序；<br>（4）采用新技术、新工艺、新材料的部位或环节；<br>（5）施工质量无把握的、施工条件困难的或技术难度大的工序或环节；<br>（6）用户反馈指出的和过去有过返工的不良工序 |
| 质量控制点的管理 | 对施工作业质量控制点，按照不同的性质和管理要求，细分为"见证点"和"待检点"进行施工质量的监督和检查。<br>（1）凡属"见证点"的施工作业，如重要部位、特种作业、专门工艺等，施工方必须在该项作业开始前，书面通知现场监理机构到位旁站，见证施工作业过程；<br>（2）凡属"待检点"的施工作业，如隐蔽工程等，施工方必须在完成施工质量自检的基础上，提前通知项目监理机构进行检查验收，然后才能进行工程隐蔽或下道工序的施工 |

【嗨·点评】注意施工质量计划的内容中，包括的是技术方案和组织方案，而不是施工组织设计。

【经典例题】2.（2016年真题）施工质量计划的基本内容包括（　　）。

A. 质量总目标及分解目标
B. 工序质量偏差的纠正
C. 质量管理组织机构和职责

D. 施工质量控制点及跟踪控制的方式
E. 质量记录的要求

【答案】ACDE

【嗨·解析】本题考查的是施工质量计划的内容与编制方法。施工质量计划的基本内容一般应包括：工程特点及施工条件（合同条件、法规条件和现场条件等）分析；质量总目标及其分解目标；质量管理组织机构和职责，人员及资源配置计划；确定施工工艺与操作方法的技术方案和施工组织方案；施工材料、设备等物资的质量管理及控制措施；施工质量检验、检测、试验工作的计划安排及其实施方法与检测标准；施工质量控制点及其跟踪控制的方式与要求；质量记录的要求。B选项属于事后质量控制。

【经典例题】3.（2014年真题）下列施工作业质量控制点中，属于"待检点"的是（　）。

A. 重要部位　　B. 特种作业
C. 专门工艺　　D. 隐蔽工程

【答案】D

【嗨·解析】凡属"待检点"的施工作业，如隐蔽工程等，施工方必须在完成施工自检的基础上，提前通知项目监理机构进行检查验收，然后方能进行工程隐蔽或下道工序的施工。未经过项目监理机构检查验收合格，不得进行工程隐蔽或下道工序的施工。因此，正确选项是D。

### 三、施工生产要素的质量控制

施工生产要素的质量控制是指对施工人员、材料设备、工艺方案、施工机械和施工环境因素的控制。详见表1Z204030-3。

**施工生产要素的质量控制　表1Z204030-3**

| | |
|---|---|
| 施工人员的质量控制 | 施工人员的质量包括参与工程施工各类人员的个体素质，以及经过合理组织和激励发挥个体潜能综合形成的群体素质。<br>（1）施工企业必须坚持执业资格注册制度和作业人员持证上岗制度；<br>（2）对所选派的施工项目领导者、组织者进行教育和培训；<br>（3）对所属施工队伍进行全员培训，加强质量意识的教育和技术训练，提高每个作业者的质量活动能力和自控能力；<br>（4）对分包单位进行严格的资质考核和施工人员的资格考核 |
| 材料设备的质量控制 | 原材料、半成品及工程设备是工程实体的构成部分，其质量是项目工程实体质量的基础。禁止使用国家明令禁用或淘汰的建筑材料和设备等 |
| 工艺方案的质量控制 | 对施工工艺方案的质量控制主要包括以下内容：<br>（1）深入正确地分析工程特征、技术关键及环境条件等资料，明确质量目标、验收标准、控制的重点和难点；<br>（2）制定合理有效的有针对性的施工技术方案和组织方案，前者包括施工工艺、施工方法，后者包括施工区段划分、施工流向及劳动组织等；<br>（3）合理选用施工机械设备和设置施工临时设施，合理布置施工总平面图和各阶段施工平面图；<br>（4）选用和设计保证质量和安全的模具、脚手架等施工设备；<br>（5）编制工程所采用的新材料、新技术、新工艺的专项技术方案和质量管理方案；<br>（6）针对工程具体情况，分析气象、地质等环境因素对施工的影响，制定应对措施 |
| 施工机械的质量控制 | 施工机械设备是所有施工方案和工法得以实施的重要物质基础，合理选择和正确使用施工机械设备是保证施工质量的重要措施。<br>对施工中使用的模具、脚手架等施工设备，除可按适用的标准定型选用之外，一般需按设计及施工要求进行专项设计，对其设计方案及制作质量的控制及验收应作为重点进行控制 |
| 施工环境因素的控制 | 环境的因素主要包括施工现场自然环境因素、施工质量管理环境因素和施工作业环境因素。环境因素对工程质量的影响，具有复杂多变和不确定性的特点，具有明显的风险特性。要减少其对施工质量的不利影响，主要是采取预测预防的风险控制方法 |

## 1Z204000 建设工程项目质量控制

🔊 **嗨·点评** 类比"项目质量的影响因素"进行学习。

【经典例题】4.（2016年真题）下列施工生产要素的质量控制内容中，属于工艺方案质量控制的是（　　）。

　　A．施工企业坚持执业资格注册制度和作业人员持证上岗制度
　　B．施工企业在施工过程中优先采用节能低碳的新型建筑材料和设备
　　C．施工企业对施工中使用的模具、脚手架等施工设备进行专项设计
　　D．施工企业合理布置施工总平面图和各阶段施工平面图

【答案】D

【嗨·解析】本题考查的是施工生产要素的质量控制。对施工工艺方案的质量控制主要内容详见表1Z204030-3。A选项属于施工人员的质量控制，B选项属于材料设备的质量控制，C选项属于施工机械的质量控制。

### 四、施工准备的质量控制

施工准备的质量控制包括施工技术准备工作的质量控制、现场施工准备工作的质量控制、工程质量检查验收的项目划分三个部分。详见表1Z204030-4。

施工准备的质量控制　表1Z204030-4

| | | |
|---|---|---|
| 施工技术准备工作的质量控制 | 施工技术准备主要在室内进行。包括：熟悉施工图纸，组织设计交底和图纸审查；进行工程项目检查验收的项目划分和编号；审核相关质量文件，细化施工技术方案和施工人员、机具的配置方案，编制施工作业技术指导书，绘制各种施工详图（如测量放线图、大样图及配筋、配板、配线图表等），进行必要的技术交底和技术培训 | |
| 现场施工准备工作的质量控制 | 计量控制 | （1）开工前要建立和完善施工现场计量管理的规章制度；<br>（2）明确计量控制责任者和配置必要的计量人员；<br>（3）严格按规定对计量器具进行维修和校验；<br>（4）统一计量单位，组织量值传递，保证量值统一，从而保证施工过程中计量的准确 |
| | 测量控制 | （1）在开工前应编制测量控制方案，经项目技术负责人批准后实施；<br>（2）对建设单位提供的原始坐标点、基准线和水准点等测量控制点线进行复核，并将复测结果上报监理工程师审核 |
| | 施工平面图控制 | （1）建设单位应按照合同约定并充分考虑施工的实际需要，事先划定并提供施工用地和现场临时设施用地的范围，协调平衡和审查批准各施工单位的施工平面设计；<br>（2）施工单位要严格按照批准的施工平面布置图，科学合理地使用施工场地，正确安装设置施工机械设备和其他临时设施，维护现场施工道路畅通无阻和通信设施完好，合理控制材料的进场与堆放，保持良好的防洪排水能力，保证充分的给水和供电 |
| 工程质量检查验收的项目划分 | 单位工程 | （1）具备独立施工条件并能形成独立使用功能的建筑物及构筑物为一个单位工程；<br>（2）对于建筑规模较大的单位工程，可将其能形成独立使用功能的部分划分为一个子单位工程 |
| | 分部工程 | （1）可按专业性质、工程部位确定；<br>（2）当分部工程较大或较复杂时，可按材料种类、施工特点、施工程序、专业系统及类别等划分为若干子分部工程 |
| | 分项工程 | 分项工程可按主要工种、材料、施工工艺、设备类别等进行划分 |
| | 检验批 | 检验批可根据施工、质量控制和专业验收需要，按工程量、楼层、施工段、变形缝等进行划分 |
| | 室外工程 | 室外工程可根据专业类别和工程规模划分单位工程、分部工程 |

**嗨·点评** 技术准备主要在室内进行，但并不是所有在室内进行的工作都属于技术准备，比如"编制测量控制方案"就属于现场准备。

【经典例题】5.（2015年真题）施工技术准备工作的质量控制包括（  ）。
A.计量控制　　　　B.测量控制
C.施工平面图控制　D.确质量控制方法

【答案】D

【嗨·解析】技术准备工作的质量控制，包括对技术准备工作成果的复核审查，检查这些成果是否符合设计图纸和施工技术标准的要求；依据经过审批的质量计划审查、完善施工质量控制措施；针对质量控制点，明确质量控制的重点对象和控制方法；尽可能地提高上述工作成果对施工质量的保证程度等。A、B、C属于现场施工准备工作的质量控制内容。因此，正确选项是D。

【经典例题】6.（2015年真题）下列质量控制工作中，属于施工技术准备工作的是（　）。
A.编制测量控制方案
B.明确质量控制的重点对象
C.建立施工现场计量管理的规章制度
D.正确安装设置施工机械设备

【答案】B

【嗨·解析】技术准备工作的质量控制，包括对技术准备工作成果的复核审查，检查这些成果是否符合设计图纸和施工技术标准的要求；依据经过审批的质量计划审查、完善施工质量控制措施；针对质量控制点，明确质量控制的重点对象和控制方法；尽可能地提高上述工作成果对施工质量的保证程度等。A、C、D分别属于现场施工准备工作的质量控制的测量控制、计量控制、施工图平面控制的内容。因此，正确选项是B。

### 五、施工过程的质量控制

（一）工序施工质量控制

对施工过程的质量控制，必须以工序作业质量控制为基础和核心。工序的质量控制是施工阶段质量控制的重点。详见表1Z204030-5。

工序施工质量控制　表1Z204030-5

| 工序施工条件控制 | 工序施工条件控制就是控制工序活动的各种投入要素质量和环境条件质量。<br>（1）控制的手段主要有：检查、测试、试验、跟踪监督等。<br>（2）控制的依据主要是：设计质量标准、材料质量标准、机械设备技术性能标准、施工工艺标准以及操作规程等 |
|---|---|
| 工序施工效果控制 | 对工序施工效果的控制就是控制工序产品的质量特征和特性指标能否达到设计质量标准以及施工质量验收标准的要求。<br>（1）工序施工效果控制属于事后质量控制；<br>（2）控制的主要途径是：实测获取数据、统计分析所获取的数据、判断认定质量等级和纠正质量偏差 |

（二）施工作业质量的自控和监控

施工质量的自控和监控是相辅相成的系统过程。自控主体的质量意识和能力是关键，是施工质量的决定因素；各监控主体所进行的施工质量监控是对自控行为的推动和约束。自控主体不能因为监控主体的存在和监控职能的实施而减轻或免除其质量责任。关于施工作业质量的自控和监控详见表1Z204030-6。

施工作业质量的自控和监控　表1Z204030-6

| | | |
|---|---|---|
| 施工作业质量的自控 | 自控主体 | 施工方是施工阶段质量自控主体 |
| | 自控程序 | 施工作业技术的交底、施工作业活动的实施、施工作业质量的检验 |
| | 自控要求 | 预防为主、重点控制、坚持标准、记录完整 |
| 施工作业质量的监控 | 监控主体 | 建设单位、监理单位、设计单位及政府的工程质量监督部门 |
| | 现场质量检查的内容 | 现场质量检查是施工作业质量监控的主要手段。包括：<br>（1）开工前的检查；<br>（2）工序交接检查；<br>（3）隐蔽工程的检查；<br>（4）停工后复工的检查；<br>（5）分项、分部工程完工后的检查；<br>（6）成品保护的检查 |
| | 现场质量检查的方法 | （1）目测法——"看、摸、敲、照"<br>1）看——清水墙面是否洁净，喷涂的密实度和颜色是否良好、均匀，工人的操作是否正常，内墙抹灰的大面及口角是否平直，混凝土外观是否符合要求等；<br>2）摸——油漆的光滑度，浆活是否牢固、不掉粉等；<br>3）敲——对地面工程、装饰工程中的水磨石、面砖、石材饰面等，均应进行敲击检查；<br>4）照——管道井、电梯井等内部管线、设备安装质量，装饰吊顶内连接及设备安装质量等<br>（2）实测法——"靠、量、吊、套"<br>1）靠——就是用直尺、塞尺检查诸如墙面、地面、路面等的平整度；<br>2）量——大理石板拼缝尺寸，摊铺沥青拌合料的温度，混凝土坍落度的检测等；<br>3）吊——砌体垂直度检查、门窗的安装等；<br>4）套——对阴阳角的方正、踢脚线的垂直度、预制构件的方正、门窗口及构件的对角线检查等<br>（3）试验法——理化试验、无损检测<br>1）理化试验<br>物理力学性能的检验，包括各种力学指标的测定，化学试验包括化学成分及化学性质的测定。<br>2）无损检测<br>常用的无损检测方法有超声波探伤、X射线探伤、γ射线探伤等 |
| | 技术核定 | 施工方对施工图纸的某些要求不甚明白，或图纸内部存在某些矛盾，或工程材料调整与代用，改变建筑节点构造、管线位置或走向等，需要通过设计单位明确或确认的，施工方必须以技术核定单的方式向监理工程师提出，报送设计单位核准确认 |
| | 见证取样送检 | （1）我国规定对工程所使用的主要材料、半成品、构配件以及施工过程留置的试块、试件等应实行现场见证取样送检；<br>（2）见证人员由建设单位及工程监理机构中有相关专业知识的人员担任；<br>（3）送检的试验室应具备经国家或地方工程检验检测主管部门核准的相关资质；<br>（4）见证取样送检必须严格按规定的程序进行。检测机构应当建立档案管理制度；<br>（5）检测合同、委托单、原始记录、检测报告应当按年度统一编号，编号应当连续，不得随意抽撤、涂改 |

## （三）隐蔽工程验收与成品质量保护

### 1.隐蔽工程验收

施工方首先应完成自检并合格，然后填写专用的《隐蔽工程验收单》。并事先通知监理机构及有关方面，按约定时间进行验收。验收合格的隐蔽工程由各方共同签署验收记录；验收不合格的隐蔽工程，应按验收整改意见进行整改后重新验收。

### 2.施工成品质量保护

成品形成后可采取防护、覆盖、封闭、包裹等相应措施进行保护。

🔊**嗨·点评** 现场质量检查的方法注意联系具体实例理解记忆，"目测法"强调凭借感官进行检查，"实测法"一般需要借助测量工具，"试验法"则需要借助具体试验来对质量进行判断。

【经典例题】7.（2014年真题）对于重要的或对工程质量有重影响的工序，应严格执行（  ）的"三检"制度。
A.事前检查、事中检查、事后检查
B.自检、互检、专检
C.工序检查、分项检查、分部检查
D.操作者自检、质量员检查、监理工程师检查

【答案】B
【嗨·解析】对于重要的工序或对工程质量有重大影响的工序，应严格执行"三检"制度（即自检、互检、专检），未经监理工程师（或建设单位技术负责人）检查认可，不得进行下道工序施工。因此，正确选项是B。

【经典例题】8.对装饰工程中的水磨石、面砖、石材饰面等现场检查时，均应进行敲击检查其铺贴质量。该方法属于现场质量检查方法中的（  ）。
A.实测法         B.记录法
C.目测法         D.试验法

【答案】C
【嗨·解析】即凭借感官进行检查，也称观感质量检验，其手段可概括为"看、摸、敲、照"四个字。"敲"就是运用敲击工具进行音感检查，例如，对地面工程、装饰工程中的水磨石、面砖、石材饰面等，均应进行敲击检查。因此，正确选项是C。

## 六、施工质量与设计质量的协调

建设工程项目施工是按照工程设计图纸（施工图）进行的，施工质量离不开设计质量。施工质量与设计质量的协调详见表1Z204030-7。

施工质量与设计质量的协调　　表1Z204030-7

| | |
|---|---|
| 项目设计质量的控制 | （1）项目功能性质量控制；<br>（2）项目可靠性质量控制；<br>（3）项目观感性质量控制；<br>（4）项目经济性质量控制；<br>（5）项目施工可行性质量控制 |
| 施工与设计的协调 | （1）设计联络；<br>（2）设计交底和图纸会审<br>建设单位和监理单位应组织设计单位向所有的施工实施单位进行详细的设计交底，使实施单位充分理解设计意图，了解设计内容和技术要求，明确质量控制的重点和难点；同时认真地进行图纸会审，深入发现和解决各专业设计之间可能存在的矛盾，消除施工图的差错；<br>（3）设计现场服务和技术核定；<br>（4）设计变更 |

**嗨·点评** 重点理解掌握设计交底和图纸会审的目的。

**【经典例题】** 9.建设单位和监理单位组织设计单位向所有的施工单位进行详细的设计交底和图纸会审的目的有（　　）。

A.充分理解设计意图

B.理解设计内容和技术要求

C.深入发现和解决各专业设计之间可能存在的矛盾

D.消除施工图的差错，解决施工的可行性问题

E.明确质量控制的重点与难点

**【答案】** ABCE

**【嗨·解析】** 建设单位和监理单位应组织设计单位向所有的施工实施单位进行详细的设计交底，使施工单位充分理解设计意图，了解设计内容和技术要求，明确质量控制的重点和难点；同时认真地进行图纸会审，深入发现和解决各专业设计之间可能存在的矛盾，消除施工图的差错。因此，正确选项是ABCE。

# 第二篇 考点精讲篇

## 章节练习题

### 一、单项选择题

1. 施工质量要达到的最基本要求是（　　）。
   A.实现项目使用价值
   B.为保证房屋建筑各专业工程的安全性、可靠性、耐久性而提出的一般性要求
   C.满足工程的使用功能和安全性、经济性、与环境的协调性等要求
   D.通过施工形成的项目工程实体质量经检查验收合格

2. 本项目的工程建设合同、勘察设计文件、设计交底及图纸会审记录、设计修改和技术变更通知以及相关会议记录和工程联系单等是（　　）。
   A.项目专用性依据　　B.专业技术性依据
   C.共同性依据　　　　D.管理性依据

3. 下列关于施工质量的控制，说法正确的是（　　）。
   A.监控主体的监督管理是关键
   B.事中质量控制的关键是他人监控
   C.自控主体的质量意识和能力是关键
   D.事中质量控制的目标是作业的质量

4. 关于对施工质量的自控和监控的说法，正确的是（　　）。
   A.自控主体所进行的施工质量监控是对监控行为的推动和约束
   B.监控主体的质量意识和能力是关键，是施工质量的决定因素
   C.自控主体不能因为监控主体的存在和监控职能的实施而减轻或免除其质量责任
   D.自控主体可以在一定情况下减轻或免除其质量责任

5. 下列质量管理的内容中，属于施工质量计划基本内容的是（　　）。
   A.项目部的组织机构设置
   B.质量控制点的控制要求
   C.质量手册的编制
   D.施工质量体系的认证

6. 施工总承包单位对分包单位编制的施工质量计划（　　）。
   A.需要进行指导和审核，但不承担相应施工质量的责任
   B.需要进行指导和审核，并承担相应施工质量的连带责任
   C.不需要审核，但应承担施工质量的连带责任
   D.需要进行指导和审核，并承担施工质量的全部责任

7. 关于施工质量计划，下列说法正确的是（　　）。
   A.施工质量计划应由承包企业负责编制
   B.施工质量计划应包含施工组织设计
   C.施工质量计划经总监理工程师审核批准后，不得修改
   D.施工质量计划涵盖的范围应能满企业已有的质量管理体系要求

8. 建设工程项目的施工质量计划应经（　　）审核批准后，才能提交工程监理单位或建设单位。
   A.施工项目经理
   B.企业法定代表人
   C.项目经理部技术负责人
   D.企业技术领导

9. 施工质量控制点应选择技术要求高、对工程质量影响大或是发生质量问题时危害大或（　　）的对象进行设置。
   A.劳动强度大　　　　B.施工难度大
   C.施工技术先进　　　D.施工管理要求高

10. 关于质量控制点的说法，错误的是（　　）。
    A.是施工质量计划的组成内容
    B.质量控制点的管理是静态的
    C.新技术、新工艺、新材料等可列为质量

控制点

D.质量控制点的设定能起到加强事前预控的作用

11. 属于待检点的是（　　）。
   A.重要作业　　　B.特种作业
   C.专门工艺　　　D.隐蔽工程

12. 工程项目的施工方案中，施工的技术、工艺、方法和机械、设备、模具等施工手段的配置属于（　　）。
   A.施工技术方案　　B.施工组织方案
   C.施工管理方案　　D.施工控制方案

13. 对施工生产要素施工环境的控制主要是采取（　　）的控制方法。
   A.动态控制　　　B.预测预防
   C.跟踪管理　　　D.技术控制

14. 关于施工技术准备工作的质量控制的说法，错误的是（　　）。
   A.施工技术准备是指在正式开展施工作业活动前进行的技术准备工作
   B.施工准备工作出错会影响施工进度和作业质量，甚至直接导致质量事故的发生
   C.施工技术准备工作主要在室外进行
   D.施工技术准备工作主要有组织设计交底和图纸审查、绘制各种施工详图、编制施工作业技术指导书等

15. 在施工准备阶段，绘制模板配板图属于（　　）的质量控制工作。
   A.计量控制准备　　B.测量控制准备
   C.施工技术准备　　D.施工平面控制

16. 现场施工准备工作的质量控制中，不包括（　　）。
   A.计量控制
   B.测量控制
   C.施工平面图控制
   D.技术交底和技术培训

17. 施工测量控制方案应经过（　　）批准后实施。
   A.项目经理　　　B.项目技术负责人
   C.施工企业负责人　D.监理工程师

18. 施工承包企业应对建设单位提供的原始坐标点、基准线和水准点等测量控制点进行复核，并将复测结果上报（　　）审批，批准后才能建立施工。
   A.项目技术负责人　B.监理工程师
   C.企业技术负责人　D.业主

19. 对于施工过程的质量控制，必须以（　　）质量控制为基础和核心。
   A.过程　　　　　B.工序
   C.材料　　　　　D.施工方案

20. 施工阶段质量的自控主体指的是（　　），他们不能因为监控主体的存在和监控责任的实施而减轻或免除其质量责任。
   A.施工承包方　　B.建设单位
   C.业主　　　　　D.监督单位

21. 某建设工程项目由于分包单位购买的工程材料不合格，导致其中某分部工程质量不合格。在该事件中，施工质量控制的监控主体是（　　）。
   A.施工总承包单位　B.材料供应单位
   C.分包单位　　　　D.建设单位

22. 现场质量检查的方法包括：目测法、实测法和试验法，下列可通过目测法中"照"的手段检查质量的是（　　）。
   A.油漆的光滑度
   B.管道管井内管线、设备安装质量
   C.内墙抹灰的大面及口角是否平直
   D.混凝土的外观是否符合要求

23. 对于重要的或对工程资料有重大影响的工序，应严格执行（　　）的"三检"制度。
   A.事前检查、事中检查、事后检查
   B.自检、互检、专检
   C.工序检查、分项检查、分部检查
   D.操作者自检、质量员检查、监理工程师检查

24. 对装饰工程中的水磨石、面砖、石材饰面等现场检查时，均应进行敲击检查其铺贴质量，该方法属于现场质量检查中的（　　）。
   A.目测法　　　　　　B.实测法
   C.记录法　　　　　　D.试验法
25. 下列施工现场质量检查方法中，不属于实测法检查的是（　　）。
   A.检查踢脚线的垂直度
   B.测量摊铺沥青拌合料的温度
   C.门窗安装
   D.用超声波探测结构物内部组织结构或损伤情况
26. 下列现场质量检查方法中，属于无损检测方法的是（　　）。
   A.拖线板挂锤吊线检查
   B.铁锤敲击检查
   C.留置试块试验检查
   D.超声波探伤检查
27. 因施工方对施工图纸的某些要求不甚明白，需要设计单位明确或确认的过程，称为（　　）。
   A.设计变更　　　　　B.设计联络
   C.设计交底　　　　　D.技术核定

二、多项选择题
1. 下列施工质量控制的依据中，属于专业技术性依据的是（　　）。
   A.工程建设合同
   B.质量管理条例
   C.工程建设项目质量检验评定标准
   D.施工工艺质量方面的技术法规性文件
   E.有关新材料、新设备的质量规定
2. 建设工程施工质量的事后控制是指（　　）。
   A.质量活动结果的评价和认定
   B.质量活动的检查和监控
   C.质量活动的行为约束
   D.质量偏差的纠正
   E.已完施工的成品保护
3. 关于施工作业质量控制点中，"见证点"和"待检点"的说法，错误的有（　　）。
   A.见证点通常指重要部位、特种作业、专门工艺等
   B.见证点，施工方应该在施工完后24h内书面通知监理单位
   C.待检点包括隐蔽工程等
   D.待检点施工检查前必须自检完成
   E.待检点应提前24h通知监理单位
4. 施工作业质量自控的要求有（　　）。
   A.预防为主　　　　　B.重点控制
   C.检验为主　　　　　D.坚持标准
   E.质量记录完整
5. 根据法律和合同，对施工单位的施工质量行为和效果实施监督控制的相关主体有（　　）。
   A.建设单位
   B.监理单位
   C.设计单位
   D.政府的工程质量监督部门
   E.材料设备供应商
6. 建设单位和监理单位组织设计单位向所有的施工单位进行详细地设计交底并进行图纸会审，其主要的目的是（　　）。
   A.深入发现和解决和专业设计之间的可能存在的矛盾
   B.充分理解设计意图
   C.了解设计内容和技术要求
   D.消除施工图的差错，解决施工的可行性问题
   E.明确质量控制的重点与难点

# 参考答案及解析

## 一、单项选择题

1.【答案】D
【解析】施工质量要达到的最基本要求是：通过施工形成的项目工程实体质量经检查验收合格。

2.【答案】A
【解析】项目专用性依据指本项目的工程建设合同、勘察设计文件、设计交底及图纸会审记录、设计修改和技术变更通知以及相关会议记录和工程联系单等。

3.【答案】C
【解析】项目施工质量控制是整个工程项目质量控制的关键和重点。事中质量控制也称作业活动过程质量控制，自我控制是第一位的。事中质量控制的目标是确保工序质量合格，杜绝质量事故发生。

4.【答案】C
【解析】自控主体的质量意识和能力是关键，是施工质量的决定因素；各监控主体所进行的施工质量监控是对自控行为的推动和约束。自控主体不能因为监控主体的存在和监控职能的实施而减轻或免除其质量责任。

5.【答案】B
【解析】施工质量计划的基本内容一般应包括：
（1）工程特点及施工条件（合同条件、法规条件和现场条件等）分析；
（2）质量总目标及其分解目标；
（3）质量管理组织机构和职责，人员及资源配置计划；
（4）确定施工工艺与操作方法的技术方案和施工组织方案；
（5）施工材料、设备等物资的质量管理及控制措施；
（6）施工质量检验、检测、试验工作的计划安排及其实施方法与接收准则；
（7）施工质量控制点及其跟踪控制的方式与要求；
（8）质量记录的要求等。

6.【答案】B
【解析】施工总承包方有责任对各分包方施工质量计划的编制进行指导和审核，并承担相应施工质量的连带责任。

7.【答案】A
【解析】施工质量计划应由自控主体即施工承包企业进行编制。施工质量计划涵盖的范围，应能满足其履行工程承包合同质量责任的要求。在实施过程中如因条件变化需要对某些重要决定进行修改时，其修改内容仍应按照相应程序经过审批后执行。

8.【答案】D
【解析】施工单位的项目施工质量计划或施工组织设计文件编成后，应按照工程施工管理程序进行审批，包括施工企业内部的审批和项目监理机构的审查。

9.【答案】B
【解析】施工质量控制点是施工质量控制的重点对象。质量控制点应选择那些技术要求高、施工难度大、对工程质量影响大或是发生质量问题时危害大的对象进行设置。

10.【答案】B
【解析】施工质量控制点的动态设置和动态跟踪管理。所谓动态设置，是指在工程开工前、设计交底和图纸会审时，可确定项目的一批质量控制点，随着工程的展开、施工条件的变化，随时或定期进行控制点的调整和更新。

11.【答案】D
【解析】施工作业质量控制点，按照不同的性质和管理要求，细分为"见证点"和"待检点"进行施工质量的监督和检查。凡属"待检点"的施工作业，如隐蔽工程等，施工方必须在完成施工质量自检的基础上，提前通知项目监理机构进行检查验收，然后才能进行工程隐蔽或下道工序的施工。

12.【答案】A

【解析】制定合理有效的有针对性的施工技术方案和组织方案，前者包括施工工艺、施工方法，后者包括施工区段划分、施工流向及劳动组织等。

13.【答案】B

【解析】环境因素对工程质量的影响，具有复杂多变和不确定性的特点，具有明显的风险特性。要减少其对施工质量的不利影响，主要是采取预测预防的风险控制方法。

14.【答案】C

【解析】施工技术准备是指在正式开展施工作业活动前进行的技术准备工作。这类工作内容繁多，主要在室内进行。

15.【答案】C

【解析】施工技术准备是指在正式开展施工作业活动前进行的技术准备工作。这类工作内容繁多，主要在室内进行，例如：审核相关质量文件，细化施工技术方案和施工人员、机具的配置方案，编制施工作业指导书，绘制各种施工详图（如测量放线图、大样图及配筋、配板、配线图表等），进行必要的技术交底和技术培训。

16.【答案】D

【解析】现场施工准备工作的质量控制：计量控制、测量控制、施工平面图控制。

17.【答案】B

【解析】施工单位在开工前应编制测量控制方案，经项目技术负责人批准后实施。

18.【答案】B

【解析】对于测量控制，施工单位在开工前应编制测量控制方案，经项目技术负责人批准后实施。对建设单位提供的原坐标点、基准线和水准点等测量控制点进行复核，并将复测结果上报监理工程师审核，批准后施工单位才能建立施工测量控制网，进行工程定位和标高基准的控制。

19.【答案】B

【解析】工序是人、材料、机械设备、施工方法和环境因素对工程质量综合起作用的过程，所以对施工过程的质量控制，必须以工序作业质量控制为基础和核心。

20.【答案】A

【解析】施工方是施工阶段质量自控主体。施工方不能因为监控主体的存在和监控责任的实施而减轻或免除其质量责任。

21.【答案】D

【解析】为了保证项目质量，建设单位、监理单位、设计单位及政府的工程质量监督部门，在施工阶段依据法律法规和工程施工承包合同，对施工单位的质量行为和项目实体质量实施监督控制。

22.【答案】B

【解析】照——就是通过人工光源或反射光照射，检查难以看到或光线较暗的部位，例如：管道井、电梯井等内部管线、设备安装质量，装饰吊顶内连接及设备安装质量等。

23.【答案】B

【解析】三检制即自检、互检、专检。

24.【答案】A

【解析】目测法是凭借感官进行检查，也称感观质量检验，其手段可概括为"看、摸、敲、照"四个字，其中"敲"字就是运用敲击工具进行音感检查，例如，对地面工程、装饰工程中的水磨石、面砖、石材饰面等，均应进行敲击检查，因此答案为A。

25.【答案】D

【解析】无损检测：利用专门的仪器仪表从表面探测结构物、材料、设备的内部组织结构或损伤情况。常用的无损检测方法有超声波探伤、X射线探伤、γ射线探伤等。属于实验法。

26.【答案】D
【解析】常用的无损检测方法有超声波探伤、X射线探伤、γ射线探伤等。

27.【答案】D
【解析】在建设工程项目施工过程中，因施工方对施工图纸的某些要求不甚明白，或图纸内部存在某些矛盾，或工程材料调整与代用，改变建筑节点构造、管线位置或走向等，需要通过设计单位明确或确认的，施工方必须以技术核定单的方式向监理工程师提出，报送设计单位核准确认。

二、多项选择题

1.【答案】CDE
【解析】指针对不同的行业、不同质量控制对象制定的专业技术规范文件。包括规范、规程、标准、规定等，如工程建设项目质量检验评定标准，有关建筑材料、半成品和构配件质量方面的专门技术法规性文件，有关材料验收、包装和标志等方面的技术标准和规定，施工工艺质量等方面的技术法规性文件，有关新工艺、新技术、新材料、新设备的质量规定和鉴定意见等。

2.【答案】AD
【解析】事后质量控制也称为事后质量把关，以使不合格的工序或最终产品（包括单位工程或整个工程项目）不流入下道工序、不进入市场。事后控制包括对质量活动结果的评价、认定；对工序质量偏差的纠正；对不合格产品进行整改和处理。控制的重点是发现施工质量方面的缺陷，并

通过分析提出施工质量改进的措施，保持质量处于受控状态。

3.【答案】BE
【解析】凡属"见证点"的施工作业，如重要部位、特种作业、专门工艺等，施工方必须在该项作业开始前，书面通知现场监理机构到位旁站，见证施工作业过程；凡属"待检点"的施工作业，如隐蔽工程等，施工方必须在完成施工质量自检的基础上，提前通知项目监理机构进行检查验收，然后才能进行工程隐蔽或下道工序的施工。按2013施工合同示范文本的要求，隐蔽工程需提前48小时书面通知监理检查。

4.【答案】ABDE
【解析】工序作业质量是直接形成工程质量的基础，为达到对工序作业质量控制的效果，在加强工序管理和质量目标控制方面应坚持以下要求：预防为主、重点控制、坚持标准、记录完整。

5.【答案】ABCD
【解析】为了保证项目质量，建设单位、监理单位、设计单位及政府的工程质量监督部门，在施工阶段依据法律法规和工程施工承包合同，对施工单位的质量行为和项目实体质量实施监督控制。

6.【答案】ABCE
【解析】建设单位和监理单位应组织设计单位向所有的施工实施单位进行详细的设计交底，但实施单位充分理解设计意图，了解设计内容和技术要求，明确质量控制的重点和难点；同时认真地进行图纸会审，深入发现和解决各专业设计之间可能存在的矛盾，消除施工图的差错。

# 1Z204040 建设工程项目施工质量验收

本节知识体系

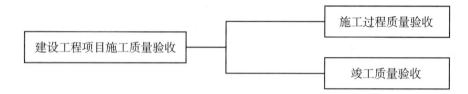

核心内容讲解

## 一、施工质量验收的合格标准及组织程序

施工质量验收包括施工过程的质量验收及工程项目竣工质量验收两个部分。施工过程质量验收主要是指检验批和分项、分部工程的质量验收。单位工程是工程项目竣工质量验收的基本对象。

### （一）施工质量验收合格标准（详见表1Z204040-1）

施工质量验收合格标准　表1Z204040-1

| | |
|---|---|
| 检验批 | （1）主控项目的质量经抽样检验均应合格；<br>（2）一般项目的质量经抽样检验合格；<br>（3）具有完整的施工操作依据、质量验收记录 |
| 分项工程 | （1）所含检验批的质量均应验收合格；<br>（2）所含检验批的质量验收记录应完整 |
| 分部工程 | （1）所含分项工程的质量均应验收合格；<br>（2）质量控制资料应完整；<br>（3）有关安全、节能、环境保护和主要使用功能的抽样检验应符合相应规定；<br>（4）观感质量应符合要求 |
| 单位工程 | （1）所含分部工程的质量均应验收合格；<br>（2）质量控制资料应完整；<br>（3）所含分部工程中有关安全、节能、环境保护和主要使用功能的检验资料应完整；<br>（4）主要使用功能的抽查结果应符合相关专业验收规范的规定；<br>（5）观感质量应符合要求 |

### （二）施工质量验收的组织程序（详见表1Z204040-2）

施工质量验收的组织程序　表1Z204040-2

| | |
|---|---|
| 检验批 | 由专业监理工程师组织施工单位项目专业质量检查员、专业工长等进行验收 |
| 分项工程 | 由专业监理工程师组织施工单位项目专业技术负责人等进行验收 |
| 分部工程 | 由总监理工程师组织施工单位项目负责人和项目技术、质量负责人等进行验收<br>（1）地基与基础分部：勘察、设计单位项目负责人和施工单位技术、质量部门负责人参加；<br>（2）主体结构、节能分部：设计单位项目负责人和施工单位技术、质量部门负责人参加 |

续表

| | |
|---|---|
| 单位工程 | 单位工程完工后，施工单位应组织有关人员进行自检。总监理工程师应组织各专业监理工程师对工程质量进行竣工预验收。工程竣工质量验收由建设单位负责组织实施。建设单位组织单位工程质量验收时，分包单位负责人应参加验收。竣工质量验收应当按以下程序进行：<br>（1）施工单位向建设单位提交工程竣工报告，申请工程竣工验收；<br>（2）建设单位收到工程竣工报告后，组织勘察、设计、施工、监理等单位组成验收组，制定验收方案；<br>（3）建设单位应当在工程竣工验收7个工作日前将验收的时间、地点及验收组名单书面通知负责监督该工程的工程质量监督机构；<br>（4）建设单位组织工程竣工验收<br>参与工程竣工验收的建设、勘察、设计、施工、监理等各方不能形成一致意见时，应当协商提出解决的方法，待意见一致后，重新组织工程竣工验收 |

### （三）住宅工程分户验收规定

住宅工程要分户验收。在住宅工程各检验批、分项、分部工程验收合格的基础上，在住宅工程竣工验收前，建设单位应组织施工、监理等单位，依据国家有关工程质量验收标准，对每户住宅及相关公共部位的观感质量和使用功能等进行检查验收。

住宅工程质量分户验收的内容主要包括：
（1）地面、墙面和顶棚质量；
（2）门窗质量；
（3）栏杆、护栏质量；
（4）防水工程质量；
（5）室内主要空间尺寸；
（6）给水排水系统安装质量；
（7）室内电气工程安装质量；
（8）建筑节能和采暖工程质量；
（9）有关合同中规定的其他内容。

每户住宅和规定的公共部位验收完毕，应填写《住宅工程质量分户验收表》，建设单位和施工单位项目负责人、监理单位项目总监理工程师要分别签字。《住宅工程质量分户验收表》要作为《住宅质量保证书》的附件，一同交给住户。分户验收不合格，不能进行住宅工程整体竣工验收。

### （四）施工过程质量验收不合格的处理

（1）在检验批验收时，发现存在严重缺陷的应推倒重做，有一般的缺陷可通过返修或更换器具、设备消除缺陷经返工或返修后应重新进行验收；

（2）个别检验批发现某些项目或指标不满足要求难以确定是否验收时，应请有资质的检测单位检测鉴定，当鉴定结果能够达到设计要求时，应予以验收；

（3）当检测鉴定达不到设计要求，但经原设计单位核算认可能够满足结构安全和使用功能的检验批，可予以验收；

（4）严重质量缺陷或超过检验批范围内的缺陷，经法定检测单位检测鉴定以后，认为不能满足最低限度的安全储备和使用功能，则必须进行加固处理，经返修或加固处理的分项分部工程，满足安全及使用功能要求时，可按技术处理方案和协商文件的要求予以验收，责任方应承担经济责任；

（5）通过返修或加固处理后仍不能满足安全或重要使用要求的分部工程及单位工程，严禁验收。

**嗨·点评** "验收合格标准"实际是要求：（1）所包含的工作合格；（2）有完整的资料；（3）有观感要求的要合格；（4）有安全、节能、使用功能要求的要验收合格。

**【经典例题】**1.（2016年真题）关于施工项目分部工程质量验收的说法，错误的有（　　）。

A. 分部工程应由总监理工程师组织施工单位项目负责人和项目技术负责人等进行验收

B. 设计单位项目负责人和施工单位技术、质量部门负责人应参加设备安装分部的工程验收

C. 勘察、设计单位项目负责人和施工单位技术、质量部门负责人应参加地基与基础分部工程验收

D. 分部工程验收需要对观感质量进行验收，并综合给出质量评价

【答案】B

【嗨·解析】本题考查的是施工过程的质量验收。分部工程应由总监理工程师组织施工单位项目负责人和项目技术负责人等进行验收；勘察、设计单位项目负责人和施工单位技术、质量部门负责人应参加地基与基础分部工程验收；设计单位项目负责人和施工单位技术、质量部门负责人应参加主体结构、节能分部工程验收。同时分部工程质量验收需要观感质量符合要求。

【经典例题】2.（2015年真题）下列施工检验批验收的做法中，正确的是（　　）。

A.存在一般缺陷的检验批应推倒重做

B.某些指标不能满足要求时，可予以验收

C.经加固处理后仍不能满足安全使用要求的分部工程可缺项验收

D.严重缺陷经加固处理后能满足安全使用要求，可按技术处理方案进行验收

【答案】D

【嗨·解析】检验批质量不合格可能是由于使用的材料不合格，或施工作业质量不合格，或质量控制资料不完整等原因所致。发现存在严重缺陷的应推倒重做，有一般的缺陷可通过返修或更换器具、设备消除缺陷经返工或返修后应重新进行验收，A选项错误；个别检验批发现某些项目或指标（如试块强度等）不满足要求难以确定是否验收时，应请有资质的法定检测单位检测鉴定，当鉴定结果能够达到设计要求时，应予以验收；当检测鉴定达不到设计要求，但经原设计单位核算仍能满足结构安全和使用功能的检验批，可予以验收，B选项错误；严重质量缺陷或超过检验批范围内的缺陷，经法定检测单位检测鉴定以后，认为不能满足最低限度的安全储备和使用功能，则必须进行加固处理，经退修或加固处理的分项分部工程满足安全及使用功能要求，可按技术处理方案和协商文件进行验收，D选项正确；通过返修或加固处理后仍不能满足安全或重要使用功能要求的分部工程严禁验收，C选项错误。

【经典例题】3.单位工程的竣工预验收由（　　）组织。

A.施工单位

B.建设单位

C.总监理工程师

D.施工项目技术负责人

【答案】B

【嗨·解析】建设单位收到工程竣工验收报告后，应由建设单位（项目）负责人组织施工（含分包单位）、设计、勘察、监理等单位（项目）负责人进行单位工程验收。因此，正确选项是B。

## 二、竣工质量验收

项目竣工质量验收是施工质量控制的最后一个环节，是对施工过程质量控制成果的全面检验，是从终端把关方面进行质量控制。详见表1Z204040-3。

竣工质量验收　表1Z204040-3

| | |
|---|---|
| 竣工质量验收的依据 | （1）国家相关法律法规和建设主管部门颁布的管理条例和办法；<br>（2）工程施工质量验收统一标准；<br>（3）专业工程施工质量验收规范；<br>（4）批准的设计文件、施工图纸及说明书；<br>（5）工程施工承包合同；<br>（6）其他相关文件 |
| 竣工质量验收的条件 | （1）完成工程设计和合同约定的各项内容；<br>（2）施工单位在工程完工后对工程质量进行了检查，确认工程质量符合有关法律、法规和工程建设强制性标准，符合设计文件及合同要求，并提出工程竣工报告。工程竣工报告应经项目经理和施工单位有关负责人审核签字；<br>（3）对于委托监理的工程项目，监理单位对工程进行了质量评估，具有完整的监理资料，并提出工程质量评估报告。工程质量评估报告应经总监理工程师和监理单位有关负责人审核签字；<br>（4）勘察、设计单位对勘察、设计文件及施工过程中由设计单位签署的设计变更通知书进行了检查，并提出质量检查报告。质量检查报告应经该项目勘察、设计负责人和勘察、设计单位有关负责人审核签字；<br>（5）有完整的技术档案和施工管理资料；<br>（6）有工程使用的主要建筑材料、建筑构配件和设备的进场试验报告以及工程质量检测和功能性试验资料；<br>（7）建设单位已按合同约定支付工程款；<br>（8）有施工单位签署的工程质量保修书；<br>（9）对于住宅工程，进行分户验收并验收合格，建设单位按户出具《住宅工程质量分户验收表》；<br>（10）建设主管部门及工程质量监督机构责令整改的问题全部整改完毕；<br>（11）法律、法规规定的其他条件 |
| 竣工验收报告 | 工程竣工验收合格后，建设单位应当及时提出工程竣工验收报告。<br>工程竣工验收报告还应附有下列文件：<br>（1）施工许可证；<br>（2）施工图设计文件审查意见；<br>（3）上述竣工质量验收的条件中（2）、（3）、（4）、（8）项规定的文件；<br>（4）验收组人员签署的工程竣工验收意见；<br>（5）法规、规章规定的其他有关文件 |
| 竣工验收备案 | 建设单位应当自建设工程竣工验收合格之日起15日内，向工程所在地的县级以上地方人民政府建设主管部门备案。<br>建设单位办理工程竣工验收备案应当提交下列文件：<br>（1）工程竣工验收备案表；<br>（2）工程竣工验收报告；<br>（3）法律、行政法规规定应当由规划、环保等部门出具的认可文件或者准许使用文件；<br>（4）法律规定应当由公安消防部门出具的对大型的人员密集场所和其他特殊建设工程验收合格的证明文件；<br>（5）施工单位签署的工程质量保修书；<br>（6）法规、规章规定必须提供的其他文件<br>住宅工程还应当提交《住宅质量保证书》和《住宅使用说明书》 |

**嗨·点评** 竣工质量验收的条件中涉及的几类文件：工程竣工报告、质量评估报告、质量检查报告、工程质量保修书、《住宅工程质量分户验收表》，需要注意各自由哪个单位编制出具。

【经典例题】4.（2016年真题）关于竣工质量验收程序和组织的说法，正确的是（　　）。

A. 单位工程的分包工程完工后，总包单位应组织进行自检，并按规定的程序进行验收

B. 工程竣工质量验收由建设单位委托监理单位负责组织实施

C. 单位工程完工后，总监理工程师应组织各专业监理工程师对工程质量进行竣工预验收

D. 工程竣工报告应由监理单位提交并须经总监理工程师签署意见

【答案】C

【嗨·解析】本题考查的是竣工质量验收程序和组织。选项A，正确的说法应为"单位工程中的分包工程完工后，分包单位应对所承包的工程项目进行自检，并应按规定的程序进行验收"；选项B，正确的说法应为"工程竣工质量验收由建设单位负责组织实施"；选项D，正确的说法应为"实行监理的工程，工程竣工报告须经总监理工程师签署意见"。

【经典例题】5.（2016年真题）关于建设工程竣工验收备案的说法，正确的是（　　）。

A. 建设单位应在建设工程竣工验收合格之日起30日内，向工程所在地的县级以上地方人民政府建设主管单位备案

B. 建设单位办理竣工验收备案时，应提交由监理单位编制的工程竣工验收报告

C. 建设单位办理竣工验收备案时，应提交由施工单位签署的工程质量保修书

D. 建设单位办理竣工验收备案时，对住宅工程应提交《住宅工程质量分户验收表》

【答案】C

【嗨·解析】本题考查的是竣工验收备案。选项A，正确的说法应为"建设单位应当自建设工程竣工验收合格之日起15日内，向工程所在地的县级以上地方人民政府建设主管部门备案"；选项B，正确的说法应为"建设单位办理竣工验收备案时，应提交由建设单位编制的工程竣工验收报告"；选项D，正确的说法应为"建设单位办理竣工验收备案时，对住宅工程应提交《住宅质量保证书》和《住宅使用说明书》"。

# 章节练习题

## 一、单项选择题

1. 对某办公大楼二层一施工段内的框架柱钢筋制作的质量，应按一个（　　）进行验收。
   A.单位工程　　　　B.分部工程
   C.分项工程　　　　D.检验批

2. 分部工程的质量验收应由（　　）组织施工单位、设计单位等相关人员参加。
   A.建设单位项目技术负责人
   B.总监理工程师
   C.施工单位项目负责人
   D.施工单位项目技术负责人

3. 应由监理工程师组织进行验收的是（　　）质量验收。
   A.分项工程　　　　B.子分部工程
   C.分部工程　　　　D.单位工程

4. 如工程质量不符合要求，经过返修或加固处理的工程，虽然局部尺寸等不符合设计要求，但仍然能满足使用要求（　　）。
   A.应予以验收
   B.严禁验收
   C.返工重新验收
   D.按技术处理方案和协商文件进行验收

5. 根据《建筑工程施工质量验收统一标准》GB 50300—2013，对于通过返修可以解决质量缺陷的检验批，应（　　）。
   A.按验收程序重新进行验收
   B.按技术处理方案和协商文件进行验收
   C.经检测单位检测鉴定后予以验收
   D.经设计单位复核后予以验收

6. 某工程由于安装的生产设备存在质量缺陷，导致其中某分部工程质量不合格，施工单位在更换了该生产设备后，该分部工程应（　　）。
   A.按验收程序重新组织验收
   B.经有资质的检测单位检测鉴定后予以验收
   C.征得建设单位同意后可予以验收
   D.按技术处理方案和协商文件，进行验收

7. 某工程进行检验批验收时，发现某框架梁截面尺寸与原设计图纸尺寸不符，但经原设计单位核算，仍能满足结构安全性及使用性要求。则该检验批（　　）。
   A.应重新施工
   B.应经施工单位和业主协商确定是否予以验收，其经济责任由业主承担
   C.可直接予以验收
   D.必须进行加固处理后重新组织验收

8. 根据我国相关规定，工程项目竣工质量验收的对象是（　　）。
   A.单项工程　　　　B.单位工程
   C.分部工程　　　　D.分项工程

9. 单位工程的竣工预验收由（　　）组织。
   A.施工单位技术负责人
   B.建设单位技术负责人
   C.总监理工程师
   D.施工项目技术负责人

10. 建设单位应在工程竣工验收前（　　）个工作日前，将验收时间、地点、验收组名单书面通知该工程的工程质量监督机构。
    A.7　　　　　　　B.3
    C.14　　　　　　D.15

11. 建设单位应当自建设工程竣工验收合格之日起（　　）日内，将建设工程竣工验收报告等相关资料报有关部门备案。
    A.15　　　　　　B.20
    C.24　　　　　　D.48

## 二、多项选择题

1. 分项工程质量验收合格的规定有（　　）。
   A.所含检验批的质量均应验收合格
   B.所含检验批的质量验收记录应完整
   C.质量控制资料应完整
   D.观感质量应符合要求

E.主要功能项目应符合相关规定
2. 工程项目分部工程质量验收合格的基本条件有（　　）。
   A.所含分项工程验收合格
   B.主控项目质量检验合格
   C.质量控制资料完整
   D.观感质量验收符合要求
   E.涉及安全和使用功能的分部工程检验结果符合规定
3. 工程项目竣工验收的依据有（　　）。
   A.工程施工组织设计或施工质量计划
   B.工程施工承包合同
   C.批准的设计文件及施工图纸
   D.质量检测功能性试验报告
   E.施工质量验收规范
4. 建设单位收到工程施工承包单位的验收申请后，应组织（　　）等方面人员进行验收，并形成验收报告。
   A.施工单位　　　　B.检测单位
   C.设计单位　　　　D.监理单位
   E.质量监督机构

## 参考答案及解析

### 一、单项选择题

1.【答案】D
【解析】检验批是工程验收的最小单元，是分项工程质量验收的基础。检验批可根据施工及质量控制和专业验收需要按楼层、施工段、变形缝等进行划分。

2.【答案】B
【解析】分部工程应由总监理工程师组织施工单位项目负责人和技术、质量负责人等进行验收。

3.【答案】A
【解析】（1）检验批、分项工程应由监理工程师组织施工单位项目专业质量（技术）负责人进行验收；（2）分部工程应由总监理工程师组织施工单位项目负责人和技术、质量负责人等进行验收；（3）单位工程应由建设单位组织正式的竣工验收。

4.【答案】D
【解析】严重质量缺陷或超过检验批范围内的缺陷，经法定检测单位检测鉴定以后，认为不能满足最低限度的安全储备和使用功能，则必须进行加固处理，经返修或加固处理的分项分部工程，满足安全及使用功能要求时，可按技术处理方案和协商文件的要求予以验收，责任方应承担经济责任。

5.【答案】A
【解析】在检验批验收时，发现存在严重缺陷的应推倒重做，有一般的缺陷可通过返修或更换器具、设备消除缺陷后重新进行验收。

6.【答案】A
【解析】在检验批验收时，发现存在严重缺陷的应推倒重做，有一般的缺陷可通过返修或更换器具、设备消除缺陷后重新进行验收。

7.【答案】C
【解析】当检测鉴定达不到设计要求时，但经原设计单位核算仍能满足结构安全和使用功能的检验批，可予以验收。

8.【答案】B
【解析】单位工程是工程项目竣工质量验收的基本对象。

9.【答案】C
【解析】单位工程完工后，施工单位应组织有关人员进行自检。总监理工程师应组织各专业监理工程师对工程质量进行竣工预验收。存在施工质量问题时，应由施工单位及时整改。工程竣工质量验收由建设单位负责组织实施。

10.【答案】A

【解析】建设单位应在工程竣工验收前7个工作日前,将验收时间、地点、验收组名单书面通知该工程的工程质量监督机构。

11.【答案】A

【解析】建设单位应当自建设工程竣工验收合格之日起15日内,向工程所在地的县级以上地方人民政府建设主管部门备案。

二、多项选择题

1.【答案】AB

【解析】分项工程质量验收合格应符合下列规定:(1)所含检验批的质量均应验收合格(2)所含检验批的质量验收记录应完整。

2.【答案】ACD

【解析】分部工程质量验收合格应符合下列规定:(1)所含分项工程的质量均应验收合格;(2)质量控制资料应完整;(3)有关安全、节能、环境保护和主要使用功能的抽样检验应符合相应规定;(4)观感质量应符合要求。

3.【答案】BCE

【解析】工程项目竣工质量验收的依据有:(1)国家相关法律法规和建设主管部门颁布的管理条例和办法;(2)工程施工质量验收统一标准;(3)专业工程施工质量验收规范;(4)批准的设计文件、施工图纸及说明书;(5)工程施工承包合同;(6)其他相关文件。

4.【答案】ACD

【解析】建设单位收到工程竣工报告后,组织勘察、设计、施工、监理等单位组成验收组,制定验收方案。

## 1Z204050 施工质量不合格的处理

本节知识体系

施工质量不合格的处理 —— 质量事故的分类
                      —— 质量事故的处理

核心内容讲解

### 一、工程质量事故的分类

建设工程质量事故的分类有多种方法，详见表1Z204050-1。

工程质量事故的分类　　表1Z204050-1

| 分类 | 内容 |
|---|---|
| 按事故造成损失的程度分级 | 根据工程质量事故造成的人员伤亡或者直接经济损失，将工程质量事故分特别重大事故、重大事故、较大事故、一般事故四个等级。<br><br>　　　　　　　　　　一般　　较大　　重大　　特别重大<br>　　　　　　　　　　3人　　10人　　30人<br>死亡人数 ─────┼────┼────┼────→<br><br>　　　　　　　　　　10人　　50人　　100人<br>重伤人数 ─────┼────┼────┼────→<br><br>　　　　　　　　　1000万　5000万　1亿<br>直接经济损失 ──┼────┼────┼────→ |
| 按事故责任分类 | （1）指导责任事故：由于工程负责人片面追求施工进度，放松或不按质量标准进行控制和检验，降低施工质量标准等；<br>（2）操作责任事故：浇筑混凝土时随意加水，或振捣疏漏造成混凝土质量事故等；<br>（3）自然灾害事故：地震、台风、暴雨、雷电、洪水等对工程造成破坏甚至倒塌 |
| 施工质量事故发生的原因 | （1）技术原因：指引发的质量事故是由于在项目勘察、设计、施工中技术上的失误；<br>（2）管理原因：指引发的质量事故是由于管理上的不完善或失误；<br>（3）社会、经济原因：指引发的质量事故是由于社会上存在的不正之风及经济上的原因，滋长了建设中的违法违规行为，而导致出现质量事故；<br>（4）人为事故和自然灾害原因：指造成质量事故是由于人为的设备事故、安全事故，导致连带发生质量事故，以及严重的自然灾害等不可抗力造成质量事故 |

🔊 嗨·点评　事故按造成损失程度分级，注意掌握"就高"原则。（1）指标在界限上，事故等级按严重级别；（2）两个指标对应不同等级，事故等级按严重级别。

【经典例题】1.（2015年真题）某工程在浇筑楼板混凝土时，发生支模架坍塌，造成3人死亡、6人重伤，经调查，系现场技术管理人员未进行技术交底所致。该工程质量事故应判定为（　　）。
A.操作责任的较大事故

B.操作责任的重大事故
C.指导责任的较大事故
D.指导责任的重大事故

【答案】C

【嗨·解析】根据工程质量事故造成的人员伤亡或者直接经济损失,工程质量事故分为4个等级,该事故属于较大事故。按事故责任分类,该事故属于指导责任事故(指由于工程实施指导或领导失误而造成的质量事故。例如,由于工程负责人片面追求施工进度,放松或不按质量标准进行控制和检验,降低施工质量标准等。)

【经典例题】2.某施工事故是由于勘察过程中地基承载能力估计错误造成的,按照事故产生的原因划分,该情况属于(  )。

A.技术原因
B.管理原因
C.社会、经济原因
D.人为事故和自然灾害原因

【答案】A

【嗨·解析】施工质量事故发生的原因大致有技术原因,管理原因,社会、经济原因,人为事故和自然灾害原因四类。技术原因是指引发质量事故是由于在项目勘察、设计、施工中技术上的失误;管理原因是指引发的质量事故是由于管理上的不完善或失误;社会、经济原因是指引发的质量事故是由于社会上存在的不正之风及经济上的原因,滋长了建设中的违法违规行为,而导致出现质量事故,人为事故和自然灾害原因是指造成质量事故是由于人为的设备事故、安全事故,导致连带发生质量事故以及严重的自然灾害等不可抗力造成质量事故。

## 二、工程质量事故的处理(详见表1Z204050-2)

工程质量事故的处理　表1Z204050-2

| | |
|---|---|
| 施工质量事故处理的依据 | (1)质量事故的实况资料;<br>(2)有关合同及合同文件;<br>(3)有关的技术文件和档案;<br>(4)相关的建设法规 |
| 施工质量事故处理程序 | (1)事故报告<br>工程质量事故发生后,事故现场有关人员应当立即向工程建设单位负责人报告;工程建设单位负责人接到报告后,应于1小时内向事故发生地县级以上人民政府住房和城乡建设主管部门及有关部门报告;<br>(2)事故调查;<br>(3)事故的原因分析;<br>(4)制定事故处理的技术方案;<br>(5)事故处理<br>事故处理包括事故的技术处理和事故的责任处罚;<br>(6)事故处理的鉴定验收;<br>(7)提交事故处理报告 |

| | 续表 |
|---|---|
| 施工质量缺陷处理的基本方法 | （1）返修处理<br>当项目的某些部分的质量虽未达到规范、标准或设计规定的要求，存在一定的缺陷，但经过采取整修等措施后可以达到要求的质量标准，又不影响使用功能或外观的要求时，可采取返修处理的方法。<br>（2）加固处理<br>主要是针对危及结构承载力的质量缺陷的处理。<br>（3）返工处理<br>当工程质量缺陷经过返修、加固处理后仍不能满足规定的质量标准要求，或不具备补救可能性，则必须采取重新制作、重新施工的返工处理措施。<br>（4）限制使用<br>当工程质量缺陷按修补方法处理后无法保证达到规定的使用要求和安全要求，而又无法返工处理的情况下，不得已时可作出诸如结构卸荷或减荷以及限制使用的决定。<br>（5）不作处理<br>①不影响结构安全和使用功能的；<br>②后道工序可以弥补的质量缺陷；<br>③法定检测单位鉴定合格的；<br>④出现的质量缺陷，经检测鉴定达不到设计要求，但经原设计单位核算，仍能满足结构安全和使用功能的。<br>（6）报废处理 |

🔊 嗨·点评（1）质量事故处理程序注意先后排序；（2）施工质量缺陷处理的六种基本方法存在一种渐进关系，即对一项质量缺陷，这六种方法应逐个适用。

【经典例题】3.（2016年真题）下列工程质量问题中，可不做专门处理的是（　　）。

A. 某高层住宅施工中，底部二层的混凝土结构误用安定性不合格的水泥

B. 某防洪堤坝填筑压实后，压实土的干密度未达到规定值

C. 某检验批混凝土试块强度不满足规范要求，但混凝土实体强度检测后满足设计要求

D. 某工程主体结构混凝土表面裂缝大于0.5mm

【答案】C

【嗨·解析】本题考查的是施工质量缺陷处理的基本方法。某些工程质量问题虽然达不到规定的要求或标准，但其情况不严重，对结构安全或使用功能影响很小，经过分析、论证、法定检测单位鉴定和设计单位等认可后可不作专门处理。法定检测单位鉴定合格的。例如，某检验批混凝土试块强度值不满足规范要求，强度不足，但经法定检测单位对混凝土实体强度进行实际检测后，其实际强度达到规范允许和设计要求值时，可不作处理，A、B选项应返工处理，D选项应返修处理。

# 章节练习题

一、单项选择题

1. 某建设工程发生一起质量事故,导致50人重伤,直接经济损失5100万元,则该起质量事故属于( )。
   A.一般事故　　B.严重事故
   C.较大事故　　D.重大事故

2. 某建设工程发生一起质量事故,导致3人死亡,45人受重伤,则该起质量事故属于( )。
   A.一般事故　　B.严重事故
   C.较大事故　　D.重大事故

3. 某混凝土工程在施工过程中,施工人员振捣疏漏致使混凝土密实度不能满足规定的质量要求,造成质量事故,从事故的责任来看,这属于( )责任事故。
   A.指导　　B.操作
   C.技术　　D.管理

4. 下列导致施工质量事故发生的原因中,属于管理原因的是( )。
   A.施工工艺错误
   B.盲目所求利润,偷工减料
   C.材料检验不严
   D.操作者选用不合适施工方法

5. 某建设工程发生一起质量事故,经调查分析是由于"边勘察、边设计、边施工"导致的,则引起这起事故的主要原因是( )。
   A.社会、经济原因
   B.技术原因
   C.管理原因
   D.人为事故和自然灾害原因

6. 某工程施工中,由于施工方在低价中标后偷工减料,导致出现重大工程质量事故,该质量事故发生的原因属于( )。
   A.管理原因　　B.社会、经济原因
   C.技术原因　　D.人为事故原因

7. 工程施工质量事故的处理包括:①事故调查;②事故原因分析;③事故处理;④事故处理的鉴定验收;⑤制定事故处理方案。正确的程序是( )。
   A.①②⑤③④　　B.①②③④⑤
   C.②①③④⑤　　D.①②⑤④③

8. 按照施工质量事故的处理程序,最后一步是( )。
   A.事故处理　　B.事故调查
   C.提交事故处理报告　　D.事故的鉴定验收

9. 某工程第三层混凝土现浇楼面的平整偏差达到10mm,其后续作业为找平层和面层的施工,这时应该( )。
   A.加固处理　　B.返修处理
   C.不作处理　　D.限制使用

10. 某混凝土结构工程的框架柱表面出现局部蜂窝麻面,经调查分析,其承载力满足设计要求,则对该框架柱表面质量问题的恰当处理方式是( )。
    A.加固处理　　B.返修处理
    C.返工处理　　D.限制使用

11. 某现浇混凝土桩在地下部分有蜂窝麻面,但经过桩基检测,桩身未见异常,承载力也满足设计要求,该桩基可以( )。
    A.加固处理　　B.返修处理
    C.不作处理　　D.返工处理

二、多项选择题

1. 按事故造成损失的程度,工程质量事故可以分为( )。
   A.一般事故　　B.严重事故
   C.较大事故　　D.重大事故
   E.特别重大事故

2. 按事故责任划分,工程质量事故可以分为( )。
   A.指导责任事故　　B.技术责任事故

C.操作责任事故　　D.管理责任事故
E.自然灾害事故
3. 施工质量事故处理的依据有（　　）。
   A.有关质量事故的观测记录、照片等
   B.有关合同及合同文件
   C.事故造成的经济损失大小
   D.施工记录、施工日志等
   E.相关的建设法规
4. 施工质量事故处理的基本方法有（　　）。
   A.表面处理　　　　B.加固处理
   C.返工处理　　　　D.返修处理
   E.不作处理

## 参考答案及解析

### 一、单项选择题

1.【答案】D
【解析】重大事故，是指造成10人以上30人以下死亡，或者50人以上100人以下重伤，或者5000万元以上1亿元以下直接经济损失的事故。

2.【答案】C
【解析】较大事故，是指造成3人以上10人以下死亡，或者10人以上50人以下重伤，或者1000万元以上5000万元以下直接经济损失的事故。

3.【答案】B
【解析】操作责任事故：指在施工过程中，由于实施操作者不按规程和标准实施操作，而造成的质量事故。

4.【答案】C
【解析】指引发的质量事故是由于管理上的不完善或失误。例如，施工单位或监理单位的质量管理体系不完善，检验制度不严密，质量控制不严格，质量管理措施落实不力，检测仪器设备管理不善而失准，以及材料检验不严等原因引起质量事故。

5.【答案】A
【解析】本题考查的是施工质量事故发生的原因。社会、经济原因：指引发的质量事故是由于社会上存在的不正之风及经济上的原因，滋长了建设中的违法违规行为，而导致出现质量事故。

6.【答案】B
【解析】社会、经济原因指引发的质量事故是由于经济因素及社会上存在的弊端和不正之风，造成建设中的错误行为，而导致出现质量事故。

7.【答案】A
【解析】质量事故处理的程序为：事故报告、事故调查、事故的原因分析、制定事故处理的技术方案、事故处理、事故处理的鉴定验收、提交事故处理报告。

8.【答案】C
【解析】施工质量事故报告和调查处理的一般程序：事故报告、事故调查、事故的原因分析、制定事故处理的技术方案、事故处理、事故处理的鉴定验收、提交事故处理报告。

9.【答案】C
【解析】某些工程质量问题虽然达不到规定的要求或标准，但其情况不严重，对工程或结构的使用及安全影响很小，经过分析、论证、法定检测单位鉴定和设计单位等认可后可不作专门处理。混凝土现浇楼面的平整度偏差达到10mm，但由于后续垫层和面层的施工可以弥补，所以可不作处理。

10.【答案】B
【解析】表面出现蜂窝麻面即外观不满足要求，需要经过返修处理。

11.【答案】C
【解析】某些工程质量问题虽然达不到规定的要求或标准，但其情况不严重，对结构安全或使用功能影响很小，经过分析、论证、法定检测单位鉴定和设计单位等认可后可不作专门处理。一般可不作专门处理。

## 二、多项选择题

1.【答案】ACDE

【解析】按事故造成损失的程度分级将工程质量事故分为4个等级：特别重大事故、重大事故、较大事故、一般事故。

2.【答案】ACE

【解析】工程质量事故按事故责任划分可以分为指导责任事故、操作责任事故和自然灾害事故。所以A、C、E正确。

3.【答案】ABDE

【解析】施工质量事故处理的依据包括：质量事故的实况资料、有关合同及合同文件、有关的技术文件和档案、相关的建设法规。

4.【答案】BCDE

【解析】施工质量缺陷处理的基本方法包括：返修处理、加固处理、返工处理、限制使用、不作处理、报废处理。

# 1Z204060 数理统计方法在工程质量管理中的应用

**本节知识体系**

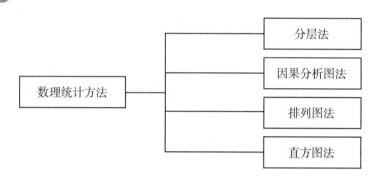

**核心内容讲解**

## 数理统计方法在工程质量管理中的应用（详见表1Z204060）

数理统计方法在工程质量管理中的应用　表1Z204060

| | |
|---|---|
| 分层法 | 分层法的基本思想就是对工程质量状况的调查和质量问题分门别类地进行分析，以便准确有效地找出问题及其原因之所在 |
| | 应用分层法的关键是调查分析的类别和层次划分，根据管理需要和统计目的，通常可按照以下分层方法取得原始数据：<br>（1）按施工时间分，如月、日、上午、下午、白天、晚间、季节；<br>（2）按地区部位分，如区域、城市、乡村、楼层、外墙、内墙；<br>（3）按产品材料分，如产地、厂商、规格、品种；<br>（4）按检测方法分．如方法、仪器、测定人、取样方式；<br>（5）按作业组织分．如工法、班组、工长、工人、分包商；<br>（6）按工程类型分，如住宅、办公楼、道路、桥梁、隧道；<br>（7）按合同结构分，如总承包、专业分包、劳务分包 |
| 因果分析图法 | 因果分析图法，也称为质量特性要因分析法，其基本原理是对每一个质量特性或问题，逐层深入排查可能原因，然后确定其中最主要原因，进行有的放矢的处置和管理 |
| | 因果分析图法应用时的注意事项：<br>（1）一个质量特性或一个质量问题使用一张图分析；<br>（2）通常采用QC小组活动的方式进行，集思广益，共同分析；<br>（3）必要时可以邀请小组以外的有关人员参与，广泛听取意见；<br>（4）分析时要充分发表意见，层层深入，排除所有可能的原因；<br>（5）在充分分析的基础上，由各参与人员采用投票或其他方式，从中选择1至5项多数人达成共识的最主要原因 |
| 排列图法 | 在质量管理过程中，通过抽样检查或检验试验所得到的关于质量问题、偏差、缺陷、不合格等方面的统计数据，以及造成质量问题的原因分析统计数据，均可采用排列图方法进行状况描述，它具有直观、主次分明的特点 |
| | （1）A类问题，主要问题，重点管理；累计频率0%~80%；<br>（2）B类问题，次要问题，次重点管理；累计频率80%~90%；<br>（3）C类问题，一般问题，适当加强管理。累计频率90%~100% |

续表

| | |
|---|---|
| 直方图法 | （1）直方图法的主要用途<br>①整理统计数据，了解统计数据的分布特征，即数据分布的集中或离散状况，从中掌握质量能力状态；<br>②观察分析生产过程质量是否处于正常、稳定和受控状态以及质量水平是否保持在公差允许的范围内 |
| | （2）分布形状观察分析<br>将直方图形状与正态分布图的形状进行比较，一看形状是否相似，二看分布区间的宽窄。直方图的分布形状及分布区间宽窄是由质量特性统计数据的平均值和标准偏差所决定的 |
| | （3）分布位置观察分析<br>①将直方图的分布位置与质量控制标准的上下限范围进行比较分析；<br>②生产过程的质量正常、稳定和受控，还必须在公差标准上、下界限范围内达到质量合格的要求；<br>③质量特性数据分布偏下限，易出现不合格，在管理上必须提高总体能力；<br>④质量特性数据的分布宽度边界达到质量标准的上下界限，其质量能力处于临界状态，易出现不合格，必须分析原因，采取措施；<br>⑤质量特性数据的分布居中且边界与质量标准的上下界限有较大的距离，说明其质量能力偏大，不经济；<br>⑥数据分布出现超出质量标准的上下界限，说明生产过程存在质量不合格，需要分析原因，采取措施进行纠偏 |

🔊 **嗨·点评** 分层法的关键在"分门别类"；因果分析图法的关键在"逐层深入"；排列图法是对不合格数据的统计分析；直方图法是对质量数据分布形态的研究。

【经典例题】1.（2016年真题）某焊接作业由甲、乙、丙丁四名工人操作，为评定各工作的焊接质量，共抽检100个焊点，抽检结果如下表。根据表中数据，各工人焊接质量由好至差的排序是（　　）。

| 作业工人 | 抽检点数 | 不合格点数 |
|---|---|---|
| 甲 | 10 | 2 |
| 乙 | 40 | 4 |
| 丙 | 20 | 10 |
| 丁 | 30 | 8 |

A. 甲→乙→丙→丁
B. 乙→甲→丙→丁
C. 丁→乙→甲→丙
D. 乙→甲→丁→丙

【答案】D

【嗨·解析】本题考查的是分层法的基本原理。这里要计算出个体不合格率，甲=2/10=20%，乙=4/40=10%，丙=10/20=50%，丁=8/30=26.7%。所以各工人焊接质量由好至差的排序是乙→甲→丁→丙。

【经典例题】2.（2016年真题）根据下列直方图的分布位置与质量控制标准的上下限范围的比较分析，正确的有（　　）。

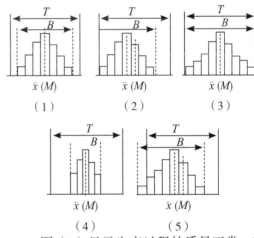

A.图（1）显示生产过程的质量正常、稳定、受控

B.图（3）显示质量特性数据分布达到质量标准上下限，质量能力处于临界状态

C.图（4）显示质量特性数据的分布居中，质量能力偏大，不经济

D.图（5）显示质量特性数据超出质量标准的下限，存在质量不合格情况

E.图（2）显示质量特性数据分布偏上限，易出现不合格

【答案】ABCD

【嗨·解析】本题考查的是直方图的应用。图（2）显示质量特性数据分布偏下限，易出现不合格。

# 章节练习题

## 一、单项选择题

1. 根据下表数据，影响焊接质量总体水平的主要是（    ）。

| 作业工人 | 抽检点数 | 不合格点数 | 个体不合格率（%） | 占不合格点数百分率（%） |
|---|---|---|---|---|
| 甲 | 40 | 2 | 5 | 11 |
| 乙 | 40 | 4 | 10 | 22 |
| 丙 | 40 | 12 | 30 | 67 |
| 合计 | 120 | 18 | — | 15 |

   A.作业工人甲　　　　B.作业工人乙
   C.作业工人丙　　　　D.全体作业工人

2. 由于工程质量形成的影响因素多，所以对工程质量状况的调查和质量问题的分析必须分门别类地进行，以便准确地找出问题及其原因。这是（    ）的基本思想。
   A.因果分析法　　　　B.排列图法
   C.分层法　　　　　　D.直方图法

3. 工程质量统计分析中，因果分析图的主要作用是（    ）。
   A.对一个质量特性或问题进行逐层深入排查，确定最主要的原因
   B.判断工程质量是否处于受控状态
   C.对质量问题进行分门别类地查找，分析造成质量问题的原因所在
   D.可以寻找影响质量问题的主要原因和次要原因、一般原因

4. 采用因果分析图法分析工程质量特性或问题，通常以（    ）的方式进行。
   A.技术攻关　　　　　B.QC小组活动
   C.质量检查　　　　　D.操作比赛

5. 在质量管理过程，通过抽样检查或检验试验所得到的质量问题、偏差、不合格等统计数据以及造成质量问题的原因分析统计数据，均可采用（    ）进行状况描述。
   A.分层法　　　　　　B.因果分析图法
   C.排列图法　　　　　D.直方图法

6. ABC分类管理法中，A类问题是指（    ）问题。
   A.主要　　　　　　　B.一般
   C.次要　　　　　　　D.特殊

7. 利用直方图分布位置判断生产过程的质量状况和能力，如果质量特性数据的分布宽度边界达到质量标准的上下界限，说明生产过程的质量能力（    ）。
   A.偏小、需要整改
   B.处于临界状态，易出现不合格
   C.适中、符合要求
   D.偏大、不经济

8. 在进行直方图分布位置的观察分析时，如果质量特性数据的分布居中且边界与质量标准的上下界限有较大距离，说明生产过程的质量能力（    ）。
   A.适中，符合要求
   B.偏大，不经济
   C.偏小，需要整改
   D.处于临界状态，应采取措施

## 二、多项选择题

1. 在运用分层法对工程项目质量进行统计分析时，通常可以按照（    ）等分层方法获取质量原始数据。
   A.作业班组　　　　　B.作业时间
   C.工程材料　　　　　D.投资主体
   E.工程类型

2. 在应用分层法时，首先要划分调查分析的层次，一般可根据（    ）等进行划分。
   A.统计的模型　　　　B.管理的需要
   C.样本的数量　　　　D.数据的分布规律
   E.统计的目的

3. 关于因果分析图法的说法，正确的是（    ）。
   A.因果分析图法又称为质量特性要因分析法
   B.必要时可以邀请小组以外的有关人员参

与，广泛听取意见
C. 基本原理是对每一个质量特性或问题逐层深入排查可能原因
D. 一个质量特性不能使用一张图进行分析
E. 通常采用QC小组的方式进行

4. 对某项构件施工精度进行抽样检查，发现在表面平整度、截面尺寸、平面水平度以及垂直度等方面存在质量问题。经分析计算，上述方面的质量问题累计频率分别为41%、72%、89%和100%，则该模板的质量问题主要在（  ）方面。
   A. 表面平整度    B. 截面尺寸
   C. 平面水平度    D. 垂直度
   E. 标高

5. 在质量管理的工具和方法中，直方图一般是用来（  ）。
   A. 分析生产过程质量是否处于稳定状态
   B. 找出影响质量问题的主要因素
   C. 分析生产过程质量是否处于正常状态
   D. 逐层分析质量问题产生的原因
   E. 分析质量水平是否保持在公差允许的范围内

6. 正常直方图呈正态分布，其形状特征有（  ）。
   A. 中间高          B. 两边低
   C. 成对称          D. 均匀态
   E. 差距等

7. 直方图的分布形状及分布区间宽窄是由质量特性统计数据的（  ）决定。
   A. 平均值          B. 标准偏差
   C. 最大值          D. 最小值
   E. 中位数

## 参考答案及解析

一、单项选择题

1.【答案】C

【解析】作业工人丙不合格率最高，影响了总体质量的水平。

2.【答案】C

【解析】由于项目质量的影响因素众多，对工程质量状况的调查和质量问题的分析，必须分门别类地进行，以便准确有效地找出问题及其原因之所在，这就是分层法的基本思想。

3.【答案】A

【解析】因果分析图法，也称为质量特性要因分析法，其基本原理是对每一个质量特性或问题，逐层深入排查可能原因，然后确定其中最主要原因，进行有的放矢地处置和管理。

4.【答案】B

【解析】因果分析图法，也称为质量特性要因分析法，其基本原理是对每一个质量特性或问题，通常采用QC小组活动的方式进行，集思广益，共同分析。

5.【答案】C

【解析】在质量管理过程中，通过抽样检查或检验试验所得到的质量问题、偏差、不合格等统计数据以及造成质量问题的原因分析统计数据，均可采用排列图方法进行状况描述，它具有直观、主次分明的特点。所以C正确。

6.【答案】A

【解析】A类问题，即主要问题，进行重点管理；B类问题，即次要问题，作为次重点管理；C类问题，即一般问题，按照常规适当加强管理。以上方法称为ABC分类管理法。

7.【答案】B

【解析】质量特性数据的分布宽度边界达到质量标准的上下界限，其质量能力处于临界状态，易出现不合格，必须分析原因，采取措施。

8.【答案】B

【解析】质量特性数据的分布居中且边界与质量标准的上下界限有较大的距离，说明其质量能力偏大，不经济。

二、多项选择题

1.【答案】ABCE

【解析】通常可按照以下分层方法取得原始数据：

（1）按施工时间分，如月、日、上午、下午、白天、晚间、季节；

（2）按地区部位分，如区域、城市、乡村、楼层、外墙、内墙；

（3）按产品材料分，如产地、厂商、规格、品种；

（4）按检测方法分，如方法、仪器、测定人、取样方式；

（5）按作业组织分，如工法、班组、工长、工人、分包商；

（6）按工程类型分，如住宅、办公楼、道路、桥梁、隧道；

（7）按合同结构分，如总承包、专业分包、劳务分包。

2.【答案】BE

【解析】应用分层法的关键是调查分析的类别和层次划分，根据管理需要和统计目的，通常可按照分层方法取得原始数据。

3.【答案】ABCE

【解析】D选项错误，一个质量特性或一个质量问题应该只用一张图分析。

4.【答案】AB

【解析】累计频率0~80%定为A类问题，即主要问题，进行重点管理；将累计频率在80%~90%区间的问题定为B类问题，即次要问题，作为次重点管理；将其余累计频率在90%~100%区间的问题定为C类问题，即一般问题，按照常规适当加强管理。

5.【答案】ACE

【解析】直方图法的主要用途：（1）整理统计数据，了解统计数据的分布特征，即数据分布的集中或离散状况，从中掌握质量能力状态；（2）观察分析生产过程质量是否处于正常、稳定和受控状态以及质量水平是否保持在公差允许的范围内。

6.【答案】ABC

【解析】正常直方图呈正态分布，其形状特征是中间高、两边低、成对称，正常直方图反映生产过程质量处于正常、稳定状态。

7.【答案】AB

【解析】直方图的分布形状及分布区间宽窄是由质量特性统计数据的平均值和标准偏差所决定的。

# 1Z204070 建设工程项目质量的政府监督

**本节知识体系**

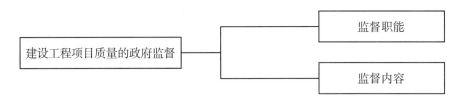

**核心内容讲解**

## 一、政府对工程项目质量的监督职能（详见表1Z204070-1）

政府对工程项目质量的监督职能　　表1Z204070-1

| 监督管理部门 | 国务院建设行政主管部门对全国的建设工程质量实施统一监督管理。县级以上地方人民政府建设行政主管部门对本行政区域内的建设工程质量实施监督管理 |
|---|---|
| 政府质量监督的性质 | 政府质量监督的性质属于行政执法行为，是主管部门依据有关法律法规和工程建设强制性标准，对工程实体质量和工程建设、勘察、设计、施工、监理单位（以下简称工程质量责任主体）和质量检测等单位的工程质量行为实施监督 |
| 政府质量监督的职权 | （1）要求被检查的单位提供有关工程质量的文件和资料；<br>（2）进入被检查单位的施工现场进行检查；<br>（3）发现有影响工程质量的问题时，责令改正 |
| 质量监督机构 | 建设工程质量监督管理，可以由建设行政主管部门，或者其他有关部门委托的建设工程质量监督机构具体实施 |
| | （1）监督机构<br>监督机构应当具备下列条件：<br>①具有符合规定条件的监督人员，人员数量由县级以上地方人民政府建设主管部门根据实际需要确定，监督人员应当占监督机构总人数的75%以上；<br>②有固定的工作场所和满足工程质量监督检查工作所需要的仪器、设备和工具等；<br>③有健全的质量监督工作制度，具备与质量监督工作相适应的信息化管理条件 |
| | （2）监督人员<br>监督人员应当具备下列条件：<br>①具有工程类专业大学专科以上学历或者工程类执业注册资格；<br>②具有三年以上工程质量管理或者设计、施工、监理等工作经历；<br>③熟悉掌握相关法律法规和工程建设强制性标准；<br>④具有一定的组织协调能力和良好职业道德。<br>省、自治区、直辖市人民政府建设主管部门每两年对监督人员进行一次岗位考核，每年进行一次法律法规、业务知识培训，并适时组织开展继续教育培训 |

**嗨·点评**　政府质量监督主要监督两方面：实体质量和质量行为，需要注意的是监督哪些单位的质量行为。

**【经典例题】** 1.政府质量监督机构对建设工程质量的监督包括监督工程建设各方主体的质量行为和（　　）。

A.监督检查施工项目进度及投资
B.监督检查工程实体的质量
C.督检查施工现场的安全状况
D.验收工程项目施工质量

【答案】B

【嗨·解析】政府质量监督的性质属于行政执法行为,是主管部门依据有关法律法规和工程建设强制性标准,对工程实体质量和工程建设、勘察、设计、施工、监理单位(以下简称工程质量责任主体)和质量检测等单位的工程质量行为实施监督。因此,正确选项是B。

## 二、政府对工程项目质量监督的内容及程序(详见表1Z204070-2)

政府对工程项目质量监督的内容及程序　表1Z204070-2

| | |
|---|---|
| 质量监督的内容 | (1)执行法律法规和工程建设强制性标准的情况;<br>(2)抽查涉及工程主体结构安全和主要使用功能的工程实体质量;<br>(3)抽查工程质量责任主体和质量检测等单位的工程质量行为;<br>(4)抽查主要建筑材料、建筑构配件的质量;<br>(5)对工程竣工验收进行监督;<br>(6)组织或者参与工程质量事故的调查处理;<br>(7)定期对本地区工程质量状况进行统计分析;<br>(8)依法对违法违规行为实施处罚 |
| 质量监督程序 | (1)受理建设单位办理质量监督手续<br>在工程项目开工前,监督机构接受建设单位有关建设工程质量监督的申报手续,并对建设单位提供的有关文件进行审查,审查合格签发有关质量监督文件。建设单位凭工程质量监督文件,向建设行政主管部门申领施工许可证;<br>(2)制订工作计划并组织实施<br>(3)对工程实体质量和工程质量行为进行抽查、抽测;<br>(4)监督工程竣工验收<br>重点对竣工验收的组织形式、程序等是否符合有关规定进行监督;同时对质量监督检查中提出质量问题的整改情况进行复查,检查其整改情况;<br>(5)形成工程质量监督报告;<br>(6)建立工程质量监督档案。<br>项目工程质量监督档案按单位工程建立。经监督机构负责人签字后归档 |

【经典例题】2.(2016年真题)关于政府主管部门质量监督程序的说法,正确的是(　　)。

A.工程项目开工后,监督机构接受建设单位有关建设工程质量监督的申报手续,并对文件进行审查,合格后签发质量监督文件

B.监督机构检查内容中不包含企业的工程经营资质证书和人员的资格证书检查

C.监督机构要组织进行工程竣工验收并对发现的质量问题进行复查

D.监督机构在工程基础和主体结构分部工程质量验收前,要对基地基础和主体结构混凝土分别进行监督检测

【答案】D

【嗨·解析】本题考查的是政府对工程项目质量监督程序。工程项目开工前,监督机构接受建设单位有关建设工程质量监督的申报手续,并对建设单位提供的有关文件进行审查,审查合格签发有关质量监督文件,所以选项A错误;对工程质量责任主体和质量检测等单位的质量行为进行检查。检查内容包括:企业的工程经营资质证书和相关人员的资格证书等,所以选项B错误;竣工验收由建设单位组织,所以选项C错误;在工程基础和主体结构分部工程质量验收前,要对地基基础和主体结构混凝土强度分别进行监督检测,所以选项D正确。

## 章节练习题

**一、单项选择题**

1. 全国建设工程质量实行统一监督管理的部门是（    ）。
   A.国家技术监督局
   B.各级政府建设行政主管部门
   C.国务院铁路、交通、水利等部门
   D.国务院建设行政主管部门

2. 在工程项目建设项目中，（    ）对建设的各方具有监督管理的职能。
   A.项目业主        B.监理单位
   C.承建商          D.政府建设主管部门

3. 下列关于监督人员应当具备的条件说法不正确的有（    ）。
   A.具有工程类专业大学专科以上学历或者工程类执业注册资格
   B.熟悉掌握相关法律法规和工程建设强制性标准
   C.具有五年以上工程质量管理或者设计、施工、监理等工作经历
   D.具有一定的组织协调能力和良好职业道德

4. 工程质量监督申报手续应在工程项目（    ）到工程质量监督机构办理。
   A.开工前，由施工单位
   B.竣工验收前，由建设单位
   C.开工前，由建设单位
   D.竣工验收前，由施工单位

5. 工程质量监督机构的主要工作内容不包括（    ）。
   A.对工程实体质量的监督检查
   B.对工程项目进行质量评定
   C.对工程竣工验收的监督检查
   D.提交工程质量监督报告

6. 建设工程质量监督档案按（    ）建立。
   A.单位工程        B.单项工程
   C.分项工程        D.分部工程

7. 政府建设工程质量监督机构监督工程竣工验收重点是（    ）。
   A.对建设过程质量情况进行总结，签发竣工验收意见书
   B.对竣工验收的组织形式、程序等是否符合有关规定进行监督
   C.对影响结构安全的工程实体质量进行检测
   D.对影响使用功能的相关分部工程进行功能检测

**二、多项选择题**

1. 政府在对工程建设各参与方行使建设工程质量监督职能时，需要对（    ）的质量行为进行监督。
   A.建设单位        B.造价咨询单位
   C.监理单位        D.设计单位
   E.施工单位

2. 县级以上政府建设主管部门和其他有关主管部门履行监督检查职责时，有权采取的措施有（    ）。
   A.要求被检查单位提供有关工程质量的文件和资料
   B.进入被检查单位的施工现场进行检查
   C.发现有重大质量问题时可以下达停工令
   D.进入被检查单位的质量管理部门进行检查
   E.发现质量问题时责令改正

## 参考答案及解析

**一、单项选择题**

1.【答案】D
【解析】国务院建设行政主管部门对全国的建设工程质量实施统一监督管理。

2.【答案】D
【解析】政府质量监督的性质属于行政执法行为，是主管部门依据有关法律法规和工程建设强制性标准，对工程实体质量和工

程建设、勘察、设计、施工、监理单位和质量检测等单位的工程质量行为实施监督。

3.【答案】C

【解析】监督人员应当具备下列条件：
（1）具有工程类专业大学专科以上学历或者工程类执业注册资格；
（2）具有三年以上工程质量管理或者设计、施工、监理等工作经历；
（3）熟悉掌握相关法律法规和工程建设强制性标准；
（4）具有一定的组织协调能力和良好职业道德。

4.【答案】C

【解析】在工程项目开工前，监督机构接受建设单位有关建设工程质量监督的申报手续，并对建设单位提供的有关文件进行审查，审查合格签发有关质量监督文件。

5.【答案】B

【解析】工程项目质量评定工作由建设单位、监理单位组织实施。所以B正确。

6.【答案】A

【解析】建设工程质量监督档案按单位工程建立。所以A正确。

7.【答案】B

【解析】监督工程竣工验收重点对竣工验收的组织形式、程序等是否符合有关规定进行监督。

二、多项选择题

1.【答案】ACDE

【解析】政府质量监督的性质属于行政执法行为，是主管部门依据有关法律法规和工程建设强制性标准，对工程实体质量和工程建设、勘察、设计、施工、监理单位和质量检测等单位的工程质量行为实施监督。

2.【答案】ABE

【解析】政府建设行政主管部门和其他有关部门履行工程质量监督检查职责时，有权采取下列措施：（1）要求被检查的单位提供有关工程质量的文件和资料；（2）进入被检查单位的施工现场进行检查；（3）发现有影响工程质量的问题时，责令改正。

# 1Z205000 建设工程职业健康安全与环境管理

## 一、本章近三年考情

本章近三年考试真题分值统计　　　　　　　　　　　　　（单位：分）

| | 2014年 | | 2015年 | | 2016年 | |
|---|---|---|---|---|---|---|
| | 单选题 | 多选题 | 单选题 | 多选题 | 单选题 | 多选题 |
| 1Z205010职业健康安全管理体系与环境管理体系 | 1 | | 1 | | 1 | |
| 1Z205020建设工程安全生产管理 | 2 | 2 | 2 | 2 | 4 | 2 |
| 1Z205030建设工程生产安全事故应急预案和事故处理 | 2 | 2 | 2 | 2 | 2 | 2 |
| 1Z205040建设工程施工现场职业健康安全与环境管理的要求 | 2 | 2 | 2 | 2 | 2 | 2 |

## 二、本章学习提示

本章共四节内容，开篇介绍职业健康安全与环境管理两类体系的基本概念，第二节围绕有关安全生产管理体系制度进行介绍，第三节介绍事故的应急预案以及具体处理程序，第四节则是对施工现场职业健康安全与环境管理的具体要求。总体看本章前两节偏理论，后两节偏实际，应区别对待，偏理论则注意具体要求，偏实际则联系实际理解记忆。

# 1Z205010 职业健康安全管理体系与环境管理体系

**本节知识体系**

职业健康安全管理体系与环境管理体系
- 职业健康安全管理体系与环境管理体系标准
- 职业健康安全与环境管理的特点和要求
- 职业健康安全管理体系与环境管理体系的建立和运行

**核心内容讲解**

## 一、职业健康安全管理体系与环境管理体系标准

### （一）职业健康安全管理体系标准

（1）职业健康安全管理体系是企业总体管理体系的一部分，用以建立职业健康安全管理体系。

（2）根据《职业健康安全管理体系 要求》GB/T 28001—2011的定义，职业健康安全是指影响或可能影响工作场所内的员工或其他工作人员（包括临时工和承包方员工）、访问者或任何其他人员的健康安全的条件和因素。

### （二）环境管理体系标准

（1）国际标准化制定的ISO 14000体系标准，被我国等同采用。

（2）在《环境管理体系要求及使用指南》GB/T 21001—2004中，环境是指"组织运行互动的外部存在，包括空气、水、土地、自然资源、植物、动物、人，以及它（他）们之间的相互关系"。这个定义是以组织运行互动为主体，其外部存在主要是指人类认识到的、直接或间接影响人类生存的各种自然因素及其相互关系。

### （三）职业健康安全与环境管理体系的比较（详见表1Z205010-1）

两类管理体系的比较　　表1Z205010-1

| 相同点 | 不同点 |
| --- | --- |
| 管理目标基本一致<br>管理原理基本相同<br>不规定具体绩效标准 | 需要满足的对象不同<br>管理的侧重点有所不同 |

## （四）职业健康安全管理与环境管理体系的结构、模式和目的（详见表1Z205010-2）

两类管理体系的结构、模式、目的对比　　表1Z205010-2

| | 职业健康安全管理体系 | 环境管理体系 |
|---|---|---|
| 结构 | 该标准由"范围"、"规范引用文件"、"术语和定义"和"职业健康安全管理体系要求"四部分组成 | 该标准由"范围"、引用标准"定义"和"环境管理体系要求"四部分组成 |
| 模式 | 具体实施中采用了戴明模型，即一种动态循环并螺旋上升的系统化管理模式。<br><br>持续改进 → 方针 → 规划（策划） → 实时运行 → 检查纠正 → 管理评审 | |
| 目的 | （1）防止和尽量减少产生安全事故、保护生产品生产者的健康与安全、保障人民群众的生命和财产免受损失；<br>（2）控制影响或可能影响公共场所内的员工或其他工作人员（包括临时工和承包方员工）、访问者或任何其他人员的健康安全的条件和因素；<br>（3）避免因管理不当对在组织控制下工作的人员健康和安全造成危害 | 保护和改善施工现场环境。企业应当遵照国家和地方的相关法律法规以及行业和企业自身要求，采取措施控制施工现场的各种粉尘、废水、废气、固体废弃物以及噪声、振动对环境的污染和危害，并且要注意节约资源和避免浪费 |

🔊 **嗨·点评** 注意总结关键词记忆职业健康安全与环境管理的相同与不同点：（1）相同点：目标、原理、绩效；（2）不同点：对象、侧重。

【经典例题】1.（2016年真题）关于职业健康安全管理体系和环境管理体系标准比较的说法，正确的是（　　）。

A. 管理原理不同
B. 管理对象相同
C. 管理目标不同
D. 管理重点不同

【答案】D

【嗨·解析】本题考查的是职业健康安全管理体系和环境管理体系标准。职业健康安全管理和环境管理都是组织管理体系的一部分，其管理的主体是组织，管理的对象是一个组织的活动、产品或服务中能与职业健康安全发生相互作用的不健康、不安全的条件和因素以及能与环境发生相互作用的要素。两个管理体系所需要满足的对象和管理侧重点有所不同，但管理原理基本相同。

## 二、职业健康安全与环境管理的特点和要求

1.职业健康安全与环境管理的特点

根据建设工程产品的特性，建设工程职业健康安全与环境管理有以下特点，详见表1Z205010-3。

两类管理的特点  表1Z205010-3

| 特点 | （1）复杂性<br>涉及大量的露天作业，受到气候条件、工程地质和水文地质、地理条件和地域资源等不可控因素的影响较大；<br>（2）多变性<br>一方面是项目建设现场材料、设备和工具的流动性大；另一方面由于技术进步，项目不断引入新材料、新设备和新工艺，这都加大了相应的管理难度；<br>（3）协调性<br>项目建设涉及的工种甚多，包括大量的高空作业、地下作业、用电作业、爆破作业、施工机械、起重作业等较危险的工程，并且各工种经常需要交叉或平行作业；<br>（4）持续性<br>项目建设一般具有建设周期长的特点，从设计、实施直至投产阶段，诸多工序环环相扣。前一道工序的隐患，可能在后续的工序中暴露，酿成安全事故；<br>（5）经济性<br>产品的时代性、社会性与多样性决定环境管理的经济性；<br>（6）多样性<br>产品的时代性和社会性决定了环境管理的多样性 |
|---|---|

2.职业健康安全与环境管理的要求

建设工程职业健康安全与环境管理在不同阶段的要求也有所不同，详见表1Z205010-4。

两类管理在各阶段的要求  表1Z205010-4

| 要求 | 建设工程项目决策阶段 | （1）建设单位按照相关要求，办理各种有关安全与环保方面的审批手续；<br>（2）对需要预评价的项目，应组织或委托有资质单位进行建设工程项目环境影响评价和安全预评价 |
|---|---|---|
| | 建设工程设计阶段 | （1）设计单位应按照有关要求，进行环保和安全设施的设计，防止因设计考虑不周而导致生产安全事故的发生或对环境造成不良影响；<br>（2）在进行工程设计时，对涉及施工安全的重点部分和环节在设计文件中应进行注明，并对防范生产安全事故提出指导意见；<br>（3）设计单位应在设计中提出保障施工作业人员安全和预防生产安全事故的措施建议；<br>（4）在工程总概算中，应明确工程安全环保设施费用、安全施工和环境保护措施费等；<br>（5）设计单位和注册建筑师等执业人员应当对其设计负责 |
| | 建设工程施工阶段 | （1）建设单位在申请领取施工许可证时，应当提供有关安全施工措施的资料；<br>（2）建设单位应当自开工报告批准之日起15日内，将保证安全施工的措施报送至建设工程所在地的县级以上人民政府建设行政主管部门或者其他有关部门备案；<br>（3）建设单位应当在拆除工程施工15日前，将拆除施工单位资质等级证明，资料报送至建设工程所在地的县级以上的地方人民政府主管部门或者其他有关部门备案；<br>（4）企业的代表人是安全生产的第一负责人，项目经理是施工项目生产的主要负责人；<br>（5）分包单位不服从管理导致生产安全事故的，由分包单位承担主要责任，总承包和分包单位对分包工程的安全生产承担连带责任 |
| | 项目验收运行阶段 | （1）环保行政主管部门应在收到申请环保设施竣工验收之日起30日内完成验收。验收合格后，才能投入生产和使用；<br>（2）建设单位应当在项目投入试生产之日起3个月内向环保行政主管部门申请对其项目配套的环保设施进行竣工验收 |

 嗨·点评 重点注意施工阶段的要求。

【经典例题】2.在建设工程项目决策阶段，建设单位职业健康安全与环境管理的任务是（  ）。

A.对环境保护和安全设施的设计提出建议
B.办理有关安全和环境保护的各种审批

手续

C.对生产安全事故的防范提出指导意见

D.将保证安全施工的措施报有关管理部门备案

【答案】B

【嗨·解析】在建设工程项目决策阶段，建设单位应按照有关建设工程法律法规的规定和强制性标准的要求，办理各种有关安全与环境保护方面的审批手续。对需要进行环境影响评价或安全预评价的建设工程项目，应组织或委托有相应资质的单位进行建设工程项目环境影响评价和安全预评价。AC选项属于设计单位在设计阶段的任务，D选项属于建设单位施工阶段的任务。

### 三、职业健康安全管理体系与环境管理体系的建立和运行

#### （一）职业健康安全与环境管理体系的建立

两类体系的建立大体分为以下八个环节，详见表1Z205010-5。

两类管理体系的建立环节　　表1Z205010-5

| | | |
|---|---|---|
| 建立环节 | （1）领导决策 | 最高管理者亲自决策，以便获得各方面的支持，有助于获得体系建立过程中所需的资源 |
| | （2）成立工作组 | 最高管理者或授权管理者代表组建工作小组负责建立体系 |
| | （3）人员培训 | 培训的目的是使有关人员具有完成对职业健康与环境有影响的任务的相应能力，了解建立体系的重要性，了解标准的主要思想和内容 |
| | （4）初始状态评价 | 对组织过去和现在的职业健康安全与环境的信息、状态进行收集、调查分析、识别，获取现行法律法规和其他要求，进行危险源辨识和风险评价、环境因素识别和重要环境因素评价。评审结果将作为确定职业健康安全与环境方针、制定管理方案、编制体系文件的基础 |
| | （5）制定方针、目标、指标和管理方案 | 方针不仅为组织确定了总的指导方向和行动准则，而且是评价一切后续活动的依据，并为更加具体的目标和指标提供一个框架 |
| | （6）管理体系策划与设计 | 依据制定的方针、目标和指标、管理方案确定组织机构职责和筹划各种运行程序 |
| | （7）体系文件编写 | 体系文件包括管理手册、程序文件、作业文件三个层次 |
| | （8）文件的审查、审批和发布 | 文件编写完成后应进行审查，经审查、修改、汇总后进行审批，然后发布 |

#### （二）职业健康管理与环境管理体系的运行

两类体系的运行包括以下两个重要环节，详见表1Z205010-6。

**两类管理体系的运行与维持　表1Z205010-6**

| 运行 | 管理体系的运行 | （1）培训意识和能力；<br>（2）信息交流；<br>（3）文件管理；<br>（4）执行控制程序文件的规定；<br>（5）检测；<br>（6）不符合、纠正和预防措施；<br>（7）记录 |
|---|---|---|
| | 管理体系的维持 | （1）内部审核：组织对其自身的管理体系进行审核，是管理体系自我保证和自我监督的一种机制；<br>（2）管理评审：由组织的最高管理者对管理体系的系统评价；<br>（3）合规性评价：合规性评价分为公司级和项目组级评价两个层次，项目组级评价，当某个阶段施工时间超过半年时，合规性评价不少于一次。公司级评价每年进行一次 |

【经典例题】3.作业文件是职业健康安全与环境管理体系文件的组成之一，其内容包括（　　）。

A.管理手册、管理规定、监测活动准则及程序文件

B.操作规程、管理规定、监测活动准则及程序文件引用的表格

C.操作规程、管理规定、监测活动准则及管理手册

D.操作规程、管理规定、监测活动准则及程序文件

【答案】B

【嗨·解析】体系文件包括管理手册、程序文件、作业文件三个层次。作业文件是指管理手册、程序文件之外的文件，一般包括作业指导书（操作规程）、管理规定、监测活动准则及程序文件引用的表格。其编写的内容和格式与程序文件的要求基本相同。在编写之前应对原有的作业文件进行清理，摘其有用，删除无关。

【经典例题】4.（2015年真题）关于职业健康安全与环境管理体系管理评审的说法，正确的是（　　）。

A.管理评审是管理体系接受政府监督的一种机制

B.管理评审是最高管理者对管理体系的系统评价

C.管理评审是管理体系自我保证和自我监督的一种机制

D.管理评审是第三方论证机构对管理体系的系统评价

【答案】B

【嗨·解析】管理评审是由组织的最高管理者对管理体系的系统评价，判断组织的管理体系面对内部情况和外部环境的变化是否充分适应有效，由此决定是否对管理体系做出调整，包括方针、目标、机构和程序等。

# 1Z205000 建设工程职业健康安全与环境管理

## 章节练习题

### 一、单项选择题

1. 《环境管理体系要求及使用指南》GB/T 24001—2004中的"环境"是指（　　）。
   A.组织运行活动的外部存在
   B.各种天然和经过人工改造的自然因素的总体
   C.废水、废气、废渣的存在和分布情况
   D.周边大气、阳光和水分的总称

2. 根据《职业健康安全管理体系规范》GB/T 28001—2011，属于辅助性要素的是（　　）。
   A.法律法规和其他要求
   B.运行控制
   C.能力、培训和意识
   D.管理评审

3. 下列环境体系内容要素中，属于辅助性要素的是（　　）。
   A.记录控制　　　B.环境方针
   C.环境因素　　　D.内部审核

4. 环境管理的目的是通过保护生态环境，使（　　）。
   A.环境能够服务于人类经济社会的发展。
   B.工程项目施工场界内的污染得到有效防治
   C.环境污染不至于造成人类生存基本条件的破坏。
   D.社会经济的发展与人类生存环境相协调

5. 建筑产品的特性使建设项目的职业健康安全和环境管理涉及大量的露天作业，受到气候条件、工程地质等不可控因素的影响较大，因此决定了职业健康安全与环境管理具有（　　）。
   A.单一性　　　B.复杂性
   C.不可逆性　　D.重复性

6. 项目的建设一般具有建设周期长的特点，从设计、实施直至投产，许多工序环环相扣，前一道工序的隐患，可能在后续的工序中暴露，酿成安全事故，这体现了建设工程职业健康与环境管理具有（　　）的特点。
   A.复杂性　　　B.多变性
   C.持续性　　　D.协调性

7. 环保行政主管部门应在收到申请环保设施竣工验收之日起（　　）日内完成验收。
   A.15　　B.30　　C.45　　D.60

8. 对于需要试生产的建设工程项目，建设单位应当在项目投入试生产之日起最晚（　　）内，向环保行政主管部门申请对其项目配套的环保设施进行竣工验收。
   A.6个月　B.4个月　C.3个月　D.2个月

9. 关于施工总承包单位安全责任的说法，正确的是（　　）。
   A.总承包单位的项目经理是施工企业第一负责人
   B.业主指定的分包单位可以不服从总承包单位的安全生产管理
   C.分包单位不服从管理导致安全生产事故的，总承包单位不承担责任
   D.总承包单位对施工现场的安全生产负总责

10. 作业文件是职业健康安全与环境管理体系文件的组成之一，其内容包括（　　）。
    A.管理手册、管理规定、监测活动准则及程序文件
    B.操作规程、管理规定、监测活动及管理手册
    C.操作规程、管理规定、监测活动准则及程序文件
    D.操作规程、管理规定、监测活动准则及程序文件引用的表格

### 二、多项选择题

1. 职业健康安全和环境管理体系的相同点有（　　）。
   A.管理目标基本一致

B.管理原理基本相同
C.不规定具体的业绩标准
D.需要满足的对象相同
E.管理的侧重点基本相同

2. 职业健康安全和环境管理体系的不同点有（　　）。
   A.管理的侧重点　　B.管理的目标
   C.管理原理　　　　D.绩效指标
   E.需要满足的对象

3. 职业健康安全管理体系要素中的核心是（　　）。
   A.危险源识别　　　B.风险评价
   C.职业健康安全方针　D.运行控制
   E.预防措施

4. 下列环境管理体系的构成要素中，属于核心要素的有（　　）。
   A.环境方针　　　　B.环境因素
   C.运行控制　　　　D.内部审核
   E.信息交流

5. 在建设工程项目决策阶段，建设单位职业健康安全与环境管理的任务包括（　　）。
   A.提出生产安全事故防范的指导意见
   B.办理有关安全的各种审批手续
   C.提出保障施工作业人员安全和预防生产安全事故的措施建议
   D.办理有关环境保护的各种审批手续
   E.将保证安全施工的措施报有关管理部门备案

6. 在工程总概算中，应明确工程中有关职业健康安全和环境保护的措施费用包括（　　）。
   A.安全环保设施费
   B.文明施工措施费
   C.安全施工措施费
   D.环境保护措施费
   E.安全生产管理费

7. 职业健康安全管理体系与环境管理体系的体系文件包括（　　）。
   A.管理手册　　　　B.程序文件
   C.作业文件　　　　D.质量记录
   E.监测活动准则

## 参考答案及解析

### 一、单项选择题

1.【答案】A

【解析】环境是指组织运行活动的外部存在，包括空气、水、土地、自然资源、植物、动物、人，以及它（他）们之间的相互关系。

2.【答案】C

【解析】根据《职业健康安全管理体系规范》GB/T 28001—2011，7个辅助性要素包括：能力、培训和意识；沟通、参与和协商；文件；文件控制；应急准备和响应；事件调查、不符合、纠正措施和预防措施；记录控制。

3.【答案】A

【解析】环境体系与职业健康安全管理体系辅助性要素类似，可对比记忆。环境体系核心要素是10个，包括：环境方针，环境因素；法律法规与其他要求，目标、指标和方案；资源、作用、职责与权限；运行控制；监测与测量；评估法规的符合性；内部审核；管理评审。其余7项为辅助性因素。

4.【答案】D

【解析】环境保护是我国的一项基本国策。环境管理的目的是保护生态环境，使社会的经济发展与人类的生存环境相协调。

5.【答案】B

【解析】依据建筑产品的特性，建设工程职业健康安全和环境管理的特点有：复杂性，职业健康安全和环境管理涉及大量的露天作业，受到气候条件、工程地质和水文地质、地理条件和地域资源等不可控因素的影响较大。所以B正确。

6.【答案】C

【解析】持续性项目建设一般具有建设周期长的特点，从设计、实施直至投产阶段，诸多工序环环相扣。前一道工序的隐患，可能在后续的工序中暴露，酿成安全事故。

7.【答案】B

【解析】环保行政主管部门应在收到申请环保设施竣工验收之日起30日内完成验收。

8.【答案】C

【解析】对于需要试生产的建设工程项目，建设单位应当在项目投入试生产之日起3个月内向环保行政主管部门申请对其项目配套的环保设施进行竣工验收。所以C正确。

9.【答案】D

【解析】施工企业在其经营生产的活动中必须对本企业的安全生产负全面责任。企业的代表人是安全生产的第一负责人，项目经理是施工项目生产的主要负责人。建设工程实行总承包的，由总承包单位对施工现场的安全生产负总责并自行完成工程主体结构的施工。分包单位应当接受总承包单位的安全生产管理，分包合同中应当明确各自的安全生产方面的权利、义务。分包单位不服从管理导致生产安全事故的，由分包单位承担主要责任，总承包和分包单位对分包工程的安全生产承担连带责任。

10.【答案】D

【解析】作业文件是指管理手册、程序文件之外的文件，一般包括作业指导书（操作规程）、管理规定、监测活动准则及程序文件引用的表格。D选项符合要求。

二、多项选择题

1.【答案】ABC

【解析】职业健康安全和环境管理体系的相同点：（1）管理目标基本一致；（2）管理原理基本相同；（3）不规定具体绩效标准。

2.【答案】AE

【解析】职业健康安全和环境管理体系的不同点：（1）需要满足的对象不同；（2）管理的侧重点有所不同。

3.【答案】ABCD

【解析】职业健康安全管理体系包括10个核心要素：职业健康安全方针；对危险源辨识、风险评价和控制措施的确定；法规和其他要求；目标和方案；资源、作用、职责、责任和权限；合规性评价；运行控制；绩效测量和监视；内部审核；管理评审。

4.【答案】ABCD

【解析】环境管理体系的核心要素是10个，包括：环境方针；环境因素；法律法规与其他要求；目标、指标和方案；资源、作用、职责与权限；运行控制；监测与测量；评估法规的符合性；内部审核；管理评审。

5.【答案】BD

【解析】建设单位应当办理各种有关安全与环境保护方面的审批手续。

6.【答案】ACD

【解析】在工程总概算中，应明确工程安全环保设施费用、安全施工和环境保护措施费等。

7.【答案】ABC

【解析】职业健康安全管理体系与环境管理体系的体系文件包括：管理手册、程序文件、作业文件三个层次。作业文件是指管理手册、程序文件之外的文件，一般包括作业指导书（操作规程）、管理规定、监测活动准则及程序文件引用的表格。

# 1Z205020 建设工程安全生产管理

本节知识体系

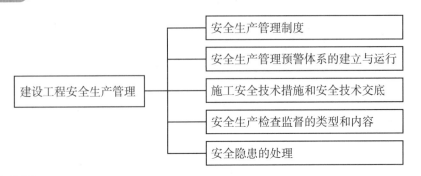

核心内容讲解

## 一、安全生产管理制度

由于建设工程规模大、周期长、参与人数多、环境复杂多变,安全生产的难度很大。因此,通过建立各项制度,规范建设工程的生产行为,对于提高建设工程安全生产水平是非常重要的。现阶段正在执行的主要安全生产管理制度包括:安全生产责任制度;安全生产许可证制度;政府安全生产监督检查制度;安全生产教育培训制度;安全措施计划制度;特种作业人员持证上岗制度;专项施工方案专家论证制度;危及施工安全工艺、设备、材料淘汰制度;施工起重机械使用登记制度;安全检查制度;生产安全事故报告和调查处理制度;"三同时"制度;安全预评价制度;意外伤害保险制度等。详见表1Z205020-1。

安全生产管理制度　　表1Z205020-1

| 安全生产责任制度 | (1)安全生产责任制是最基本的安全管理制度,是所有安全生产管理制度的核心;<br>(2)工程项目部专职安全人员的配备应按住建部的规定,1万m²以下工程1万~5万m²的工程不少于2人;5万m²以上的工程不少于3人 |
|---|---|
| 安全生产许可证制度 | (1)《安全生产许可证条例》规定国家对建筑施工企业实施安全生产许可证制度;<br>(2)安全生产许可证的有效期为3年。有效期满需要延期的,企业应当于期满前3个月向原安全生产许可证颁发管理机关办理延期手续;<br>(3)有效期内,严格遵守有关安全生产的法律法规,未发生死亡事故的,有效期届满时,经原安全生产许可证颁发管理机关同意,不再审查,安全生产许可证有效期延期3年 |
| 政府安全生产监督检查制度 | (1)政府安全监督检查制度是指国家法律、法规授权的行政部门,代表政府对企业的安全生产过程实施监督管理;<br>(2)国务院负责安全生产监督管理的部门,对全国建设工程安全生产工作实施综合监督管理;<br>(3)国务院建设行政主管部门对全国的建设工程安全生产实施监督管理 |

续表

| | | |
|---|---|---|
| 安全生产教育培训制度 | 管理人员的安全教育 | （1）企业领导安全教育；<br>（2）项目经理、技术责人和技术干部的安全教育；<br>（3）行政管理干部安全教育；<br>（4）企业安全管理员的安全教育；<br>（5）班组长和安全员安全教育 |
| | 特种作业人员的安全教育 | （1）特种作业，是指容易发生事故，对操作者本人、他人的安健康及设备、设施的安全可能造成重大危害的作业。特种作业人员，是指直接从事特种作业的从业人员；<br>（2）特种作业人员应具备的条件是：<br>①年满18周岁，且不超过国家法定退休年龄；<br>②经社区或者县级以上医疗机构体检健康合格；<br>③具有初中及以上文化程度；<br>④具备必要的安全技术知识与技能；<br>⑤相应特种作业规定的其他条件。<br>（3）特种作业人员安全教育要求特种作业人员必须经专门的安全技术培训并考核合格，取得《中华人民共和国特种作业操作证》后，方可上岗作业 |
| | 企业员工安全教育 | （1）新员工上岗前的三级安全教育<br>企业新员工上岗前必须进行三级安全教育。三级安全教育对建设工程来说，具体指企业（公司）、项目（或工区、工程处、施工队）、班组三级；<br>（2）改变工艺和变换岗位时的安全教育<br>组织内部员工因放长假离岗一年以上重新上岗的情况，企业必须进行相应的安全技术培训和教育；<br>（3）经常性安全教育<br>安全思想、安全态度教育最重要。经常性安全教育的形式有：每天的班前班后会上说明安全注意事项；安全活动日；安全生产会议；事故现场会；张贴安全生产招贴画、宣传标语及标志等 |
| 安全措施计划制度 | 安全措施计划的范围 | 全措施计划的范围应包括改善劳动条件、防止事故发生、预防职业病和职业中毒内容，具体包括：安全技术措施；职业卫生措施；辅助用房间及设施；安全宣传教育措施 |
| | 编制安全措施计划依据 | （1）国家发布的有关职业健康安全政策、法规和标准；<br>（2）在安全检查中发现的尚未解决的问题；<br>（3）造成伤亡事故和职业病的主要原因和所采取的措施；<br>（4）生产发展需要所应采取的安全技术措施；<br>（5）安全技术革新项目和员工提出的合理化建议 |
| | 编制安全技术措施计划的一般步骤 | （1）工作活动分类；<br>（2）危险源识别；<br>（3）风险确定；<br>（4）风险评价；<br>（5）制定安全技术措施计划；<br>（6）评价安全技术措施计划的充分性 |
| 特种作业人员持证上岗制度 | | （1）《建设工程安全生产管理条例》第二十五条规定：垂直运输机械作业人员、起重机械安装拆卸工、爆破作业人员、起重信号工、登高架设作业人员等特种作业人员，必须按照国家有关规定经过专门安全作业培训，并取得特种作业操作资格证书后，方可上岗作业；<br>（2）特种作业操作证有效期为6年，在全国范围内有效。特种作业操作证每3年复审1次。特种作业人员在特种作业操作证有效期内，连续从事本工种10年以上，严格遵守有关安全生产法律法规的，经原考核发证机关或者从业所在地考核发证机关同意，特种作业操作证的复审时间可以延长至每6年1次 |

续表

| | | |
|---|---|---|
| 专项施工方案专家论证制度 | （1）《建设工程安全生产管理条例》规定：施工单位应当在施工组织设计中编制安全技术措施和施工现场临时用电方案，对下列达到一定规模的危险性较大的分部分项工程编制专项施工方案，并附具安全验算结果，经施工单位技术负责人、总监理工程师签字后实施，由专职安全生产管理人员进行现场监督，包括基坑支护与降水工程；土方开挖工程；模板工程；起重吊装工程；脚手架工程；拆除、爆破工程；国务院建设行政主管部门或者其他有关部门规定的其他危险性较大的工程；（2）对上述所列工程中涉及深基坑、地下暗挖工程、高大模板工程的项目施工方案，施工单位还应当组织专家进行论证、审查 | |
| 危及施工安全工艺、设备、材料淘汰制度 | 严重危及施工安全的工艺、设备、材料是指不符合生产安全要求，极有可能导致生产安全事故发生，致使人民生命和财产遭受重大损失的工艺、设备和材料 | |
| 安全检查制度 | 安全检查的目的 | 通过安全检查可以发现企业生产过程中的危险因素，以便有计划地采取措施，保证安全生产 |
| | 安全检查的方式 | 企业组织的定期安全检查；各级管理人员的日常巡回检查；专业性检查；季节性检查；节假日前后的安全检查；班组自检、交接检查；不定期检查等 |
| | 安全检查内容 | （1）查思想、查制度、查管理、查隐患、整改、查伤亡事故处理等；（2）安全检查的重点是检查"三违"和安全责任制的落实；（3）检查后应编写安全检查报告，报告应包括以下内容：已达标项目，未达标项，存在问题，原因分析，纠正和预防措施 |
| | 安全隐患处理程序 | 对查出的安全隐患，不能立即整改的要制定整改计划、定人、定措施、定经费、定完成日期，在未消除安全隐患前，必须采取可靠的防范措施，如有危及人身安全的紧急险情，应立即停工。应按照"登记-整改-复查-销案"的程序处理安全隐患 |
| 生产安全事故报告和调查处理制度 | （1）生产经营单位发生生产安全事故后，事故现场有关人员应当立即报告本单位负责人；（2）单位负责人接到事故报告后，应当迅速采取有效措施，组织抢救，防止事故扩大，减少人员伤亡和财产损失，并按照国家有关规定立即如实报告当地负有安全生产监督管理职责部门，不得隐瞒不报、谎报或者拖延不报，不得故意破坏事故现场、毁灭有关证据 | |
| "三同时"制度 | （1）新建、改建、扩建工程的劳动安全卫生设施必须与主体工程同时设计、同时施工、同时投入生产和使用；（2）生产经营单位新建、改建、扩建工程项目的安全设施，必须与主体工程同时设计、同时施工、何时投入生产和使用。安全设施投资应当纳入建设项目概算 | |
| 安全预评价制度 | 安全预评价是在建设工程项目前期，应用安全评价的原理和方法对工程项目的危险性、危害性进行预测性评价 | |
| 意外伤害保险制度 | 新《建筑法》规定："建筑施工企业应当依法为职工参加工伤保缴纳工伤保险费。鼓励企业为从事危险作业的职工办理意外伤害保险，支付保险费" | |

【经典例题】1.（2016年真题）根据《建筑施工企业安全生产管理机构设置及专职安全生产管理人员配备办法》，某3万㎡的建筑工程项目部应配备专职安全管理人员的最少人数是（　　）名。

A. 1　　　　　B. 3　　　　　C. 4　　　　　D. 2

【答案】D

【嗨·解析】本题考查的是安全生产责任制度。1万㎡以下的工程1人；1万㎡~5万㎡的工程不少于2人；5万㎡以上的工程不少于3人。

【经典例题】2.（2016年真题）根据《安

全生产许可条例》，施工企业安全生产许可证（　　）。

A. 有效期为2年

B. 有效期届满时经同意可以不再审查

C. 要求企业获得职业健康安全管理体系认证

D. 应在届满后3个月内办理延期手续

【答案】B

【嗨·解析】本题考查的是安全生产许可证制度。选项A，正确的说法应为安全生产许可证的有效期为3年。选项B是正确的，企业在安全生产许可证有效期内，严格遵守有关安全生产的法律法规，未发生死亡事故的，安全生产许可证有效期届满时，经原安全生产许可证颁发管理机关同意，不再审查，安全生产许可证有效期延期3年。选项C，并没有要求企业获得职业健康安全管理体系认证。选项D，正确的说法应为安全生产许可证有效期满需要延期的，企业应当于期满前3个月向原安全生产许可证颁发管理机关办理延期手续。

【经典例题】3.（2016年真题）根据《特种作业人员安全技术培训考核管理规定》，特种作业人员应当具备的条件有（　　）。

A. 年满16周岁

B. 具有初中及以上文化水平

C. 取得特种作业操作证

D. 经社区或者县级以上医疗机构体检健康合格

E. 培训教育记录

【答案】BCD

【嗨·解析】本题考查的是安全生产教育培训制度。

特种作业人员需要具备的要求：

（1）年满18周岁，且不超过国家法定退休年龄；

（2）经社区或者县级以上医疗机构体检健康合格；

（3）具有初中及以上文化程度；

（4）具备必要的安全技术知识与技能。

另外，特种作业人员必须经专门的安全技术培训并考核合格，取得《中华人民共和国特种作业操作证》后，方可上岗作业。

【经典例题】4.（2016年真题）根据《建筑法》及相关规定，施工企业应交纳的强制性保险是（　　）。

A. 人身意外伤害险

B. 工程一切险

C. 工伤保险

D. 第三者责任险

【答案】C

【嗨·解析】本题考查的是意外伤害保险制度。工伤保险是属于法定的强制性保险。

## 二、安全生产管理预警体系的建立与运行

事故的发生和发展是由人的不安全行为、物的不安全状态以及管理的缺陷等方面相互作用的结果，因此在事故预防管理上，可针对事故特点建立事故预警体系。各种类型事故预警的管理过程可能不同，但预警的模式具有一致性。在构建预警体系时，需遵循信息论、控制论、决策论以及系统论的思想种方法，科学建立标准化的预警体系，保证预警的上下统一和协调。详见表1Z205020-2。

## 安全生产管理预警体系的建立与运行　表1Z205020-2

| 安全生产管理预警体系的要素 | | 一个完整的预警体系应由外部环境预警系统、内部管理不良的预警系统、预警信息管理系统和事故预警系统 |
|---|---|---|
| | 外部环境预警系统 | 包括：（1）自然环境突变的预警；（2）政策法规变化的预警；（3）技术化的预警 |
| | 内部管理不良预警系统 | 包括：（1）质量管理预警；（2）设备管理预警；（3）人的行为活动管理预警 |
| | 预警信息管理系统 | 预警信息管理系统以管理信息系统（MIS）为基础，专用于预警管理的信息管理，主要是监测外部环境与内部管理的信息。预警信息的管理包括信息收集、处理、辨伪、存储、推断等过程 |
| | 事故预警系统 | 当事故难以控制时，及时做出警告，并提供对策措施和建议 |
| 预警系统的建立 | 原则 | （1）及时性；（2）全面性；（3）高效性；（4）客观性 |
| | 实现的功能 | （1）预警分析：预警分析主要由预警监测、预警信息管理、预警评价指标体系构建和预测评价等工作内容组成。<br>Ⅰ级预警，表示安全状况特别严重，用红色表示；<br>Ⅱ级预警，表示受到事故的严重威胁，用橙色表示；<br>Ⅲ级预警，表示处于事故的上升阶段，用黄色表示；<br>Ⅳ级预警，表示生产活动处于正常状态，用蓝色表示<br>（2）预控对策：预控对策一般包括组织准备、日常监控和事故危机管理三个活动阶段<br>（3）预警分析和预控对策的关系<br>①预警分析和预控对策的活动内容是不同的，前者主要是对系统隐患的辨识，后者是对事故征兆的不良趋势进行纠错、治错的管理活动。预警分析是预警体系完成其职能的前提和基础，预控对策是预警体系职能活动的目标；<br>②预警分析和预控对策活动的对象是有差异的，前者的对象是在正常生产活动中的安全管理过程，后者的对象则是已被确认的事故现象。预警分析的活动对象总是包容预控对策的活动对象，或者说，预控活动的对象总是预警分析活动对象中的主要矛盾 |
| 预警系统的运行 | 监测 | 监测是预警活动的前提，其任务包括两方面：一是对生产中的薄弱环节和重要环节进行全方位、全过程的监测；二是利用预警信息管理系统对大量的监测信息进行处理（整理、分类、存储、传输）并建立信息档案 |
| | 识别 | 识别是运用评价指标体系对监测信息进行分析，以识别生产活动中各类事故征兆、事故诱因，以及将要发生的事故活动趋势 |
| | 诊断 | 对已被识别的各种事故现象，进行成因过程的分析和发展趋势预测 |
| | 评价 | 对已被确认的主要事故征兆进行描述性评价，以明确生产活动在这些事故征兆现象冲击下会遭受什么样的打击，通过预警评价判断此时生产所处状态是正常、警戒、还是危险、极度危险、危机状态，并把握其发展趋势，在必要时准确报警 |
| | 监测、识别、诊断、评价的关系 | 监测、识别、诊断、评价这四个环节预警活动，是前后顺序的因果联系 |

🔊 **嗨·点评**　一套完整的预警体系可以简单记忆为：外环、内管、事故预警。

【经典例题】5.（2016年真题）关于建设工程安全生产管理预警级别的说法，正确的是（　　）。

A．Ⅰ级预警表示生产活动处于正常状态
B．Ⅳ级预警一般用蓝色表示
C．Ⅱ级预警表示处于事故的上升阶段
D．Ⅲ级预警表示受到事故的严重威胁
【答案】B

【嗨·解析】本题考查的是预警体系的建立。

Ⅰ级预警,表示安全状况特别严重,用红色表示;

Ⅱ级预警,表示受到事故的严重威胁,用橙色表示;

Ⅲ级预警,表示处于事故的上升阶段,用黄色表示;

Ⅳ级预警,表示生产活动处于正常状态,用蓝色表示。

【经典例题】6.关于安全生产管理预警体系的说法,错误的是(  )。

A.一个完整的预警体系应由外部环境预警系统、内部管理不良的预警系统、预警信息管理系统和事故预警系统

B.预警体系功能的实现主要依赖于预警分析和预控对策两大子系统作用的发挥

C.预控对策是预警体系完成其职能的前提和基础,预警分析是预警体系职能活动的目标

D.预警体系建立的原则包括及时性、全面性、高效性与客观性

【答案】C

【嗨·解析】预警分析是预警体系完成其职能的前提和基础,预控对策是预警体系职能活动的目标,两者缺少任何一个方面,预警体系无法完整实现其功能,也难于很好地实施事故预警的目的。故C选项错误,其余A、B、D均表述正确。因此正确选项是C。

### 三、施工安全技术措施和安全技术交底

(一)建设工程施工安全技术措施(详见表1Z205020-3)

建设工程施工安全技术措施　表1Z205020-3

| | | |
|---|---|---|
| 建设工程施工安全技术措施 | 施工安全控制 | (1)安全控制是生产过程中涉及的计划、组织、监控、调节和改进等一系列致力于满足生产安全所进行的管理活动;<br>(2)安全控制的目标是减少和消除生产过程中的事故,保证人员健康安全;<br>(3)建设工程施工安全控制的特点主要有:①控制面广;②控制的动态性;③控制系统交叉性;④控制的严谨性 |
| | 施工安全技术措施的一般要求 | (1)施工安全技术措施必须在工程开工前制定;<br>(2)施工安全技术措施要有全面性;<br>(3)施工安全技术措施要有针对性;<br>(4)施工安全技术措施应力求全面、具体、可靠;<br>(5)施工安全技术措施必须包括应急预案;<br>(6)施工安全技术措施要有可行性和可操作性 |
| | 施工安全技术措施的主要内容 | (1)进入施工现场的安全规定;<br>(2)地面及深槽作业的防护;<br>(3)高处及立体交叉作业的防护;<br>(4)施工用电安全;<br>(5)施工机械设备的安全使用;<br>(6)在采取"四新"技术时,有针对性的专门安全技术措施;<br>(7)有针对自然灾害预防的安全措施;<br>(8)预防有毒、有害、易燃、易爆等作业造成危害的安全技术措施;<br>(9)现场消防措施 |

## （二）安全技术交底（详见表1Z205020-4）

安全技术交底　表1Z205020-4

| 安全技术交底 | 安全技术交底内容 | （1）本施工项目的施工作业特点和危险点；<br>（2）针对危险点的具体预防措施；<br>（3）应注意的安全事项；<br>（4）应注意的安全操作规程和标准；<br>（5）发生事故后应及时采取的避难和急救措施 |
|---|---|---|
| | 安全技术交底的要求 | （1）项目经理部必须实行逐级安全技术交底制度，纵向延伸到班组全体作业人员；<br>（2）技术交底必须具体、明确，针对性强；<br>（3）技术交底的内容应针对分部分项工程施工中给作业人员带来的潜在危险因素和存在问题；<br>（4）应优先采用新的安全技术措施；<br>（5）对于涉及"四新"项目或技术含量高、技术难度大的单项技术设计，必须经过两阶段技术交底，即初步设计技术交底和实施性施工图技术设计交底；<br>（6）应将工程概况、施工方法、施工程序、安全技术措施等同工长、班长进行详细交底；<br>（7）定期向由两个以上作业队和多工种进行交叉施工的作业队伍进行书面交底；<br>（8）保持书面安全技术交底签字记录 |
| | 安全技术交底的作用 | （1）让一线作业人员了解和掌握该作业项目的安全技术操作规程和注意事项；<br>（2）是安全管理人员在项目安全管理工作中的重要环节；<br>（3）安全管理内业的内容要求，同时做好安全技术交底也是安全管理人员自我保护的手段 |

【经典例题】7.（2015年真题）关于施工安全技术措施的说法，正确的是（　　）。

A.施工安全技术措施要有针对性
B.施工安全技术措施必须包括固体废弃物的处理
C.施工安全技术措施可以不包括针对自然灾害的应急预案
D.施工安全技术措施可在工程开工后制定

【答案】A

【嗨·解析】施工安全技术措施的一般要求：
（1）施工安全技术措施必须在工程开工前制定；
（2）施工安全技术措施要有全面性；
（3）施工安全技术措施要有针对性；
（4）施工安全技术措施应力求全面、具体、可靠；
（5）施工安全技术措施必须包括应急预案；
（6）施工安全技术措施要有可行性和可操作性。

因此，正确选项是A。

【经典例题】8.关于施工安全技术措施的一般要求的说法，错误的是（　　）。

A.施工安全技术措施要有全面性
B.施工安全技术措施必须包括应急预案
C.施工安全技术措施应力求全面、具体、可靠
D.施工安全技术措施可在工程开工后制定

【答案】D

【嗨·解析】施工安全技术措施必须在工程开工前制定。

## 四、安全生产检查监督的类型和内容

工程项目安全检查的目的是为了清除隐患、防止事故、改善劳动条件及提高员工安全生产意识，是安全控制工作的一项重要内容。通过安全检查可以发现工程中的危险因素，以便有计划地采取措施，保证安全生产。施工项目的安全检查应由项目经理组织，定期进行。

1.生产检查监督的主要类型（详见表1Z205020-5）

安全生产检查监督的类型　表1Z205020-5

| | | |
|---|---|---|
| 安全生产检查监督的主要类型 | 全面安全检查 | 全面检查应包括职业健康安全管理方针、管理组织机构及其安全管理的职责、安全设施、操作环境、防护用品、卫生条件、运输管理、危险品管理、火灾预防、安全教育和安全检查制度等项内容 |
| | 经常性安全检查 | 工程项目和班组应开展经常性安全检查，及时排除事故隐患。工作人员须在工作前，对所用的机械设备和工具进行仔细的检查，发现问题立即上报。下班前，必须进行班后检查，做好设备的维修保养和清整场地等工作，保证交接安全 |
| | 专业或专职安全管理人员的专业安全检查 | 专业或专职安全管理人员则有较丰富的安全知识和经验，通过其认真检查，发现违章操作情况要立即纠正，发现隐患及时指出并提出相应防护措施，并及时上报检查结果 |
| | 季节性安全检查 | 对防风防沙、防涝抗旱、防雷电、防暑伤害等工作进行季节性检查，根据各个季节自然灾害的发生规律，及时采取相应的防护措施 |
| | 节假日检查 | 节假日必须安排专业安全管理人员进行安全检查，对重点部位要选行巡视。同时配备一定数量的安全保卫人员，搞好安全保卫工作，绝不能麻痹大意 |
| | 要害部门重点安全检查 | 对于企业要害部门和重要设备必须进行重点检查。为了确保安全，对设备的运转和零件的状况要定时进行检查，发现损伤立刻更换，决不能"带病"作业；一过有效年限即使没有故障，也应该予以更新，不能因小失大 |

2.安全生产检查监督的主要内容及注意事项（详见表1Z205020-6）

安全生产检查监督的主要内容及注意事项　表1Z205020-6

| | | |
|---|---|---|
| 安全生产检查监督主要内容 | 查思想 | 检查企业领导和员工对安全生产方针的认识程度，对建立健全安全生产管理和安全生产规章制度的重视程度，对安全检查中发现的安全问题或安全隐患的处理态度等 |
| | 查制度 | 在安全检查时，应对企业的施工安全生产规章制度进行检查 |
| | 查管理 | 主要检查安全生产管理是否有效，安全生产管理和规章制度是否真正得到落实 |
| | 查隐患 | 主要检查生产作业现场是否符合安全生产要求，检查人员应深入作业现场，检查工人的劳动条件、卫生设施、安全通道、零部件的存放、防护设施状况、电气设备、压力容器、化学用品的储存、粉尘及有毒有害作业部位点的达标情况，车间内的通风照明设施、个人劳动防护用品的使用是否符合规定等 |
| | 查整改 | 主要检查对过去提出的安全问题和发生安全生产事故及安全隐患后是否采取了安全技术措施和安全管理措施，进行整改的效果如何 |
| | 查事故处理 | 检查对伤亡事故是否及时报告，对责任人是否已经作出严肃处理 |
| 安全检查的注意事项 | | （1）安全检查要深入基层、紧紧依靠职工，坚持领导与群众相结合的原则，组织好检查工作；<br>（2）建立检查的组织领导机构，配备适当的检查力量，挑选具有较高技术业务水平的专业人员参加；<br>（3）做好检查的各项准备工作，包括思想、业务知识、法规政策和物资、资金准备；<br>（4）明确检查的目的和要求；<br>（5）把自查与互查有机结合起来，基层以自查为主；<br>（6）坚持查改结合；<br>（7）建立检查档案；<br>（8）在制定安全检查表时，应根据用途和目的具体确定安全检查表的种类 |

## 五、安全隐患的处理

### （一）建设工程安全的隐患

建设工程安全隐患包括三个部分的不安全因素：人的不安全因素、物的不安全状态和组织管理上的不安全因素。详见表1Z205020-7。

建设工程安全的隐患　表1Z205020-7

| 建设工程安全的隐患 | 人的不安全因素 | （1）个人的不安全因素：包括人员的心理、生理、能力中所具有不能适应工作、作业岗位要求的影响安全的因素；<br>（2）人的不安全行为：指能造成事故的人为错误，是人为地使系统发生故障或发生性能不良事件，是违背设计和操作规程的错误行为 |
|---|---|---|
| | 物的不安全状态 | 物的不安全状态是指能导致事故发生的物质条件，包括机械设备或环境所存在的不安全因素 |
| | 组织管理上的不安全因素 | 组织管理上的缺陷，也是事故潜在的不安全因素 |

（二）建设工程安全隐患的处理（详见表1Z205020-8）

建设工程安全隐患的处理　表1Z205020-8

| 建设工程安全隐患的处理 | 治理原则 | （1）冗余安全度治理原则；<br>（2）单项隐患综合治理原则；<br>（3）事故直接隐患与间接隐患并治原则；<br>（4）预防与减灾并重治理原则；<br>（5）重点治理原则；<br>（6）动态治理原则 |
|---|---|---|
| | 全事故隐患的处理 | 从施工单位角度，对事故安全隐患的处理方法有：<br>（1）当场指正，限期纠正，预防隐患发生；<br>（2）做好记录，及时整改，消除安全隐患；<br>（3）分析统计，查找原因，制定预防措施；<br>（4）跟踪验证 |

嗨·点评　注意治理原则的具体应用。

# 章节练习题

## 一、单项选择题

1. 最基本的安全管理制度，也是所有安全生产管理制度的核心是（　　）。
   A.安全生产责任制　　B.安全教育制度
   C.安全检查制度　　　D.安全监察制度

2. 工程项目部专职安全人员的配备应按住建部的规定，5万m²以上的工程不少于（　　）人。
   A.1　　　　　　　　B.2
   C.3　　　　　　　　D.4

3. 安全生产许可证有效期满需要延期的，企业应当于期满前最晚（　　）个月向原安全生产许可证颁发管理机关办理延期手续。
   A.1　　　　　　　　B.2
   C.3　　　　　　　　D.4

4. 安全生产许可证的有效期为（　　）年。
   A.2　　　　　　　　B.3
   C.1　　　　　　　　D.5

5. 特种作业人员应具备的条件不包括（　　）。
   A.年满18周岁，且不超过国家法定退休年龄
   B.具备初中及以上文化程度
   C.具备必要的安全技术知识与技能
   D.在本行业工作6年以上

6. 施工安全控制的基本要求中规定：所有新员工必须经过三级安全教育，即事故人员进场作业前进行（　　）的安全教育。
   A.公司、项目部、作业班组
   B.公司、施工队、专业队
   C.公司、专业队、作业班组
   D.公司、项目部、专业队

7. 企业员工因放长假（　　）年以上重新上岗，企业必须进行相应的安全技术培训和教育。
   A.一　　　　　　　　B.半

   C.两　　　　　　　　D.三

8. 根据《建设工程安全生产管理条例》，下列施工起重机械进行登记时提交的资料中，属于机械使用有关情况的是（　　）。
   A.制造质量证明书
   B.起重机械的管理制度
   C.检验证书
   D.使用说明书

9. 属于安全生产内部管理不良预警系统的是（　　）。
   A.自然环境突变的预警
   B.人的行为活动管理预警
   C.政策法规变化的预警
   D.技术变化的预警

10. 下列关于安全生产管理预警体系的描述错误的是（　　）。
    A.预警系统建立的目的是实现必要的未来预测和预警
    B.Ⅱ级预警表示受到事故的严重威胁，用蓝色表示
    C.预警体系功能的实现主要依赖于预警分析和预控对策两大子系统作用的发挥
    D.预控对策一般包括组织准备、日常监控和事故危机管理三个活动阶段

11. 安全预警信号般采用黄色时表示的安全预警级别是（　　）。
    A.Ⅰ级预警　　　　B.Ⅱ级预警
    C.Ⅲ级预警　　　　D.Ⅳ级预警

12. 安全预警分析和预控对策的关系的说法，正确的是（　　）。
    A.预警分析和预控对策的活动内容是相同的
    B.预警分析是预警体系完成其职能的前提和基础
    C.预警体系是预控对策职能活动的目标
    D.预控对策的活动对象总是包容预警分析的活动对象

13. 施工安全控制程序包括：①安全技术措施计划的落实和实施；②编制建设工程项目安全技术措施计划；③安全技术措施计划的验证；④确定每项具体建设工程项目的安全目标；⑤持续改进。其正确顺序是（　　）。
    A.②→④→①→③→⑤
    B.④→②→①→③→⑤
    C.④→②→③→①→⑤
    D.②→③→④→①→⑤

14. 关于施工安全技术措施要求和内容的说法，正确的是（　　）。
    A.可根据工程进展需要实时编制
    B.应在安全技术措施中抄录制度性规定
    C.结构复杂的重点工程应编制专项工程施工安全技术措施
    D.小规模工程的安全技术措施中可不包含施工总平面图

15. 施工项目的安全检查应由（　　）组织，定期进行。
    A.项目经理　　　　B.项目技术负责人
    C.专职安全员　　　D.企业安全生产部门

16. 下列建设工程安全隐患的不安全因素中，属于"物的不安全状态"的是（　　）。
    A.个人防护用品缺陷
    B.物体存放不当
    C.未正确使用个人防护用品
    D.对易燃易爆等危险品处理不当

17. 某工地发生触电事故，一方面要进行人的安全用电操作教育，同时在现场要设置漏电开关，对配电箱用电电路进行防护改造。这属于安全隐患治理原则中的（　　）。
    A.预防和减灾并重治理原则
    B.重点治理原则
    C.单项隐患综合治理原则
    D.事故直接隐患和间接隐患并治原则

二、多项选择题

1. 下列企业安全生产教育管理形式中，属于员工经常性教育的有（　　）。
   A.安全活动日　　　B.事故现场会
   C.安全技术交底　　D.安全生产会议
   E.改变工艺前安全教育

2. 根据《建设工程安全生产管理条例》，施工单位应当组织专家进行论证、审查的专项施工方案有（　　）。
   A.深基坑工程　　　B.起重吊装工程
   C.脚手架工程　　　D.高大模板工程
   E.拆除、爆破工程

3. 按照我国现行规定，安全检查的重点有（　　）。
   A.查思想
   B.查管理
   C.查三违
   D.查安全责任制的落实
   E.查隐患

4. 一个完整的预警体系应由（　　）构成。
   A.外部环境预警系统
   B.风险预警系统
   C.预警信息管理系统
   D.事故预警系统
   E.内部管理不良的预警系统

5. 建设工程施工安全控制的具体目标包括（　　）。
   A.改善生产环境和保护自然环境
   B.减少或消除人的不安全行为
   C.提高员工安全生产意识
   D.减少或消除设备、材料的不安全状态
   E.安全事故整改

6. 建设工程生产安全检查的主要内容包括（　　）。
   A.管理检查　　　　B.思想检查
   C.危险源检查　　　D.隐患检查
   E.整改检查

# 参考答案及解析

## 一、单项选择题

1. 【答案】A
   【解析】安全生产责任制是最基本的安全管理制度，是所有安全生产管理制度的核心。

2. 【答案】C
   【解析】工程项目部专职安全人员的配备应按住建部的规定，5万m²以上的工程不少于3人。

3. 【答案】C
   【解析】安全生产许可证的有效期为3年。安全生产许可证有效期满需要延期的，企业应当于期满前3个月向原安全生产许可证颁发管理机关办理延期手续。所以C正确。

4. 【答案】B
   【解析】安全生产许可证的有效期为3年。

5. 【答案】D
   【解析】特种作业人员应具备的条件是：
   （1）年满18周岁，且不超过国家法定退休年龄；
   （2）经社区或者县级以上医疗机构体检健康合格，并无妨碍从事相应特种作业的器质性心脏病、癫痫病、美尼尔氏症、眩晕症、癔症、震颤麻痹症、精神病、痴呆症以及其他疾病和生理缺陷；
   （3）具有初中及以上文化程度；
   （4）具备必要的安全技术知识与技能；
   （5）相应特种作业规定的其他条件。

6. 【答案】A
   【解析】三级安全教育通常是指进厂、进车间、进班组三级，对建设工程来说，具体指企业（公司）、项目（或工区、工程处、施工队）、班组三级。

7. 【答案】A
   【解析】当组织内部员工发生从一个岗位调到另外一个岗位，或从某工种改变为另一工种，或因放长假离岗一年以上重新上岗的情况，企业必须进行相应的安全技术培训和教育，以使其掌握现岗位安全生产特点和要求。

8. 【答案】B
   【解析】进行登记应当提交施工起重机械有关资料，包括：
   （1）生产方面的资料，如设计文件、制造质量证明书、检验证书、使用说明书、安装证明等；
   （2）使用的有关情况资料，如施工单位对于这些机械和设施的管理制度和措施、使用情况、作业人员的情况等。

9. 【答案】B
   【解析】内部管理不良预警系统：质量管理预警；设备管理预警；人的行为活动管理预警。所以B正确。

10. 【答案】B
    【解析】
    Ⅰ级预警，表示安全状况特别严重，用红色表示。
    Ⅱ级预警，表示受到事故的严重威胁，用橙色表示。
    Ⅲ级预警，表示处于事故的上升阶段。用黄色表示。
    Ⅳ级预警，表示生产活动处于正常状态，用蓝色表示。

11. 【答案】C
    【解析】预警信号一般采用国际通用的颜色表示不同的安全状况，如：
    Ⅰ级预警，表示安全状况特别严重，用红色表示。
    Ⅱ级预警，表示受到事故的严重威胁，用橙色表示。
    Ⅲ级预警，表示处于事故的上升阶段。用黄色表示。
    Ⅳ级预警，表示生产活动处于正常状态，

用蓝色表示。

12.【答案】B

【解析】预警分析和预控对策的活动内容是不同的；预警分析是预警体系完成其职能的前提和基础；预控对策是预警体系职能活动的目标；预警分析的活动对象总是包容预控对策的活动对象。所以B正确。

13.【答案】B

【解析】施工安全的控制程序：
（1）确定每项具体建设工程项目的安全目标；
（2）编制建设工程项目安全技术措施计划；
（3）安全技术措施计划的落实和实施；
（4）安全技术措施计划的验证。

14.【答案】C

【解析】本知识点考查的是施工安全技术措施要求和内容。结构复杂、危险性大、特性较多的分部分项工程，应编制专项施工方案和安全措施。

15.【答案】A

【解析】施工项目的安全检查应由项目经理组织，定期进行。

16.【答案】A

【解析】物的不安全状态的类型：（1）防护等装置缺陷；（2）设备、设施等缺陷；（3）个人防护用品缺陷；（4）生产场地环境的缺陷。B、C、D属于"人的不安全行为"。

17.【答案】C

【解析】单项隐患综合治理原则：人、机、料、法、环境五者任意一个环节产生安全事故隐患，都要从五者安全匹配的角度考虑，调整匹配的方法，提高匹配的可靠性。一件单项隐患问题的整改需综合（多角度）治理。人的隐患，既要治人也要治机具及生产环境等各环节。

二、多项选择题

1.【答案】ABD

【解析】经常性安全教育的形式有：每天的班前班后会上说明安全注意事项，安全活动日；安全生产会议；事故现场会；张贴安全生产招贴画、宣传标语及标志等。

2.【答案】AD

【解析】工程中涉及深基坑、地下暗挖工程、高大模板工程的专项施工方案，施工单位还应当织专家进行论证、审查。

3.【答案】CD

【解析】安全检查的重点是检查"三违"和安全责任制的落实。"三违"包括违章指挥、违规作业和违反劳动纪律。

4.【答案】ACDE

【解析】一个完整的预警体系应由外部环境预警系统、内部管理不良的预警系统、预警信息管理系统和事故预警系统四部分构成。

5.【答案】ABD

【解析】安全控制的目标具体包括：减少或消除人的不安全行为的目标；减少或消除设备、材料的不安全状态的目标；改善生产环境和保护自然环境的目标。

6.【答案】ABDE

【解析】安全检查的主要内容是查思想、查制度、查管理、查隐患、查整改、查事故处理。

# 1Z205030 建设工程生产安全事故应急预案和事故处理

**本节知识体系**

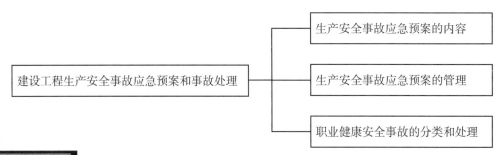

**核心内容讲解**

## 一、生产安全事故应急预案的内容

应急预案是对特定的潜在事件和紧急情况发生时所采取措施的计划安排、是应急响应的行动指南。详见表1Z205030-1。

生产安全事故应急预案的内容　表1Z205030-1

| 应急预案体系的构成 | 综合应急预案 | 从总体上阐述事故的应急方针、政策，应急组织结构及相关应急职责，应急行动、措施和保障等基本要求和程序，是应对各类事故的综合性文件 |
|---|---|---|
| | 专项应急预案 | 针对具体的事故类别（如基坑开挖、脚手架拆除等事故）、危险源和应急保障而制定的计划或方案，是综合应急预案的组成部分，应按照综合应急预案的程序和要求组织制定，并作为综合应急预案的附件 |
| | 现场处置方案 | 针对具体的装置、场所或设施、岗位所制定的应急处置措施 |
| 生产安全事故应急预案编制的要求 | （1）符合有关法律、法规、规章和标准的规定；<br>（2）结合本地区、本部门、本单位的安全生产实际情况；<br>（3）结合本地区、本部门、本单位的危险性分析情况；<br>（4）应急组织和人员的职责分工明确，并有具体的落实措施；<br>（5）有明确、具体的事故预防措施和应急程序，并与其应急能力相适应；<br>（6）有明确的应急保障措施，并能满足本地区、本部门、本单位的应急工作要求；<br>（7）预案基本要素齐全、完整，预案附件提供的信息准确；<br>（8）预案内容与相关应急预案相互衔接 | |

【经典例题】1.关于生产安全事故应急预案的说法，错误的是（　　）。

A.应急预案是对特定的潜在事件和紧急情况发生前所采取措施的计划安排

B.制定应急预案的目的是当紧急情况发生时能够按照合理的响应流程采取恰当的救援措施

C.应急预案的制定首先必须与较为重要的环境因素和较为重要的危险源相结合

D.应急预案的制定要考虑在实施应急救援过程中可能产生的新伤害和损失

【答案】C

【嗨·解析】应急预案是对特定的潜在事件和紧急情况发生时所采取措施的计划安排，

是应急响应的行动指南。编制应急预案的目的，是防止一旦紧急情况发生时出现混乱，能够按照合理的响应流程采取适当的救援措施，预防和减少可能随之引发的职业健康安全和环境影响。应急预案的制定，首先必须与重大环境因素和重大危险源相结合，特别是与这些环境因素和危险源一旦控制失效可能导致的后果相适应，还要考虑在实施应急救援过程中可能产生的新的伤害和损失。因此，正确选项是C。

## 二、生产安全事故应急预案的管理

建设工程生产安全事故应急预案的管理包括应急预案的评审、备案、实施和奖惩。详见表1Z205030-2。

生产安全事故应急预案的管理　表1Z205030-2

| | |
|---|---|
| 应急预案的评审 | （1）地方各级安全生产监督管理部门应当组织有关专家对本部门编制的应急预案进行审定，必要时可以召开听证会，听取社会有关方面的意见。涉及相关部门职能或者需要有关部门配合的，应当征得有关部门同意；<br>（2）参加应急预案评审的人员应当包括应急预案涉及的政府部门工作人员和有关安全生产及应急管理方面的专家；<br>（3）评审人员与所评审预案的生产经营单位有利害关系的，应当回避；<br>（4）应急预案的评审或者论证应当注重应急预案的实用性、基本要素的完整性、预防措施的针对性、组织体系的科学性、响应程序的操作性、应急保障措施的可行性、应急预案衔接性等内容 |
| 应急预案的备案 | （1）地方各级安全生产监督管理部门的应急预案，应当报同级人民政府和上一级安全生产监督管；<br>（2）其他负有安全生产监督管理职责的部门的应急预案，应当抄送同级安全生产监督管理部门；<br>（3）中央管理的总公司（总厂、集团公司、上市公司）的综合应急预案和专项应急预案，报国务院国有资产监督管理部门、国务院安全生产监督管理部门和国务院有关主管部门备案；其所属单位的应急预案分别抄送所在地的省、自治区、直辖市或者设区的市人民政府安全生产监督管理部门和有关主管部门备案 |
| 应急预案的实施 | 生产经营单位应当制定本单位的应急预案演练计划，根据本单位的事故预防重点，每年至少组织一次综合应急预案演练或者专项应急预案演练，每半年至少组织一次现场处置方案演练 |
| 奖惩 | （1）生产经营单位应急预案未按照有关规定备案的，由县级以上安全生产监督管理部门给予警告，并处3万元以下罚款。<br>（2）生产经营单位未制定应急预案或者未按照应急预案采取预防措施，导致事故救援不力或者造成严重后果的，由县级以上安全生产监督管理部门依照有关法律、法规和规章的规定，责令停产停业整顿，并依法给予行政处罚 |

【经典例题】2.（2016年真题）地方各级安全生产监督管理部门制定的应急预案，应当报（　　）备案。

A. 上一级人民政府
B. 同级人民政府
C. 同级其他负有安全生产监督管理职责的部门
D. 同级建设行政主管部门
E. 上一级安全生产监督管理部门

【答案】BE

【嗨·解析】本题考查的是应急预案的备案。地方各级安全生产监督管理部门的应急预案，应当报同级人民政府和上一级安全生产监督管理部门备案。其他负有安全生产监督管理职责的部门的应急预案，应当抄送至同级安全生产监督管理部门。

【经典例题】3.（2016年真题）关于施工企业生产安全事故应急预案实施规定的说法，正确的是（　　）。

A. 每年至少组织两次专项应急预案演练
B. 每半年至少组织两次现场处置方案演练
C. 法定代表人发生变化时，应当及时修订

D. 周围环境发生变化时，即使没有形成新的重大危险源也应及时进行修订

【答案】C

【嗨·解析】本题考查的是应急预案的实施。每年至少组织一次综合应急预案演练或者专项应急预案演练，每半年至少组织一次现场处置方案演练。故选项AB是错误的。有下列情形之一的，应急预案应当及时修订：（1）生产经营单位因兼并、重组、转制等导致隶属关系、经营方式、法定代表人发生变化的；（2）生产经营单位生产工艺和技术发生变化的；（3）周围环境发生变化，形成新的重大危险源的；（4）应急组织指挥体系或者职责已经调整的；（5）依据的法律、法规、规章和标准发生变化的；（6）应急预案演练评估报告要求修订的；（7）应急预案管理部门要求修订的。故选项C是正确的，选项D是错误的。

## 三、职业健康安全事故的分类和处理

### （一）职业伤害事故的分类

职业健康安全事故分两大类型，即职业伤害事故与职业病。职业伤害事故是指因生产过程及工作原因或与其相关的其他原因造成的伤亡事故。详见表1Z205030-3。

**职业伤害事故的分类**　　表1Z205030-3

| 职业伤害事故的分类 | 按照事故发生的原因 | （1）物体打击；（2）车辆伤害；（3）机械伤害；（4）起重伤害；（5）触电；（6）灼烫；（7）火灾；（8）高处坠落；（9）坍塌；（10）火药爆炸；（11）中毒和窒息；（12）其他伤害。在建设工程领域中最常见的是高处坠落、物体打击、机械伤害、触电、坍塌、中毒、火灾7类 |
|---|---|---|
| | 按事故严重程度 | （1）轻伤事故，是指造成职工肢体或某些器官功能性或器质性轻度损伤，能引起劳动能力轻度或暂时丧失的伤害的事故，一般每个受伤人员休息1个工作日以上（含1个工作日），105个工作日以下；<br>（2）重伤事故，一般指受伤人员肢体残缺或视觉、听觉等器官受到严重损伤，能引起人体长期存在功能障碍或劳动能力有重大损失的伤害，或者造成每个受伤人损失105工作日以上（含105个工作日）的失能伤害的事故；<br>（3）死亡事故，其中，重大伤亡事故指一次事故中死亡1~2人的事故，特大伤亡事故指一次事故死亡3人以上（含3人）的事故 |
| | 按事故造成的人员伤亡或直接经济损失 | （1）特别重大事故，是指造成30人以上死亡，或者100人以上重伤（包括急性工业中毒，下同），或者1亿元以上直接经济损失的事故；<br>（2）重大事故，是指造成人以上30人以下死亡，或者50人以上100人以下重伤，或者5000万元以上1亿元以下直接经济损失的事故；<br>（3）较大事故，是指造成3人以上的人以下死亡，或者10人以上50人以下重伤，或者1000万元以上5000万元以下直接经济损失的事故；<br>（4）一般事故，是指造成3人以下死亡，或者10人以下重伤，或者1000万元以下直接经济损失的事故 |

### （二）建设工程安全事故的处理

一旦事故发生，通过应急预案的实施，尽可能防止事态的扩大和减少事故的损失。通过事故处理程序，查明原因，制定相应的纠正和预防措施，避免类似事故的再次发生。详见表1Z205030-4。

建设工程安全事故的处理    表1Z205030-4

| 建设工程安全事故的处理 | 事故处理的原则"四不放过"原则 | （1）事故原因未查清不放过；<br>（2）事故责任人未受到处理不放过；<br>（3）事故责任人和周围群众没有受到教育不放过；<br>（4）事故没有制定切实可行的整改措施不放过 |
|---|---|---|
| | 建设工程安全事故理措施 | （1）按规定向有关部门报告事故情况<br>事故现场有关人员应当立即向本单位负责人报告；单位负责人接到报告后，应当于1小时内向事故发生地县级以上人民政府安全生产监督管理部门和负有安全生产监督管理职责的有关部门报告。情况紧急时，事故现场有关人员可以直接向政府部门报告。安全生产监督管理部门和负有安全生产监督管理职责的有关部门接到事故报告后，应当依照下列规定上报事故情况：<br>①特别重大事故、重大事故逐级上报至国务院安全生产监督管理部门和负有安全生产监督管理职责的有关部门；<br>②较大事故逐级上报至省、自治区、直辖市人民政府安全生产监督管理部门和负有安全生产监督管理职责的有关部门；<br>③一般事故上报至设区的市级人民政府安全生产监督管理部门和负有安全生产监督管理职责的有关部门。<br>逐级上报事故情况，每级上报的时间不得超过2小时。必要时，可以越级上报事故情况。<br>（2）组织调查组，开展事故调查<br>特别重大事故由国务院或者国务院授权有关部门组织事故调查组进行调查。重大事故、较大事故、一般事故分别由事故发生地省级人民政府、设区的市级人民政府、县级人民政府负责调查。未造成人员伤亡的一般事故，县级人民政府也可以委托事故发生单位组织事故调查组进行调查。<br>（3）现场勘查<br>（4）分析事故原因<br>（5）制定预防措施<br>（6）提交事故调查报告<br>事故调查组应当自事故发生之日起60日内提交事故调查报告；特殊情况下，经负责事故调查的人民政府批准，提交事故调查报告的期限可以适当延长，但延长的期限最长不超过60日。<br>（7）事故的审理和结案<br>重大事故、较大事故、一般事故，负责事故调查的人民政府应当自收到事故调查报告之日起15日内作出批复；特别重大事故，30日内作出批复，特殊情况下，批复时间可以适当延长，但延长的时间最长不超过30日。 |

**（三）安全事故统计规定**

国家安全生产监督管理总局制定的《生产安全事故统计报表制度》（安监总统计〔2012〕98号）有如下规定：

报表的统计范围是在中华人民共和国领域内从事生产经营活动中发生的造成人身伤亡或者直接经济损失的事故。

统计内容主要包括事故发生单位的基本情况、事故造成的死亡人数、受伤人数、急性工业中毒人数、单位经济类型、事故类别、事故原因、直接经济损失等。

本统计报表由各级安全生产监督管理部门、煤矿安全监察机构负责组织实施，每月对本行政区内发生的生产安全事故进行全面统计。

省级安全生产监督管理局和煤矿安全监察局，在每月5日前报送上月事故统计报表。

各部门、各单位都要严格遵守《中华人民共和国统计法》，按照本统计报表制度的规定，全面、如实填报生产安全事故统计报表。

【经典例题】4.（2016年真题）关于建设

# 1Z205000 建设工程职业健康安全与环境管理

工程安全事故报告的说法，正确的是（　　）。

A. 各行业专业工程可只向有关行业主管部门报告

B. 安全生产监督管理部门除按规定逐级上报外，还应同时报告本级人民政府

C. 一般情况下，事故现场有关人员应立即向安全生产监督部门报告

D. 事故现场有关人员应直接向事故发生地县级以上人民政府报告

【答案】B

【嗨·解析】本题考查的是建设工程安全事故的处理。选项A，正确的说法应为"各个行业的建设施工中出现了安全事故，都应当向建设行政主管部门报告"；选项C，正确的说法应为"事故发生后，事故现场有关人员应当立即向本单位负责人报告；单位负责人接到报告后，应当于1小时内向事故发生地县级以上人民政府安全生产监督管理部门和负有安全生产监督管理职责的有关部门报告"；选项D，正确的说法应为"情况紧急时，事故现场有关人员可以直接向事故发生地县级以上人民政府安全生产监督管理部门和负有安全生产监督管理职责的有关部门报告"。

【经典例题】5.（2015年真题）使事故责任者和广大群众了解事故发生的原因及所造成的危害，并深刻认识到搞好安全生产的重要性，从事故中吸取教训，提高安全意识，改进安全管理工作。这体现了事故处理中的（　　）原则。

A.事故原因未查清不放过

B.事故责任人和周围群众未受到教育不放过

C.事故责任人未受到处理不放过

D.事故没有制定切实可行的整改措施不放过

【答案】B

【嗨·解析】国家对发生事故后的"四不放过"处理原则，其具体内容如下：（1）事故原因未查清不放过；（2）事故责任人未受到处理不放过；（3）事故责任人和周围群众没有受到教育不放过；（4）事故没有制定切实可行的整改措施不放过。

【经典例题】6.建设工程安全事故的处理措施有（　　）。

A.开展安全生产教育

B.组织调查组，开展事故调查

C.现场勘查

D.分析事故原因

E.制定预防措施

【答案】BCDE

【嗨·解析】建设工程安全事故处理措施：（1）按规定向有关部门报告事故情况；（2）组织调查组，开展事故调查；（3）现场勘查；（4）分析事故原因；（5）制定预防措施；（6）提交事故调查报告；（7）事故的审理和结案。

# 章节练习题

## 一、单项选择题

1. 总体上阐述事故的应急方针、政策，应急组织结构及响应应急职责，应急行动、措施和保证等基本要求和程序，应对各类事故的综合性文件称为（　　）。
   A.综合应急预案　　B.专项应急预案
   C.现场处置方案　　D.现场应急预案

2. 建设工程生产安全事故应急预案中，针对基坑开挖可能发生的事故、相关危险源和应急保障而制定的计划属于（　　）。
   A.综合应急预案　　B.现场处置方案
   C.专项应急预案　　D.现场应急预案

3. 建设工程生产安全事故应急预案的管理包括应急预案的（　　）。
   A.评价、实施、响应和奖惩
   B.评审、备案、实施和奖惩
   C.评审、备案、分级和响应
   D.评价、审核、实施和奖惩

4. 评审人员与所评审预案的生产经营单位有利害关系的，应当（　　）。
   A.回避　　　　　　B.实事求是
   C.认真对待　　　　D.严肃认真

5. 地方各级安全生产监督管理部门的应急预案，应当由（　　）备案。
   A.上一级人民政府
   B.国务院安全生产监督管理部门
   C.同级安全生产监督管理部门
   D.同级人民政府

6. 生产经营单位应当制定本单位的应急预案演练计划，每年至少组织（　　）次现场处置方案演练。
   A.1　　　　　　　B.2
   C.3　　　　　　　D.4

7. 建设工程职业健康安全事故按事故后果严重程度分类，一次事故中有一个伤员休息两个工作日，事故属于（　　）。
   A.轻伤事故　　　　B.重伤事故
   C.死亡事故　　　　D.重大伤亡事故

8. 某工人在施工作业过程中脚部被落物砸伤，休养了21周。根据《企业职工伤亡事故分类》GB 6441—1986，该事故属于（　　）。
   A.轻伤事故　　　　B.重伤事故
   C.职业病　　　　　D.失能伤害

9. 对职业伤害事故，按照其后果的严重程度分类，特大伤亡事故是指一次死亡（　　）人及其以上的事故。
   A.3　　　　　　　B.5
   C.10　　　　　　D.15

10. 依据《生产安全事故报告和调查处理条例》规定：造成10人以上30人以下死亡，或者50人以上100人以下重伤，或者5000万元以上1亿元以下直接经济损失的事故属于（　　）。
    A.重伤事故　　　　B.死亡事故
    C.较大事故　　　　D.重大事故

11. 根据《生产安全事故报告和调查处理条例》，下列安全事故中，属于重大事故的是（　　）。
    A.3人死亡，10人重伤，直接经济损失2000万元
    B.12人死亡，直接经济损失960万元
    C.36人死亡，50人重伤，直接经济损失6000万元
    D.2人死亡，100人重伤，直接经济损失1.2亿元

12. 施工单位负责人接到施工现场发生安全事故的报告后，应当于最长（　　）h内向事故发生地县级以上人民政府安全生产监督管理部门和负有安全生产监督管理职责的有关部门报告。
    A.1　　　　　　　B.2
    C.12　　　　　　D.24

13. 我国某直辖市工地由于发生安全事故死亡3人，则该安全事故应报至（　　）。
    A.国务院安全生产监督管理部门和负有安全生产监督管理职责的有关部门
    B.省人民政府安全生产监督管理部门和负有安全生产监督管理职责的有关部门
    C.市人民政府安全生产监督管理部门和负有安全生产监督管理职责的有关部门
    D.区级人民政府安全生产监督管理部门和负有安全生产监督管理职责的有关部门

14. 按照我国现行规定，某县发生的重大事故的事故调查组应由（　　）负责组织。
    A.事故发生地省级人民政府
    B.事故发生地设区的市级人民政府
    C.事故发生地县级人民政府
    D.国务院

15. 事故调查组应当自事故发生之日起（　　）日内提交事故调查报告；特殊情况下，经负责事故调查的人民政府批准，提交事故调查报告的期限可以适当延长，但延长的期限最长不超过（　　）日。
    A.30，30　　　　B.30，90
    C.30，60　　　　D.60，60

16. 发生建设工程重大安全事故时，负责事故调查的人民政府应当自收到事故调查报告起（　　）日内作出批复。
    A.30　　　　　　B.15
    C.45　　　　　　D.60

## 二、多项选择题

1. 应急预案的体系包括（　　）。
   A.总体应急预案　　B.综合应急预案
   C.专项应急预案　　D.现场应急预案
   E.现场处置方案

2. 生产经营单位安全事故应急预案未按有关规定备案的，县级以上安全监督管理部门可以（　　）。
   A.吊销安全生产许可证
   B.给予警告
   C.责令停产停业整顿
   D.处三万元以下罚款
   E.给予行政处罚

3. 安全事故处理的"四不放过"原则包括（　　）。
   A.事故原因未查清不放过
   B.事故单位未处理不放过
   C.事故责任人未惩罚不放过
   D.事故没有制定切实可行的整改措施不放过
   E.事故责任人和周围群众未受到教育不放过

## 参考答案及解析

### 一、单项选择题

1.【答案】A
【解析】综合应急预案是从总体上阐述事故的应急方针、政策，应急组织结构及相关应急职责，应急行动、措施和保障等基本要求和程序，是应对各类事故的综合性文件。

2.【答案】C
【解析】专项应急预案是针对具体的事故类别（如基坑开挖、脚手架拆除等事故）、危险源和应急保障而制定的计划或方案，是综合应急预案的组成部分，应按照综合应急预案的程序和要求组织制定，并作为综合应急预案的附件。

3.【答案】B
【解析】建设工程生产安全事故应急预案的管理包括应急预案的评审、备案、实施和奖惩。

4.【答案】A
【解析】评审人员与所评审预案的生产经营单位有利害关系的，应当回避。

5.【答案】D
【解析】地方各级安全生产监督管理部门

的应急预案，应当报同级人民政府和上一级安全生产监督管理部门备案。

6. 【答案】B
【解析】生产经营单位应当制定本单位的应急预案演练计划，根据本单位的事故预防重点，每年至少组织一次综合应急预案演练或者专项应急预案演练，每半年至少组织一次现场处置方案演练。所以B正确。

7. 【答案】A
【解析】轻伤事故，一般指受伤休息1个工作日以上，105个工作日以下。

8. 【答案】B
【解析】根据《企业职工伤亡事故分类》GB 6441—1986标准规定，按事故后果严重程度分类：重伤事故，一般指受伤人员肢体残缺或视觉、听觉等器官受到严重损失，能引起人体长期存在功能障碍或劳动能力有重大损失的伤害，或者造成每个受伤人损失105个工作日以上的失能伤害的事故。

9. 【答案】A
【解析】特大伤亡事故指一次事故死亡3人以上（含3人）的事故。

10. 【答案】D
【解析】重大事故，是指造成10人以上30人以下死亡，或者50人以上100人以下重伤，或者5000万元以上1亿元以下直接经济损失的事故。所以D正确。

11. 【答案】B
【解析】重大事故，是指造成10人以上30人以下死亡，或者50人以上100人以下重伤，或者5000万元以上1亿元以下直接经济损失的事故。

12. 【答案】A
【解析】生产安全事故发生后，事故现场有关人员应当立即向本单位负责人报告；施工单位负责人接到报告后，应当于1h内向事故发生地县级以上人民政府安全生产监督管理部门和负有安全生产监督管理职责的有关部门报告。

13. 【答案】C
【解析】本事故属于较大事故，而较大事故逐级上报至省、自治区、直辖市人民政府安全生产监督管理部门和负有安全生产监督管理职责的有关部门。

14. 【答案】A
【解析】重大事故、较大事故、一般事故分别由事故发生地省级人民政府、设区的市级人民政府、县级人民政府负责调查。

15. 【答案】D
【解析】事故调查组应当自事故发生之日起60日内提交事故调查报告；特殊情况下，经负责事故调查的人民政府批准，提交事故调查报告的期限可以适当延长，但延长的期限最长不超过60日。

16. 【答案】B
【解析】重大事故、较大事故、一般事故，负责事故调查的人民政府应当自收到事故调查报告之日起15日内作出批复。

二、多项选择题

1. 【答案】BCE
【解析】应急预案应形成体系，由综合应急预案、专项应急预案和现场处置方案构成，对于生产规模小、危险因素少的生产经营单位，综合应急预案和专项应急预案可以合并编写。所以B、C、E正确。

2. 【答案】BD
【解析】生产经营单位应急预案未按照有关规定备案的，由县级以上安全生产监督管理部门给予警告，并处三万元以下罚款。

3. 【答案】ADE
【解析】国家对发生事故后的"四不放过"处理原则，其具体内容如下：事故原因未查清不放过、事故责任人未受到处理不放过、事故责任人和周围群众没有受到教育不放过、事故没有制定切实可行的整改措施不放过。

# 1Z205040 建设工程施工现场职业健康安全与环境管理的要求

**本节知识体系**

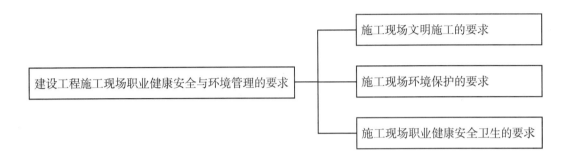

**核心内容讲解**

## 一、施工现场文明施工的要求（详见表1Z205040-1）

施工现场文明施工的要求　　表1Z205040-1

| | |
|---|---|
| 建设工程现场文明施工的要求 | （1）有整套的施工组织设计或施工方案，施工总平面布置紧凑，施工场地规划合理，符合环保、市容、卫生的要求；<br>（2）有健全的施工组织管理机构和指挥系统，岗位分工明确，工序交叉合理，交接责任明确；<br>（3）有严格的成品保护措施和制度，大小临时设施和各种材料构件、半成品按平面布置堆放整齐；<br>（4）施工场地平整，道路畅通，排水设施得当，水电线路整齐，机具设备状况良好，使用合理，施工作业符合消防和安全要求；<br>（5）搞好环境卫生管理，包括施工区、生活区环境卫生和食堂卫生管理；<br>（6）文明施工应贯穿施工结束后的清场 |
| 建设工程现场文明施工的措施 | （1）应确立项目经理为现场文明施工的第一责任人；<br>（2）施工现场必须实行封闭管理，设置进出口大门，制定门卫制度，严格执行外来人员进场登记制度。沿工地四周连续设置围挡，市区主要路段和其他涉及市容景观路段的工地设置围挡的高度不低于2.5m，其他工地的围挡高度不低于1.8m；<br>（3）施工现场必须设有"五牌一图"，即工程概况牌、管理人员名单及监督电话牌、消防保卫（防火责任）牌、安全生产牌、文明施工牌和施工现场总平面图；<br>（4）施工现场应积极推行硬地坪施工，作业区、生活区主干道地面必须用一定厚度的混凝土硬化，场内其他道路地面也应硬化处理；<br>（5）严禁泥浆、污水、废水外流或未经允许排入河道，严禁堵塞下水道和排水河道；<br>（6）建立材料收发管理制度，仓库、工具间材料堆放整齐，易燃易爆物品分类堆放，专人负责，确保安全；<br>（7）施工现场作业区与办公、生活区必须明显划分，确因场地狭窄不能划分的，要有可靠的隔离栏防护措施；<br>（8）现场必须有消防平面布置图；<br>（9）易燃易爆物品堆放间、油漆间、木工间、总配电室等消防防火重点部位要按规定设置灭火器和消防沙箱，并有专人负责；<br>（10）施工现场用明火做到严格按动用明火规定执行，审批手续齐全 |

【经典例题】1.（2015年真题）施工现场文明施工管理组织的第一责任人是（　　）。

A.总监理工程师　　B.业主代表
C.项目经理　　　　D.项目总工程师

【答案】C

【嗨·解析】建立文明施工的管理组织应确立项目经理为现场文明施工的第一责任人，以各专业工程师、施工质量、安全、材料、保卫等现场项目经理部人员为成员的施工现场文明管理组织，共同负责本工程现场文明施工工作。

【经典例题】2.建设工程现场文明施工的措施中，市区主要路段和其他涉及市容景观路段的工地设置围挡的高度不低于2.5m，其他工地的围挡高度不低于（　　）m。

A.1.5　　　　B.1.8
C.2.0　　　　D.2.5

【答案】B

【嗨·解析】施工现场必须实行封闭管理，设置进出口大门，制定门卫制度，严格执行外来人员进场登记制度。沿工地四周连续设置围挡，市区主要路段和其他涉及市容景观路段的工地设置围挡的高度不低于2.5m，其他工地的围挡高度不低于1.8m，围挡材料要求坚固、稳定、统一、整洁、美观。因此，正确选项是B。

【经典例题】3.按照安全文明施工的有关规定，施工现场大门内必须设置明显的五牌一图，即工程概况牌、安全生产制度牌、文明施工制度牌、环境保护制度牌、消防保卫制度牌和（　　）。

A.施工进度横道图
B.施工现场总平面图
C.工程项目效果图
D.施工网络图

【答案】B

【嗨·解析】施工现场必须设有"五牌一图"，即工程概况牌、管理人员名单及监督电话牌、消防保卫（防火责任）牌、安全生产牌、文明施工牌和施工现场总平面图。因此，正确选项是B。

## 二、施工现场环境保护的要求

环境保护是按照法律法规、各级主管部门和企业的要求，保护和改善作业现场的环境，控制现场的各种粉尘、废水、废气、固体废弃物、噪声、振动等对环境的污染和危害。环境保护也是文明施工的重要内容之一。详见表1Z205040-2。

**施工现场环境保护的要求　表1Z205040-2**

| | | |
|---|---|---|
| 建设工程施工现场环境保护的要求 | | （1）涉及依法划定的自然保护区、风景名胜区、生活饮用水水源保护区及其他需要特别保护的区域时，应当符合国家有关法律法规及该区域内建设工程项目环境管理的规定，不得建设污染环境的工业生产设施；<br>（2）开发利用自然资源的项目，必须采取措施保护生态环境；<br>（3）建设工程项目选址、选线、布局应当符合区域、流域规划和城市总体规划；<br>（4）应满足项目所在区域环境质量、相应环境功能区划和生态功能区划标准或要求；<br>（5）拟采取的污染防治措施应确保污染物排放达到国家和地方规定的排放标准，满足污染物总量控制要求；<br>（6）建筑材料和装修材料必须符合国家标准；<br>（7）尽量减少建设工程施工中所产生的干扰周围生活环境的噪声；<br>（8）应采取生态保护措施，有效预防和控制生态破坏；<br>（9）对环境可能造成重大影响、应当编制环境影响报告书的建设工程项目，可能严重影响项目所在地居民生活环境质量的建设工程项目，以及存在重大意见分歧的建设工程项目，环保部门可以举行听证会，并公开听证结果；<br>（10）建设工程项目中防治污染的设施，必须与主体工程同时设计、同时施工、同时投产使用。防治污染的设施必须经原审批环境影响报告书的环境保护行政主管部门验收合格后，该建设工程项目方可投入生产或者使用；<br>（11）排放污染物的单位，必须依照国务院环境保护行政主管部门的规定申报登记；<br>（12）禁止引进不符合我国环境保护规定要求的技术和设备；<br>（13）任何单位不得将产生严重污染的生产设备转移给没有污染防治能力的单位使用 |
| 建设工程施工现场环境保护的措施 | 大气污染的防治 | （1）施工现场垃圾渣土要及时清理出现场；<br>（2）高大建筑物清理施工垃圾时，要使用封闭式的容器或者采取其他措施处理高空废弃物，严禁凌空随意抛撒；<br>（3）施工现场道路应指定专人定期洒水清扫，形成制度，防止道路扬尘；<br>（4）对于细颗粒散体材料的运输、储存要注意遮盖、密封，防止和减少飞扬；<br>（5）除设有符合规定的装置外，禁止在施工现场焚烧会产生有毒、有害烟尘和恶臭气体的物质；<br>（6）拆茶炉应尽量采用电热水器；<br>（7）大城市市区的建设工程已不容许搅拌混凝土。在容许设置搅拌站的工地，应将搅拌站封闭严密，并在进料仓上方安装除尘装置；<br>（8）拆除旧建筑物时，应适当洒水，防止扬尘 |
| | 水污染的防治 | （1）禁止将有毒有害废弃物作土方回填；<br>（2）施工现场搅拌站废水，现制水磨石的污水，电石（碳化钙）的污水必须经沉淀池沉淀合格后再排放，最好将沉淀水用于工地洒水降尘或采取措施回收利用；<br>（3）现场存放油料，必须对库房地面进行防渗处理；<br>（4）施工现场100人以上的临时食堂，污水排放时可设置简易有效的隔油池；<br>（5）工地临时厕所、化粪池应采取防渗漏措施；<br>（6）化学用品、外加剂等要妥善保管，库内存放，防止污染环境 |
| | 噪声污染的防治 | （1）声源控制，是防止噪声污染的最根本的措施；<br>（2）传播途径的控制，包括吸声、隔声、消声、减振降噪等；<br>（3）接收者的防护；<br>（4）严格控制人为噪声，凡在人口稠密区进行强噪声作业时，须严格控制作业时间，一般晚10点到次日早6点之间停止强噪声作业（噪声限值昼间70分贝、夜间55分贝） |
| | 固体废物的处理 | （1）固体废物处理的基本思想是：采取资源化、减量化和无害化的处理，对固体废物产生的全过程进行控制；<br>（2）固体废物的主要处理方法包括：回收利用、减量化处理、焚烧、稳定和固化、填埋 |

【经典例题】4.（2016年真题）下列施工现场防止噪声污染的措施中，最根本的措施是（　　）。

A.接收者防护
B.传播途径控制
C.严格控制作业时间
D.声源上降低噪声

【答案】D

【嗨·解析】本题考查的是建设工程施工现场环境保护的措施。声源上降低噪声，这是防止噪声污染的最根本的措施。

【经典例题】5.（2015年真题）关于施工过程水污染防治措施的说法，正确的有（　　）。

A.禁止将有毒有害废弃物作土方回填
B.现制水磨石的污水必须经沉淀池沉淀合格后再排放
C.现场存放油料，必须对库房地面进行防渗处理
D.施工现场搅拌站废水经沉淀池沉淀合格后也不能用于工地洒水降尘
E.化学用品、外加剂等要妥善保管，库内存放

【答案】ABCE

【嗨·解析】施工过程水污染的防治措施有：（1）禁止将有毒有害废弃物作土方回填；（2）施工现场搅拌站废水，现制水磨石的污水，电石（碳化钙）的污水必须经沉淀池沉淀合格后再排放，最好将沉淀水用于工地洒水降尘或采取措施回收利用；（3）现场存放油料，必须对库房地面进行防渗处理，如采用防渗混凝土地面、铺油毡等措施。使用时，要采取防止油料跑、冒、滴、漏的措施，以免污染水体；（4）施工现场100人以上的临时食堂，污水排放时可设置简易有效的隔油池，定期清理，防止污染；（5）工地临时厕所、化粪池应采取防渗漏措施。中心城市施工现场的临时厕所可采用水冲式厕所，并有防蝇灭蛆措施，防止污染水体和环境。

（6）化学用品、外加剂等要妥善保管，库内存放，防止污染环境。因此，正确答案选ABCE。

【经典例题】6.（2014年真题）下列施工现场环境保护措施中，属于空气污染防治措施的有（　　）。

A.指定专人定期清扫施工现场道路
B.工地茶炉采用电热水器
C.学药品库内存放
D.施工现场不得无故甩打模板
E.使用封闭式容器处理高空废弃物

【答案】ABE

【嗨·解析】C选项，化学品库内存放属于水污染防治措施；D选项，施工现场不得无故甩打模板属于噪声污染防治措施。所以正确选项是ABE。

【经典例题】7.关于建设工程施工现场环境保护要求的说法，错误的是（　　）。

A.风景名胜符合国家有关法律法规要求的也可建设污染环境的工业生产设施
B.开发利用自然资源的项目，必须采取措施保护生态环境
C.尽量减少建设工程施工中所产生的干扰周围生活环境的噪声
D.应采取生态保护措施，有效预防和控制生态破坏

【答案】A

【嗨·解析】建设工程施工现场环境保护的要求：涉及依法划定的自然保护区、风景名胜区、生活饮用水水源保护区及其他需要特别保护的区域时，应当符合国家有关法律法规及该区域内建设工程项目环境管理的规定，不得建设污染环境的工业生产设施；建设的工程项目设施的污染物排放不得超过规定的排放标准。已经建成的设施，其污染物排放超过排放标准的，限期整改；开发利用自然资源的项目，必须采取措施保护生态环境；尽量减少建设工程施工中所产生的干扰周围生活环境的噪

声,应采取生态保护措施,有效预防和控制生态破坏。因此,正确选项是A。

### 三、施工现场职业健康安全卫生的要求

为保障作业人员的身体健康和生命安全,改善作业人员的工作环境与生活环境,防止施工过程中各类疾病的发生,建设工程施工现场应加强卫生与防疫工作。详见表1Z205040-3。

施工现场职业健康安全卫生的要求　　表1Z205040-3

| | |
|---|---|
| 建设工程现场职业健康安全卫生的要求 | （1）施工现场应设置办公室、宿舍、食堂、厕所、淋浴间、开水房、文体活动室、密闭式垃圾站（或容器）及盥洗设施等临时设施。临时设施所用建筑材料应符合环保、消防要求；<br>（2）办公区和生活区应设密闭式垃圾容器；<br>（3）办公室内布局合理,文件资料宜归类存放,并应保持室内清洁卫生；<br>（4）施工企业应根据法律、法规的规定,制定施工现场的公共卫生突发事件应急预案；<br>（5）施工现场应配备常用药品及绷带、止血带、颈托、担架等急救器材；<br>（6）施工现场应设专职或兼职保洁员,负责卫生清扫和保洁；<br>（7）办公区和生活区应采取灭鼠、蚊、蝇、蟑螂等措施,并应定期投放和喷洒药物；<br>（8）施工企业应结合季节特点,做好作业人员的饮食卫生和防暑降温、防寒保暖、防煤气中毒、防疫等工作；<br>（9）施工现场必须建立环境卫生管理和检查制度,并应做好检查记录 |
| 建设工程现场职业健康安全卫生的措施 | |
| 现场宿舍的管理 | （1）宿舍内应保证有必要的生活空间,室内净高不得小于2.4m,通道宽度不得小于0.9m,每间宿舍居住人员不得超过16人；<br>（2）施工现场宿舍必须设置可开启式窗户,宿舍内的床铺不得超过2层,严禁使用通铺；<br>（3）宿舍内应设置生活用品专柜,有条件的宿舍宜设置生活用品储藏室；<br>（4）宿舍内应设置垃圾桶,宿舍外宜设置鞋柜或鞋架,生活区内应提供为作业人员晾晒衣服的场地 |
| 现场食堂的管理 | （1）食堂必须有卫生许可证,炊事人员必须持身体健康证上岗；<br>（2）炊事人员上岗应穿戴洁净的工作服、工作帽和口罩,并应保持个人卫生。不得穿工作服出食堂,非炊事人员不得随意进入制作间；<br>（3）食堂炊具、餐具和公用饮水器具必须清洗消毒；<br>（4）施工现场应加强食品、原料的进货管理,食堂严禁出售变质食品；<br>（5）食堂应设置在远离厕所、垃圾站、有毒有害场所等污染源的地方；<br>（6）食堂应设置独立的制作间、储藏间,门扇下方应设不低于0.2m的防鼠挡板。制作间灶台及其周边应贴瓷砖,所贴瓷砖高度不宜小于1.5m,地面应做硬化和防滑处理。粮食存放台距墙和地面应大于0.2m；<br>（7）食堂应配备必要的排风设施和冷藏设施；<br>（8）食堂的燃气罐应单独设置存放间,存放间应通风良好并严禁存放其他物品；<br>（9）食堂制作间的炊具宜存放在封闭的橱柜内,刀、盆、案板等炊具应生熟分开。食品应有遮盖,遮盖物品应用正反面标识。各种佐料和副食应存放在密闭器皿内,并应有标识；<br>（10）食堂外应设置密闭式泔水桶,并应及时清运 |
| 现场厕所的管理 | （1）施工现场应设置水冲式或移动式厕所,厕所地面应硬化,门窗应齐全。蹲位之间宜设置隔板,隔板高度不宜低于0.9m；<br>（2）厕所大小应根据作业人员的数量设置。高层建筑施工超过8层以后,每隔四层宜设置临时厕所。厕所应设专人负责清扫、消毒、化粪池应及时清掏 |
| 其他临时设施道的管理 | （1）淋浴间应设置满足需要的淋浴喷头,可设置储衣柜或挂衣架；<br>（2）盥洗设施应设置满足作业人员使用的盥洗池,并应使用节水龙头；<br>（3）生活区应设置开水炉、电热水器或饮用水保温桶；施工区应配备流动保温水桶；<br>（4）文体活动室应配备电视机、书报、杂志等文体活动设施、用品；<br>（5）施工现场作业人员发生法定传染病、食物中毒或急性职业中毒时,必须在2小时内向施工现场所在地建设行政主管部门和有关部门报告,并应积极配合调查处理；<br>（6）现场施工人员患有法定传染病时,应及时进行隔离,并由卫生防疫部门进行处置 |

【经典例题】8.（2016年真题）关于建设工程现场职业健康安全卫生措施的说法，正确的有（　　）。

A. 每间宿舍居住人员不得超过16人
B. 施工现场宿舍必须设置可开启式窗户
C. 现场食堂炊事人员必须持身体健康证上岗
D. 厕所应设专人负责清扫、消毒
E. 施工区必须配备开水炉

【答案】ABCD

【嗨·解析】本题考查的是施工现场职业健康安全卫生的要求。生活区应设置开水炉、电热水器或饮用水保温桶；施工区应配备流动保温水桶。

【经典例题】9.（2016年真题）关于施工现场职业健康安全卫生要求的说法，错误的是（　　）。

A. 生活区可以设置敞开式垃圾容器
B. 施工现场宿舍严禁使用通铺
C. 施工现场水冲式厕所地面必须硬化
D. 现场食堂必须设置独立制作间

【答案】A

【嗨·解析】本题考查的是施工现场职业健康安全卫生的要求。办公区和生活区应设密闭式垃圾容器，所以选项A错误；施工现场宿舍严禁使用通铺，所以选项B正确；施工现场应设置水冲式或移动式厕所，厕所地面应硬化，所以选项C正确；食堂应设置独立的制作间、储藏间，所以选项D正确。

【经典例题】10.（2015年真题）关于施工现场宿舍设置的说法，正确的是（　　）。

A. 室内净高2.5m
B. 室内通道宽度0.8m
C. 每间宿舍居住18人
D. 使用通铺

【答案】A

【嗨·解析】现场宿舍的管理：（1）宿舍内应保证有必要的生活空间，室内净高不得小于2.4m,通道宽度不得小于0.9m,每间宿舍居住人员不得超过16人；（2）施工现场宿舍必须设置可开启式窗户，宿舍内的床铺不得超过2层，严禁使用通铺；（3）宿舍内应设置生活用品专柜，有条件的宿舍宜设置生活用品储藏室；（4）宿舍内应设置垃圾桶，宿舍外宜设置鞋柜和鞋架，生活区内应提供为作业人员晾晒衣服的场地。因此，正确选项是A。

# 章节练习题

## 一、单项选择题

1. 施工现场文明施工管理组织的第一责任人是（　　）。
   A.监理工程师　　　　B.业主代表
   C.项目总工程师　　　D.项目经理

2. 施工现场围挡高度在市区主要路段不宜低于（　　）m，在一般路段不低于（　　）m。
   A.2.0、1.5　　　　B.2.5、1.8
   C.2.5、1.5　　　　D.2.0、1.8

3. 施工现场必须设置"五牌一图"，其中"一图"指的是（　　）。
   A.项目组织机构图　　B.施工现场总平面图
   C.办公区平面图　　　D.施工区平面布置图

4. 《中华人民共和国环境保护法》和《中华人民共和国环境影响评价法》对建设工程项目环境保护的基本要求，下列错误的是（　　）。
   A.应满足项目所在区域环境质量、相应环境功能区划和生态功能区划标准或要求
   B.对可能严重影响项目所在地居民生活环境质量的项目，环保总局可以举行听证会
   C.开发利用自然资源的项目，必须采取措施保护生态环境
   D.任何单位不得将严重产生污染的生产设备转移给其他单位使用

5. 清理高层建筑施工垃圾的正确做法是（　　）。
   A.将各楼层施工垃圾装入密封容器后吊走
   B.将各楼层施工垃圾焚烧后装入密封容器吊走
   C.将施工垃圾洒水后沿临边窗口倾倒至地面后集中处理
   D.将施工垃圾从电梯井倾倒至地面后集中处理

6. 按照我国的现行规定，施工现场（　　）人以上的临时食堂，污水排放时可设置简易、有效的隔油池。
   A.50　　　　　　　B.100
   C.150　　　　　　D.200

7. 在空气压缩机的进出风管适当位置安装消声器的做法，属于施工噪声控制技术中的（　　）。
   A.减震降噪控制　　B.声源控制
   C.传播途径控制　　D.接受者控制

8. 改变振动源与其他刚性结构的连接方式以减震降噪的做法，属于噪声控制技术中的（　　）。
   A.声源控制　　　　B.接收者防护
   C.人为噪声控制　　D.传播途径控制

9. 根据施工现场环境保护的要求，凡在人口稠密区进行强噪声作业时，须严格控制作业时间。一般情况下，停止强噪声作业的时间在（　　）。
   A.晚9点到次日早4点之间
   B.晚11点到次日早4点之间
   C.晚10点到次日早5点之间
   D.晚10点到次日早6点之间

10. 根据《建筑施工场界噪声排放标准》GB 12523—2011规定，推土机在昼间施工时的施工噪声应控制在（　　）dB（A）以内。
    A.55　　　　　　B.65
    C.70　　　　　　D.75

11. 固体废弃物处理的基本思想是（　　）。
    A.资源化、减量化、无害化
    B.焚烧、热解、堆肥
    C.分选、压碎、脱水
    D.稳定固化、填埋

12. 利用水泥、沥青等胶结材料，将松散的废物胶结包裹起来，减少有害物质从废物中向外迁移、扩散，使得废物对环境的污染减少，此做法属于固体废物（　　）的处置。
    A.填埋　　　　　B.压实浓缩
    C.减量化　　　　D.稳定和固化

13. 建设工程施工工地上，对于不适合再利用且不宜直接予以填埋处置的废物，可采取（　　）的处理办法。
    A.减量化处理　　　B.焚烧
    C.稳定固化　　　　D.消纳分解
14. 高层建筑施工超过（　　）以后，每隔四层宜设置临时厕所。
    A.自然地面20m　　B.10层
    C.8层　　　　　　D.自然地面25m
15. 施工现场宿舍的设置，符合要求的是（　　）。
    A.室内净高于2.2m
    B.每间宿舍居住人员18人
    C.3层床铺
    D.通道宽度1.2m

二、多项选择题
1. 属于现场消防防火重点部位的有（　　）。
    A.电料库房　　　　B.油漆间
    C.木工间　　　　　D.总配电室
    E.生活区宿舍
2. 关于建设工程施工现场文明施工的说法，正确的有（　　）。
    A.沿工地四周连续设置围挡，市区主要道路和其他涉及市容景观路段的工地围挡的高度不得低于1.8米
    B.施工现场必须实行封闭管理，设置进出口大门，制定门卫制度，严格执行外来人员进场登记制度
    C.项目经理是施工现场文明施工的第一责任人
    D.现场建立消防领导小组，落实消防责任制和责任人员
    E.施工现场设置排水系统，泥浆、污水、废水有组织地直接排入下水道
3. 建设工程项目中防止污染的设施，必须与主体工程（　　）。
    A.同时设计　　　　B.同时验收
    C.同时施工　　　　D.同时申报
    E.同时投产使用
4. 下列施工现场环境保护措施中，属于空气污染防治措施的有（　　）。
    A.指定专人定期清扫施工现场道路
    B.化学药品库内存放
    C.施工现场不得无故甩打模板
    D.工业茶炉采用电热水器
    E.使用封闭式容器处理高空废弃物
5. 下列关于施工现场职业健康安全卫生的要求和措施，说法正确的是（　　）。
    A.办公区和生活区应设密闭式垃圾容器
    B.宿舍室内净高不得小于2.4m，每间宿舍居住人员不得超过8人
    C.食堂必须有卫生许可证，炊事人员必须持身体健康证上岗
    D.高层建筑施工超过6层以后，每隔3层宜设置临时厕所
    E.施工区应设置开水炉、电热水器

## 参考答案及解析

一、单项选择题
1.【答案】D
【解析】确立项目经理为现场文明施工的第一责任人。
2.【答案】B
【解析】沿工地四周连续设置围挡，市区主要路段和其他涉及市容景观路段的工地设置围挡的高度不低于2.5m，其他工地的围挡高度不低于1.8m，围挡材料要求坚固、稳定、统一、整洁、美观。
3.【答案】B
【解析】施工现场必须设有"五牌一图"，即工程概况牌、管理人员名单及监督电话牌、消防保卫（防火责任）牌、安全生产

# 1Z205000 建设工程职业健康安全与环境管理

牌、文明施工牌和施工现场总平面图。

4.【答案】D

【解析】任何单位不得将产生严重污染的生产设备转移给没有污染防治能力的单位使用。

5.【答案】A

【解析】高大建筑物清理施工垃圾时，要使用封闭式的容器或者采取其他措施处理高空废弃物，严禁凌空随意抛撒。

6.【答案】B

【解析】施工现场100人以上的临时食堂，污水排放时可设置简易有效的隔油池，定期清理，防止污染。

7.【答案】B

【解析】声源控制：

（1）声源上降低噪声，这是防止噪声污染的最根本的措施。

（2）尽量采用低噪声设备和加工工艺代替高噪声设备与加工工艺，如低噪声振捣器、风机、电动空压机、电锯等。

（3）在声源处安装消声器消声，即在通风机、鼓风机、压缩机、燃气机、内燃机及各类排气放空装置等进出风管的适当位置设置消声器。

8.【答案】D

【解析】本知识点考查的是噪声的传播途径的控制。减振降噪：对来自振动引起的噪声，通过降低机械振动减小噪声，如将阻尼材料涂在振动源上，或改变振动源与其他刚性结构的连接方式等。

9.【答案】D

【解析】凡在人口稠密区进行强噪声作业时，须严格控制作业时间，一般晚10点到次日早6点之间停止强噪声作业。

10.【答案】C

【解析】根据国家标准《建筑施工场界噪声排放标准》GB1Z523—2011的要求，对建筑施工施工过程中场界环境噪声限值为昼间70dB（A），夜间为55dB（A）。

11.【答案】A

【解析】固体废物处理的基本思想：采取资源化、减量化和无害化的处理，对固体废物产生的全过程进行控制。回收利用、稳定固化、填埋属于固体废弃物的具体处理方法。所以A正确。

12.【答案】D

【解析】固体废物的主要处理方法有：

（1）回收利用；

（2）减量化处理；

（3）焚烧；

（4）稳定和固化；

（5）填埋。

其中稳定和固化是利用水泥、沥青等胶结材料，将松散的废物胶结包裹起来，减少有害物质从废物中向外迁移、扩散，使得废物对环境的污染减少。

13.【答案】B

【解析】焚烧用于不适合再利用且不宜直接予以填埋处理的废物。

14.【答案】C

【解析】厕所大小应根据作业人员的数量设置。高层建筑施工超过8层以后，每隔4层宜设置临时厕所。厕所应设专人负责清扫、消毒，化粪池应及时清掏。

15.【答案】D

【解析】现场宿舍室内净高不得小于2.4m，通道宽度不得小于0.9m，每间宿舍居住人员不得超过16人；床铺不得超过2层，严禁使用通铺。所以D正确。

二、多项选择题

1.【答案】BCD

【解析】易燃易爆物品堆放间、油漆间、木工间、总配电室等消防防火重点部位要按规定设置灭火机和消防沙箱，并有专人负责，对违反消防条例的有关人员进行严肃处理。

2.【答案】BCD

【解析】项目经理为现场文明施工的第一责任人；施工现场必须实行封闭管理，设置进出口大门，制定门卫制度，严格执行外来人员进场登记；沿工地四周连续设置围挡，市区主要路段和其他涉及市容景观路段的工地设置围挡的高度不低于2.5m，其他工地的围挡不低于1.8m；严禁泥浆、污水、废水外流或堵塞下水道和排水河道；现场建立消防领导小组，落实消防责任制和责任人员。

3.【答案】ACE

【解析】建设工程项目中防治污染的设施，必须与主体工程同时设计、同时施工、同时投产使用。防治污染的设施必须经原审批环境影响报告书的环境保护行政主管部门验收合格后，该建设工程项目方可投入生产或者使用。

4.【答案】ADE

【解析】选项B属于水污染的防治措施；选项C属于噪声污染的防治。

5.【答案】ACE

【解析】宿舍内应保证有必要的生活空间，室内净高不得小于2.4m，通道宽度不得小于0.9m，每间宿舍居住人员不得超过16人。高层建筑施工超过8层以后，每隔4层宜设置临时厕所。

# 1Z206000 建设工程合同与合同管理

## 一、本章近三年考情

本章近三年考试真题分值统计　　　　　　　　　　　（单位：分）

| | 2014年 | | 2015年 | | 2016年 | |
|---|---|---|---|---|---|---|
| | 单选题 | 多选题 | 单选题 | 多选题 | 单选题 | 多选题 |
| 1Z206010建设工程施工招标与投标 | 1 | 2 | 1 | 2 | 1 | 2 |
| 1Z206020建设工程合同的内容 | 2 | 4 | 2 | 2 | 2 | 2 |
| 1Z206030合同计价方式 | 2 | 2 | 3 | 2 | 2 | 2 |
| 1Z206040建设工程施工合同风险管理、工程保险和工程担保 | 2 | 2 | 2 | 2 | 2 | 2 |
| 1Z206050建设工程施工合同实施 | 2 | 2 | 2 | 2 | 2 | 2 |
| 1Z206060建设工程索赔 | 2 | | 2 | 2 | 2 | 2 |
| 1Z206070国际建设工程施工承包合同 | 2 | | 2 | | 2 | |

## 二、本章学习提示

本章围绕"合同"进行展开，涉及招投标、工程承包合同、合同计价方式、工程担保、合同实施、索赔以及国际工程承包合同七部分。内容相对较多，年平均分值在23分左右。本章重在理解，在理解的基础上加深记忆。

# 1Z206010 建设工程施工招标与投标

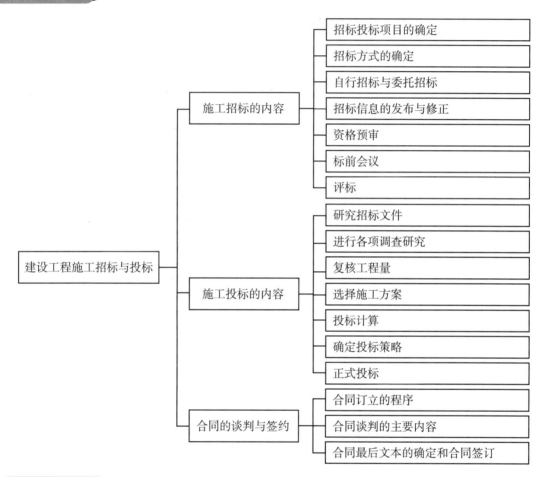

## 一、施工招标的内容（详见表1Z206010-1）

施工招标的内容　表1Z206010-1

| 施工招标应该具备的条件 | （1）招标人已经依法成立；<br>（2）初步设计及概算应当履行审批手续的，已经批准；<br>（3）招标范围、招标方式和招标组织形式等应当履行核准手续的，已经核准；<br>（4）有相应资金或资金来源已经落实；<br>（5）有招标所需的设计图纸及技术资料 |
|---|---|

续表

| | |
|---|---|
| 招标投标项目的确定 | 以下项目宜采用招标的方式确定承包人：<br>（1）大型基础设施、公用事业等关系社会公共利益、公众安全的项目；<br>（2）全部或者部分使用国有资金投资或者国家融资的项目；<br>（3）使用国际组织或者外国政府资金的项目 |
| 招标方式的确定 | （1）公开招标<br>①公开招标亦称无限竞争性招标；<br>②按规定应该招标的建设工程项目，一般应采用公开招标方式；<br>③公开招标的优点是招标人有较大的选择范围；<br>④公开招标的资格审查和评标的工作量比较大，耗时长、费用高，且有可能因资格预审把关不严导致鱼目混珠的现象发生；<br>⑤采用公开招标方式，招标人不得以不合理的条件限制或排斥潜在的投标人。<br>（2）邀请招标<br>①邀请招标亦称有限竞争性招标。招标人采用邀请招标方式，应当向三个以上的法人或者其他组织发出投标邀请书；<br>②国有资金占控股或者主导地位的依法必须进行招标的项目，应当公开招标；但有下列情形之一的，可以邀请招标：<br>技术复杂、有特殊要求或者受自然环境限制，只有少量潜在投标人可供选择；<br>采用公开招标方式的费用占项目合同金额的比例过大 |
| 自行招标与委托招标 | （1）招标人可自行办理招标事宜，也可以委托招标代理机构代为办理招标事宜；<br>（2）招标人自行办理招标事宜，应当具有编制招标文件和组织评标的能力；<br>（3）招标人不具备自行招标能力的，必须委托具备相应资质的招标代理机构代为办理招标事宜；<br>（4）工程招标代理机构资格分为甲、乙两级。其中乙级工程招标代理机构只能承担工程投资额（不含征地费、大市政配套费与拆迁补偿费）1亿元以下的工程招标代理业务；<br>（5）工程招标代理机构可以跨省、自治区、直辖市承担工程招标代理业务 |
| 招标信息的发布与修正 | （1）招标信息的发布<br>①招标人或其委托的招标代理机构应至少在一家指定的媒介发布招标公告。指定媒介不得收取费用；<br>②自招标文件或者资格预审文件出售之日起至停止出售之日止，最短不得少于5日；<br>③投标人必须自费购买相关招标或资格预审文件；<br>④招标人发售资格预审文件、招标文件收取的费用应当限于补偿印刷、邮寄的成本支出，不得以营利为目的；<br>⑤对于所附的设计文件，招标人可以向投标人酌收押金；对于开标后投标人退还设计文件的，招标人应当向投标人退还押金；<br>⑥招标文件或者资格预审文件售出后，不予退还。招标人在发布招标公告、发出投标邀请书后或者售出招标文件或资格预审文件后不得擅自终止招标。<br>（2）招标信息的修正<br>①时限：招标人对已发出的招标文件进行必要的澄清或者修改，应当在招标文件要求提交投标文件截止时间至少15日前发出；<br>②形式：所有澄清文件必须以书面形式进行；<br>③全面：所有澄清文件必须直接通知所有招标文件收受人。<br>由于修正与澄清文件是对于原招标文件的进一步补充或说明，因此该澄清或者修改的内容应为招标文件的有效组成部分 |

续表

| | |
|---|---|
| 资格预审 | （1）资格审查分为资格预审和资格后审；<br>（2）资格预审是指招标人在招标开始之前或者开始初期，由招标人对申请参加投标的潜在投标人进行资格审查；经认定合格的潜在投标人，才可以参加投标；<br>（3）通过资格预审的申请人少于3个的，应当重新进行资格预审；<br>（4）招标人有下列行为之一的，属于以不合理条件限制、排斥潜在投标人或者投标人：<br>①就同一招标项目向潜在投标人或者投标人提供有差别的项目信息；<br>②设定的资格、技术、商务条件与招标项目的具体特点和实际需要不相适应或者与合同履行无关；<br>③依法必须进行招标的项目以特定行政区域或者特定行业的业绩、奖项作为加分条件或者中标条件；<br>④对潜在投标人或者投标人采取不同的资格审查或者评标标准；<br>⑤限定或者指定特定的专利、商标、品牌、原产地或者供应商；<br>⑥依法必须进行招标的项目非法限定潜在投标人或者投标人的所有制形式或者组织形式；<br>⑦以其他不合理条件限制、排斥潜在投标人或者投标人 |
| 标前会议 | （1）标前会议也称为投标预备会或招标文件交底会；<br>（2）会议结束后，招标人应将会议纪要用书面通知的形式发给每一个投标人；<br>（3）无论是会议纪要还是对个别投标人的问题的解答，都应以书面形式发给每一个获得投标文件的投标人，以保证招标的公平和公正。但对问题的答复不需要说明问题来源；<br>（4）会议纪要和答复函件形成招标文件的补充文件，都是招标文件的有效组成部分，与招标文件具有同等法律效力，当补充文件与招标文件内容不一致时，应以补充文件为准 |
| 评标 | （1）评标分为评标的准备、初步评审、详细评审、编写评标报告等过程。<br>（2）初步评审主要是进行符合性审查。还要对报价计算的正确性进行审查，如果计算有误，通常的处理方法是：<br>①大小写不一致的以大写为准；<br>②单价与数量的乘积之和与所报的总价不一致的应以单价为准；<br>③标书正本和副本不一致的，则以正本为准；<br>④这些修改一般应由投标人代表签字确认。<br>（3）详细评审是评标的核心，是对标书进行实质性审查。<br>（4）评标方法可以采用评议法、综合评分法或评标价法等。<br>（5）评标结束应该推荐中标候选人。评标委员会推荐的中标候选人应当限定在1~3人，并标明排列顺序 |

**嗨·点评** 施工招标需要首先确定项目是否需要招标，需要采用哪种方式进行招标，是招标人自行组织还是委托招标代理机构，确定了这些事项之后才开始正式组织招标。

【经典例题】1.（2014年真题）根据《工程建设项目施工招标投标办法》，工程施工项目招标信息发布时，正确的有（　　）。

A.招标文件售出后不予退还
B.指定媒介可以酌情收取费用
C.招标人应至少在两家指定的媒介发布招标公告
D.标人可以对招标文件所附的设计文件向投标人收取一定费用
E.自招标文件出售之日起至停止出售之日止，最短不得少于5日

【答案】AE

【嗨·解析】招标文件或者资格预审文件售出后，不予退还，故选项A正确。指定媒介发布依法必须进行招标的项目的境内资格预审公告、招标公告，不得收取费用，故选项B错误。招标人或其委托的招标代理机构应至少在一家指定的媒介发布招标公告，故选项C错误。对于所附的设计文件，招标人可以向投标人酌收押金，对于开标后投标人退还设计文件的，招标人应当向投标人退还押金，故选项D错误。招标人应当按招标公告或者投标邀请书

规定的时间、地点出售招标文件或资格预审文件。自招标文件或者资格预审文件出售之日起至停止出售之日止，最短不得少于5日。故选项E正确。因此，正确选项是AE。

【经典例题】2.关于招标方式的说法，正确的是（　　）。

A.《招标投标法》规定，招标分为公开招标和邀请招标以及议标三种方式

B.根据我国相关规定，如果采用邀请招标，不需要经过批准

C.如果采用公开招标方式，为了限制投标人过多，招标人可以设置一定期条件进行限制

D.国内竞争性招标包括公开招标和邀请招标

【答案】D

【嗨·解析】《招标投标法》规定，招标分公开招标和邀请招标两种方式。公开招标亦称无限竞争性招标，招标人在公共媒体上发布招标公告，提出招标项目和要求，符合条件的一切法人或者组织都可以参加投标竞争，都有同等竞争的机会。按规定应该招标的建设工程项目，一般应采用公开招标方式。如果采用公开招标方式，招标人就不得以不合理的条件限制或排斥潜在的投标人。例如，不得限制本地区以外或本系统以外的法人或组织参加投标等。邀请招标亦称有限竞争性招标，招标人事先经过考察和筛选，将投标邀请书发给某些特定的法人或者组织，邀请其参加投标。为了保护公共利益，避免邀请招标方式被滥用，各个国家和世界银行等金融组织都有相关规定：按规定应该招标的建设工程项目，一般应采用公开招标，如果要采用邀请招标，需经过批准。因此，正确选项是D。

【经典例题】3.根据我国有关法规，关于招标文件出售的说法，正确的是（　　）。

A.自招标文件出售之日起至停止出售之日止，最短不得少于5日

B.招标人应当按资格预审表规定的时间、地点出售招标文件

C.招标人在售出招标文件后，可随时终止招标

D.招标文件售出后，可以退还

【答案】A

【嗨·解析】招标人应当按招标公告或者投标邀请书规定的时间、地点出售招标文件或资格预审文件。自招标文件或者资格预审文件出售之日起至停止出售之日止，最短不得少于5日。投标人必须自费购买相关招标或资格预审文件。招标人发售资格预审文件、招标文件收取的费用应当限于补偿印刷、邮寄的成本支出，不得以营利为目的。对于所附的设计文件，招标人可以向投标人酌收押金，对于开标后投标人退还设计文件的，招标人应当向投标人退还押金。招标文件或者资格预审文件售出后，不予退还。招标人在发布招标公告、发出投标邀请书后或者售出招标文件或资格预审文件后不得擅自终止招标。因此，正确选项是A。

【经典例题】4.（2016年真题）根据《中华人民共和国招标投标法》及相关法规，对必须招标的项目，招标人行为符合要求的是（　　）。

A.就同一招标项目向潜在投标人提供有差别的项目信息

B.委托两家招标代理机构，设置两处报名点接受投标人报名

C.以特定行业的业绩、奖项作为加分条件

D.限定或者指定特定的品牌

【答案】B

【嗨·解析】本题考查的是资格预审。

招标人有下列行为之一的，属于以不合理条件限制、排斥潜在投标人或者投标人：（1）就同一招标项目向潜在投标人或者投标人提供有差别的项目信息；（2）设定的资格、

技术、商务条件与招标项目的具体特点和实际需要不相适应或者与合同履行无关;(3)依法必须进行招标的项目以特定行政区域或者特定行业的业绩、奖项作为加分条件或者中标条件;(4)对潜在投标人或者投标人采取不同的资格审查或者评标标准;(5)限定或者指定特定的专利、商标、品牌、原产地或者供应商;(6)依法必须进行招标的项目非法限定潜在投标人或者投标人的所有制形式或者组织形式;(7)以其他不合理条件限制、排斥潜在投标人或者投标人。

## 二、施工投标的内容（详见表1Z206010-2）

施工投标的内容　表1Z206010-2

| | |
|---|---|
| 研究招标文件 | （1）获得招标文件之后的首要工作就是认真仔细地研究招标文件<br>（2）投标人应该重点注意招标文件中的以下几个方面问题：<br>①投标人须知<br>首先，投标人需要注意招标工程的详细内容和范围，避免遗漏或多报；<br>其次，还要特别注意投标文件的组成，避免因提供的资料不全而被作为废标处理；<br>还要注意招标答疑时间、投标截止时间等重要时间安排，避免因遗忘或迟到等原因而失去竞争机会。<br>②投标书附录与合同条件<br>③技术说明<br>④永久性工程之外的报价补充文件 |
| 进行各项调查研究 | （1）市场宏观经济环境调查；<br>（2）工程现场考察和工程所在地区的环境考察；<br>（3）工程业主方和竞争对手公司的调查 |
| 复核工程量 | （1）对于单价合同，尽管是以实测工程量结算工程款，但投标人仍应根据图纸仔细核算工程量，当发现相差较大时，投标人应向招标人要求澄清；<br>（2）对于总价合同，如果业主在投标前对争议工程量不予更正，而且是对投标者不利的情况，投标者在投标时要附上声明：工程量表中某项工程量有错误，施工结算应按实际完成量计算 |
| 选择施工方案 | 施工方案应由投标单位的技术负责人主持制定 |
| 投标计算 | 作为投标计算的必要条件，应预先确定施工方案和施工进度 |
| 确定投标策略 | 正确的投标策略对提高中标率并获得较高的利润有重要作用 |
| 正式投标 | 在投标时需要注意以下几方面：<br>（1）注意投标的截止日期；<br>（2）投标文件的完备性；<br>（3）注意投标书的标准；<br>（4）注意投标的担保 |

🔊 **嗨·点评** 研究招标文件注意研究的具体内容。

【经典例题】5.（2015年真题）根据《中华人民共和国招标投标法实施条例》(国务院令613号)，投标有效期从（　　）起计算。

A.提交投标文件的截止之日
B.提交投标文件开始之日
C.购买招标文件的截止之日
D.招标文件规定开标之日

【答案】A

【嗨·解析】招标人所规定的投标截止日就是提交标书最后的期限。投标人在投标截止日之前所提交的投标是有效的，超过该日期之后就会被视为无效投标。因此，正确选项是A。

**【经典例题】6.** 某按工程量清单计价的招标工程，投标人在复核工程量清单时发现工程数量与设计文件和现场实际有较大的差异，则投标人的正确处理方式是（　　）。

A.自行调整清单数量，在附录中加以说明，并按调整后的数量投标

B.根据清单数量和投标人复核的数量分别报价，供业主选择

C.不予理会，按照招标文件提供的清单数量进行投标

D.适当的方式要求业主澄清，视结果进行投标

**【答案】** D

**【嗨·解析】** 有的招标文件中提供了工程量清单，尽管如此，投标者还是需要进行复核，因为这直接影响到投标报价以及中标的机会。对于单价合同，尽管是以实际工程量结算工程款，但投标人仍应根据图纸仔细核算工程量，当发现相差较大时，投标人应向招标人提出要求澄清。因此，正确选项是D。

## 三、合同的谈判与签约（详见表1Z206010-3）

合同的谈判与签约　　表1Z206010-3

| | |
|---|---|
| 合同订立的程序 | （1）招标人通过媒体发布招标公告，或向符合条件的投标人发出招标邀请，为要约邀请；<br>（2）投标人根据招标文件内容在约定的期限内向招标人提交投标文件，为要约；<br>（3）招标人通过评标确定中标人，发出中标通知书，为承诺；<br>（4）招标人和中标人按照中标通知书、招标文件和中标人的投标文件等订立书面合同时，合同成立并生效 |
| 建设工程施工承包合同谈判的主要内容 | （1）关于工程内容和范围的确认；<br>（2）关于技术要求、技术规范和施工技术方案；<br>（3）关于合同价格条款；<br>（4）关于价格调整条款；<br>（5）关于合同款支付方式的条款；<br>（6）关于工期和维修期；<br>（7）合同条件中其他特殊条款的完善 |
| 建设工程施工承包合同最后文本的确定和合同签订 | （1）合同风险评估；<br>（2）合同文件内容<br>对合同谈判过程中形成的资料应进行清理，对与合同构成内容有矛盾的文件，应宣布作废；<br>（3）关于合同协议的补遗<br>建设工程施工承包合同必须遵守法律。对于违反法律的条款，即使由合同双方达成协议并签了字，也不受法律保障；<br>（4）签订合同<br>双方在合同谈判结束后，应按上述内容和形式形成一个完整的合同文本草案，经双方代表认可后形成正式文件。双方核对无误后，由双方代表草签，至此合同谈判阶段即告结束。此时，承包人应及时准备和递交履约保函，准备正式签署施工承包合同 |

**嗨·点评** 整个施工成本合同形成的过程应该是：招标—投标—确定中标人—谈判—草签—正式签约。

**【经典例题】7.** 招标人和中标人在签订合同的谈判中，为了防范货币贬值或者通货膨胀的风险，一般通过（　　）约定风险承担方式。

A.调整投标价格　B.调整中标价格
C.价格调整条款　D.调整工作范围

**【答案】** C

【嗨·解析】对于工期较长的建设工程，容易遭受货币贬值或通货膨胀等因素的影响，可能给承包人造成较大损失。价格调整条款可以比较公正地解决这一承包人无法控制的风险损失。无论是单价合同还是总价合同，都可以确定价格调整条款是否调整以及如何调整等。可以说，合同计价方式以及价格调整方式共同确定了工程承包合同的实际价格，直接影响着承包人的经济利益。在建设工程实践中，由于种种原因导致费用增加的概率远远大于费用减少的概率，有时最终的合同价格调整金额会很大，远远超过原定的合同总价，因此承包人在投标过程中，尤其是在合同谈判阶段务必对合同的价格调整条款予以充分的重视。因此，正确选项是C。

【经典例题】8.下列建设工程项目招标投标活动中，属于合同要约行为的是（　　）。

A.订立承包合同　B.提交投标文件

C.发布招标公告　D.发出中标通知书

【答案】B

【嗨·解析】根据《招标投标法》对招标、投标的规定，招标、投标、中标的过程实质就是要约、承诺的一种具体方式。招标人通过媒体发布招标公告，或向符合条件的投标人发出招标文件，为要约邀请；投标人根据招标文件内容在约定的期限内向招标人提交投标文件，为要约；招标人通过评标确定中标人，发出中标通知书，为承诺，招标人和中标人按照中标通知书、招标文件和中标人的投标文件等订立书面合同时，合同成立并生效。因此，正确选项是B。

# 章节练习题

## 一、单项选择题

1. 根据《中华人民共和国招标投标法》，建设工程招标的方式不包括（　　）。
   A.公开招标　　　　B.无限竞争性招标
   C.邀请招标　　　　D.议标

2. 下列不属于公开招标的缺点的是（　　）。
   A.资格审查和评标的工作量大
   B.耗时长
   C.可能因把关不严导致鱼目混珠
   D.招标人的选择范围太大

3. 下列各种情形中，经批准可以采用邀请招标的是（　　）。
   A.项目技术复杂的
   B.公开招标的费用与项目价值相比不值得的
   C.虽然涉及国家安全，但适宜招标的
   D.投资额特别大的

4. 根据《中华人民共和国招标投标法》，招标人采用邀请招标方式，应当向至少（　　）个具备承担招标项目的能力、资信良好的特定的法人或者其他组织发出投标邀请书。
   A.2　　　　　　　B.3
   C.4　　　　　　　D.5

5. 关于我国现行建设工程招标投标的说法，正确的是（　　）。
   A.招标人必须委托招标代理机构代为办理招标事宜
   B.工程招标代理机构的资格分为甲级、乙级
   C.乙级工程招标代理机构只能承担工程投资额5000万元以下的工程招标代理业务
   D.乙级工程招标代理机构不可以跨省、自治区、直辖市承担业务

6. 关于招标信息发布的说法，错误的是（　　）。
   A.招标人对已发出的招标文件进行必要的澄清或者修改，应当在招标文件要求提交投标文件截止时间至少15日前发出
   B.自招标文件或者资格预审文件出售之日起至停止出售之日止，最短不得少于5日
   C.招标人或其委托的招标代理机构应至少在2家指定的媒介发布招标公告
   D.招标人或其委托的招标代理机构在2个以上媒介发布的同一招标项目的招标公告的内容应当相同

7. 根据我国相关规定，自招标文件或者资格预审文件出售之日起至停止出售之日止，最短不得少于（　　）日。
   A.5　　　　　　　B.15
   C.20　　　　　　D.30

8. 根据《招标投标法》，招标人对已发出的招标文件进行必要的澄清或修改的，应当在招标文件要求提交投标文件截止时间至少（　　）日之前书面通知。
   A.7　　　　　　　B.15
   C.14　　　　　　D.21

9. 建设工程评标分为评标的准备、初步评审、详细评审及编写评标报告等过程。其中，（　　）是评标的核心。
   A.评标的准备　　　B.初步评审
   C.详细评审　　　　D.编写评标报告

10. 在评标过程中，对标书报价的计算错误的处理，错误的是（　　）。
    A.大小写不一致时，以大写为准
    B.标书正本和副本不一致的，以正本为准
    C.单价与数量的乘积之和与所报的总价不一致的，以总价为准
    D.单价有明显的小数点错位，应以总价为准，并修改单价

11. 投标单位取得投标资格，获得投标文件之后的首要工作是（　　）。

A.审核工程量清单
B.编制施工方案或施工组织设计
C.进行各项调查
D.研究招标文件

12. 某按工程量清单计价的招标工程，投标人在复核工程量清单时发现工程数量与设计文件和现场实际有较大的差异，则投标人的正确处理方式是（　　）。
　A.自行调整清单数量，在附录中加以说明，并按调整后的数量投标
　B.根据清单数量和投标人复核的数量分别报价，供业主选择
　C.以适当的方式要求业主澄清，视结果进行投标
　D.不予理会，按照招标文件提供的清单数量进行投标

13. 在建设工程施工投标过程中，施工方案应由投标人的（　　）主持制定。
　A.项目经理　　　　B.法人代表
　C.技术负责人　　　D.分管投标的负责人

14. 投标人在投标截止日期之后所提交的投标是（　　）。
　A.有效投标　　　　B.无效投标
　C.可接收投标　　　D.效力待定投标

15. 投标人按照招标人的要求完成标书的准备与填报之后，就可以向招标人正式提交投标文件，标书的基本要求是（　　）。
　A.签章、密封　　　B.签字、密封
　C.签字、盖章　　　D.签字和盖章、密封

16. 建设工程合同的订立程序中，属于要约的是（　　）。
　A.招标人通过媒体发布招标公告
　B.向符合条件的投标人发出招标文件
　C.投标人根据招标文件内容在规定的期限内向招标人提交投标文件
　D.招标人通过评标确定中标人，发出中标通知书

17. 下列建设工程项目招标投标活动中，属于合同承诺行为的是（　　）。
　A.发布招标公告　　B.发出招标文件
　C.提交投标文件　　D.发出中标通知书

18. 关于维修保函和保留金的说法，正确的是（　　）。
　A.与保留金相比，维修保函对发包人有利
　B.与保留金相比，维修保函对承包人有利
　C.维修保函对业主有一定的风险
　D.对于发包人，应争取拒绝承包人以维修保函代替保留金的要求

19. 关于建设工程施工合同谈判与签约的说法，正确的是（　　）。
　A.在合同谈判中，双方可以对技术要求进行进一步讨论和确认
　B.在合同谈判阶段形成的所有文件都是合同文件的组成部分
　C.建设工程施工合同由合同双方达成协议并签字后，即受法律保护
　D.双方在合同谈判结束后，即形成正式的合同文件

二、多项选择题

1. 根据我国有关法规规定，建设工程施工招标应该具备的条件有（　　）。
　A.招标人已经依法成立
　B.初步设计应当履行审批手续的，已经批准
　C.招标方式应当履行核准手续的，已经核准
　D.招标人已经委托了招标代理单位
　E.相应的资金必须全部到位

2. 根据《工程建设项目施工招投标办法》，工程施工项目招标信息发布时候，正确的有（　　）。
　A.指定媒介可以酌情收取费用
　B.招标文件售出后不予退还
　C.招标人应至少在两家指定的媒介发布招标公告

D. 招标人可以对招标文件所附的设计文件向投标人收取一定费用
E. 自招标文件出售之日起至停止出售之日止，最短不得少于5日

3. 关于招标信息修正的说法，下列描述正确的有（    ）。
A. 招标人在招标文件发布后，发现有问题可以按有关原则进行进一步的澄清和修改
B. 招标人对已发出的招标文件进行澄清和修改，应当在招标文件要求提交投标文件截止时间至少15日前发出
C. 所有澄清文件必须以书面形式进行
D. 澄清和修改的内容与招标文件没有关系
E. 所有澄清文件没有必要通知所有招标文件的收受人

4. 下列属于以不合理条件限制、排斥潜在投标人或者投标人的是（    ）。
A. 就同一招标项目向潜在投标人或者投标人提供有差别的项目信息
B. 设定与招标项目具体特点和实际需要相适应的资格、技术、商务条件
C. 指定特定的专利、商标、品牌、原产地或者供应商
D. 依法必须进行招标的项目以特定行业的业绩作为加分条件或者中标条件
E. 对潜在投标人或者投标人采取不同的资格审查或者评标标准

5. 投标人须知是招标人向投标人传递的基础信息文件，投标人应特别注意其中的（    ）。
A. 招标工程的范围和详细内容
B. 招标人的责权利
C. 施工技术说明
D. 投标文件的组成
E. 重要的时间安排

## 参考答案及解析

### 一、单项选择题

1.【答案】D
【解析】建设工程招标分公开招标（无限竞争性招标）和邀请招标（有限竞争性招标）两种方式。

2.【答案】D
【解析】公开招标的优点是招标人有较大的选择范围，可在众多的投标人中选择报价合理、工期较短、技术可靠、资信良好的中标人。但是公开招标的资格审查和评标的工作量比较大，耗时长、费用高，且有可能因资格预审把关不严导致鱼目混珠的现象发生。

3.【答案】B
【解析】国有资金占控股或主导地位的依法必须进行招标的项目，应当公开招标；但有下列情形之一的，可以邀请招标：（1）技术复杂、有特殊要求或者受自然环境限制，只有少量的投标人可供选择；（2）采用公开招标方式的费用占项目合同金额的比例过大。

4.【答案】B
【解析】根据《中华人民共和国招标投标法实施条例》，招标人采用邀请招标方式，应当向三个以上具备承担招标项目的能力、资信良好的特定的法人或者其他组织发出投标邀请书。

5.【答案】B
【解析】工程招标代理机构资格分为甲、乙两级。其中乙级工程招标代理机构只能承担工程投资额1亿元以下的工程招标代理业务。工程招标代理机构可以跨省、自治区、直辖市承担工程招标代理业务。

6.【答案】C
【解析】招标人或其委托的招标代理机构

应至少在一家指定的媒介发布招标公告。

7.【答案】A

【解析】自招标文件或者资格预审文件出售之日起至停止出售之日止,最短不得少于5日。

8.【答案】B

【解析】招标人对已发出的招标文件进行必要的澄清或者修改,应当在招标文件要求提交投标文件截止时间至少15日前发出。

9.【答案】C

【解析】详细评审是评标的核心,是对标书进行实质性审查,包括技术评审和商务评审。

10.【答案】C

【解析】建设工程评标过程中,要对报价计算的正确性进行审查,如果计算有误,通常的处理方法是:大小写不一致的以大写为准,单价与数量的乘积之和与所报的总价不一致的应以单价为准。

11.【答案】D

【解析】投标单位取得投标资格,获得投标文件之后的首要工作就是认真仔细地研究招标文件,充分了解其内容和要求,以便有针对性地安排投标工作。

12.【答案】C

【解析】尽管是以实测工程量结算工程款,但投标人仍应根据图纸仔细核算工程量,当发现相差较大时,投标人应向招标人要求澄清。

13.【答案】C

【解析】施工方案应由投标人的技术负责人主持制定,主要考虑施工方法、主要施工机具的配置、各种劳动力的安排及现场施工人员的平衡、施工进度及分批竣工的安排、安全措施等。

14.【答案】B

【解析】投标人在投标截止日期之前所提交的投标是有效的,超过该日期之后就会被视为无效投标。

15.【答案】A

【解析】标书的提交要有固定标准的要求,基本内容是:签章、密封。

16.【答案】C

【解析】投标人根据招标文件内容在约定的期限内向招标人提交投标文件,为要约。

17.【答案】D

【解析】招标人通过评标确定中标人,发出中标通知书,为承诺。

18.【答案】B

【解析】承包人应力争以维修保函来代替业主扣留的保留金。与保留金相比,维修保函对承包人有利,主要是因为可以提前取回被扣留的现金。

19.【答案】A

【解析】双方尚可对技术要求、技术规范和施工技术方案等进行进一步讨论和确认,必要的情况下甚至可以变更技术要求和施工方案。

二、多项选择题

1.【答案】ABC

【解析】建设工程施工招标应该具备的条件包括以下几项:招标人已经依法成立;初步设计及概算应当履行审批手续的,已经批准;招标范围、招标方式和招标组织形式等应当履行核准的手续,已经核准;有相应资金或资金来源已经落实;由招标所需的设计图纸及技术资料。

2.【答案】BE

【解析】选项A应为,"指定媒介发布依法必须进行招标的项目的境内资格预审公告、招标公告,不得收取费用";选项C应为"招标人或其委托的招标代理机构应至少在一家指定的媒介发布招标公告";选项D应为"对于所附的设计文件,招标人可以向投标人酌情收押金"。

3.【答案】ABC
【解析】招标人对已发出的招标文件进行必要的澄清或者修改,应当在招标文件要求提交投标文件截止时间至少15日前发出;所有澄清文件必须直接通知所有招标文件收受人。

4.【答案】ACDE
【解析】招标人不得以不合理的条件限制、排斥潜在投标人或者投标人。招标人有下列行为之一的,属于以不合理条件限制、排斥潜在投标人或者投标人:
(1)就同一招标项目向潜在投标人或者投标人提供有差别的项目信息;
(2)设定的资格、技术、商务条件与招标项目的具体特点和实际需要不相适应或者与合同履行无关;
(3)依法必须进行招标的项目以特定行政区域或者特定行业的业绩、奖项作为加分条件或者中标条件;
(4)对潜在投标人或者投标人采取不同的资格审查或者评标标准;
(5)限定或者指定特定的专利、商标、品牌、原产地或者供应商;
(6)依法必须进行招标的项目非法限定潜在投标人或者投标人的所有制形式或者组织形式;
(7)以其他不合理条件限制、排斥潜在投标人或者投标人。

5.【答案】ADE
【解析】"投标人须知"是招标人向投标人传递基础信息的文件,包括工程概况、招标内容、招标文件的组成、投标文件的组成、报价的原则、招投标时间安排等关键的信息。首先,投标人需要注意招标工程的详细内容和范围,避免遗漏或多报;其次,还要特别注意投标文件的组成;还要注意招标答疑时间、投标截止时间等重要时间安排。

# 1Z206020 建设工程合同的内容

**本节知识体系**

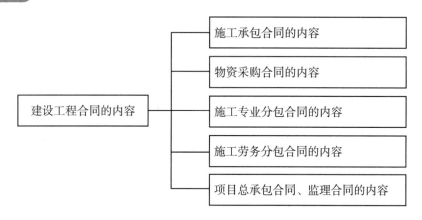

**核心内容讲解**

### 一、施工承包合同的内容

根据《中华人民共和国合同法》，勘察合同、设计合同、施工承包合同属于建设工程合同，工程监理合同、咨询合同等属于委托合同。施工承包合同的内容，详见表1Z206020-1。

施工承包合同的内容　表1Z206020-1

| | |
|---|---|
| 施工合同示范文本 | 各种施工合同示范文本一般都由以下3部分组成：<br>（1）协议书；<br>（2）通用条款；<br>（3）专用条款 |
| 合同文件优先顺序 | （1）合同协议书；<br>（2）中标通知书（如果有）；<br>（3）投标函及其附录（如果有）；<br>（4）专用合同条款及其附件；<br>（5）通用合同条款；<br>（6）技术标准和要求；<br>（7）图纸；<br>（8）已标价工程量清单或预算书；<br>（9）其他合同文件。<br>口诀：协中投、专通技、图纸清单预算书 |

续表

| 发包方的责任与义务 | （1）图纸的提供和交底；<br>（2）对化石、文物的保护；<br>（3）出入现场的权利；<br>（4）场外交通；<br>（5）场内交通；<br>（6）许可或批准；<br>（7）提供施工现场；<br>（8）提供施工条件；<br>（9）提供基础资料；<br>（10）资金来源证明及支付担保；<br>（11）支付合同价款；<br>（12）组织竣工验收；<br>（13）现场统一管理协议 |
|---|---|
| 承包人的一般义务 | （1）办理法律规定应由承包人办理的许可和批准，并将办理结果书面报送发包人留存；<br>（2）按法律规定和合同约定完成工程，并在保修期内承担保修义务；<br>（3）按法律规定和合同约定采取施工安全和环境保护措施，办理工伤保险，确保工程及人员、材料、设备和设施的安全；<br>（4）按合同约定的工作内容和施工进度要求，编制施工组织设计和施工措施计划，并对所有施工作业和施工方法的完备性和安全可靠性负责；<br>（5）在进行合同约定的各项工作时，不得侵害发包人与他人使用公用道路、水源、市政管网等公共设施的权利，避免对邻近的公共设施产生干扰。承包人占用或使用他人的施工场地，影响他人作业或生活的，应承担相应责任；<br>（6）按约定负责施工场地及其周边环境与生态的保护工作；<br>（7）按约定采取施工安全措施，确保工程及其人员、材料、设备和设施的安全，防止因工程施工造成的人身伤害和财产损失；<br>（8）将发包人按合同约定支付的各项价款专用于合同工程，且应及时支付其雇用人员工资，并及时向分包人支付合同价款；<br>（9）按照法律规定和合同约定编制竣工资料，完成竣工资料立卷及归档，并按专用合同条款约定的竣工资料的套数、内容、时间等要求移交发包人；<br>（10）应履行的其他义务 |
| 进度控制的主要条款内容 | （1）施工进度计划<br>①施工进度计划的编制<br>承包人应按照约定提交详细的施工进度计划，经发包人批准后实施；<br>②施工进度计划的修订<br>发包人和监理人对承包人提交的施工进度计划的确认，不能减轻或免除承包人根据法律规定和合同约定应承担的任何责任或义务；<br>③开工通知<br>监理人应在计划开工日期7天前向承包人发出开工通知，工期自开工通知中载明的开工日期起算。<br>（2）工期延误<br>因发包人原因导致工期延误，由发包人承担由此延误的工期和（或）增加的费用，且发包人应支付承包人合理的利润；因承包人原因造成工期延误的，应按约定支付违约金。承包人支付逾期竣工违约金后，不免除承包人继续完成工程及修补缺陷的义务。<br>（3）暂停施工<br>因承包人原因引起的暂停施工，承包人应承担由此增加的费用和（或）延误的工期，且承包人在收到监理人复工指示后84天内仍未复工的，视为承包人无法继续履行合同的情形。<br>（4）提前竣工<br>任何情况下，发包人不得压缩合理工期。<br>（5）竣工日期<br>①工程经竣工验收合格的，以承包人提交竣工验收申请报告之日为实际竣工日期，并在工程接收证书中载明；<br>②因发包人原因，未在监理人收到承包人提交的竣工验收申请报告42天内完成竣工验收，或完成竣工验收不予签发工程接收证书的，以提交竣工验收申请报告的日期为实际竣工日期；<br>③工程未经竣工验收，发包人擅自使用的，以转移占有工程之日为实际竣工日期 |

续表

| | |
|---|---|
| 质量控制的主要条款内容 | （1）隐蔽工程检查<br>①工程隐蔽部位经承包人自检合格的，承包人应在共同检查前48小时书面通知监理人检查；<br>②监理人按时到场检查，符合要求的在验收记录上签字，承包人进行覆盖；检查不合格的，承包人应在监理人指示的时间内完成修复，并由监理人重新检查；<br>③监理人不能按时进行检查的，应在检查前24小时向承包人提交书面延期要求，但延期不能超过48小时；<br>④监理人未按时进行检查，也未提出延期要求的，视为隐蔽工程检查合格；<br>⑤重新检查<br>承包人覆盖工程隐蔽部位后，发包人或监理人对质量有疑问的，可要求承包人对已覆盖的部位进行钻孔探测或揭开重新检查，承包人应遵照执行，并在检查后重新覆盖恢复原状。经检查证明工程质量符合合同要求的，由发包人承担由此增加的费用和（或）延误的工期，并支付承包人合理的利润；经检查证明工程质量不符合合同要求的，由此增加的费用和（或）延误的工期由承包人承担；<br>⑥承包人私自覆盖<br>承包人未通知监理人到场检查，私自将工程隐蔽部位覆盖的，监理人有权指示承包人钻孔探测或揭开检查，无论工程隐蔽部位质量是否合格，由此增加的费用和（或）延误的工期均由承包人承担。<br>（2）缺陷责任与保修<br>①缺陷责任期自实际竣工日期起计算，缺陷责任期最长不超过24个月；<br>②承包人应于缺陷责任期届满后7天内向发包人发出缺陷责任期届满通知，发包人应在收到缺陷责任期满通知后14天内核实承包人是否履行缺陷修复义务，承包人未能履行缺陷修复义务的，发包人有权扣除相应金额的维修费用。发包人应在收到缺陷责任期届满通知后14天内，向承包人颁发缺陷责任期终止证书；<br>③工程保修期从工程竣工验收合格之日起算，保修期不得低于法定最低保修年限。发包人未经竣工验收擅自使用工程的，保修期自转移占有之日起算 |
| 费用控制的主要条款内容 | （1）预付款<br>①预付款的支付按照专用合同条款约定执行，但至迟应在开工通知载明的开工日期7天前支付；<br>②发包人要求承包人提供预付款担保的，承包人应在发包人支付预付款7天前提供预付款担保。<br>（2）计量<br>工程量的计量按月进行。<br>（3）工程进度款支付<br>付款周期应与计量周期保持一致。<br>（4）进度款审核和支付<br>①监理人应在收到承包人进度付款申请单以及相关资料后7天内完成审查并报送发包人，发包人应在收到后7天内完成审批并签发进度款支付证书；<br>②发包人应在进度款支付证书或临时进度款支付证书签发后14天内完成支付；<br>③发包人签发进度款支付证书或临时进度款支付证书，不表明发包人已同意、批准或接受了承包人完成的相应部分的工作。<br>（5）支付分解表<br>按月进行分解，形成支付分解表 |

🔊 嗨·点评  该内容重在理解，发承包双方主要是从有利于任务实施的角度来分配各自任务的。

【经典例题】1.（2016年真题）根据《建设工程施工合同（示范文本）》（GF—2013—0201），保修期的开始时间是指（    ）。

A. 竣工验收合格日
B. 合同基准日期
C. 实际竣工日期
D. 保证金扣留日

【答案】A

【嗨·解析】本题考查的是施工承包合同文件。保修期：是指承包人按照合同约定对工程承担保修责任的期限，从工程竣工验收合格之日起计算。

【经典例题】2.（2015年真题）根据《建

设工程施工合同（示范文本）》GF—2013—0201，工程未经竣工验收，发包人擅自使用的，以（　　）为实际竣工日期。

A.承包人提交竣工验收申请报告之日
B.转移占有工程之日
C.监理人组织竣工初验之日
D.发包人签发工程接收证书之日

【答案】B

【嗨·解析】工程未经竣工验收，发包人擅自使用的以转移占有工程之日作为实际竣工日期。

【经典例题】3.按工程建设阶段分，建设工程合同可以分为（　　）。

A.勘察合同、设计合同、施工合同
B.勘察合同、设计合同、施工总承包合同
C.项目可行性研究合同、勘察合同、设计合同、施工合同
D.勘察合同、设计合同、施工合同、监理合同

【答案】A

【嗨·解析】由于建设工程项目的规模和特点的差异，不同项目的合同数量可能会有很大的差别，大型建设项目可能会有成百上千个合同。但不论合同数量的多少，根据合同中的任务内容可划分为勘察合同、设计合同、施工承包合同、物资采购合同、工程监理合同、咨询合同、代理合同等。建设工程项目的程序包含了决策和实施阶段。工程建设阶段也就是实施阶段，一般又可以分为勘察、设计、施工三个阶段，和其对应的是：勘察合同、设计合同、施工合同。因此，正确选项是A。

【经典例题】4.根据《建设工程施工合同（示范文本）》GF—2013—0201，工程预付款的预付时间最迟应在开工通知载明的（　　）支付。

A.开工后7天
B.开工日期7天前
C.开工后一个月
D.开工后约定的时间

【答案】B

【嗨·解析】预付款的支付按照专用合同条款约定执行，但最迟应在开工通知载明的开工日期7天前支付。预付款应当用于材料、工程设备、施工设备的采购及修建临时工程、组织施工队伍进场等。因此，正确选项是B。

**二、物资采购合同的内容**

物资采购合同分建筑材料采购合同和设备采购合同。详见表1Z206020-2。

物资采购合同的内容　表1Z206020-2

| | |
|---|---|
| 建筑材料采购合同的主要内容 | （1）约定质量标准的一般原则<br>①按颁布的国家标准执行；<br>②没有国家标准而有部颁标准的则按照部颁标准执行；<br>③没有国家标准和部颁标准为依据时，可按照企业标准执行；<br>④没有上述标准或虽有上述标准但采购方有特殊要求，按照双方在合同中约定的技术条件、样品或补充的技术要求执行。<br>（2）数量<br>合同中应该明确所采用的计量方法，并明确计量单位。<br>（3）包装<br>包装物一般应由建筑材料的供货方负责供应，并且一般不得另外向采购方收取包装费。包装物的回收办法可以采用如下两种形式之一：<br>①押金回收：适用于专用的包装物，如电缆卷筒、集装箱、大中型木箱等；<br>②折价回收：适用于可以再次利用的包装器材，如油漆桶、麻袋、玻璃瓶等。<br>（4）交付及运输方式<br>交付方式可以是采购方到约定地点提货或供货方负责将货物送达指定地点两大类。如果是由供货方负责将货物送达指定地点，要确定运输方式，运费由采购方负担。<br>（5）验收<br>验收方式有驻厂验收、提运验收、接运验收和入库验收等方式：<br>①驻厂验收：在制造时期，由采购方派人在供应的生产厂家进行材质检验；<br>②提运验收：对加工订制、市场采购和自提自运的物资，由提货人在提取产品时检验；<br>③接运验收：由接运人员对到达的物资进行检查，发现问题当场作出记录；<br>④入库验收：是广泛采用的正式的验收方法，由仓库管理人员负责数量和外观检验。<br>（6）交货期限<br>①供货方负责送货的，以采购方收货戳记的日期为准；<br>②采购方提货的，以供货方按合同规定通知的提货日期为准；<br>③凡委托运输部门或单位运输、送货或代运的产品，一般以供货方发运产品时承运单位签发的日期为准，不是以向承运单位提出申请的日期为准。<br>（7）价格<br>①有国家定价的材料，应按国家定价执行；<br>②按规定应由国家定价的但国家尚无定价的材料，其价格应报请物价主管部门的批准；<br>③不属于国家定价的产品，可由供需双方协商确定价格。<br>（8）结算<br>合同中应明确结算的时间、方式和手续。<br>（9）违约责任<br>当事人任何一方不能正确履行合同义务时，都可以以违约金的形式承担违约赔偿责任。双方应通过协商确定违约金的比例，并在合同条款内明确 |
| 设备采购合同的主要内容 | 设备采购合同通常采用固定总价合同，合同价款的支付一般分三次：<br>①设备制造前，采购方支付设备价格的10%作为预付款；<br>②供货方按照交货顺序在规定的时间内将货物送达交货地点，采购方支付该批设备价的80%；<br>③剩余的10%作为设备保证金，待保证期满，采购方签发最终验收证书后支付 |

**嗨·点评** 材料采购合中的验收方式、交货期限、价格应作为重点掌握。

【经典例题】5.（2015年真题）关于物资采购交货日期的说法，正确的是（　　）。

A.供货方负责送货的，以供货方按合同规定通知的提货日期为准

B.采购方提货的，以采购方收货戳记的日期为准

C.凡委托运输部门送货的，以供货方发运产品时承运单位签发的日期为准

D.委托运输单位代运的产品，以向承运单位提出申请的日期为准

【答案】C

【嗨·解析】交货期限，应明确具体的交货时间。如果分批交货，要注明各个批次的交货时间。交货日期的确定可以按照下列方式：（1）供货方负责送货的，以采购方收货戳记的日期为准；（2）采购方提货的，以供货方按合同规定通知的提货日期为准；（3）凡委托运输部门或单位运输、送货或代运的产品，一般以供货方发运产品时承运单位签发的日期为准，不是以向承运单位提出申请的日期为准。因此，正确选项是C。

### 三、施工专业分包合同的内容

专业工程分包，是指施工总承包单位将其所承包工程中的专业工程发包给具有相应资质的其他建筑业企业完成的活动。详见表1Z206020-3。

施工专业分包合同的内容　表1Z206020-3

| | |
|---|---|
| 工程承包人（总承包单位）的主要责任和义务 | （1）承包人应提供总包合同（有关承包工程的价格内容除外）供分包人查阅；<br>（2）承包人的工作<br>①向分包人提供与分包工程相关的各种证件、批件和各种相关资料，向分包人提供具备施工条件的施工场地；<br>②组织分包人参加发包人组织的图纸会审，向分包人进行设计图纸交底；<br>③提供合同专用条款中约定的设备和设施，并承担因此发生的费用；<br>④随时为分包人提供确保分包工程的施工所要求的施工场地和通道等，满足施工运输的需要，保证施工期间的畅通；<br>⑤负责整个施工场地的管理工作，协调分包人与同一施工场地的其他分包人之间的交叉配合，确保分包人按照经批准的施工组织设计进行施工 |
| 专业工程分包人的主要责任和义务 | （1）分包人对有关分包工程的责任<br>除合同条款另有约定，分包人应履行并承担总包合同中与分包工程有关的承包人的所有义务与责任，同时应避免因分包人自身行为或疏漏造成承包人违反总包合同中约定的承包人义务的情况发生；<br>（2）分包人与发包人的关系<br>分包人须服从承包人转发的发包人或工程师与分包工程有关的指令。未经承包人允许，分包人不得以任何理由与发包人或工程师发生直接工作联系，分包人不得直接致函发包人或工程师，也不得直接接受发包人或工程师的指令。如分包人与发包人或工程师发生直接工作联系，将被视为违约，并承担违约责任；<br>（3）承包人指令<br>就分包工程范围内的有关工作，承包人随时可以向分包人发出指令，分包人应执行承包人根据分包合同所发出的所有指令；<br>（4）分包人的工作<br>①按照分包合同的约定，对分包工程进行设计（分包合同有约定时）、施工、竣工和保修；<br>②按照合同约定的时间，完成规定的设计内容，报承包人确认后在分包工程中使用。承包人承担由此发生的费用；<br>③在合同约定的时间内，向承包人提供年、季、月度工程进度计划及相应进度统计报表；<br>④在合同约定的时间内，向承包人提交详细的施工组织设计，承包人应在专用条款约定的时间内批准，分包人方可执行；<br>⑤遵守政府有关主管部门对施工场地交通、施工噪声以及环境保护和安全文明生产等的管理规定，按规定办理有关手续，并以书面形式通知承包人，承包人承担由此发生的费用，因分包人责任造成的罚款除外；<br>⑥分包人应允许承包人、发包人、工程师及其三方中任何一方授权的人员在工作时间内，合理进入分包工程施工场地或材料存放的地点以及施工场地以外与分包合同有关的分包人的任何工作或准备的地点，分包人应提供方便；<br>⑦已竣工工程未交付承包人之前，分包人应负责已完分包工程的成品保护工作，保护期间发生损坏，分包人自费予以修复；承包人要求分包人采取特殊措施保护的工程部位和相应的追加合同价款，双方在合同专用条款内约定 |
| 合同价款及支付 | （1）分包合同价款与总包合同相应部分价款无任何连带关系；<br>（2）承包人应在收到分包工程竣工结算报告及结算资料后28天内支付工程竣工结算价款 |

**嗨·点评** 在施工承包合同中，发包人指业主，承包人指施工总承包单位，分包人指专业分包，工程师指监理人，而如果强调劳务分包则会说明为劳务分包人。

**【经典例题】** 6.关于分包人和发包人关系的说法，错误的是（　　）。

A.分包人必须服从承包人转发的发包人或工程师与分包工程有关的指令

B.分包人可以就有关工程指令问题，直接致函发包人或工程师

C.未经承包人允许，分包人不得以任何理由与发包人或工程师直接联系工作

D.分包人不得直接接受发包人或工程师的指令

**【答案】** B

**【嗨·解析】** 分包人须服从承包人转发的发包人或工程师与分包工程有关的指令。未经承包人允许，分包人不得以任何理由与发包人或工程师发生直接工作联系，分包人不得直接致函发包人或工程师，也不得直接接受发包人或工程师的指令。如分包人与发包人或工程师发生直接工作联系，将被视为违约，并承担违约责任。因此，正确选项是B。

### 四、施工劳务分包合同的内容

本条目所指劳务分包合同为施工总承包单位与施工劳务分包单位签订的施工劳务分包合同。详见表1Z206020-4。

施工劳务分包合同的内容　表1Z206020-4

| | |
|---|---|
| 承包人的主要义务 | （1）组建与工程相适应的项目管理班子，全面履行总（分）包合同，组织实施项目管理的各项工作，对工程的工期和质量向发包人负责。<br>（2）完成劳务分包人施工前期的下列工作：<br>①向劳务分包人交付具备本合同项下劳务作业开工条件的施工场地；<br>②满足劳务作业所需的能源供应、通信及施工道路畅通；<br>③向劳务分包人提供相应的工程资料；<br>④向劳务分包人提供生产、生活临时设施。<br>（3）负责编制施工组织设计，统一制定各项管理目标，组织编制年、季、月施工计划和物资需用量计划表，实施对工程质量、工期、安全生产、文明施工、计量检测、实验化验的控制、监督、检查和验收。<br>（4）负责工程测量定位、沉降观测、技术交底，组织图纸会审，统一安排技术档案资料的收集整理及交工验收。<br>（5）按时提供图纸，及时交付材料、设备，所提供的施工机械设备、周转材料、安全设施保证施工需要。<br>（6）按合同约定，向劳务分包人支付劳动报酬。<br>（7）负责与发包人、监理、设计及有关部门联系，协调现场工作关系 |

续表

| | |
|---|---|
| 劳务分包人的主要义务 | （1）对劳务分包范围内的工程质量向承包人负责，组织具有相应资格证书的熟练工人投入工作；未经承包人授权或允许，不得擅自与发包人及有关部门建立工作联系；自觉遵守法律法规及有关规章制度。<br>（2）严格按照设计图纸、施工验收规范、有关技术要求及施工组织设计精心组织施工，确保工程质量达到约定的标准。<br>①科学安排作业计划，投入足够的人力、物力，保证工期；<br>②加强安全教育，认真执行安全技术规范，严格遵守安全制度，落实安全措施，确保施工安全；<br>③加强现场管理，严格执行建设主管部门及环保、消防、环卫等有关部门对施工现场的管理规定，做到文明施工；<br>④承担由于自身责任造成的质量修改、返工、工期拖延、安全事故、现场脏乱造成的损失及各种罚款。<br>（3）自觉接受承包人及有关部门的管理、监督和检查；接受承包人随时检查其设备、材料保管、使用情况，及其操作人员的有效证件、持证上岗情况；与现场其他单位协调配合，照顾全局。<br>（4）劳务分包人须服从承包人转发的发包人及工程师的指令。<br>（5）除非合同另有约定，劳务分包人应对其作业内容的实施、完工负责，劳务分包人应承担并履行总（分）包合同约定的、与劳务作业有关的所有义务及工作程序 |
| 保险 | （1）劳务分包人施工开始前，承包人应获得发包人为施工场地内的自有人员及第三人员生命财产办理的保险，且不需劳务分包人支付保险费用；<br>（2）运至施工场地用于劳务施工的材料和待安装设备，由承包人办理或获得保险，且不需劳务分包人支付保险费用；<br>（3）承包人必须为租赁或提供给劳务分包人使用的施工机械设备办理保险，并支付保险费用；<br>（4）劳务分包人必须为从事危险作业的职工办理意外伤害保险，并为施工场地内自有人员生命财产和施工机械设备办理保险，支付保险费用 |

🔊 嗨·点评 本条所列为施工总承包与劳务分包签订的合同，其中保险需明确各项保险费用是由哪一方支付的。

【经典例题】7.（2016年真题）根据《建设工程施工劳务分包合同（示范文本）》(GF—2003—2014)，应由劳务分包人完成的工作是（　　）。

A.收集技术资料　　B.搭建生活设施
C.编制施工计划　　D.加强安全教育

【答案】D

【嗨·解析】本题考查的是劳务分包人的主要义务。选项ABC均是承包人应该完成的工作，只有选项B是劳务分包人应该完成的工作。

【经典例题】8.建设工程施工劳务分包合同中，劳务分包人的义务包括（　　）。

A.负责与发包人、监理、设计及有关部门联系，协调现场工作关系

B.对工程的工期和质量向发包人负责

C.严格按照设计图纸、施工验收规范、有关技术要求及施工组织设计精心组织施工，确保工程质量达到约定的标准

D.完成水、电、热、电信等施工管线和施工道路，并满足完成本合同劳务作业所需的能源供应和质量要求

【答案】C

【嗨·解析】劳务分包合同条款中规定的劳务分包人的主要义务规定，应严格按照设计图纸、施工验收规范、有关技术要求及施工组织设计精心组织施工，确保工程质量迟到约定的标准。因此，正确选项是C。

## 五、项目总承包合同、监理合同的内容

### （一）项目总承包合同（详见表1Z206020-5）

项目总承包合同　表1Z206020-5

| 合同主要内容 | 建设工程项目总承包与施工承包的最大不同之处在于承包商要负责全部或部分的设计，并负责物资设备的采购 |
|---|---|
| 发包人的义务和权利 | （1）负责办理项目的审批、核准或备案手续，取得项目用地的使用权，完成拆迁补偿工作，使项目具备法律规定和合同约定的开工条件，并提供立项文件；<br>（2）履行合同中约定的合同价格调整、付款、竣工结算义务；<br>（3）有权按照合同约定和适用法律关于安全、质量、标准、环境保护和职业健康等强制性标准和规范的规定，对承包人的设计、采购、施工、竣工试验等实施工作提出建议、修改和变更，但不得违反国家强制性标准、规范的规定；<br>（4）有权根据合同约定，对因承包人原因给发包人带来的任何损失和损害，提出赔偿；<br>（5）发包人认为必要时，有权以书面形式发出暂停通知。其中，因发包人原因造成的暂停，给承包人造成的费用增加，由发包人承担，造成工程关键路径延误的，竣工日期相应顺延 |

### （二）监理合同

监理人应及时更换有下列情形之一的监理人员：

（1）严重过失行为的；
（2）有违法行为不能履行职责的；
（3）涉嫌犯罪的；
（4）不能胜任岗位职责的；
（5）严重违反职业道德的；
（6）专用条件约定的其他情形。

【经典例题】9.关于建设工程项目总承包的说法，正确的有（　　）。

A.建设工程项目总承包与施工承包最大的不同之处在于承包商要负责全部或部分的设计，并负责物资设备的采购

B.从具体的工程承包范围看，可包括所有主体和附属工程、工艺、设备等

C.从时间范围上，一般包括从工程开始到交付使用的工程建设全过程

D.项目总承包不负责物资设备的采购

E.从工程承包范围看，只包括所有的主体和附属工程

【答案】AB

【嗨·解析】建设工程项目总承包的任务应该明确规定。从时间范围上，一般可包括从工程立项到交付使用的工程建设全过程，具体可包括：勘察设计、设备采购、施工、试车（或交付使用）等内容。从具体的工程承包范围看，可包括所有的主体和附属工程、工艺、设备等。

# 章节练习题

## 一、单项选择题

1. 根据《中华人民共和国合同法》，属于建设工程合同的是（　　）。
   A.监理合同　　　　　B.咨询合同
   C.勘察设计合同　　　D.代理合同

2. 施工合同文件通常包括：①投标书及其附录；②专用合同条款及其附件；③合同协议书；④已标价工程量清单或预算书；⑤通用合同条款；⑥中标通知书等。其优先顺序是（　　）。
   A.⑥③①②⑤④　　　B.③⑥④⑤②①
   C.③⑥①②⑤④　　　D.⑥③②⑤①④

3. 工程具备隐蔽条件或达到专用条款约定的中间验收部位，承包人进行自检，并在隐蔽或中间验收前最晚（　　）小时书面形式通知工程师验收。
   A.12　　　　　　　B.24
   C.36　　　　　　　D.48

4. 根据《建设工程施工合同（示范文本）》（GF—2013—0201），工程缺陷责任期自（　　）起计算。
   A.合同签订日期
   B.竣工验收合格之日
   C.实际竣工日期
   D.办法工程验收证书之日

5. 某施工承包工程，承包人于2012年3月10日送交验收报告，发包人组织验收后提出修改意见，承包人按发包人要求修改后于2012年5月10日再次送交工程验收报告，发包人于2012年5月20日组织验收，于2012年5月30日给予认可。则该工程实际竣工日期为（　　）。
   A.2012年3月10日　　B.2012年5月10日
   C.2012年5月20日　　D.2012年5月30日

6. 关于建筑材料采购合同有关条款的说法，正确的是（　　）。
   A.不属于国家定价的产品，由供方确定价格
   B.建筑材料的包装物一般由供方负责，并且一般不另向需方收费
   C.需方提货的，以需方收货戳记的日期为准
   D.建筑材料采购合同通常采用固定总价合同

7. 建筑材料采购合同中，凡委托运输部门或单位运输、送货或代运的产品，交货期限一般以（　　）的日期为准。
   A.需方收货戳记
   B.承运单位送达交货地点
   C.承运单位签发
   D.供方向承运单位提出申请

8. 关于物资采购合同价格，按规定应由国家定价但国家尚无定价的材料，其价格应（　　）。
   A.由供需双方协商确定
   B.报请物价主管部门批准
   C.由工程师确定
   D.由政府质量监督部门确定

9. 根据《建设工程施工专业分包合同（示范文本）》（GF—2003—0213），以下不属于承包商责任义务的是（　　）。
   A.组织分包人参加发包人组织的图纸会审，向分包人进行设计图纸交底
   B.负责整个施工场地的管理工作，协调分包人与同一施工场地的其他分包人之间的交叉配合
   C.随时为分包人提供确保分包工程的施工所要求的施工场地和通道，满足施工运输需要
   D.提供专业分包合同专用条款中约定保修与试车，并承担因此发生的费用

10. 承包人应在收到分包工程竣工结算报告及结算资料后（　　）天内支付工程竣工结算价款。
    A.7　　　　　　　　B.14

C.28　　　　　　　　D.42

11. 根据《建设工程施工劳务分包合同（示范文本）》(GF—2003—0214)，分包项目的施工组织设计应由（　　）负责编制。
    A.承包人　　　　　B.工程师
    C.分包人　　　　　D.发包人

12. 运至施工现场用于劳务施工的材料和待安装设备，由（　　）办理或获得保险。
    A.发包人　　　　　B.承包人
    C.分包人　　　　　D.工程师

13. 根据《建设工程施工劳务分包合同（示范文本）》(GF—2003—0214)，从事危险作业职工的意外伤害保险应由（　　）办理。
    A.发包人　　　　　B.施工承包人
    C.专业分包人　　　D.劳务分包人

14. 建设工程项目总承包与施工总承包的最大不同之处在于项目总承包需要负责（　　）。
    A.承建项目的投料试生产
    B.全部或部分工程的设计
    C.总价包干
    D.所有的主体工程、工艺和设备等的施工与安装

15. 根据《建设项目工程总承包合同示范文本（试行）》(GF—2011—0216)，发包人的义务是（　　）。
    A.组织竣工验收
    B.提交临时占地资料
    C.提供设计审查所需的资料
    D.负责办理项目备案手续

二、多项选择题

1. 根据《建设工程施工合同（示范文本）》，合同示范文本由（　　）组成。
   A.通用合同条款　　B.合同协议书
   C.标准和技术规范　D.专用合同条款
   E.中标通知书

2. 根据《建设工程施工合同（示范文本）》(GF—2013—0201)，属于发包人工作的有（　　）。
   A.保证承包人施工人员的安全和健康
   B.保证向承包人提供正常施工所需的进入施工现场的交通条件
   C.依据有关法律办理建设工程施工许可证
   D.向承包人提供施工现场的地质勘查资料
   E.负责对指定分包的管理，并对分包方的行为负责

3. 根据《建设工程施工合同（示范文本）》(GF—2013—0201)，发包人责任和义务有（　　）。
   A.办理建设工程施工许可证
   B.办理建设工程规划许可证
   C.办理工伤保险
   D.提供场外交通条件
   E.负责施工场地周边的环境保护

4. 根据《建设工程施工劳务分包合同（示范文本）》(GF—2003—0214)，承包人的工作有（　　）。
   A.负责编制施工组织设计
   B.科学安排作业计划
   C.组织编制年、季、月施工计划
   D.负责工程测量定位
   E.负责与监理、设计及有关部门联系

## 参考答案及解析

一、单项选择题

1.【答案】C
【解析】根据《中华人民共和国合同法》，勘察合同、设计合同、施工承包合同属于建设工程合同，工程监理合同、咨询合同等属于委托合同。

2.【答案】C
【解析】通用条款规定的优先顺序：
（1）合同协议书；

（2）中标通知书；
（3）投标函及其附录
（4）专用合同条款及其附件；
（5）通用合同条款；
（6）技术标准和要求；
（7）图纸；
（8）已标价工程量清单或预算书；
（9）其他合同文件。

3.【答案】D
【解析】除专用合同条款另有约定外，工程隐蔽部位经承包人自检确认具备覆盖条件的，承包人应在共同检查前48小时书面通知监理人检查。

4.【答案】C
【解析】缺陷责任期自实际竣工日期起计算。

5.【答案】B
【解析】工程经竣工验收合格的，以承包人提交竣工验收申请报告之日为实际竣工日期，并在工程接收证书中载明；因发包人原因，未在监理人收到承包人提交的竣工验收申请报告42天内完成竣工验收，或完成竣工验收不予签发工程接收证书的，以提交竣工验收申请报告的日期为实际竣工日期；工程未经竣工验收，发包人擅自使用的，以转移占有工程之日为实际竣工日期。

6.【答案】B
【解析】包装物一般由建筑材料供货方负责供应，并且一般不得另外向采购方收取包装费。

7.【答案】C
【解析】建筑材料采购合同中，凡委托运输部门或单位运输、送货或代运的产品，交货期限一般以承运单位签发的日期为准，不是以向承运单位提出申请的日期为准。

8.【答案】B
【解析】关于物资采购合同价格，按规定应由国家定价但国家尚无定价的材料，其价格应报请物价主管部门批准。

9.【答案】D
【解析】承包人的工作：
（1）向分包人提供与分包工程相关的各种证件、批件和各种相关资料，向分包人提供具备施工条件的施工场地；
（2）组织分包人参加发包人组织的图纸会审，向分包人进行设计图纸交底；
（3）提供合同专用条款中约定的设备和设施，并承担因此发生的费用；
（4）随时为分包人提供确保分包工程的施工所要求的施工场地和通道等，满足施工运输的需要，保证施工期间的畅通；
（5）负责整个施工场地的管理工作，协调分包人与同一施工场地的其他分包人之间的交叉配合，确保分包人按照经批准的施工组织设计进行施工。

10.【答案】C
【解析】承包人应在收到分包工程竣工结算报告及结算资料后28天内支付工程竣工结算价款，在发包人不拖延工程价款的情况下无正当理由不按时支付，从第29天起按分包人同期向银行贷款利率支付拖欠工程价款的利息，并承担违约责任。

11.【答案】A
【解析】根据《建设工程施工劳务分包合同（示范文本）》（GF—2003—0214），承包人的职责之一是：负责编制施工组织设计，统一制定各项管理目标，组织编制年、季、月施工计划、物资需用量计划表，实施对工程质量、工期、安全生产、文明施工、计量检测、实验化验的控制、监督、检查和验收。

12.【答案】B
【解析】运至施工场地用于劳务施工的材料和待安装设备，由承包人办理或获得保险，且不需劳务分包人支付保险费用。

13.【答案】D

【解析】劳务分包人必须为从事危险作业的职工办理意外伤害保险，并为施工场地内自有人员生命财产和施工机械设备办理保险，并支付保险费用。

14.【答案】B

【解析】建设工程项目总承包与施工总承包的最大不同之处在于项目总承包需要负责全部或部分工程的设计。施工总承包只需完成施工阶段的任务，不参与设计。故B正确。

15.【答案】D

【解析】发包人的主要义务和权利如下：负责办理项目的审批、核准或备案手续。

二、多项选择题

1.【答案】ABD

【解析】合同文本由合同协议书、通用合同条款、专用合同条款组成。

2.【答案】BCD

【解析】AE属于承包人的主要义务。

3.【答案】ABD

【解析】CE属于承包方的责任。

4.【答案】ACDE

【解析】B选项属于劳务分包人的工作。

# 1Z206030 合同计价方式

**本节知识体系**

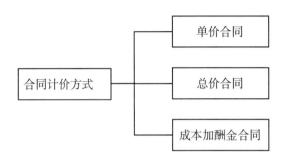

**核心内容讲解**

## 一、单价合同（详见表1Z206030-1）

单价合同　表1Z206030-1

| | |
|---|---|
| 概念 | 当施工发包的工程内容和工程量一时尚不能十分明确、具体地予以规定时，则可以采用单价合同形式，即根据计划工程内容和估算工程量，在合同中明确每项工程内容的单位价格，实际支付时则根据每一个子项的实际完成工程量乘以该子项的合同单价计算该项工作的应付工程款 |
| 特点 | 单价优先 |
| 优点 | （1）单价合同允许随工程量变化而调整工程总价，业主和承包商都不存在工程量方面的风险，对双方都比较公平；<br>（2）在招标前，发包单位无须对工程范围作出完整的、详尽的规定，从而可以缩短招标准备时间，投标人也只需对所列工程内容报出自己的单价，从而缩短投标时间 |
| 缺点 | （1）业主需要安排专门力量来核实已经完成的工程量，需要在施工过程中花费不少精力，协调工作量大；<br>（2）用于计算应付工程款的实际工程量可能超过预测的工程量，即实际投资容易超过计划投资，对投资控制不利 |
| 分类 | 单价合同又分为固定单价合同和变动单价合同。<br>（1）固定单价合同条件下，无论发生哪些影响价格的因素都不对单价进行调整，因而对承包商而言就存在一定的风险。固定单价合同适用于工期较短、工程量变化幅度不会太大的项目；<br>（2）当采用变动单价合同时，合同双方可以约定一个估计的工程量，当实际工程量发生较大变化时可以对单价进行调整，同时还应该约定如何对单价进行调整；当然也可以约定，当通货膨胀达到一定水平或者国家政策发生变化时，可以对哪些工程内容的单价进行调整以及如何调整等。承包商的风险就相对较小 |

**嗨·点评** 单价合同的特点是单价优先，即当总价和单价的计算结果不一致时，以单价为准调整总价。

**【经典例题】**1.（2015年真题）某单价合同的投标报价单中，投标人的投标书出现了明显的数字计算错误，导致总价和单价计算结果不一致。下列行为中，属于业主权力的是（　　）。

A.业主有权力先作修改再评标，以总价作为最终报价结果

B.业主有权力先作修改再评标，以单价为准调整的总价作为最终报价结果

C.业主没有权力先作修改再评标,可以宣布该投标人废标

D.业主没有权力先作修改再评标,可以请该报标人再报价

【答案】B

【嗨·解析】单价合同的特点是单价优先,例如FIDIC土木工程施工合同中,业主给出的工程量清单表中的数字是参考数字,而实际工程款则按实际完成的工程量和合同中确定的单价计算。虽然在投标报价、评标以及签订合同中,人们常常注重总价格,但在工程款结算中单价优先,对于投标书中明显的数字计算错误,业主有权力先作修改再评标,当总价和单价的计算结果不一致时,以单价为准调整总价。

【经典例题】2.固定单价合同适用于（　　）的项目。

A.工期短、工程量变化幅度不大

B.工期长、工程量变化幅度不大

C.工期短、工程量变化幅度很大

D.工期长、工程量变化幅度很大

【答案】A

【嗨·解析】固定单价合同适用于工期较短、工程量变化幅度不会太大的项目。因此,正确选项是A。

## 二、总价合同（详见表1Z206030-2）

总价合同　表1Z206030-2

| 概念 | 总价合同也称作总价包干合同,即根据施工招标时的要求和条件,当施工内容和有关条件不发生变化时,业主付给承包商的价款总额就不发生变化 |
|---|---|
| 固定总价合同 | （1）固定总价合同的价格计算是以图纸及规定、规范为基础,工程任务和内容明确,业主的要求和条件清楚,合同总价一次包死,固定不变,不再因为环境的变化和工程量的增减而变化<br>（2）采用固定总价合同,双方结算比较简单,但是由于承包商承担了较大的风险,因此报价中不可避免地要增加一笔较高的不可预见风险费。承包商的风险主要有两个方面:<br>①价格风险,包括报价计算错误、漏报项目、物价和人工费上涨等;<br>②工作量风险,包括工程量计算错误、工程范围不确定、工程变更或者由于设计深度不够所造成的误差等<br>（3）固定总价合同适用于以下情况:<br>①工程量小、工期短,估计在施工过程中环境因素变化小,工程条件稳定并合理;<br>②工程设计详细,图纸完整、清楚,工程任务和范围明确;<br>③工程结构和技术简单,风险小;<br>④投标期相对宽裕,承包商可以有充足的时间详细考察现场、复核工程量,分析招标文件,拟订施工计划 |
| 变动总价合同 | （1）变动总价合同又称为可调总价合同,是一种相对固定的价格,通货膨胀等不可预见因素的风险由业主承担,对承包商而言,其风险相对较小,但对业主而言,不利于其进行投资控制,突破投资的风险就增大了<br>（2）在工程施工承包招标时,施工期限一年左右的项目一般实行固定总价合同,通常不考虑价格调整问题,以签订合同时的单价和总价为准,物价上涨的风险全部由承包商承担。对建设周期一年半以上的工程项目,则应考虑下列因素引起的价格变化问题:<br>①劳务工资以及材料费用的上涨;<br>②其他影响工程造价的因素,如运输费、燃料费、电力等价格的变化;<br>③外汇汇率的不稳定;<br>④国家或省、市立法的改变引起的工程费用的上涨 |

🔊 **嗨·点评** 固定总价与固定单价的适用情况注意比较,固定单价强调工程量变化幅度不大,固定总价强调工程量小。

【经典例题】3.（2016年真题）关于固定

总价合同的说法,正确的有(    )。

A. 合同总价一次包死,业主不承担投资风险

B. 图纸和工程内容明确是使用这种合同的前提之一

C. 固定总价合同也有调整合同总价的可能

D. 合同双方结算比较简单

E. 在国际上很少采用固定总价合同

【答案】BCD

【嗨·解析】本题考查的是固定总价合同。对业主而言,在合同签订时就可以基本确定项目的总投资额,对投资控制有利;在双方都无法预测的风险条件下和可能有工程变更的情况下,承包商承担了较大的风险,业主的风险较小;在固定总价合同中还可以约定,在发生重大工程变更、累计工程变更超过一定幅度或者其他特殊条件下可以对合同价格进行调整;在国际上,这种合同被广泛接受和采用,因为有比较成熟的法规和先例的经验。

【经典例题】4.(2015年真题)采用固定总价合同,承包商需承担一定风险,下列风险中,属于承包商价格风险的是(    )。

A.设计深度不够造成的误差

B.漏报计价项目

C.工程量计算错误

D.工程范围不确定

【答案】B

【嗨·解析】采用固定总价合同,双方结算比较简单,但是由于承包商承担了较大的风险,因此报价中不可避免地要增加一笔较高的不可预见风险费。承包商的风险主要有两个方面:一是价格风险,二是工作量风险。价格风险有报价计算错误、漏报项目、物价和人工费上涨等;工作量风险有工程量计算错误、工程范围不确定、工程变更或者由于设计深度不够所造成的误差等。

【经典例题】5.固定总价合同适用的条件一般为(    )。

A.工程项目的施工图设计符合要求,项目范围及工程量计算依据确切,无较大的设计变更,报价工程量与实际完成工程量无较大差异

B.规模较小、技术不太复杂的中小型工程,承包方可以合理预见实施过程中遇到的各种风险

C.初步设计符合要求,项目范围确切的工程

D.工程的合同工期合理

E.合同工期较短(一般为一年内工程)

【答案】ABE

【嗨·解析】固定总价合同适用于以下情况:工程量小、工期短,估计在施工过程中环境因素变化小,工程条件稳定并合理,工程设计详细,图纸完整、清楚,工程任务和范围明确;工程结构和技术简单,风险小;投标期相对宽裕,承包商可以有充足的时间详细考察现场、复核工程量,分析招标文件,拟订施工计划。因此,正确选项是ABE。

### 三、成本加酬金合同(详见表1Z206030-3)

成本加酬金合同　表1Z206030-3

| 概念和特点 | （1）成本加酬金合同也称为成本补偿合同，工程施工的最终合同价格将按照工程的实际成本再加上一定的酬金进行计算；<br>（2）承包商不承担任何价格变化或工程量变化的风险，这些风险主要由业主承担，对业主的投资控制很不利 |
|---|---|
| 适用条件 | （1）工程特别复杂，工程技术、结构方案不能预先确定，或者尽管可以确定工程技术和结构方案，但是不可能进行竞争性的招标活动并以总价合同或单价合同的形式确定承包商，如研究开发性质的工程项目；<br>（2）时间特别紧迫，如抢险、救灾工程，来不及进行详细的计划和商谈 |
| 对业主的优点 | （1）可以通过分段施工缩短工期，而不必等待所有施工图完成才开始招标和施工；<br>（2）可以减少承包商的对立情绪，承包商对工程变更和不可预见条件的反应会比较积极和快捷；<br>（3）可以利用承包商的施工技术专家，帮助改进或弥补设计中的不足；<br>（4）业主可以根据自身力量和需要，较深入地介入和控制工程施工和管理；<br>（5）也可以通过确定最大保证价格约束工程成本不超过某一限值，从而转移一部分风险 |
| 成本加酬金合同的形式 | （1）成本加固定费用合同<br>在工程总成本一开始估计不准，可能变化不大的情况下，可采用此合同形式。这种方式虽然不能鼓励承包商降低成本，但为了尽快得到酬金，承包商会尽力缩短工期。<br>（2）成本加固定比例费用合同<br>这种方式的报酬费用总额随成本加大而增加，不利于缩短工期和降低成本。一般在工程初期很难描述工作范围和性质，或工期紧迫，无法按常规编制招标文件招标时采用。<br>（3）成本加奖金合同<br>当图纸、规范等准备不充分，不能以确定合同价格，而仅能制定一个估算指标时可采用这种形式。奖金是根据报价书中的成本估算指标制定的，在合同中对这个估算指标规定一个底点和顶点，分别为工程成本估算的60%~75%和110%~135%。承包商在估算指标的顶点以下完成工程则可得到奖金，超过顶点则要对超出部分支付罚款。如果成本在底点之下，则可加大酬金值或酬金百分比。<br>（4）最大成本加费用合同<br>在工程成本总价合同基础上加固定酬金费用的方式，即当设计深度达到可以报总价的深度，投标人报一个工程成本总价和一个固定的酬金（包括各项管理费、风险费和利润）。如果实际成本超过合同中规定的工程成本总价，由承包商承担所有的额外费用，若实施过程中节约了成本，节约的部分归业主，或者由业主与承包商分享，在合同中要确定节约分成比例。在非代理型（风险型）CM模式的合同中就采用这种方式 |
| 成本加酬金合同的应用 | （1）当实行施工总承包管理模式或CM模式时，业主与施工总承包管理单位或CM单位的合同一般采用成本加酬金合同；<br>（2）在国际上，许多项目管理合同、咨询服务合同等也多采用成本加酬金合同方式 |

**嗨·点评**　成本加酬金合同承包商是不承担任何风险，而固定总价合同承包商承担全部的价格风险和工程量风险。

【经典例题】6.（2016年真题）关于成本加酬金合同的说法，正确的是（　　）。

A．当实行风险型CM模式时，适宜采用最大成本加费用合同

B．成本加固定费用的合同，承包商的酬金不可调整

C．成本加固定比例费用的合同，有利于缩短工期

D．当设计深度达到可以报总价的深度时，适宜采用成本加奖金合同

【答案】A

【嗨·解析】本题考查的是成本加酬金合同的形式。选项B，成本加固定费用的合同，有时也可在固定费用之外根据工程质量、工期和节约成本等因素，给承包商另加奖金，以鼓励承包商积极工作；选项C，成本加固定比例的合同，一般在工程初期很难描述工作

范围和性质，或工期紧迫，无法按常规编制招标文件招标时采用；选项D，即当设计深度达到可以报总价的深度，应当采用最大成本加费用合同。

【经典例题】7.（2015年真题）下列成本加酬金合同的优点中，对业主有利的有（　　）。

A.可以通过分段施工缩短施工工期

B.可以利用承包商的施工技术专家帮助改进设计的不足

C.可以确定合同工程内容、工程量及合同终止时间

D.可以通过最高限价约束工程成本，转移全部风险

E.可以较深入介入和控制工程施工和管理

【答案】ABE

【嗨·解析】成本加酬金合同通常用于如下情况：（1）工程特别复杂，工程技术、结构方案不能预先确定，或者尽管可以确定工程技术和结构方案，但是不可能进行竞争性的招标活动并以总价合同或单价合同的形式确定承包商，如研究开发性质的工程项目，（2）时间特别紧迫，如抢险、救灾工程，来不及进行详细的计划和商谈。对业主而言，这种合同形式也有一定优点，如：①可以通过分段施工缩短工期，而不必等待所有施工图完成才开始招标和施工；②可以减少与承包商的对立情绪，承包商对工程变更和不可预见条件的反应会比较积极和快捷；③可以利用承包商的施工技术专家，帮助改进或弥补设计中的不足；④业主可以根据自身力量和需要，较深入地介入和控制工程施工和管理；⑤也可以通过确定最大保证价格约束工程成本不超过某一限值，从而转移一部分风险。对承包商来说，这种合同比固定总价的风险低，利润比较有保证，因而比较有积极性。其缺点是合同的不确定性，由于设计未完成，无法准确确定合同的工程内容、工程量以及合同的终止时间，有时难以对工程计划进行合理安排。因此，正确选项是ABE。

# 章节练习题

## 一、单项选择题

1. 对于单价合同计价方式，确定结算工程款的依据是（　　）。
   A.实际工程量和实际单价
   B.合同工程量和合同单价
   C.实际工程量和合同单价
   D.合同工程量和实际单价

2. 对于采用单价合同的招标工程，如投标书中有明显的数字计算错误，业主有权先做修改再评标，当总价和单价的计算结果不一致时，正确的做法是（　　）。
   A.分别调整单价和总价
   B.按市场价调整单价
   C.以总价为准调整单价
   D.以单价为准调整总价

3. 业主和承包商都不存在工程量方面的风险的合同是（　　）。
   A.单价合同　　　　B.固定总价合同
   C.变动总价合同　　D.成本加酬金合同

4. 固定单价合同适用于（　　）的项目。
   A.工期长、工程量变化幅度很大
   B.工期长、工程量变化幅度不太大
   C.工期短、工程量变化幅度不太大
   D.工期短、工程量变化幅度很大

5. 当施工发包的工程内容和工程量一时尚不能十分明确、具体地予以规定时，则可以采用（　　）形式。
   A.总价合同　　　　B.成本补偿合同
   C.有偿合同　　　　D.单价合同

6. 关于固定总价合同适用性的说法，错误的是（　　）。
   A.工程量小、工期短，施工过程中环境因素变化小，工程条件稳定并合理
   B.工程设计详细，图纸完整、清楚，工程任务和范围明确

   C.工程结构和技术简单，风险小
   D.合同条件中有对承包商单方面保护的条款

7. 业主方承担全部工程量和价格风险的合同是（　　）。
   A.变动总价合同　　B.固定总价合同
   C.成本加酬金合同　D.变动单价合同

8. 关于成本加酬金合同的说法，正确的是（　　）。
   A.采用该计价方式对业主的投资控制很不利
   B.成本加酬金合同不适用于抢险、救灾工程
   C.成本加酬金合同不宜用于项目管理合同
   D.对承包商来说，成本加酬金合同比固定总价合同的风险高，利润无保证

9. 某工程由于图纸、规范等准备不充分，招标方仅能制定一个估算指标，则在招标时宜采用成本加酬金合同形式的（　　）。
   A.成本加固定费用合同
   B.成本加固定比例费用合同
   C.成本加奖金合同
   D.最大成本加费用合同

10. 当工程项目实行施工总承包管理模式时，业主与施工总承包管理单位的合同一般采用（　　）。
    A.单价合同　　　　B.固定总价合同
    C.变动总价合同　　D.成本加酬金合同

## 二、多项选择题

1. 建设工程施工承包合同的计价方式，主要有（　　）。
   A.总价合同　　　　B.成本补偿合同
   C.有偿合同　　　　D.单价合同
   E.可调价格合同

2. 当建设工程施工承包合同的计价方式采用变动单价时，合同中可以约定合同单价调整的情况有（　　）。
   A.工程量发生比较大的变化
   B.承包商自身成本发生比较大的变化

C.业主资金不到位
D.通货膨胀达到一定水平
E.国家相关政策发生变化

3. 采用固定总价合同时，承包商承担的风险有（　　）。
   A.政策法律风险　　B.不可抗力
   C.价格风险　　　　D.工作量风险
   E.地质勘察

4. 对建设周期一年半以上的工程项目，采用变动总价合同时，应考虑引起价格变化的因素有（　　）。
   A.银行利率的调整
   B.材料费的上涨
   C.人工工资的上涨
   D.国家政策改变引起的工程费用上涨
   E.设计变更引起的费用变化

## 参考答案及解析

### 一、单项选择题

1.【答案】C
【解析】采用单价合同形式，即根据计划工程内容和估算工程量，在合同中明确每项工程内容的单位价格（如每米、每平方米或者每立方米的价格），实际支付时则根据每一个子项的实际完成工程量乘以该子项的合同单价计算该项工作的应付工程款。

2.【答案】D
【解析】在工程款结算中单价优先，对于投标书中明显的数字计算错误，业主有权力先作修改再评标，当总价和单价的计算结果不一致时，以单价为准调整总价。

3.【答案】A
【解析】由于单价合同允许随工程量变化而调整工程总价，业主和承包商都不存在工程量方面的风险，因此对合同双方都比较公平。

4.【答案】C
【解析】固定单价合同适用于工期短、工程量变化幅度不太大的项目。

5.【答案】D
【解析】当施工发包的工程内容和工程量一时尚不能十分明确、具体地予以规定时，则可以采用单价合同形式。

6.【答案】D
【解析】固定总价合同适用于以下情况：
（1）工程量小、工期短，估计在施工过程中环境因素变化小，工程条件稳定并合理；
（2）工程设计详细，图纸完整、清楚，工程任务和范围明确；
（3）工程结构和技术简单，风险小；
（4）投标期相对宽裕，承包商可以有充足的时间详细考察现场、复核工程量，分析招标文件，拟订施工计划。

7.【答案】C
【解析】采用成本加酬金合同，承包商不承担任何价格变化或工程量变化的风险，这些风险主要由业主承担，对业主的投资控制很不利。

8.【答案】A
【解析】采用成本加酬金合同，承包商不承担任何价格变化或工程量变化的风险，这些风险主要由业主承担，对业主的投资控制很不利。

9.【答案】C
【解析】在招标时，当图纸、规范等准备不充分，不能据以确定合同价格，而仅能制定一个估算指标时可采用（成本加奖金合同）这种形式。

10.【答案】D
【解析】施工总承包管理模式下，一般采用成本加酬金合同。

### 二、多项选择题

1.【答案】ABD

【解析】建设工程施工承包合同的计价方式主要有三种，即总价合同、单价合同和成本补偿合同。

2.【答案】ADE

【解析】当采用变动单价合同时，合同双方可以约定一个估计的工程量，当实际工程量发生较大变化时可以对单价进行调整，同时还应该约定如何对单价进行调整；当然也可以约定，当通货膨胀达到一定水平或者国家政策发生变化时，可以对哪些工程内容的单价进行调整以及如何调整等。

3.【答案】CD

【解析】在固定总价合同中，承包商承担了全部的工作量和价格的风险。

4.【答案】BCD

【解析】对建设周期一年半以上的工程项目，则应考虑下列因素引起的价格变化问题：劳务工资以及材料费用的上涨；其他影响工程造价的因素，如运输费、燃料费、电力等价格的变化；外汇汇率的不稳定；国家或者省、市立法的改变引起的工程费用的上涨。

# 1Z206040 建设工程施工合同风险管理、工程保险和工程担保

**本节知识体系**

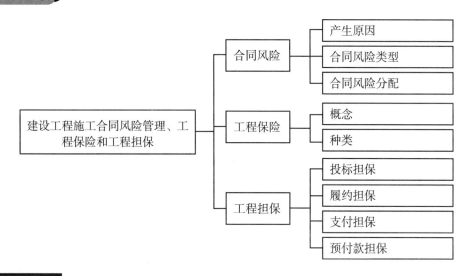

**核心内容讲解**

## 一、合同风险（详见表1Z206040-1）

合同风险　表1Z206040-1

| 概念 | 合同风险是指合同中的以及由合同引起的不确定性 |
|---|---|
| 产生原因 | 工程合同风险产生的主要原因在于合同的不完全性特征，即合同是不完全的。<br>（1）合同的不确定性；<br>（2）在复杂的、无法预测的世界中，一个工程的实施会存在各种各样的风险事件；<br>（3）合同的语句表达不清晰、不细致、不严密、矛盾等而可能造成合同的不完全，容易导致双方理解上的分歧而发生纠纷，甚至发生争端；<br>（4）由于合同双方的疏忽未就有关的事宜订立合同，而使合同不完全；<br>（5）交易成本的存在；<br>（6）信息的不对称。信息不对称是合同不完全的根源；<br>（7）机会主义行为的存在 |

续表

| | |
|---|---|
| 施工合同风险的类型 | （1）项目外界环境风险<br>①在国际工程中，工程所在国政治环境的变化；<br>②经济环境的变化；<br>③合同所依据的法律环境的变化；<br>④自然环境的变化。<br>（2）项目组织成员资信和能力风险<br>①业主资信和能力风险；<br>②承包商（分包商、供货商）资信和能力风险；<br>③其他方面，如政府机关工作人员、城市公共供应部门的干预、苛求和个人需求；项目周边或涉及的居民或单位的干预、抗议或苛刻的要求等。<br>（3）管理风险<br>①对环境调查和预测的风险；<br>②合同条款不严密、错误、二义性，工程范围和标准存在不确定性；<br>③承包商投标策略错误，错误地理解业主意图和招标文件，导致实施方案错误、报价失误等；<br>④承包商的技术设计、施工方案、施工计划和组织措施存在缺陷和漏洞，计划不周；<br>⑤实施控制过程中的风险 |
| 风险分配 | 合同风险应该按照效率原则和公平原则进行分配。<br>（1）从工程整体效益出发，最大限度发挥双方的积极性；<br>（2）公平合理，责权利平衡；<br>（3）符合现代工程管理理念；<br>（4）符合工程惯例，即符合通常的工程处理方法 |

🔊 **嗨·点评** 注意区分施工合同风险、质量风险、建设工程项目风险。

【经典例题】1.（2016年真题）下列建设工程施工合同的风险中，属于管理风险的有（　　）。

A. 政府工作人员干预
B. 环境调查不深入
C. 投标策略错误
D. 汇率调整
E. 合同条款不严密

【答案】BCE

【嗨·解析】本题考查的是施工合同风险的类型。选项A属于项目组织成员资信和能力风险；选项D属于项目外界环境风险。

## 二、工程保险（详见表1Z206040-2）

工程保险　表1Z206040-2

| | |
|---|---|
| 保险概述 | （1）保险标的<br>（2）保险金额<br>（3）保险费<br>（4）保险责任。除外责任不尽相同，但比较一致的有以下几项：<br>①投保人故意行为所造成的损失；<br>②因被保险人不忠实履行约定义务所造成的损失；<br>③战争或军事行为所造成的损失；<br>④保险责任范围以外，其他原因所造成的损失 |

续表

| | |
|---|---|
| 工程保险种类 | （1）工程一切险<br>包括建筑工程一切险、安装工程一切险两类。应以双方名义共同投保。国内工程通常由项目法人办理保险，国际工程一般要求承包人办理保险<br>（2）第三者责任险<br>指由于施工的原因导致项目法人和承包人以外的第三人受到财产损失或人身伤害的赔偿。第三者责任险的被保险人也应是项目法人和承包人。该险种一般附加在工程一切险中<br>（3）人身意外伤害险<br>此项保险义务分别由发包人、承包人负责对本方参与现场施工的人员投保<br>（4）承包人设备保险<br>保险的范围包括承包人运抵施工现场的施工机具和准备用于永久工程的材料及设备。我国的工程一切险包括此项保险内容<br>（5）执业责任险<br>以设计人、咨询人（监理人）的设计、咨询错误或员工工作疏漏给业主或承包商造成的损失为保险标的<br>（6）CIP保险<br>由业主或承包商统一购买"一揽子保险"，保障范围覆盖业主、承包商及所有分包商。CIP保险的优点是：<br>①以最优的价格提供最佳的保障范围；<br>②能实施有效的风险管理；<br>③降低赔付率，进而降低保险费率；<br>④避免诉讼，便于索赔 |

🔊 **嗨·点评** 承包商或业主在工地的财产损失，或其公司和其他承包商在现场从事与工作有关的职工的伤亡不属于第三者责任险的赔偿范围。

**【经典例题】** 2.（2016年真题）在一份保险合同中，保险人承担或给付保险金责任的最高额度是该份保险合同的（ ）。

A. 标的价值
B. 保险金额
C. 保险费
D. 实际赔付额

**【答案】** B

**【嗨·解析】** 本题考查的是工程保险的内容。保险金额是保险利益的货币价值表现，简称保额，是保险人承担赔偿或给付保险金责任的最高限额。

**【经典例题】** 3.（2015年真题）根据我国保险制度，关于建设工程第三者责任险的说法，正确的是（ ）。

A. 被保险人是项目法人和承包人
B. 被保险人是项目法人和承包人以外的第三人
C. 赔偿范围包括承包商在工地的财产损失
D. 赔偿范围包括承包商在现场从事与工作有关的职工伤亡

**【答案】** A

**【嗨·解析】** 第三者责任险是指由于施工的原因导致项目法人和承包人以外的第三人受到财产损失或人身伤害的赔偿。第三者责任险的被保险人也应是项目法人和承包人。该险种一般附加在工程一切险中。在发生这种涉及第三方损失的责任时，保险公司将对承包商由此遭到的赔款和发生诉讼等费用进行赔偿。但是应当注意，属于承包商或业主在工地的财产损失，或其公司和其他承包商在现场从事与工作有关的职工的伤亡不属于第三者责任险的赔偿范围，而属于工程一切险和人身意外险的范围。因此，正确选项是A。

### 三、工程担保

工程担保中大量采用的是第三方担保，即保证担保。建设工程中经常采用的担保种类有：投标担保、履约担保、支付担保、预付款担保、工程保修担保等。详见表1Z206040-3。

工程担保　表1Z206040-3

| 类别 | 担保对象 | 主要形式 | 额度 | 期限 |
|---|---|---|---|---|
| 投标担保 | 投标人向招标人提交担保 | （1）银行保函；<br>（2）担保公司担保书；<br>（3）同业担保书；<br>（4）投标保证金 | （1）施工投标保证金一般不超过项目估算价2%；<br>（2）勘察设计投标保证金不超过勘察设计费2%，最多不得超过10万元 | 与投标有效期一致 |
| 履约担保 | 中标人向招标人提交担保 | （1）银行保函；<br>（2）履约担保书；<br>（3）履约保证金；<br>（4）同业担保；<br>（5）保留金（保修期） | （1）银行履约保函通常为合同金额的10%；<br>（2）保留金一般为每次工程进度款的10%，累计不超过合同总价款的5%（最高不超过10%）；竣工时退还一半的保留金，保修期（缺陷责任期）满支付剩下的一半 | 始于开工之日止于竣工交付或保修期满之日 |
| 预付款担保 | 承包人向发包人提交担保 | （1）银行保函；<br>（2）其他形式（担保公司担保，抵押等） | 一般为合同金的10% | 承包人还清全部预付款 |
| 支付担保 | 招标人向中标人提交担保 | （1）银行保函；<br>（2）履约保证金；<br>（3）担保公司担保 | 履约金分段滚动担保，为工程合同总额的20%~25% | |

**1.投标担保**

投标担保要确保投标人在投标有效期内不要撤回投标书以及投标人在中标后保证与业主签订合同并提供业主所要求的履约担保、预付款担保等。投标担保的另一个作用是，在一定程度上可以起筛选投标人的作用。

**2.履约担保**

履约担保是工程担保中最重要也是担保金额最大的工程担保。履约担保可以可以采用同业担保的方式，即由实力强、信誉好的承包商为其提供履约担保，但不允许两家企业互相担保或多家企业交叉互保。银行履约保函是由商业银行开具的担保证明。银行保函分为有条件的银行保函和无条件的银行保函。建筑行业通常倾向于采用有条件的保函。履约担保书由担保公司或者保险公司开具履约担保书。

**3.预付款担保**

预付款担保的主要作用在于保证承包人能够按合同规定进行施工，偿还发包人已支付的全部预付金额。预付款一般逐月从工程付款中扣除，预付款担保的担保金额也相应逐月减少。

**4.支付担保**

工程款支付担保的作用在于，通过对业主资信状况进行严格审查并落实各项担保措施，确保工程费用及时支付到位；一旦业主违约，付款担保人将代为履约。

🔊 **嗨·点评** 四种担保应在理解概念和作用的基础上，对形式、额度加以记忆。

【经典例题】4.（2016年真题）下列工程担保中，应由发包人出具的有（　　）。

A.支付担保　　B.履约担保
C.预付款担保　　D.保修担保

【答案】A

【嗨·解析】本题考查的是工程担保的内容。支付担保是中标人要求招标人提供的保证履行合同中约定的工程款支付义务的担保。

这里是招标人提供的，也就是发包人需要出具的担保。

【经典例题】5.（2014年真题）我国投标担保可以采用的担保方式有（   ）。

A.银行保函
B.担保公司担保书
C.同业担保书
D.信用证
E.投标保证金

【答案】ABCE

【嗨·解析】投标担保可以采用银行保函、担保公司担保书、同业担保书和投标保证金担保方式，多数采用银行投标保函和投标保证金担保方式，具体方式由招标人在招标文件中规定。未能按照招标文件要求提供投标担保的投标，可被视为不响应招标而被拒绝。因此，正确选项是ABCE。

# 章节练习题

## 一、单项选择题

1. 下列属于施工合同风险类型中项目外界环境风险的是（　　）。
   A.国家工程中对当地法律、语言、风俗不熟悉，对技术文件、工程说明等理解不准确
   B.合同条款不严密、二义性，工程范围和标准存在不确定性
   C.通货膨胀、汇率调整、工资和物价上涨
   D.业主企业的经营状况恶化

2. 按照我国保险制度，建安工程一切险（　　）。
   A.由承包人投保
   B.包含职业责任险
   C.包含人身意外伤害险
   D.投保人应对双方名义共同投保

3. 对同一建设工程的担保而言，担保金额最低的担保通常是（　　）。
   A.投标担保　　　　B.支付担保
   C.预付款担保　　　D.履约担保

4. 建设工程招标活动中，自投标截止时间到投标有效期终止前，关于投标文件处理的说法，正确的是（　　）。
   A.投标人可以替换已提交的投标文件
   B.投标人可以补充或修改已提交的投标文件
   C.投标文件在该期间送达的，也应视为有效
   D.投标人撤回投标文件的，其投标保证金将被没收

5. 建设工程履约担保的有效期是指（　　）。
   A.从工程开工之日到工程竣工交付之日
   B.从签订合同之日到工程竣工交付之日
   C.从合同生效之日到保修期结束
   D.从收到预付款之日到保修期结束

6. 某建设工程项目中，承包人按合同约定，由担保公司向发包人提供了履约担保书。在合同履行过程中，如果承包人违约，开出担保书的担保公司（　　）。
   A.必须向发包人支付履约担保书规定的保证金
   B.用履约担保书规定的担保金去完成施工任务或向发包人支付该项保证金
   C.必须用履约担保书规定的保证金去完成施工任务
   D.应完成施工任务，并向发包人支付履约担保书规定的保证金

7. 下列担保中，担保金额在担保有效期内逐步减少的是（　　）。
   A.预付款担保　　　B.投标担保
   C.履约担保　　　　D.支付担保

8. 预付款担保的主要作用是（　　）。
   A.保证承包人能够按合同规定进行施工，偿还发包人已支付的全部预付金额
   B.促使承包商履行合同约定，保护业主的合法权益
   C.保护招标人不因中标人不签约而蒙受经济损失
   D.确保工程费用及时到位

9. 建设工程施工预付款担保的主要形式是（　　）。
   A.银行保函　　　　B.支票
   C.现金　　　　　　D.汇票

10. 下列工程担保中，以保护承包人合法权益为目的的是（　　）。
    A.投标担保　　　　B.支付担保
    C.履约担保　　　　D.预付款担保

11. 建设工程项目工程款的支付担保是指（　　）提供的担保。
    A.发包人向承包人
    B.承包人向发包人
    C.发包人向建设行政主管部门
    D.承包人向建设行政主管部门

12. 支付担保的额度一般为工程合同总额的

( )。
A.0%~25%  B.20%~25%
C.20%~35%  D.15%~20%

二、多项选择题

1. 下列建设工程担保中，由承包人（投标人）提交担保的有（    ）。
   A.支付担保　　B.投标担保
   C.履约担保　　D.预付款担保
   E.工程保修担保

2. 我国投标担保可以采用的担保方式有（    ）。
   A.银行保函　　B.信用证
   C.担保公司担保书　D.同业担保书
   E.投标保证金

3. 投标担保的作用有（    ）。
   A.保护招标人不因中标人不签约而蒙受经济损失
   B.促进承包商履行合同约定
   C.确保投标人在投标有效期内不撤回投标书
   D.确保工程费用及时支付到位
   E.投标人在中标后保证与业主签订合同并提供业主要求的其他担保

4. 下列情形中，将被没收投标保证金的有（    ）。
   A.在投标有效期内撤回投标文件的
   B.在投标有效期内被选定为中标单位而不与招标人签订合同的
   C.没有在中标后按要求递交履约担保的
   D.投标保函不符合规定要求的
   E.投标人在开标后递交投标保证金的

5. 可以为施工承包商提供履约担保书的单位有（    ）。
   A.建设行政管理机关
   B.监理协会
   C.保险公司
   D.发包人
   E.担保公司

6. 关于履约担保的说法，正确的有（    ）。
   A.建筑业通常倾向于采用无条件银行保函作为履约担保
   B.履约担保书通常是由商业银行或保险公司开具
   C.采用担保书的金额要求比银行保函的金额要求低
   D.银行履约保函分为有条件和无条件的银行保函
   E.履约保证金额的大小取决于招标项目的类型和规模

7. 关于预付款担保的说法，正确的有（    ）。
   A.预付款担保不可由担保公司提供保证担保或采取抵押等形式，只能采取银行保函这种形式
   B.预付款担保的担保金额通常大于发包人的预付款
   C.承包人在施工期间，应当定期从发包人处取得同意预付款担保的银行保函减值的文件，并送交银行确认
   D.预付款担保金额与发包人的预付款是等值的
   E.预付款担保是指承包人与发包人签订合同后、领取预付款之前，为保证正确、合理使用发包人支付的预付款而提供的担保

# 参考答案及解析

一、单项选择题

1.【答案】C
【解析】项目外界环境风险
（1）在国际工程中，工程所在国政治环境的变化；

（2）经济环境的变化，如通货膨胀，汇率调整、工资和物价上涨；
（3）合同所依据的法律环境的变化，如新的法律颁布，国家调整税率或增加新税种，新的外汇管理政策等；
（4）自然环境的变化。

2.【答案】D
【解析】本知识点考查的是建安工程一切险。按照我国保险制度，工程一切险包括建筑工程一切险、安装工程一切险两类。在施工过程中如果发生保险责任事件使工程本体受到损害，已支付进度款部分的工程属于项目法人的财产，尚未获得支付但已完成部分的工程属于承包人的财产，因此要求投保人办理保险时应以双方名义共同投保。

3.【答案】A
【解析】投标担保一般不得超过投标总价的2%，履约担保通常为合同金额的10%，预付款担保一般为合同金额的10%，支付担保的额度为工程合同金额的20%~25%，故投标担保最低。

4.【答案】D
【解析】投标担保要确保投保人在投标期限内不要撤回投标书，因此如果投标人在投标有限期终止之前撤回投标文件，投标保证金将被没收，投标截止后投标人不能修改或替换投标文件，且截止后送达的投标文件无效。

5.【答案】A
【解析】履约担保的有效期始于工程开工之日，终止日期则可以约定为工程竣工交付之日或者保修期满之日。

6.【答案】B
【解析】由担保公司或者保险公司开具履约担保书，当承包人在执行合同过程中违约时，开出担保书的担保公司或者保险公司用该担保金去完成施工任务或者向发包人支付完成该项目所实际花费的金额，但该金额必须在保证金的担保金额之内。

7.【答案】A
【解析】预付款担保的主要形式是银行保函。预付款担保的担保金额通常与发包人的预付款是等值的。预付款一般逐月从工程付款中扣除，预付款担保的担保金额也相应逐月减少。

8.【答案】A
【解析】预付款担保的主要作用在于保证承包人能够按合同规定进行施工，偿还发包人已支付的全部预付金额。

9.【答案】A
【解析】预付款担保的主要形式是银行保函。

10.【答案】B
【解析】支付担保是中标人要求招标人提供的保证履行合同中约定的工程款支付义务的担保。作用在于，通过对业主资信状况进行严格审查并落实各项担保措施，确保工程费用即时支付到位；一旦业主违约，付款担保人将代为履约，因此保证了承包人的合法权益。

11.【答案】A
【解析】支付担保是中标人要求招标人提供的保证履行合同中约定的工程款支付义务的担保。

12.【答案】B
【解析】支付担保的额度为工程合同总额的20%~25%。

二、多项选择题
1.【答案】BCDE
【解析】支付担保是中标人要求招标人提供的保证合同中约定的工程款支付义务的担保，故A错。

2.【答案】ACDE
【解析】投标担保可以采用银行保函、担

保公司担保书、同业担保书和投标保证金担保方式，多数采用银行投标保函和投标保证金担保方式，具体方式由招标人在招标文件中规定。

3.【答案】ACE

【解析】投标担保的作用：投标担保的主要目的是保护招标人不因中标人不签约而蒙受经济损失。投标担保要确保投标人在投标有效期内不要撤回投标书以及投标人在中标后保证与业主签订合同并提供业主所要求的履约担保、预付款担保等。投标担保的另一个作用是，在一定程度上可以起筛选投标人的作用。

4.【答案】ABC

【解析】投标担保的主要目的是保护招标人不因中标人不签约而蒙受经济损失。投标担保要确保投标人在投标有效期内不要撤回投标书以及投标人在中标后保证与业主签订合同并提供业主所要求的履约担保、预付款担保等。

5.【答案】CE

【解析】由担保公司或者保险公司开具履约担保书，当承包人在执行合同过程中违约时，开出担保书的担保公司或者保险公司用该项担保金去完成施工任务或者向发包人支付完成该项目所实际花费的金额，但该金额必须在保证金的担保金额之内。

6.【答案】DE

【解析】履约担保书由担保公司或者保险公司开具，银行保函分为有条件的银行保函和无条件的银行保函，建筑行业通常倾向于采用有条件的保函，履约保证金额的大小取决于招标项目的类型与规模，但必须保证承包人违约时，发包人不受损失。

7.【答案】CDE

【解析】预付款担保也可由担保公司提供保证担保，或采取抵押等形式。预付款担保的担保金额通常与发包人的预付款是等值的。

## 1Z206050 建设工程施工合同实施

**本节知识体系**

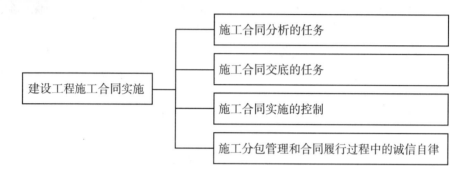

**核心内容讲解**

### 一、施工合同分析的任务

合同分析不同于招标投标过程中对招标文件的分析,其目的和侧重点都不同。合同分析往往由企业的合同管理部门或项目中的合同管理人员负责。详见表1Z206050-1。

施工合同分析的任务　表1Z206050-1

| 合同分析的作用 | （1）分析合同中的漏洞,解释有争议的内容<br>（2）分析合同风险,制定风险对策<br>（3）合同任务分解、落实 |
|---|---|

| | |
|---|---|
| 建设工程施工合同分析的内容 | （1）合同的法律基础<br>（2）承包人的主要任务<br>①承包人的总任务，即合同标的；<br>②工作范围；<br>③关于工程变更的规定；<br>工程变更的补偿范围，通常以合同金额一定的百分比表示。通常这个百分比越大，承包人的风险越大。工程变更的索赔有效期，由合同具体规定，一般这个时间越短，对承包人管理水平的要求越高，对承包人越不利。<br>（3）发包人的责任<br>（4）合同价格<br>（5）施工工期<br>（6）违约责任<br>（7）验收、移交和保修<br>在合同分析中，应对重要的验收要求、时间、程序以及验收所带来的法律后果作说明。竣工验收合格即办理移交。移交作为一个重要的合同事件，同时又是一个重要的法律概念。它表示：<br>①业主认可并接收工程，承包人工程施工任务的完结；<br>②工程所有权的转让；<br>③承包人工程照管责任的结束和业主工程照管责任的开始；<br>④保修责任的开始；<br>⑤合同规定的工程款支付条款有效。<br>（8）索赔程序和争执的解决 |

**嗨·点评** 合同分析应着重关注：作用、工程变更规定、验收移交。

**【经典例题】** 1.（2015年真题）在施工合同分析中，发包人的合作责任有（　　）。

A.及时提供设计资料、图纸、施工场地等

B.施工现场的管理，给发包人的管理人员提供生活和工作条件

C.按合同规定及时支付工程款

D.对平行的各承包人和供应商之间的责任界限做出划分

E.及时做出承包人履行合同所必需的决策

**【答案】** ACDE

**【嗨·解析】** 这里主要分析发包人（业主）的合作责任。其责任通常有如下几方面：（1）业主雇用工程师并委托其在授权范围内履行业主的部分合同责任；（2）业主和工程师有责任对平行的各承包人和供应商之间的责任界限做出划分，对这方面的争执做出裁决，对他们的工作进行协调，并承担管理和协调失误造成的损失；（3）及时做出承包人履行合同所必需的决策，如下达指令、履行各种批准手续、做出认可、答复请示，完成各种检查和验收手续等；（4）提供施工条件，如及时提供设计资料、图纸、施工场地、道路等；（5）按合同规定及时支付工程款，及时接收已完工程等。因此，正确选项是ACDE。

**【经典例题】** 2.对建设工程施工合同中发包人的责任进行分析时，主要分析其（　　）。

A.报批责任　　B.监督责任

C.组织责任　　D.合作责任

**【答案】** D

**【嗨·解析】** 这里主要分析发包人（业主）的合作责任。其责任通常有如下几方面：（1）业主雇用工程师并委托其在授权范围内履行业主的部分合同责任；（2）业主和工程师有责任对平行的各承包人和供应商之间的责任界限做出划分，对这方面的争执做出裁决，对他们的工作进行协调，并承担管理和协调

失误造成的损失；(3) 及时做出承包人履行合同所必需的决策，如下达指令、履行各种批准手续、做出认可、答复请示，完成各种检查和验收手续等；(4) 提供施工条件，如及时提供设计资料、图纸、施工场地、道路等；(5) 按合同规定及时支付工程款，及时接收已完工程等。因此，正确选项是D。

## 二、施工合同交底的任务（详见表1Z206050-2）

施工合同交底的任务　表1Z206050-2

| | |
|---|---|
| 概念 | 合同分析后，应向各层次管理者作"合同交底"，即由项目经理或合同管理人员将各种任务或事件的责任分解，落实到具体的工作小组、人员或分包单位 |
| 合同交底的目的和任务 | (1) 对合同的主要内容达成一致理解；<br>(2) 将各种合同事件的责任分解落实到各工程小组或分包人；<br>(3) 将工程项目和任务分解，明确其质量和技术要求以及实施的注意要点等；<br>(4) 明确各项工作或各个工程的工期要求；<br>(5) 明确成本目标和消耗标准；<br>(6) 明确相关事件之间的逻辑关系；<br>(7) 明确各个工程小组（分包人）之间的责任界限；<br>(8) 明确完不成任务的影响和法律后果；<br>(9) 明确合同有关各方（如业主、监理工程师）的责任和义务 |

🔊 **嗨·点评** 注意合同交底由谁来进行。

【经典例题】3.（2016年真题）施工合同的实施中，应由（　　）对各工程小组进行建设工程施工合同交底。
A. 施工员
B. 项目技术负责人
C. 项目经理
D. 施工企业负责人

【答案】C

【嗨·解析】本题考查的是施工合同交底的任务。项目经理或合同管理人员应将各种任务或事件的责任分解，落实到具体的工作小组、人员或分包单位。

## 三、施工合同实施的控制

施工合同跟踪见表1Z206050-3。

施工合同跟踪　表1Z206050-3

| | |
|---|---|
| 概念 | 施工合同跟踪有两个方面的含义。一是承包单位的合同管理职能部门对合同执行者（项目经理部或项目参与人）的履行情况进行的跟踪、监督和检查，二是合同执行者（项目经理部或项目参与人）本身对合同计划的执行情况进行的跟踪、检查与对比 |
| 合同跟踪的依据 | (1) 合同跟踪的重要依据是合同以及依据合同而编制的各种计划文件；<br>(2) 其次还要依据各种实际工程文件如原始记录、报表、验收报告等；<br>(3) 另外，还要依据管理人员对现场情况的直观了解，如现场巡视、交谈、会议、质量检查等 |
| 合同跟踪的对象 | (1) 承包的任务；<br>(2) 工程小组或分包人的工程和工作；<br>(3) 业主和其委托的工程师的工作 |
| 合同实施的偏差分析 | (1) 产生偏差的原因分析；<br>(2) 合同实施偏差的责任分析；<br>(3) 合同实施趋势分析<br>①最终的工程状况；<br>②承包商将承担什么样的后果；<br>③最终工程经济效益（利润）水平 |

1Z206000 建设工程合同与合同管理

| | 续表 |
|---|---|
| 合同实施偏差处理 | （1）组织措施，如增加人员投入，调整人员安排，调整工作流程和工作计划等；<br>（2）技术措施，如变更技术方案，采用新的高效率的施工方案等；<br>（3）经济措施，如增加投入，采取经济激励措施等；<br>（4）合同措施，如进行合同变更，签订附加协议，采取索赔手段等 |
| 工程变更管理 | （1）变更的范围：<br>①增加或减少合同中任何工作，或追加额外的工作；<br>②取消合同中任何工作，但转由他人实施的工作除外；<br>③改变合同中任何工作的质量标准或其他特性；<br>④改变工程的基线、标高、位置和尺寸；<br>⑤改变工程的时间安排或实施顺序<br>（2）工程变更的程序<br>①提出工程变更。承包商、业主方、设计方都可以根据需要提出工程变更。<br>②工程变更的批准<br>承包商提出的工程变更，应该交予工程师审查并批准；<br>由设计方提出的工程变更应该与业主协商或经业主审查并批准；<br>由业主方提出的工程变更。涉及设计修改的应该与设计单位协商，并一般通过工程师发出。<br>③工程变更指令的发出及执行<br>根据工程惯例，除非工程师明显超越合同权限，承包人应该无条件地执行工程变更的指示。即使工程变更价款没有确定，或者承包人对工程师答应给予付款的金额不满意，承包人也必须一边进行变更工作，一边根据合同寻求解决办法<br>（3）工程变更的责任分析与补偿要求<br>①由于业主要求、政府部门要求、环境变化、不可抗力、原设计错误等导致的设计修改，应该由业主承担责任；<br>②由于承包人的施工过程、施工方案出现错误、疏忽而导致设计的修改，应该由承包人承担责任；<br>③施工方案变更要经过工程师的批准，不论这种变更是否会对业主带来好处（如工期缩短、节约费用） |

**嗨·点评** 合同实施偏差处理措施简称"组合经技"，全书主要涉及的四大纠偏措施分别为"第一章动态控制"、"第三章进度控制"的"组管经技"、"第二章成本管理"和"第六章合同管理"的"组合经技"。

**【经典例题】** 4.（2016年真题）下列建设工程施工合同跟踪的对象中，属于对业主跟踪的是（　　）。

A. 成本的增减　B. 图纸的提供
C. 施工的质量　D. 分包人失误

**【答案】** B

**【嗨·解析】** 本题考查的是施工合同跟踪。选项AC属于对施工单位的跟踪；选项D属于对分包人的跟踪。

**【经典例题】** 5.施工合同执行者进行合同跟踪的依据有（　　）。

A. 合同订立前签署的意向书
B. 合同实施中出现的偏差情况
C. 合同以及依据合同而编制的各种计划文件
D. 管理人员对现场巡视、质量检查的情况
E. 原始记录、报表、验收报告等各种实际工程文件

**【答案】** CDE

**【嗨·解析】** 合同跟踪的重要依据是合同以及依据合同而编制的各种计划文件；其次还要依据各种实际工程文件如原始记录、报表、验收报告等，另外，还要依据管理人员对现场情况的直观了解，如现场巡视、交谈、会议、质量检查等。因此，正确选项是CDE。

## 四、施工分包管理和合同履行过程中的诚信自律

### （一）施工分包合同管理

对施工分包单位进行管理的第一责任主体是施工总承包单位或施工总承包管理单位。

### （二）施工合同履行过程中的诚信自律

施工企业的不良行为包括：资质、承揽业务、工程质量、工程安全、拖欠工程款或工人工资。

诚信行为记录由各省、自治区、直辖市建设行政主管部门在当地建筑市场诚信信息平台上统一公布。其中，不良行为记录信息的公布时间为行政处罚决定作出后7日内，公布期限一般为6个月至3年；良好行为记录信息公布期限一般为3年。经批准，可缩短其不良行为记录信息公布期限，但公布期限最短不得少于3个月；对于拒不整改或整改不力的单位，信息发布部门可延长其不良行为记录信息公布期限。

🔊 **嗨·点评** A允许B单位借用A单位的资质进行投标，A单位是资质不良，B单位是承揽业务不良。

【经典例题】6.（2016年真题）根据《全国建筑市场各方主体不良行为记录认定标准》，下列不良行为中，属于承揽业务方面的有（　　）。

A．允许其他单位或个人以单位名义承揽工程

B．不按照与招标人订立的合同履行义务，情节严重

C．以向招标人或者评标委员会成员行贿的手段谋取中标

D．将承包的工程转包或者违法分包

E．按照国家规定需要持证上岗的技术工种的作业人员未取得证书上岗

【答案】BCD

【嗨·解析】本题考查的是施工合同履行过程中的诚信自律。选项AE是资质不良行为的情况。

# 章节练习题

## 一、单项选择题

1. 关于建设工程施工合同分析的说法，错误的是（　　）。
   A.合同分析主要由企业的合同管理部门或项目中的合同管理人员负责
   B.合同分析与招标投标过程中对招标文件的分析在目的和侧重点两方面基本类似
   C.合同分析的作用包括合同任务分解和落实、分析合同风险并定制风险对策等
   D.合同分析的内容包括合同的法律基础、合同价格、验收移交和保修等

2. 在建设工程施工合同分析时，关于承包人任务的说法，正确的是（　　）。
   A.应明确承包人的合同标的
   B.工程变更补偿合同范围以合同金额的一定百分比表示时，百分比值越大，承包人的风险越小
   C.合同实施中，对工程师指令的变更，承包人必须无条件执行
   D.工程变更的索赔有效期越短，对承包人越有利

3. 施工合同分析中，对工程师权限和责任分析属于（　　）分析的内容。
   A.合同法律基础　　B.承包人主要任务
   C.发包人责任　　　D.合同争议解决方式

4. 对建设工程施工合同中发包人的责任进行分析时，主要分析其（　　）。
   A.报批责任　　　B.监督责任
   C.合作责任　　　D.组织责任

5. 在对合同中质量验收、工程移交和保修条款的分析中，应对重要的验收要求、（　　）以及验收所带来的法律后果作说明。
   A.时间、程序　　B.时间、地点
   C.人员、责任　　D.质量、进度

6. 在进行合同分析以后，应由（　　）作"合同交底"。
   A.合同管理人员向各层次管理者
   B.各层次管理者向合同管理人员
   C.合同管理人员向劳务作业人员
   D.项目经理向合同管理人员

7. 施工合同交底是指（　　）。
   A.承包人的合同管理人员向其内部项目管理人员交底
   B.发包人向承包人进行合同交底
   C.监理工程师向承包人进行合同交底
   D.施工项目经理向施工现场操作人员进行交底

8. 承包单位对施工合同实施偏差进行分析，其内容包括：产生合同偏差的原因分析，合同实施偏差的责任分析及（　　）。
   A.不同项目合同偏差的对比
   B.合同实施趋势分析
   C.偏差的跟踪情况分析
   D.业主对合同偏差的态度分析

9. 合同控制措施中，不包括（　　）。
   A.技术措施　　　B.经济措施
   C.组织措施　　　D.法律措施

10. 下列合同实施偏差的调整措施中，属于组织措施的是（　　）。
    A.增加人员投入　　B.增加资金投入
    C.变更技术方案　　D.变更合同条款

11. 由于政府部门要求导致的设计修改，应该由（　　）承担责任。
    A.业主　　　B.设计
    C.承包商　　D.监理

12. 诚信行为记录由各省、自治区、直辖市建设行政主管部门在当地建筑市场诚信信息平台上统一公布，不良行为记录信息公布期限一般为6个月至3年。对于企业整改确有实效的，可缩短公布期限，但最短不得少于（　　）。
    A.6个月　B.3个月　C.1年　D.2年

13. 根据《诚信行为管理办法》，不良行为记录信息公布期限一般为（　　）。
 A.1年至3年　　　　B.3个月至3年
 C.3年以上　　　　D.6个月至3年
14. 建设行政主管部门市场诚信信息平台上良好行为记录信息的公布期限一般为（　　）。
 A.1个月　　　　B.6个月
 C.1年　　　　D.3年

二、多项选择题
1. 承包人在履行和实施合同前进行合同分析，其目的和作用有（　　）。
 A.分析合同的漏洞，解释有争议的内容
 B.分析签订合同依据的法律法规，了解法律情况
 C.分析合同文件组成及结构，有利于合同查阅
 D.分析合同风险，制定风险对策
 E.分解和落实合同任务，便于实施和检查
2. 施工合同交底是合同管理的一项重要工作，合同交底的目的和任务包括（　　）。
 A.将合同事件的责任分解落实
 B.明确成本目标和消耗标准
 C.跟踪业主方的失误，发现索赔的机会
 D.寻求对自己有利的合同解释
 E.明确完不成任务的后果
3. 施工合同签订后，承包人应对施工合同进行跟踪，跟踪的对象包括（　　）等。
 A.业主的工作　　　B.工程师的工作
 C.设计人的工作　　D.承包人的工作
 E.工程分包人的工作
4. 根据工程实施的实际情况，可以根据需要提出工程变更的有（　　）。
 A.业主方　　　　B.监理方
 C.设计方　　　　D.承包商
 E.勘查方

## 参考答案及解析

一、单项选择题
1.【答案】B
【解析】合同分析不同于招标投标过程中对招标文件的分析，其目的和侧重点都不同。故B错。
2.【答案】A
【解析】A项明确称承包人的合同标的是承包人的总任务；B项该百分比越大，承包人的风险越大；C项合同实施中，如果工程师指令的工程变更属于合同规定的工程范围，则承包人必须无条件执行；D项工程变更索赔有效期越短，对承包人管理水平要求越高，对承包人越不利。
3.【答案】C
【解析】在施工合同分析发包人的责任中，业主雇佣工程师并委托其在授权范围内履行业主的部分合同责任，业主和工程师有责任对平行的各承包人和供应商之间的责任界限做出划分，因此选C。
4.【答案】C
【解析】对建设工程施工合同中发包人的责任进行分析时，主要分析其合作责任。
5.【答案】A
【解析】在合同分析中，应对重要的验收要求、时间、程序以及验收所带来的法律后果作说明。
6.【答案】A
【解析】合同和合同分析的资料是工程实施管理的依据。合同分析后，应向各层次管理者作"合同交底"，即由合同管理人员在对合同的主要内容进行分析、解释和说明的基础上，使大家熟悉合同中的主要内容、规定、管理程序，了解合同双方的合同责任和工作范围，各种行为的法律后果等。
7.【答案】A
【解析】合同分析后，应向各层次管理者作"合同交底"，即由合同管理人员在对

合同的主要内容进行分析、解释和说明的基础上，通过组织项目管理人员和各个工程小组学习合同条文和合同总体分析结果，使大家熟悉合同中的主要内容、规定、管理程序，了解合同双方的合同责任和工作范围，各种行为的法律后果等，使大家都树立全局观念，使各项工作协调一致，避免执行中的违约行为。

8.【答案】B
【解析】合同实施偏差分析的内容包括以下几个方面：
（1）产生偏差的原因分析；
（2）合同实施偏差的责任分析；
（3）合同实施趋势分析。

9.【答案】D
【解析】根据合同实施偏差分析的结果，承包商应该采取相应的调整措施，调整措施可以分为：（1）组织措施；（2）技术措施；（3）经济措施；（4）合同措施。

10.【答案】A
【解析】合同偏差处理的组织措施有增加人员投入，调整人员安排，调整工作流程和工作计划等。

11.【答案】A
【解析】由于业主要求、政府部门要求、环境变化、不可抗力、原设计错误等导致的设计修改，应该由业主承担责任。

12.【答案】B
【解析】诚信行为记录由各省、自治区、直辖市建设行政主管部门在当地建筑市场诚信信息平台上统一公布。其中，不良行为记录信息的公布时间为行政处罚决定做出后7日内，公布期限一般为6个月至3年，对于企业整改确有实效的，由企业提出申请，经批准，可缩短其不良行为记录信息公布期限，但公布期限最短不得少于3个月。

13.【答案】D
【解析】诚信行为记录由各省、自治区、直辖市建设行政主管部门在当地建筑市场诚信信息平台上统一公布。其中，不良行为记录信息的公布时间为行政处罚决定作出后7日内，公布期限一般为6个月至3年。

14.【答案】D
【解析】良好行为记录信息公布期限一般为3年。

二、多项选择题

1.【答案】ADE
【解析】合同分析的目的和作用体现在以下几个方面：
（1）分析合同中的漏洞，解释有争议的内容；
（2）分析合同风险，制定风险对策；
（3）合同任务分解、落实。

2.【答案】ABE
【解析】合同交底的目的和任务如下：
（1）对合同的主要内容达成一致理解；
（2）将各种合同事件的责任分解落实到各工程小组或分包人；
（3）将工程项目和任务分解，明确其质量和技术要求以及实施的注意要点等；
（4）明确各项工作或各个工程的工期要求；
（5）明确成本目标和消耗标准；
（6）明确相关事件之间的逻辑关系；
（7）明确各个工程小组（分包人）之间的责任界限；
（8）明确完不成任务的影响和法律后果；
（9）明确合同有关各方（如业主、监理工程师）的责任和义务。

3.【答案】ABDE
【解析】合同跟踪的对象：承包的任务、工程小组或分包人的工程和工作、业主和其委托的工程师的工作。

4.【答案】ACD
【解析】根据工程实施的实际情况，以下单位都可以根据需要提出工程变更：
（1）承包商；
（2）业主方；
（3）设计方。

# 1Z206060 建设工程索赔

**本节知识体系**

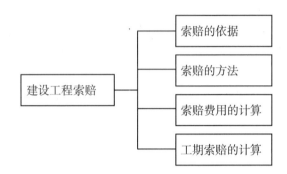

**核心内容讲解**

## 一、索赔的依据

### （一）索赔的分类

建设工程索赔通常是指在工程合同履行过程中，合同当事人一方因对方不履行或未能正确履行合同或者由于其他非自身因素而受到经济损失或权利损害，通过合同规定的程序向对方提出经济或时间补偿要求的行为。详见表1Z206060-1。

索赔的分类　表1Z206060-1

| 按索赔有关当事人分类 | （1）承包人与发包人之间的索赔；<br>（2）承包人与分包人之间的索赔；<br>（3）承包人或发包人与供货人之间的索赔；<br>（4）承包人或发包人与保险人之间的索赔 |
|---|---|
| 按照索赔目的和要求分类 | （1）工期索赔，一般指承包人向业主或者分包人向承包人要求延长工期；<br>（2）费用索赔，即要求补偿经济损失，调整合同价格 |
| 按照索赔事件的性质分类 | （1）工程延期索赔；<br>（2）工程加速索赔；<br>（3）工程变更索赔；<br>（4）工程终止索赔；<br>（5）不可预见的外部障碍或条件索赔——损失通常由发包人承担；<br>（6）不可抗力事件引起的索赔——损失通常由发包人承担；<br>（7）其他索赔 |
| 承包商向业主的索赔 | （1）因合同文件引起的索赔；<br>（2）有关工程施工的索赔；<br>（3）关于价款方面的索赔；<br>（4）关于工期的索赔；<br>（5）特殊风险和人力不可抗拒灾害的索赔；<br>（6）工程暂停、终止合同的索赔；<br>（7）财务费用补偿的索赔 |
| 业主向承包商索赔 | （1）索赔费用和利润；<br>（2）索赔工期 |

## （二）索赔成立的条件

索赔的成立，应该同时具备以下三个前提条件：

（1）与合同对照，事件已造成了承包人工程项目成本的额外支出，或直接工期损失；

（2）造成费用增加或工期损失的原因，按合同约定不属于承包人的行为责任或风险责任；

（3）承包人按合同规定的程序和时间提交索赔意向通知和索赔报告。

以上三个条件必须同时具备，缺一不可。

## （三）索赔的依据

总体而言，索赔的依据主要是三个方面：

（1）合同文件；合同履行中，发包人与承包人有关工程的洽商、变更等书面协议或文件应视为合同文件的组成部分。

（2）法律、法规；

（3）工程建设惯例。

## （四）索赔证据

索赔证据是当事人用来支持其索赔成立或和索赔有关的证明文件和资料。索赔证据应该具有：（1）真实性；（2）及时性；（3）全面性；（4）关联性；（5）有效性。详见表1Z206060-2。

索赔证据　表1Z206060-2

| 书证 | 是指以其文字或数字记载的内容起证明作用的书面文书和其他载体。如合同文本、财务账册、欠据、收据、往来信函以及确定有关权利的判决书、法律文件等 |
|---|---|
| 物证 | 是指以其存在、存放的地点外部特征及物质特性来证明案件事实真相的证据。如购销过程中封存的样品，被损坏的机械、设备，有质量问题的产品等 |
| 证人证言 | 是指知道、了解事实真相的人所提供的证词，或向司法机关所作的陈述 |
| 视听材料 | 是指能够证明案件真实情况的音像资料，如录音带、录像带等 |
| 被告人供述和有关当事人陈述 | 包括：犯罪嫌疑人、被告人向司法机关所作的承认犯罪并交代犯罪事实的陈述或否认犯罪或具有从轻、减轻、免除处罚的辩解、申诉。被害人、当事人就案件事实向司法机关所作的陈述 |
| 鉴定结论 | 是指专业人员就案件有关情况向司法机关提供的专门性的书面鉴定意见，如损伤鉴定、痕迹鉴定、质量责任鉴定等 |
| 勘验、检验笔录 | 是指司法人员或行政执法人员对与案件有关的现场物品、人身等进行勘察、试验、实验或检查的文字记载。这项证据也具有专门性 |

**【嗨·点评】** 建设工程合同索赔是以合同关系作为前提的。即如果采购的货物质量存在问题产生了损失，则应该向供货商索赔，而不应该向生产商索赔。

**【经典例题】** 1.施工合同履行过程中，承包人依据合同就（　　）索赔时，不一定能够得到补偿。

A.工程师发布变更指令增加工程量

B.工程图纸错误导致返工而增加的工程量

C.施工中遇到图纸未表明的供水管道增加施工成本

D.8月施工时由于地下水位比发包人提供的1月份勘查资料升高而增加排水设备

**【答案】** D

**【嗨·解析】** 选项D属于一个有经验的承包商能够预见的外界障碍，这类风险导致承包人损失通常应该由承包人自己承担。因此，正确选项是D。

**【经典例题】** 2.建设工程索赔成立的前提条件有（　　）。

A.与合同对照，事件已造成了承包人工程项目成本的额外支出或直接工期损失

B.造成费用增加或工期损失的原因,按合同约定不属于承包人的行为责任或风险责任

C.承包人按合同规定的程序和时间提交索赔意向通知和索赔报告

D.造成费用增加或工期损失额度巨大,超出了正常的承受范围

E.索赔费用计算正确,并且容易分析

【答案】ABC

【嗨·解析】索赔的成立,应该同时具备以下三个前提条件:(1)与合同对照,事件已造成了承包人工程项目成本的额外支出,或直接工期损失;(2)造成费用增加或工期损失的原因,按合同约定不属于承包人的行为责任或风险责任;(3)承包人按合同规定的程序和时间提交索赔意向通知和索赔报告。

## 二、索赔的方法

### (一)索赔的程序

以承包人向发包人索赔为例,索赔的程序如图1Z206060所示:

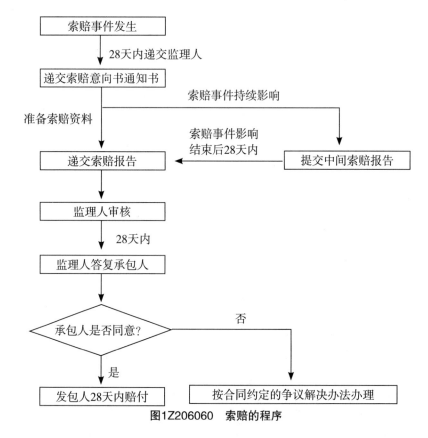

图1Z206060 索赔的程序

(1)索赔工作程序的第一步:索赔事件发生以后,承包人用书面形式向发包人或者工程师发出索赔意向通知。

(2)索赔文件的主要内容包括:总述部分、论证部分、索赔款项(和/或工期)计算部分、证据部分。论证部分是索赔报告的关键部分,其目的是说明自己有索赔权,是索赔能否成立的关键。

### (二)反索赔的基本内容

一般认为,索赔是双向的,业主和承包商都可以向对方提出索赔要求,任何一方也都可以对对方提出的索赔要求进行反驳和反击,这种反击和反驳就是反索赔。反索赔的工作内容可以包括两个方面:一是防止对方

提出索赔；二是反击或反驳对方的索赔要求。

### （三）对索赔报告的反击或反驳要点

对对方索赔报告的反击或反驳，一般可以从以下几个方面进行：

（1）索赔要求或报告的时限性；

（2）索赔事件的真实性；

（3）干扰事件的原因、责任分析；

（4）索赔理由分析；

（5）索赔证据分析；

（6）索赔值审核。

🔊 **嗨·点评** 按《建设工程施工合同（示范文本）》（GF—2013—0201）规定，索赔程序中的时间要求均为28天。

【经典例题】3.工程施工过解中发生索赔事件以后，承包人首先要做的工作是（　　）。

A.向监理工程师提交索赔证据

B.提交索赔报告

C.提出索赔意向通知

D.与业主就索赔事项进行谈判

【答案】C

【嗨·解析】在工程实施过程中发生索赔事件以后，或者承包人发现索赔机会，首先要提出索赔意向，即在合同规定时间内将索赔意向用书面形式及时通知发包人或者工程师，向对方表明索赔愿望、要求或者声明保留索赔权利，这是索赔工作程序的第一步。因此，正确选项是C。

【经典例题】4.关于建设工程索赔程序的说法，正确的是（　　）。

A.设计变更发生后，承包人应在28天内向发包人提交索赔通知

B.索赔事件在持续进行，承包人应在事件终了后立即提交索赔报告

C.索赔意向通知发出后14天内，承包人应向工程师提交索赔报告及有关资料

D.工程师在收到承包人送交的索赔报告的有关资料后28天内给予答复或未对承包人进一步要求，视为该索赔已被认可

【答案】D

【嗨·解析】在工程实施过程中发生索赔事件以后，或者承包人发现索赔机会，首先要提出索赔意向，即在合同规定时间内将索赔意向用书面形式及时通知发包人或者工程师，向对方表明索赔愿望、要求或者声明保留索赔权利。FIDIC合同条件和我国《建设工程施工合同（示范文本）》DGF—2013—0201都规定，承包人必须在发出索赔意向通知后的28天内或经过工程师同意的其他合理时间内向工程师提交十分详细的索赔文件和有关资料。如果干扰事件对工程的影响持续时间长，承包人则应按工程师要求的合理间隔（一般为28天），提交中间索赔报告，并在干扰事件影响结束后的28天提交一份最终索赔报告。否则将失去该事件请求补偿的索赔权利。

### 三、索赔费用的计算

#### （一）索赔费用的组成（详见表1Z206060-3）

索赔费用的组成　表1Z206060-3

| 组成 | 内容 |
| --- | --- |
| 人工费 | 索赔的人工费是指：<br>（1）完成合同之外的额外工作所花费的人工费用；<br>（2）由于非承包人责任的工效降低所增加的人工费用；<br>（3）超过法定工作时间加班劳动；<br>（4）法定人工费增长以及非承包人责任工程延期导致的人员窝工费和工资上涨费等 |

| | 续表 |
|---|---|
| 材料费 | 材料费的索赔包括：<br>（1）由于索赔事项材料实际用量超过计划用量而增加的材料费；<br>（2）由于客观原因导致材料价格大幅度上涨；<br>（3）由于非承包人责任工程延期导致的材料价格上涨和超期储存费用 |
| 施工机具使用费 | 施工机具使用费的索赔包括：<br>（1）由于完成额外工作增加的机械使用费；<br>（2）非承包人责任工效降低增加的机械使用费；<br>（3）由于业主或监理工程师原因导致机械停工的窝工费。<br>窝工费的计算，如系租赁设备，一般按实际租金和调进调出费的分摊计算；如系承包人自有设备，一般按台班折旧费计算 |
| 分包费用 | 分包费用索赔指的是分包人的索赔费。分包人的索赔应如数列入总承包人的索赔款总额以内 |
| 现场管理费 | 索赔款中的现场管理费是指承包人完成额外工程、索赔事项工作以及工期延长期间的现场管理费 |
| 利息 | 利息的索赔通常发生于下列情况：拖期付款的利息；错误扣款的利息。<br>具体利率主要有这样几种规定：<br>（1）按当时的银行贷款利率；<br>（2）按当时的银行透支利率；<br>（3）按合同双方协议的利率；<br>（4）按中央银行贴现率加三个百分点 |
| 总部（企业）管理费 | 索赔款中的总部管理费主要指的是工程延期期间所增加的管理费 |
| 利润 | （1）由于工程范围的变更、文件有缺陷或技术性错误、业主未能提供现场等引起的索赔，承包人可以列入利润；<br>（2）对于工程暂停的索赔，一般监理工程师很难同意在工程暂停的费用索赔中加进利润损失 |

**（二）索赔费用的计算方法**

索赔费用的计算方法有：实际费用法、总费用法和修正的总费用法。

（1）实际费用法是计算工程索赔时最常用的一种方法；

（2）只有在难以采用实际费用法时才应用总费用法；

（3）修正的总费用法准确程度已接近于实际费用法。

🔊 嗨·点评　需要关注的是哪些费用可以索赔，哪些费用不可以索赔。

**四、工期索赔的计算**

（一）工期延误的分类（详见1Z206060-4）

工期延误的分类　表1Z206060-4

| 按照工期延误的原因划分 | （1）业主和工程师原因引起的延误；<br>（2）承包商原因引起的延误；<br>（3）不可控制因素引起的延误 |
|---|---|
| 按照索赔要求和结果划分 | （1）可索赔延误——非承包商的原因；<br>（2）不可索赔延误——承包人的原因 |
| 按延误工作在工程网络计划的线路划分 | 分为关键线路延误和非关键线路延误。<br>（1）非承包商原因造成关键线路延误都是可索赔延误。<br>（2）而非关键线路上的工作的延误<br>①如果延误时间少于该工作的总时差，业主一般不会给予工期顺延，但可能给予费用补偿；<br>②如果延误时间大于该工作的总时差，非关键工作就会转化为关键工作，从而成为可索赔延误 |

续表

| 按照延误事件之间的关联性划分 | （1）单一延误<br>（2）共同延误<br>可索赔延误与不可索赔延误同时发生时，可索赔延误就将变成不可索赔延误。<br>（3）交叉延误 |
| --- | --- |

**（二）工期索赔的计算方法**

1.直接法

如果某干扰事件直接发生在关键线路上，造成总工期的延误，可以直接将该干扰事件的实际干扰时间（延误时间）作为工期索赔值。

2.比例分析法

如果某干扰事件仅仅影响某单项工程、单位工程或分部分项工程的工期，要分析其对总工期的影响，可以采用比例分析法。

（1）工期索赔值=原工期×（新工程量-原工程量）/原工程量；

（2）如果合同规定工程量增减10%为承包商应承担的风险：

工期索赔值=原工期×（新工程量-原工程量×110%）/原工程量。

3.网络分析法

网络分析方法通过分析干扰事件发生前和发生后网络计划的计算工期之差来计算工期索赔值，可以用于各种干扰事件和多种干扰事件共同作用所引起的工期索赔。

🔊 **嗨·点评** 对承包商而言可索赔延误的构成要件有两点：（1）非承包人原因；（2）造成了工期损失。

**【经典例题】**5.（2016年真题）某工程的时标网络计划如下图所示，下列工期延误事件中，属于共同延误的是（　　）。

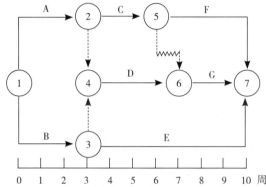

A. 工作C因发包人原因和工作G因承包人原因各延误2周

B. 工作D因发包人原因和工作F因承包人原因各延误2周

C. 工作A因发包人原因和工作B因承包人原因各延误2周

D. 工作E因发包人原因和工作F因承包人原因各延误2周

**【答案】**C

**【嗨·解析】**本题考查的是工期索赔的计算。

当两个或两个以上的延误事件从发生到终止的时间完全相同时，这些事件引起的延误称为共同延误。

**【经典例题】**6.（2015年真题）某国际工程合同额为5000万元人民币，合同实施天数为300天；由国内某承包商总承包施工，该承包商同期总合同额为5亿人民币，同期内公司的总管理费为1500万元；因为业主修改设计，承包商要求工期延期30天。该工程项目部在施工索赔中总部管理费的索赔额是（　　）万元。

A.10　　　　B.12

C.15　　　　D.50

【答案】C

【嗨·解析】以工程延期的总天数为基础，计算总部管理费的索赔额，计算步骤如下：对某一工程提取的管理费=同期内公司的总管理费×该工程的合同额÷同期内公司的总合同额

该工程的每日管理费=该工程向总部上缴的管理费÷合同实施天数

索赔的总部管理费=该工程的每日管理费×工程延期的天数

即：1500×（5000+50000）=150万元

150÷300=0.5万元

0.5×30=15万元，因此，正确选项是C。

【经典例题】7.（2015年真题）某基础工程合同价为2000万元，合同总工期为20个月，施工过程中因设计变更，导致增加额外工程400万元，业主同意工期顺延。则承包商按造价比例法可索赔工期（　　）个月。

A.2　　　　　　　　B.4
C.6　　　　　　　　D.8

【答案】B

【嗨·解析】如果某干扰事件仅仅影响某单项工程、单位工程或分部分项工程的工期，要分析其对总工期的影响，可以采用比例分析法。采用比例分析法时，可以按工程量的比例进行分析，工期索赔值也可以按照造价的比例进行分析，即：工期索赔值=原合同工期×附加或新增工程造价/原合同总价=20×400/2000=4个月。因此，正确选项是B。

# 章节练习题

## 一、单项选择题

1. 按照当事人分类,索赔不包括( )。
   A.承包人与发包人之间的索赔
   B.承包人与分包人之间的索赔
   C.分包人和发包人之间的索赔
   D.承包人和保险人之间的索赔

2. 关于工程索赔的说法,正确的是( )。
   A.承包人可以向发包人索赔,发包人不可以向承包人索赔
   B.承包人可以向发包人索赔,发包人也可以向承包人索赔
   C.由于非分包人的原因导致工期拖延,分包人可以向发包人提出索赔
   D.承包人根据工程师指示指令分包人加快施工进度,分包人可以向发包人提出索赔

3. 下列干扰事件中,承包商不能提出工期索赔的是( )。
   A.工程师指示承包商加快施工进度
   B.开工后业主未能及时交付施工图纸
   C.异常恶劣的气候条件
   D.业主未能及时支付工程款造成工期延误

4. 反索赔的工作内容是( )。
   A.防止对方提出索赔,而向对方索赔
   B.反对对方提出索赔,反击或反驳对方的索赔要求
   C.防止对方提出索赔,反击或反驳对方的索赔要求
   D.反对对方提出索赔,而向对方索赔

5. 工程施工过程中发生索赔事件以后,承包人首先要做的工作是( )。
   A.向监理工程师提出索赔证据
   B.提交索赔报告
   C.提出索赔意向通知
   D.与业主就索赔事项进行谈判

6. 关于建设工程索赔程序的说法,正确的是( )。
   A.设计变更发生后,承包人应在28天内向发包人提交索赔通知
   B.索赔事件在持续进行,承包人应在事件终了后立即提交索赔报告
   C.索赔意向通知发出后14天内,承包人应向工程师提交索赔报告及有关资料
   D.工程师在收到承包人送交的索赔报告的有关资料后28天内未予答复或未对承包人进一步要求,视为该索赔已被认可

7. 索赔报告的关键部分是( )。
   A.索赔款项(和/或工期)计算部分
   B.证据部分
   C.论证部分
   D.总述部分

8. 下列不属于承包商可索赔人工费的是( )。
   A.超过法定工作时间的加班劳动
   B.完成合同之外的额外工作所花费人工费
   C.工期延误导致使人员窝工费
   D.法定人工费增长

9. 下列承包商向业主提出的施工机械使用费的索赔中,工程师不予支持的是( )。
   A.由于完成额外工作增加的机械使用费
   B.非承包商责任工效降低增加的机械使用费
   C.承包商原因造成的承包商自有设备台班损失费
   D.业主或监理工程师原因导致机械停工的窝工费

10. 当发生索赔事件时,对于承包商自有的施工机械,其费用索赔通常按照( )进行计算。
    A.台班折旧费　　B.台班费
    C.设备使用费　　D.进出场费用

11. 在索赔款项的计算中,可以进行利息索赔的情况是( )。
    A.工程扣款　　　B.工程延期
    C.工程变更　　　D.逾期支付

12. 下列各项可能引起索赔的事件中，承包商可以索赔利润的情况是（　　）。
    A.工程暂停　　　　　B.工期延期
    C.工程变更　　　　　D.材料价格上涨
13. 建设工程索赔中，承包商计算索赔费用时最常用的方法是（　　）。
    A.总费用法　　　　　B.修正的总费用法
    C.实际费用法　　　　D.修正的实际费用法
14. 关于工期索赔的说法，正确的是（　　）。
    A.单一延误是可索赔延误
    B.共同延误是不可索赔延误
    C.交叉延误可能是可索赔延误
    D.非关键线路延误是不可索赔延误
15. 工期延误划分为单一延误、共同延误及交叉延误的依据是（　　）。
    A.延误事件之间的关联性
    B.延误的原因
    C.索赔要求和结果
    D.延误工作所在工程网络计划的线路性质
16. 某工程基础施工中出现了意外情况，导致了工程量由原来的2800m³增加到3500m³，原定工期是40天，则承包商可以提出的工期索赔值是（　　）。
    A.5天　　　　　　　B.6天
    C.8天　　　　　　　D.10天
17. 某土方工程合同约定，合同工期为60天，工程量增减超过15%时，承包商可提出变更，实施中因业主提交资料不实，导致工程量由3200m，增加到4800m，则承包商可索赔工期（　　）。
    A.0　　　　　　　　B.16.5
    C.21　　　　　　　D.30

二、多项选择题
1. 某工程实行施工总承包模式，承包人将基础工程中的打桩工程分包给某专业分包单位施工，施工过程中发现地质情况与勘察报告不符而导致打桩施工工期拖延。在此情况下，（　　）可以提出索赔。
   A.承包人向发包人　　B.承包人向勘察单位
   C.分包人向发包人　　D.分包人向承包人
   E.发包人向监理
2. 关于建设工程反索赔的说法，正确的有（　　）。
   A.反索赔是双向的
   B.工程师对索赔文件的审核是反索赔的工作内容之一
   C.反索赔工作就是反击或反驳对方的索赔要求
   D.审核索赔报告的时限性是反索赔的要点之一
   E.调查分析并确定索赔事件的原因和责任，是反索赔的工作内容之一
3. 建设工程索赔成立的前提条件有（　　）。
   A.与合同对照，事件已造成了承包人工程项目成本的额外支出或直接工期损失
   B.造成费用增加或工期损失额度巨大，超出了正常的承受范围
   C.索赔费用计算正确，并且容易分析
   D.造成费用增加或工期损失的原因，按合同不属于承包人的行为责任或风险责任
   E.承包人按合同规定的程序和时间提交索赔意向通知和索赔报告
4. 下列各项资料，可作为索赔依据的有（　　）。
   A.工程各项会议纪要
   B.中标通知书
   C.工程建设惯例
   D.监理工程师的书面意见
   E.法律法规
5. 索赔证据应具有（　　）的基本要求。
   A.真实性　　　　　B.独立性
   C.有效性　　　　　D.及时性
   E.全面性
6. 承包人向发包人索赔时，所提交索赔文件

的主要内容包括（　　）。
A.索赔证据　　　B.索赔事件总述
C.索赔合理性论述　D.索赔要求计划书
E.索赔意向通知

7. 按照国际惯例，承包商可索赔的材料费包括（　　）。
A.由于承包商管理不善，造成材料损坏失效引起的损失费
B.由于索赔事项导致材料实际用量超过计划用量而增加的材料费
C.承包商使用不合格材料引起的损失费用
D.由于客观原因造成材料价格大幅度上涨而增加的材料费
E.由于非承包商责任造成工期延误而导致的材料价格上涨和超期储存费用

## 参考答案及解析

### 一、单项选择题

1.【答案】C
【解析】按索赔有关当事人分类
（1）承包人与发包人之间的索赔；
（2）承包人与分包人之间的索赔；
（3）承包人或发包人与供货人之间的索赔；
（4）承包人或发包人与保险人之间的索赔。

2.【答案】B
【解析】承包人可以向发包人索赔，发包人也可以向承包人索赔，故A错；由于非分包人的原因导致工期拖延，分包人可以向承包人提出索赔，故C错；承包人根据工程师指示指令分包人加快施工进度，分包人可以向承包人提出索赔，故D错。

3.【答案】A
【解析】工期索赔的前提是出现了工期延误，而工程师指示加快施工进度不会产生工期延误，因此无法索赔。

4.【答案】C

【解析】反索赔就是反驳、反击或者防止对方提出的索赔，不让对方索赔成功或者全部成功。

5.【答案】C
【解析】提出索赔意向通知是索赔工作程序的第一步。

6.【答案】D
【解析】承包人必须在发出索赔意向通知后的28天内或经过工程师同意的其他合理时间内向工程师提交一份详细的索赔文件和有关资料。如果干扰事件对工程的影响持续时间长，承包人则应按工程师要求的合理间隔（一般为28天），提交中间索赔报告，并在干扰事件影响结束后的28天内提交一份最终索赔报告。

7.【答案】C
【解析】论证部分是索赔报告的关键部分，其目的是说明自己有索赔权，是索赔能否成立的关键。

8.【答案】C
【解析】对于索赔费用中的人工费部分而言，人工费是指完成合同之外的额外工作所花费的人工费用；由于非承包人责任的工效降低所增加的人工费用；超过法定工作时间加班劳动；法定人工费增长以及非承包人责任工程延期导致的人员窝工费和工资上涨费等。

9.【答案】C
【解析】施工机具使用费的索赔包括：由于完成额外工作增加的机械使用费；非承包人责任工效降低增加的机械使用费；由于业主或监理工程师原因导致机械停工的窝工费。

10.【答案】A
【解析】承包商自有设备，一般按台班折旧费计算，而不能按台班费计算，因台班费中包括了设备使用费。

11.【答案】D
【解析】利息的索赔通常发生于下列情况：拖期付款的利息；错误扣款的利息。

12.【答案】C
【解析】一般来说，由于工程范围的变更、文件有缺陷或技术性错误、业主未能提供现场等引起的索赔，承包人可以列入利润。

13.【答案】C
【解析】实际费用法是计算工程索赔时最常用的一种方法。

14.【答案】C
【解析】单一延误、共同延误和交叉延误都有可能是可索赔延误。

15.【答案】A
【解析】本知识点考查的是单一延误、共同延误及交叉延误的分类依据。按照延误事件之间的关联性划分分为：单一延误、共同延误及交叉延误。

16.【答案】D
【解析】工期索赔值=原工期×新增工程量/原工程量=40×（3500-2800）/2800=10（天）。所以D正确。

17.【答案】C
【解析】（4800-3200×115%）/3200=21。

二、多项选择题
1.【答案】AD
【解析】工程延期索赔，因为发包人未按合同要求提供施工条件，或者发包人指令工程暂停或不可抗力事件等原因造成工期拖延的，承包人向发包人提出索赔；由于非包人的原因导致工期拖延，分包人可以向承包人提出索赔。

2.【答案】ABDE
【解析】索赔是双向的，业主和承包商都可以向对方提出索赔要求，任何一方也都可以对对方的索赔要求进行反驳和反击，这种反击和反驳就是反索赔。反索赔的一方应以事实为依据，以合同为准绳，反驳和拒绝对方的不合理要求或索赔要求中的不合理部分，反索赔的工作内容可以包括两个方面：一是防止对方提出索赔，二是反击或反驳对方的索赔要求。

3.【答案】ADE
【解析】索赔的成立，应该同时具备以下三个前提条件：
（1）与合同对照，事件已造成了承包人工程项目成本的额外支出，或直接工期损失；
（2）造成费用增加或工期损失的原因，按合同不属于承包人的行为责任或风险责任；
（3）承包人按合同规定的程序和时间提交索赔意向通知和索赔报告。
以上三个条件必须同时具备，缺一不可。

4.【答案】ABCE
【解析】索赔的依据主要是三个方面：
（1）合同文件；
（2）法律、法规；
（3）工程建设惯例。
针对具体的索赔要求（工期或费用），索赔的具体依据也不相同，例如，有关工期的索赔就要依据有关的进度计划、变更指令等。

5.【答案】ACDE
【解析】索赔证据应该具有：
（1）真实性；
（2）及时性；
（3）全面性；
（4）关联性；
（5）有效性。

6.【答案】ABCD
【解析】索赔文件的主要内容包括以下几个方面。总述部分、论证部分、索赔款项（和/或工期）计算部分、证据部分。

7.【答案】BDE
【解析】对于索赔费用中的材料费部分包括：由于索赔事项的材料实际用量超过计划用量而增加的材料费；由于客观原因材料价格大幅度上涨；由于非承包商责任工程延期导致的材料价格上涨和材料超期储存费用。

# 1Z206070 国际建设工程施工承包合同

**本节知识体系**

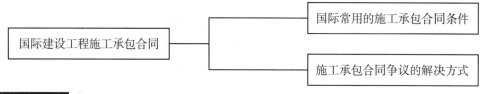

**核心内容讲解**

## 一、国际常用的施工承包合同条件

### （一）FIDIC系列合同条件

FIDIC是指国际咨询工程师联合会，FIDIC于1999年出版了一套新型的合同条件，这套新版合同条件共四本，它们是《施工合同条件》、《永久设备和设计——建造合同条件》、《EPC/交钥匙项目合同条件》和《简明合同格式》。详见表1Z206070-1。

FIDIC系列合同条件　表1Z206070-1

| 《施工合同条件》 | 主要用于由发包人设计的或由咨询工程师设计的房屋建筑工程和土木工程的施工项目 | 属于单价合同，但也有某些子项采用包干价格。一般情况下，单价可随各类物价的波动而调整 |
|---|---|---|
| 《永久设备和设计——建造合同条件》 | 适合用于由承包商做绝大部分设计的工程项目 | 总价合同方式，如果发生法规规定的变化或物价波动，合同价格可随之调整 |
| 《EPC/交钥匙项目合同条件》 | 适用于在交钥匙的基础上进行的工程项目的设计和施工，承包商要负责所有的设计、采购和建造工作 | 合同计价采用固定总价方式，只有在某些特定风险出现时才调整价格 |
| 《简明合同格式》 | 投资额较低的一般不需要分包的建筑工程或设施，或尽管投资额较高，但工作内容简单、重复，或建设周期短 | 单价合同、总价合同、其他方式 |

### （二）英国JCT合同条件

英国合同审定联合会（JCT）是一个关于审议合同的组织，在ICE合同基础上制定了建筑工程合同的标准格式。JCT的建筑工程合同条件（JCT98）用于业主和承包商之间的施工总承包合同，主要适用于传统的施工总承包，属于总价合同。另外还有适用于DB模式、MC模式的合同条件。

### （三）美国AIA系列合同条件

美国建筑师学会（AIA）是重要的建筑师专业组织。AIA合同条件主要用于私营的房屋建筑工程，在美洲地区具有较高的权威性，应用广泛。

AIA合同中建筑师的主要权力如下：

（1）检查权：检查工程进度和质量，有权拒绝不符合合同文件的工程；

（2）支付确认权：审查、评价承包商的付

款申请,检查证实支付数额并签发支付证书;

(3)文件审批权:对施工图、文件资料和样品的审查批准权;

(4)编制变更指令权:负责编制变更指令,施工变更指示和次要变更令,确认竣工日期。

🔊 **嗨·点评** FIDIC四类合同条件主要注意不同条件的适用情况及各自的计价方式。

【经典例题】1.(2015年真题)关于FIDIC《永久设备和设计—建造合同条件》内容的说法,正确的是(　　)。

A.承包商仅需负责提供设备和建造工作

B.合同计价采用单价合同方式、某些子项采用包干价格

C.业主委派工程师管理合同

D.合同计价采用总价合同方式,合同价格不能调整

【答案】C

【嗨·解析】《永久设备和设计——建造合同条件》(Conditions of Contract for Plant and De-sign-Build,简称"新黄皮书")。适用于由承包商做绝大部分设计的工程项目,承包商要按照业主的要求进行设计、提供设备以及建造其他工程(可能包括由土木、机械、电力等工程的组合)。合同计价采用总价合同方式,如果发生法规规定的变化成物价波动,合同价格可随之调整。其合同管理与《施工合同条件》下由工程师负责合同管理的模式基本类似。因此,正确选项是C。

【经典例题】2.(2015年真题)关于FIDIC《EPC交钥匙项目合同条件》特点的说法,正确的是(　　)。

A.适用于承包商作大部分设计的工程项目,承包商要按照业主的要求进行设计、提供设备以及建造其他工程

B.合同采用固定总价合同,只有在特定风险出现时才调整价格

C.业主委派工程师管理合同,监督工程进度质量

D.承包商承担的风险较小

【答案】B

【嗨·解析】《EPC交钥匙项目合同条件》(Conditions of Contract for EPC Tufnkey Projects,简称"银皮书"),适用于在交钥匙的基础上进行的工程项目的设计和施工,承包商要负责所有的设计、采购和建造工作,在交钥匙时,要提供一个设施配备完整、可以投产运行的项目。合同计价采用固定总价方式,只有在某些特定风险出现时才调整价格。在该合同条件下,没有业主委托的工程师这一角色,由业主或业主代表管理合同和工程的具体实施。与前两种合同条件相比,承包商要承担较大的风险。因此,正确选项是B。

【经典例题】3.美国建筑师学会(AIA)的合同条件主要用于(　　)工程。

A.房屋建筑

B.铁路和公路

C.石油化工

D.大型地基设施

【答案】A

【嗨·解析】美国建筑师学会(AIA)成立于1857年,是重要的建筑师专业组织,致力于提高建筑师的专业水平。AIA出版的系列合同文件在美国建筑业及国际工程承包领域具有较高的权威性。因此,正确选项是A。

**二、施工承包合同争议的解决方式**

国际工程施工承包合同争议解决的方式一般包括协商、调解、仲裁或诉讼等。详见表1Z206070-2。

施工承包合同争议的解决方式　表1Z206070-2

| 方式 | 说明 |
|---|---|
| 协商 | 协商解决争议是最常见也是最有效的方式，也是应该首选的最基本的方式 |
| 调解 | 如果合同双方经过协商谈判达不成一致意见，则可以邀请中间人进行调解。通过调解解决合同争议有如下优点：<br>（1）提出调解，能较好地表达双方对协商谈判结果的不满意和争取解决争议的决心；<br>（2）由于调解人的介入，增加了解决争议的公正性，双方都会顾及声誉和影响，容易接受调解人的劝说和意见；<br>（3）程序简单，灵活性较大，调解不成，不影响采取其他解决途径；<br>（4）节约时间、精力和费用；<br>（5）双方关系仍比较友好，不伤感情 |
| 仲裁 | 当协商和调解不成时，仲裁是解决国际工程承包合同争议的常用方式。<br>（1）仲裁的地点<br>①在工程所在国仲裁，这是比较常见的选择；<br>②在被诉方所在国仲裁；<br>③在合同中约定的第三国仲裁。<br>（2）仲裁的效力<br>在双方的合同中应该约定仲裁的效力，即仲裁决定是否为终局性。在我国，仲裁实行一裁终局制。<br>（3）仲裁的特点<br>与诉讼方式相比，采用仲裁方式解决合同争议具有以下特点：<br>①仲裁程序效率高，周期短，费用少；<br>②保密性；<br>③专业化 |
| DAB（争端裁决委员会）方式 | （1）DAB方式的概念<br>合同双方经过协商，选定一个独立公正的争端裁决委员会（DAB）。合同双方在收到决定后28天内，均未提出异议，则该决定即是最终的，对双方均具有约束力。<br>（2）DAB的任命<br>争端裁决委员会可以由一人、三人或者五人组成，其任命通常有三种方式。<br>①常任争端裁决委员会，在施工前任命一个委员会；<br>②特聘争端裁决委员会，由只在发生争端时任命的一名或三名成员组成；<br>③由工程师兼任，其前提是，工程师是具有必要经验和资源的独立专业咨询工程师。<br>（3）DAB的报酬<br>业主和承包商应该按照支付条件各自支付其中的一半。<br>（4）DAB的优点<br>①DAB委员可以在项目开始时就介入项目，了解项目管理情况及其存在的问题；<br>②DAB委员公正性、中立性的规定通常情况下可以保证他们的决定不带有任何主观倾向或偏见；<br>③周期短，可以及时解决争议；<br>④DAB的费用较低；<br>⑤DAB委员是发包人和承包人自己选择的，其裁决意见容易为他们所接受；<br>⑥由于DAB提出的裁决不是强制性的，不具有终局性，合同双方或一方对裁决不满意，仍然可以提请仲裁或诉讼 |

**嗨·点评** 争议解决的首选方式是协商，其次是调解，再次是仲裁，很少采用诉讼。

**【经典例题】** 4.（2016年真题）关于DAB（争端裁决委员会）方式解决争议的说法，正确的是（　　）。

A. DAB的成员一般是工程技术和管理方面的专家

B. DAB提出的裁决具有终局性

C. 特聘争端裁决委员会的任期与合同期限一致

D. DAB由合同一方当事人聘请

**【答案】** A

【嗨·解析】本题考查的是施工承包合同争议的解决方式。选项B，DAB提出的裁决不是强制性的，不具有终局性；选项C，特聘争端裁决委员会，他们的任期通常在DAB对该争端发出其最终决定时期满；选项D，DAB委员是发包人和承包人自己选择的。

【经典例题】5.国际工程施工承包合同争议解决的方式中，最常用、最有效，也是应该首选的解决方式是（　　）。

A.协商
B.调解
C.诉讼
D.仲裁

【答案】A

【嗨·解析】协商解决争议是最常见也是最有效的方式，也是应该首选的最基本的方式。双方依据合同，通过友好磋商和谈判，互相让步，折中解决合同争议。因此，正确选项是A。

# 1Z206000 建设工程合同与合同管理

## 章节练习题

### 一、单项选择题

1. 国际工程承包合同的工程项目（　　）是整个项目管理的核心。
   A.合同管理　　　　B.工期管理
   C.成本管理　　　　D.质量管理

2. 在FIDIC系列合同条件中，《EPC交钥匙项目合同条件》的合同计价采用（　　）。
   A.固定单价　　　　B.变动单价
   C.固定总价　　　　D.变动总价

3. FIDIC合同条件中，合同计价方式采用单价合同的是（　　）。
   A.永久设备和设计—建造合同条件
   B.EPC交钥匙合同条件
   C.施工合同条件
   D.简明合同条件

4. FIDIC系列合同条件中，采用固定总价方式计价，由业主或业主代表管理合同，只有在出现某些特定风险时才能调整价格的是（　　）。
   A.施工合同条件
   B.简明合同格式
   C.永久设备和设计—建造合同条件
   D.EPC交钥匙项目合同条件

5. FIDIC系列合同条件中，（　　）主要用于发包人设计的或咨询工程师设计的房屋建筑工程和土木工程。
   A.施工合同条件
   B.永久设备和设计—建造合同条件
   C.EPC交钥匙项目合同条件
   D.简明合同格式

6. JCT的建筑工程合同条件用于业主和承包商之间的施工总承包合同，属于（　　）。
   A.总价合同　　　　B.固定单价合同
   C.可调单价合同　　D.成本加酬金合同

7. 美国建筑师学会（AIA）的合同条件主要用于（　　）工程。
   A.铁路和公路　　　B.房屋建筑
   C.石油化工　　　　D.大型基础设施

8. 国际工程施工承包合同争议解决的方式中，最常用、最有效、也是应该首选的方式是（　　）。
   A.仲裁　　　　　　B.调解
   C.协商　　　　　　D.诉讼

9. 下列有关调解的说法，错误的是（　　）。
   A.双方的关系仍比较好
   B.程序简单
   C.花费时间长
   D.增加了解决争议的公正性

10. 在国际工程承包合同中，根据工程项目的规模和复杂程度，DAB争端裁决委员会的任命有多种方式，只在发生争端时任命的是（　　）。
    A.常任争端裁决委员会
    B.特聘争端裁决委员会
    C.工程师兼任的委员会
    D.业主指定争端裁决委员会

### 二、多项选择题

1. 关于FIDIC《土木工程施工合同条件》的说法，正确的有（　　）。
   A.该合同主要用于发包人设计的或咨询工程师设计的房屋建筑工程和土木工程的施工项目
   B.一般情况下，单价可随各类物价的波动而调整
   C.合同计价方式属于单价合同，不包括任何包干价格
   D.由业主委派工程师管理合同
   E.由业主监督工程进度、质量，签发支付证书、接受证书和履约证书，处理合同中的有关事项

2. 与诉讼方式相比，采用仲裁方式解决国际

工程承包合同争议的优点有（    ）。
A.效率高              B.周期短
C.约束力强            D.同时申报
E.同时投产使用

3. 关于国际工程纠纷的争端裁决委员会方式的说法，正确的有（    ）。
A.争端裁决委员会解决纠纷的周期较短
B.争端裁决委员会的裁决具有强制性
C.争端裁决委员会的费用较低
D.争端裁决委员会必须是3人以上单数专家组成
E.争端裁决委员的费用业主和承包商各自承担一半

4. 在国际工程承包合同中，采用DAB（争端裁决委员会）方式解决争端的优点有（    ）。
A.DAB委员可以在项目开始时就介入，了解项目管理情况及存在的问题
B.DAB委员由行政主管部门指派，裁决具有公正性、中立性
C.DAB的裁决具有终局性，避免二次纠纷
D.DAB的费用较低
E.DAB解决纠纷的周期较短

## 参考答案及解析

一、单项选择题

1.【答案】A
【解析】国际工程承包合同通常使用国际通用的合同示范文本，合同管理是整个项目管理的核心，合同双方对合同的内容和条款非常重视。

2.【答案】C
【解析】《EPC交钥匙项目合同条件》适用于在交钥匙的基础上进行的工程项目的设计和施工，承包商要负责所有的设计、采购和建造工作，在交钥匙时，要提供一个设施配备完整、可以投产运行的项目。合同计价采用固定总价方式，只有在某些特定风险出现时才调整价格。

3.【答案】C
【解析】施工合同条件合同计价方式属于单价合同，但也有某些子项采用包干价格。

4.【答案】D
【解析】《EPC交钥匙项目合同条件》适用于在交钥匙的基础上进行的工程项目的设计和施工，承包商要负责所有的设计、采购和建造工作，在交钥匙时，要提供一个设施配备完整.可以投产运行的项目。合同计价采用固定总价方式，只有在某些特定风险出现时才调整价格。

5.【答案】A
【解析】施工合同条件主要用于由发包人设计的或由咨询工程师设计的房屋建筑工程和土木工程的施工项目。所以A正确。

6.【答案】A
【解析】JCT的建筑工程合同条件（JCT98）用于业主和承包商之间的施工总承包合同，主要适用于传统的施工总承包，属于总价合同。

7.【答案】B
【解析】AIA合同条件主要用于私营的房屋建筑工程，在美洲地区具有较高的权威性，应用广泛。所以B正确。

8.【答案】C
【解析】协商解决争议是最常见也是最有效的方式，也是应该首选的最基本的方式。

9.【答案】C
【解析】通过调解解决合同争议有如下优点：
（1）提出调解，能较好地表达双方对协商谈判结果的不满意和争取解决争议的决心；
（2）由于调解人的介入，增加了解决争议的公正性，双方都会顾及声誉和影响，容

易接受调解人的劝说和意见；
（3）程序简单，灵活性较大，调解不成，不影响采取其他解决途径；
（4）节约时间、精力和费用；
（5）双方关系仍比较友好，不伤感情。

10.【答案】B
【解析】特聘争端裁决委员会，由只在发生争端时任命的一名或三名成员组成。

二、多项选择题
1.【答案】ABD
【解析】《施工合同条件》主要用于由发包人设计的或由咨询工程师设计的房屋建筑工程和土木工程的施工项目。一般情况下，单价可随各类物价的波动而调整。业主委派工程师管理合同，监督工程进度、质量，签发支付证书、接收证书和履约证书，处理合同管理中的有关事项。

2.【答案】AB
【解析】与诉讼方式相比，采用仲裁方式解决合同争议具有以下特点：（1）仲裁程序效率高，周期短，费用少；（2）保密性；（3）专业化。

3.【答案】ACE

【解析】DAB提出的裁决不是强制性的，不具有终局性，合同双方或一方对裁决不满意，仍然可以提请仲裁或诉讼。故B错；根据工程项目的规模和复杂程度，争端裁决委员会可以由一人、三人或者五人组成。故D错。

4.【答案】ADE
【解析】采用DAB方式解决争端的优点在于：（1）DAB委员可以在项目开始时就介入项目，了解项目管理情况及其存在的问题；（2）DAB委员公正性、中立性的规定通常情况下可以保证他们的决定不带有任何主观倾向或偏见，DAB的委员有较高的业务素质和实践经验，特别是具有项目施工方面的丰富经验；（3）周期短，可以及时解决争议；（4）DAB的费用较低；（5）DAB委员是发包人和承包人自己选择的，其裁决意见容易为他们所接受；（6）由于DAB提出的裁决不是强制性的，不具有终局性，合同双方或一方对裁决不满意，仍然可以提请仲裁或诉讼。

# 1Z207000 建设工程项目信息管理

## 一、本章近三年考情

本章近三年考试真题分值统计　　　　　　　　　　　　　　　（单位：分）

| | 2014年 | | 2015年 | | 2016年 | |
|---|---|---|---|---|---|---|
| | 单选题 | 多选题 | 单选题 | 多选题 | 单选题 | 多选题 |
| 1Z207010建设工程项目信息管理的目的和任务 | | | 1 | | | |
| 1Z207020建设工程项目信息的分类、编码和处理方法 | 1 | | 1 | | 1 | |
| 1Z207030建设工程管理信息化及建设工程项目管理信息系统的功能 | | 2 | | 2 | | 2 |

## 二、本章学习提示

　　本章含三节，围绕"信息管理"的各个方面进行解释，内容相对细致，但是考试中，历史分值均在5分以下，所以相对次要，复习过程中无须投入过多精力。

1Z207000 建设工程项目信息管理

# 1Z207010 建设工程项目信息管理的目的和任务

**本节知识体系**

**核心内容讲解**

### 建设工程项目信息管理的目的和任务

我国在建设工程项目管理中当前最薄弱的工作领域是信息管理。

（一）项目信息管理的目的（详见表1Z207010-1）

项目信息管理　表1Z207010-1

| 信息 | 信息指的是用口头的方式、书面的方式或电子的方式传输（传达、传递）的知识；新闻，或可靠的或不可靠的情报 |
|---|---|
| 信息管理 | 信息管理指的是信息传输的合理组织和控制 |
| 项目的信息管理 | 项目的信息管理的目的旨在通过有效的项目信息传输的组织和控制为项目建设的增值服务 |
| 建设工程项目的信息 | 建设工程项目的信息包括在项目决策过程、实施过程和运行过程中产生的信息，以及其他与项目建设有关的信息，包括项目的组织类信息、管理类信息、经济类信息、技术类信息和法规类信息 |

（二）项目信息管理的任务（详见表1Z207010-2）

项目信息管理的任务　表1Z207010-2

| | 业主方和项目参与各方都有各自的信息管理任务，各方都应编制各自的信息管理手册。信息管理手册的主要内容包括：<br>（1）信息管理的任务（信息管理任务目录）；<br>（2）信息管理的任务分工表和管理职能分工表；<br>（3）信息的分类；<br>（4）信息的编码体系和编码；<br>（5）信息输入输出模型；<br>（6）各项信息管理工作的工作流程图；<br>（7）信息流程图；<br>（8）信息处理的工作平台及其使用规定；<br>（9）各种报表和报告的格式，以及报告周期；<br>（10）项目进展的月度报告、季度报告、年度报告和工程总报告的内容及其编制；<br>（11）工程档案管理制度；<br>（12）信息管理的保密制度等 |
|---|---|
| 信息管理手册 | |

续表

| | |
|---|---|
| 信息管理部门的工作任务 | （1）负责编制信息管理手册，在项目实施过程中进行信息管理手册的必要修改和补充，并检查和督促其执行；<br>（2）负责协调和组织项目管理班子中各个工作部门的信息处理工作；<br>（3）负责信息处理工作平台的建立和运行维护；<br>（4）与其他工作部门协同组织收集信息、处理信息和形成各种反映项目进展和项目目标控制的报表和报告；<br>（5）负责工程档案管理等 |
| 信息工作流程 | （1）信息管理手册编制和修订的工作流程；<br>（2）为形成各类报表和报告，收集信息、录入信息、审核信息、加工信息、信息传输和发布的工作流程；<br>（3）工程档案管理的工作流程等 |
| 基于互联网的信息处理平台 | 由于建设工程项目大量数据处理的需要，在当今的时代应重视利用信息技术的手段进行信息管理。其核心的手段是基于互联网的信息处理平台 |

**嗨·点评** 信息管理管理的是信息传输，而不是管理信息本身。

**【经典例题】** 项目信息管理的目的旨在通过有效的项目信息传输的组织和控制为项目建设的（　　）服务。

A.质量　　　　B.增值　　　　C.安全　　　　D.进度

**【答案】** B

**【嗨·解析】** 项目的信息管理的目的旨在通过有效的项目信息传输的组织和控制为项目建设的增值服务。

# 章节练习题

## 一、单项选择题

1. 我国在项目管理中最薄弱的工作环节是（　　）。
   A.质量管理　　　　B.数据管理
   C.工程管理　　　　D.信息管理

2. 信息管理指的是信息（　　）的合理组织和控制。
   A.收集　　　　　　B.存档
   C.传输　　　　　　D.处理

3. 项目的信息管理的目的旨在通过有效的（　　）的组织和控制为项目建设的增值服务。
   A.项目信息采集　　B.项目信息控制
   C.项目信息传输　　D.项目信息存储

4. 为了充分利用和发挥信息资源的价值，实现有序的科学信息管理，规范信息管理工作，业主和参建各方都应编制各自的（　　）。
   A.项目管理手册　　B.系统开发计划
   C.信息编码表　　　D.信息管理手册

5. 由于建设工程项目大量数据处理的需要，应重视利用新信息技术的手段进行信息管理，其核心手段是（　　）。
   A.基于局域网的信息管理平台
   B.基于互联网的信息处理平台
   C.基于互联网的信息传输平台
   D.基于局域网的信息处理平台

## 二、多项选择题

1. 关于项目信息管理手册及其内容的说法，正确的有（　　）。
   A.信息管理部门负责编制信息管理手册
   B.信息管理手册中应包含工程档案管理制度
   C.信息管理的任务分工表是信息管理手册的主要内容
   D.信息管理手册应随项目进展而做必要的修改和补充
   E.应编制项目参与各方通用的信息管理手册

2. 建设工程项目信息管理手册的主要内容包括（　　）等。
   A.信息的编码体系和编码
   B.信息输入输出模型
   C.工程档案管理制度
   D.各种报表和报告格式
   E.信息应用效果分析

3. 关于项目信息管理手册及其内容的说法，正确的有（　　）。
   A.应编制项目参与各方通用的信息管理手册
   B.信息管理部门负责编制信息管理手册
   C.信息管理手册中应包含工程档案管理制度
   D.信息管理的任务分工表是信息管理手册的主要内容之一
   E.信息管理手册应随项目进展而做必要的修改和补充

4. 建设工程项目信息管理中，为形成各类报表和报告，应当建立（　　）的工作流程。
   A.信息管理和输出
   B.收集信息、录入信息
   C.审核信息、加工信息
   D.信息传输和发布
   E.信息整理和共享

## 参考答案及解析

### 一、单项选择题

1.【答案】D
【解析】我国在建设工程项目管理中当前最薄弱的工作领域是信息管理。

2.【答案】C

【解析】信息管理指的是信息传输的合理组织和控制。

3.【答案】C

【解析】项目的信息管理的目的旨在通过有效的项目信息传输的组织和控制为项目建设增值。所以C正确。

4.【答案】D

【解析】业主方和项目参与各方都有各自的信息管理任务，为充分利用和发挥信息资源价值，提高信息管理效率以及实现有序的和科学的信息管理，各方都应编制各自的信息管理手册，以规范信息管理工作。所以D正确。

5.【答案】B

【解析】项目信息管理的任务包含以下几方面内容：信息管理手册、信息管理部门的工作任务、信息工作流程、应重视基于互联网的信息处理平台。

二、多项选择题

1.【答案】ABCD

【解析】信息管理的任务分工表，工程档案管理制度等都是信息管理手册的主要内容。编制信息管理手册，在项目实施过程中进行信息管理手册的必要修改和补充是信息管理部的主要任务之一；E选项正确说法是，各方都应编制各自的信息管理手册。

2.【答案】ABCD

【解析】信息管理手册主要内容包括：

（1）信息管理的任务（信息管理任务目录）；
（2）信息管理的任务分工表和管理职能分工表；
（3）信息的分类；
（4）信息的编码体系和编码；
（5）信息输入输出模型；
（6）各项信息管理工作的工作流程图；
（7）信息流程图；
（8）信息处理的工作平台及其使用规定；
（9）各种报表和报告的格式以及报告周期；
（10）项目进展的月度报告、季度报告、年度报告和工程总报告的内容及其编制；
（11）工程档案管理制度；
（12）信息管理的保密制度等。

3.【答案】BCDE

【解析】业主方和项目参与各方都应编制各自的信息管理手册，主要内容包括：信息管理的任务分工表和管理职能分工表；工程档案管理制度。信息管理部门的主要工作任务是：负责编制信息管理手册，在项目实施过程中进行信息管理手册的必要的修改和补充。所以A错误。

4.【答案】BCD

【解析】为形成各类报表和报告，收集信息、录入信息、审核信息、加工信息、信息传输和发布的工作流程。

# 1Z207020 建设工程项目信息的分类、编码和处理方法

**本节知识体系**

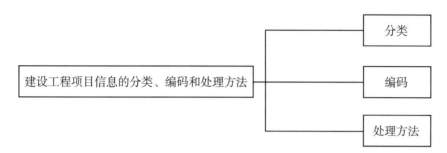

**核心内容讲解**

## 一、建设工程项目信息的分类、编码和处理方法

### （一）建设工程项目信息的分类

建设工程项目有各种信息，可以从不同的角度对建设工程项目的信息进行分类，详见表1Z207020及图1Z207020。

项目信息的分类　表1Z207020

| 按项目管理工作的对象 | 即按项目的分解结构，如子项目1、子项目2等进行信息分类 |
|---|---|
| 按项目实施的工作过程 | 如设计准备、设计、招标投标和施工过程等进行信息分类 |
| 按项目管理工作的任务 | 如投资控制、进度控制、质量控制等进行信息分类 |
| 按信息的内容属性 | 如组织类信息、管理类信息、经济类信息、技术类信息和法规类信息 |
| 按多维进行分类 | （1）第一维：按项目的分解结构；<br>（2）第二维：按项目实施的工作过程；<br>（3）第三维：按项目管理工作的任务 |

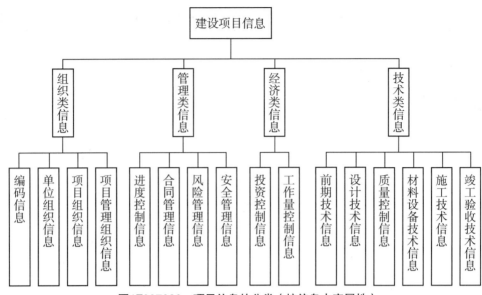

图1Z207020 项目信息的分类（按信息内容属性）

（二）项目信息编码的方法

编码由一系列符号和数字组成，编码是信息处理的一项重要的基础工作。一个建设工程项目有不同类型和不同用途的信息，为了有组织地存储信息、方便信息的检索和信息的加工整理，必须对项目的信息进行编码。项目信息编码包括：

（1）项目的结构编码；

（2）项目管理组织结构编码；

（3）项目的政府主管部门和各参与单位编码（组织编码）；

（4）项目实施的工作项编码；

（5）项目的投资项编码（业主方）/成本项编码（施工方），它并不是概预算定额确定的分部分项工程的编码，它应综合考虑概算、预算、标底、合同价和工程款的支付等因素，建立统一的编码，以服务于项目投资目标的动态控制；

（6）项目的进度项（进度计划的工作项）编码；

（7）项目进展报告和各类报表编码；

（8）合同编码；

（9）函件编码；

（10）工程档案编码，应根据有关工程档案的规定、项目的特点和项目实施单位的需求等而建立。

（三）项目信息处理的方法

基于网络的信息处理平台由一系列硬件和软件构成。建设工程项目的信息处理应考虑充分利用远程数据通信的方式。

【经典例题】（2016年真题）项目结构信息编码的依据是（　　）。

A. 项目管理结构图

B. 项目结构图

C. 项目组织结构图

D. 系统组织结构图

【答案】B

【嗨·解析】本题考查的是项目信息编码。项目的结构编码，依据项目结构图对项目结构的每一层的每一个组成部分进行编码。

# 章节练习题

## 一、单项选择题

1. 建设项目工作量控制信息属于（　　）。
   A.组织类信息　　B.管理类信息
   C.技术类信息　　D.经济类信息

2. 对建设工程项目信息分类按（　　）分为设计准备信息、设计信息、招投标信息和施工过程信息等。
   A.项目管理工作的对象分类
   B.项目实施的工作过程
   C.项目管理工作的任务分类
   D.按信息内容的属性分类

3. 对建设工程项目信息进行综合分类，即按多维进行分类时第二维是指（　　）。
   A.按管理工作的任务
   B.按项目实施的工作过程
   C.按项目信息的内容
   D.按项目的分解结构

4. 下列项目信息中，属于组织类信息的是（　　）。
   A.合同管理信息　　B.前期技术信息
   C.工作量控制信息　　D.编码信息

5. 项目的结构编码应依据（　　），对项目结构的每一层的每一组成部分进行编码。
   A.项目结构图　　B.系统结构图
   C.项目组织结构图　　D.组织矩阵图

6. 项目管理组织结构编码的依据是（　　）。
   A.项目管理的组织矩阵图
   B.项目管理的组织结构图
   C.项目管理职能分工表
   D.项目管理任务分工表

7. 编码是信息处理的一项重要基础工作，进行建设工程项目的投资项目统一编码时应综合考虑的因素包括概算、预算及（　　）。
   A.标底、合同价和工程款的支付
   B.投标价、合同价和工程款的支付
   C.投标价、合同价和施工成本分析
   D.标底、投标价和施工成本分析

8. 工程档案的编码应根据有关工程档案规定、项目特点和（　　）而建立。
   A.项目实施的工作任务目录
   B.项目实施单位的需求
   C.分部项目工程的定额号
   D.信息输入输出模式

9. 基于网络的信息处理平台是由一系列的（　　）构成。
   A.硬件和软件　　B.文档资料
   C.专用网站　　D.计算机网络

## 二、多项选择题

下列建设工程项目信息中，属于技术类信息的有（　　）。
A.施工方案　　B.进度计划
C.隐蔽验收记录　　D.工程量清单
E.桩基检测报告

# 参考答案及解析

## 一、单项选择题

1.【答案】D
【解析】建设工程项目的投资控制信息和工程控制信息属于经济类信息。

2.【答案】B
【解析】按项目实施的工作过程，如设计准备、设计、招标投标和施工过程等进行信息分类。

3.【答案】B
【解析】对建设工程项目信息进行综合分类，即按多维进行分类时，第一维是指按项目的分解结构；第二维是指按项目实施的工作过程；第三维是指按管理工作的任务。

4.【答案】D

【解析】建设项目信息包括：组织类信息；管理类信息；技术类信息；经济类信息。组织类信息包括：编码信息；单位组织信息；项目组织信息；项目管理组织信息。A属于管理类信息，B属于技术类信息，C属于经济类信息，故ABC错误。

5.【答案】A

【解析】项目的结构编码，依据项目结构图对项目结构的每一层的每一个组成部分进行编码。

6.【答案】B

【解析】项目的管理组织结构编码，依据项目管理的组织结构图，对每一个工作部门进行编码。

7.【答案】A

【解析】项目的投资项编码（业主方）/成本项编码（施工方），它并不是概预算定额确定的分部分项工程的编码，它应综合考虑概算、预算、标底、合同价和工程款的支付等因素，建立统一的编码，以服务于项目投资目标的动态控制。

8.【答案】B

【解析】工程档案编码，应根据有关工程档案的规定、项目的特点和项目实施单位的需求等而建立。

9.【答案】A

【解析】基于网络的信息处理平台由一系列硬件和软件构成：数据处理设备、数据通信网络和软件系统。

二、多项选择题

【答案】ACE

【解析】属于技术类信息，B属于管理类信息，D属于经济类信息。

# 1Z207030 建设工程管理信息化及建设工程项目管理信息系统的功能

**本节知识体系**

建设工程管理信息化及建设工程项目管理信息系统的功能
- 工程管理信息化
- 工程项目管理信息系统的功能

**核心内容讲解**

## 一、工程管理信息化

### （一）工程管理信息化

工程管理信息化指的是工程管理信息资源的开发和利用以及信息技术在工程管理中的开发和应用。工程管理信息化有利于提高建设工程项目的经济效益和社会效益，以达到为项目建设增值的目的。

1. 工程管理信息资源的开发和信息资源的充分利用，可吸取类似项目的正反两方面的经验和教训，将有助于项目决策期多种可能方案的选择，有利于项目实施期的项目目标控制，也有利于项目建成后的运行。

2. 信息技术在工程管理中的开发和应用实现的功能和意义，详见表1Z207030-1。

信息技术在工程管理中的开发和应用的意义　表1Z207030-1

| 功能 | 意义 |
| --- | --- |
| （1）信息存储数字化和存储相对集中 | 有利于项目信息的检索和查询，有利于数据和文件版本的统一，并有利于项目的文档管理 |
| （2）信息处理和变换的程序化 | 有利于提高数据处理的准确性，并可提高数据处理的效率 |
| （3）信息传输的数字化和电子化 | 可提高数据传输的抗干扰能力，使数据传输不受距离限制并可提高数据传输的保真度和保密性 |
| （4）信息获取便捷 | 有利于项目各参与方之间的信息交流和协同工作 |
| （5）信息透明度提高 | |
| （6）信息流扁平化 | |

### （二）项目信息门户

项目信息门户是基于互联网技术为建设工程增值的重要管理工具，是当前在建设工程管理领域中信息化的重要标志。项目信息门户属于垂直门户。

1. 管理信息系统、项目管理信息系统和项目信息门户的比较，详见表1Z207030-2。

## 管理信息系统、项目管理信息系统和项目信息门户　表1Z207030-2

| 信息系统 | 服务对象 |
|---|---|
| 管理信息系统MIS | 服务于一个企业 |
| 项目管理信息系统PMIS | 服务于一个企业的一个项目 |
| 项目信息门户PIP | 服务于一个项目的所有参与单位 |

2.项目信息门户的内涵（详见表1Z207030-3）

### 项目信息门户的内涵　表1Z207030-3

| 项目信息门户的类型 | （1）PSWS模式：为一个项目的信息处理服务而专门建立的项目专用门户网站，也即专用门户；<br>（2）ASP模式：由ASP服务商提供的为众多单位和众多项目服务的公用网站，也可称为公用门户。国际上项目信息门户应用的主流是ASP模式 |
|---|---|
| 项目信息门户的用户 | 项目参与各方包括政府主管部门和项目法人的上级部门、金融机构（银行和保险机构以及融资咨询机构等）、业主方、工程管理和工程技术咨询方、设计方、施工方、供货方、设施管理方（其中包括物业管理方）等都是项目信息门户的用户 |
| 项目信息门户实施的条件 | 项目信息门户实施的条件包括：<br>（1）组织件；（2）教育件；（3）软件；（4）硬件。<br>组织件起着支撑和确保项目信息门户正常运行的作用，组织件的创建和在项目实施过程中动态地完善组织件是项目信息门户实施最重要的条件 |
| 项目信息门户运行的周期 | 项目信息门户应是为建设工程全寿命过程服务的门户，其运行的周期是建设工程的全寿命期 |
| 项目信息门户的核心功能 | （1）项目各参与方的信息交流；<br>（2）项目文档管理；<br>（3）项目各参与方的共同工作 |
| 项目信息门户的主持者 | 业主方是项目信息门户的主持者，它也可以委托代表其利益的工程顾问公司作为项目信息门户的主持者 |

🔊 **嗨·点评**　工程管理信息化的目的是为项目建设增值，全书涉及增值的条目参见本书第三篇总结部分。

【经典例题】1.项目信息门户的核心功能是（　　）。

A.项目文档管理
B.项目合同管理
C.项目各参与方的信息交流
D.项目各参与方的协同工作
E.项目风险管理

【答案】ACD

【嗨·解析】国际上有许多不同的项目信息门户产品（品牌），其功能不尽一致，但其主要的核心功能是类似的，即项目各参与方的信息交流、项目文档管理、项目各参与方的协同工作。

## 二、工程项目管理信息系统的功能

工程项目管理信息系统是基于计算机的项目管理的信息系统，主要用于项目的目标控制。

1.工程项目管理信息系统的功能（详见表1Z207030-4）

# 1Z207000 建设工程项目信息管理

**工程项目管理信息系统的功能 表1Z207030-4**

| 投资控制（业主方） | （1）项目的估算、概算、预算、标底、合同价、投资使用计划和实际投资的数据计算和分析；<br>（2）进行项目的估算、概算、预算、标底、合同价、投资使用计划和实际投资的动态比较，并形成各种比较报表；<br>（3）计划资金投入和实际资金投入的比较分析；<br>（4）根据工程的进展进行投资预测等 |
|---|---|
| 成本控制（施工方） | （1）投标估算的数据计算和分析；<br>（2）计划施工成本；<br>（3）计算实际成本；<br>（4）计划成本与实际成本的比较分析；<br>（5）根据工程的进展进行施工成本预测等 |
| 进度控制 | （1）计算工程网络计划的时间参数，并确定关键工作和关键路线；<br>（2）绘制网络图和计划横道图；<br>（3）编制资源需求量计划；<br>（4）进度计划执行情况的比较分析；<br>（5）根据工程的进展进行工程进度预测 |
| 合同管理 | （1）合同基本数据查询；<br>（2）合同执行情况的查询和统计分析；<br>（3）标准合同文本查询和合同辅助起草等 |

2.工程项目管理信息系统的意义

应用工程项目管理信息系统的主要意义是：

（1）实现项目管理数据的集中存储；
（2）有利于项目管理数据的检索和查询；
（3）提高项目管理数据处理的效率；
（4）确保项目管理数据处理的准确性；
（5）可方便地形成各种项目管理需要的报表。

【经典例题】2.工程项目管理信息系统中，进度控制的功能包括（  ）。

A.绘制网络图和计划横道图
B.确定合同工期
C.进度计划执行情况的比较分析
D.编制资源需求量计划
E.根据工程的进展进行工程进度预测

【答案】ACDE

【嗨·解析】进度控制的功能：（1）计算工程网络计划的时间参数，并确定关键工作和关键路线；（2）绘制网络图和计划横道图；（3）编制资源需求量计划；（4）进度计划执行情况的比较分析；（5）根据工程的进展进行工程进度预测。因此，正确选项是ACDE。

# 章节练习题

## 一、单项选择题

1. 信息化指的是工程管理（　　）的开发和利用，以及信息技术的开发和应用。
   A.信息编码　　　　B.信息系统
   C.信息资源　　　　D.信息体系

2. 工程管理信息化有利于提高建设工程项目的经济效益和社会效益，以达到（　　）的目的。
   A.为项目建设增值
   B.实现项目建设目标
   C.实现项目管理目标
   D.提高项目建设综合治理

3. 提高数据传输的抗干扰能力，使数据传输不受距离限制并可提高数据传输的保真度和保密性可通过（　　）实现。
   A."信息处理和变换的程序化"
   B."信息存储数字化"
   C."信息流扁平化"
   D."信息传输的数字化和电子化"

4. "信息获取便捷"、"信息透明度高"以及"信息流扁平化"有利于（　　）。
   A.项目信息的检索和查询
   B.项目参与方之间的信息交流
   C.数据和文件版本的统一
   D.项目的文档管理

5. 项目管理信息系统与管理信息系统（　　）。
   A.服务的对象相同、服务的功能不同
   B.服务的对象不同、服务的功能不同
   C.服务的对象相同、服务的功能相同
   D.服务的对象不同、服务的功能相同

6. 基于互联网的工程项目信息管理系统的用户是（　　）。
   A.施工单位
   B.一个参与项目建设单位
   C.建设单位
   D.所有参与项目建设单位

7. 关于项目信息门户的说法，正确的是（　　）。
   A.项目信息门户是一种项目管理信息系统（PMIS）
   B.项目信息门户是一种企业管理信息系统（MIS）
   C.项目信息门户主要用于项目法人的人、财、物、产、供、销的管理
   D.项目信息门户可以为一个建设工程的各参与方服务

8. 国际上项目信息应用的主流是（　　）。
   A.ASP模式　　　　B.PSWS模式
   C.PFF模式　　　　D.PMIS模式

9. 项目信息门户实施最重要的条件是（　　）。
   A.组织件　　　　B.教育件
   C.软件　　　　　D.硬件

10. 项目信息门户是一种非常重要的信息管理方式，其运行的周期是（　　）。
    A.建设工程项目的实施期
    B.建设工程项目的全寿命周期
    C.项目施工阶段
    D.项目决策期和项目实施期

11. 对一个建设工程项目而言，项目信息门户的主持者一般是项目的（　　）。
    A.业主　　　　　B.设计单位
    C.主管部门　　　D.施工单位

12. 建设工程项目管理信息系统主要用于项目的（　　）。
    A.招标报价　　　B.合同管理
    C.技术资料管理　D.目标控制

## 二、多项选择题

1. "信息存储数字化和存储相对集中"有利于（　　）。

A.项目信息的检索和查询
B.项目参与方之间的信息交流和协同工作
C.数据和文件版本的统一
D.项目的文档管理
E.提高数据处理的准确性

2. 项目管理信息系统的合同管理功能应包括（　　）。
A.合同基本数据查询
B.合同执行情况的查询
C.合同通用条件的编写
D.合同结构的选择
E.合同文本的查询

3. 工程项目管理信息系统中，进度控制的功能有（　　）。
A.编制资源需求量计划
B.根据工程进展进行施工成本预测
C.进度计划执行情况的比较分析
D.项目估算的数据计算
E.确定关键工作和关键路线

## 参考答案及解析

### 一、单项选择题

1.【答案】C
【解析】工程管理信息化是工程管理信息资源的开发和利用以及信息技术在工程管理中的开发和应用。

2.【答案】A
【解析】工程管理信息化有利于提高建设工程项目的经济效益和社会效益，以达到为项目建设增值的目的。

3.【答案】D
【解析】"信息传输的数字化和电子化"可提高数据传输的抗干扰能力，使数据传输不受距离限制并可提高数据传输的保真度和保密。

4.【答案】B

【解析】"信息获取便捷"、"信息透明度提高"以及"信息流扁平化"有利于项目各参与方之间的信息交流和协同工作。

5.【答案】B
【解析】项目管理信息系统与管理信息系统服务的对象和功能是不同的。

6.【答案】D
【解析】项目信息门户是在对项目全寿命过程中项目参与各方产生的信息和知识进行集中管理的基础上，为项目参与各方在互联网平台上提供一个获取个性化项目信息的单一入口，从而为项目参与各方提供一个高效率信息交流和共同工作的环境。

7.【答案】D
【解析】管理信息系统是基于数据处理设备的信息系统，但主要用于企业的人、财、物、产、供、销的管理。项目管理信息系统信息系统服务的对象和功能是不同的。项目信息门户既不同于项目管理信息系统，也不同于管理信息系统。项目信息门户服务于一个项目的所有参与单位。

8.【答案】A
【解析】国际上项目信息门户应用的主流是ASP模式。

9.【答案】A
【解析】组织起着支撑和确保项目信息门户正常运行的作用，因此，组织件的创建和在项目实施过程中动态地完善组织件是项目组织门户实施最重要的条件。

10.【答案】B
【解析】项目决策期的信息与项目实施期的管理和控制有关，项目决策期和项目实施期的信息与项目运营期的管理和控制也密切相关，为使项目保值和增值，项目信息门户应是为建设工程全寿命过程服务的门户，其运行的周期是建设工程的全寿命期。

11.【答案】A

【解析】对一个建设工程而言，业主方往往是建设工程的总组织者和总集成者，一般而言，它自然就是项目信息门户的主持者。

12.【答案】D

【解析】项目管理信息系统是基于数据处理设备的，为项目管理服务的信息系统，主要用于项目的目标控制。由于业主方和承包方项目管理的目标和利益不同，因此他们都必须有各自的项目管理信息系统。

二、多项选择题

1.【答案】ACD

【解析】"信息存储数字化和存储相对集中"有利于项目信息的检索和查询，有利于数据和文件版本的统一，并有利于项目的文档管理。

2.【答案】ABE

【解析】项目管理信息系统的合同管理功能应包括：合同基本数据查询；合同执行情况的查询和统计分析；标准合同文本查询和合同辅助起草等。

3.【答案】ACE

【解析】进度控制的功能：计算工程网络计划的时间参数，并确定关键工作和关键路线；绘制网络图和计划横道图；编制资源需求量计划；进度计划执行情况的比较分析；根据工程的进展进行工程进度预测。

# 第三篇 知识总结篇

# 跨章节知识点归纳总结

## 一、关于"增值、核心、决定、关键"的归纳总结

| | |
|---|---|
| 增值 | 建设工程管理工作是一种增值服务工作 |
| | 建设工程项目策划旨在为项目建设的决策和实施增值 |
| | 建设项目工程总承包的核心是通过设计与施工过程的组织集成,促进设计与施工的紧密结合,以达到为项目建设增值的目的 |
| | 工程管理信息化有利于提高建设工程项目的经济效益和社会效益,以达到为项目建设增值的目的 |
| 核心 | 建设工程管理核心任务是为工程的建设和使用增值 |
| | 建设工程项目管理的核心任务是项目的目标控制 |
| | 业主方的项目管理往往是该项目的项目管理的核心 |
| | 项目目标的动态控制的核心是定期比较计划值和实际值,当发现项目目标偏离时采取纠偏措施 |
| | 成本偏差的控制,分析是关键,纠偏是核心 |
| | 大型建设工程项目总进度目标论证核心工作是通过编制总进度纲要论证总进度目标实现的可能性 |
| | 动力机制是项目质量控制体系运行的核心机制 |
| | 对施工过程的质量控制,必须以工序作业质量控制为基础和核心 |
| | 安全生产责任制是最基本的安全管理制度,是所有安全生产管理制度的核心 |
| | 详细评审是评标的核心 |
| | 国际施工承包合同中,合同管理是整个项目管理的核心 |
| | 利用信息技术的手段进行信息管理核心的手段是基于互联网的信息处理平台 |
| | 项目信息门户的核心功能:(1)项目各参与方的信息交流;(2)项目文档管理;(3)项目各参与方的共同工作 |
| 决定 | 系统的目标决定了系统的组织,而组织是目标能否实现的决定性因素 |
| | 取得建造师注册证书的人员是否担任工程项目施工的项目经理,由企业自主决定 |
| | 业主的需求和法律法规的要求,是决定建设项目质量目标的主要依据 |
| | 项目质量的影响因素中,人的因素起决定性的作用 |
| | 自控主体的质量意识和能力是关键,是施工质量的决定因素 |
| | 是否投保意外伤害险由建筑施工企业自主决定 |
| | 保险费的多少由保险金额的大小和保险费率的高低两个因素决定 |

续表

| 关键 | 运用技术纠偏措施的关键，一是要能提出多个不同的技术方案；二是要对不同的技术方案进行技术经济分析比较，以选择最佳方案 |
| --- | --- |
| | 施工成本计划的编制以成本预测为基础，关键是确定目标成本 |
| | 能否达到预期的成本目标，是施工成本控制是否成功的关键 |
| | 储备天数是影响储备资金的关键因素 |
| | 工程项目质量目标实现的最重要和最关键的过程是在施工阶段，包括施工准备过程和施工作业技术活动过程 |
| | 事中质量控制的关键是坚持质量标准 |
| | 应用分层法的关键是调查分析的类别和层次划分 |
| | 论证部分是索赔报告的关键部分，其目的是说明自己有索赔权，是索赔能否成立的关键 |

## 二、关于"三"的归纳总结

| 成本计划三类指标 | 数量指标（数额）、质量指标（降低率）、效益指标（降低额） |
| --- | --- |
| 成本核算"三同步" | 形象进度、产值统计、实际成本归集"三同步"，即三者的取值范围应是一致的。所依据的工程量均应是相同的数值 |
| 成本分析"三算" | 预算成本、目标成本和实际成本的"三算"对比 |
| "三全"管理思想 | 全面质量管理、全过程质量管理、全员参与质量管理 |
| 三检制 | 自检、互检、专检 |
| "三边"工程 | 边勘察、边设计、边施工（违背基本建设程序） |
| 三级安全教育 | 企业（公司）、项目（或工区、工程处、施工队）、班组三级 |
| 三同时 | 与主体工程同时设计、同时施工、同时投入生产和使用 |

## 三、关于"四大措施"的归纳总结

本门科目中"四大措施"几乎遍布各章，对于考试来说具有实际意义的一共有四处：

（1）项目目标控制的纠偏措施（简记"组管经技"）；

（2）施工成本管理的措施（简记"组合经技"）；

（3）项目进度控制的措施（简记"组管经技"）；

（4）合同实施偏差调整措施（简记"组合经技"）。

关于各自具体内容，这里不再赘述，请翻阅对应知识点考点详解。这里主要讲解关于四大措施的归类判断要点。

（1）管理措施包括合同措施，没有管理措施的时候才会单独出现合同措施。

（2）关键词

组织措施：人、部门、分工、流程、会议；

管理措施：管理的方法和手段、承发包模式、合同管理、风险管理、信息技术；

经济措施：资金、资源、激励、奖励、签证；

技术措施：工法、工艺、方案、换机换料；

合同措施：合同、索赔、协议。

（3）注意中心语句

"调整合同管理的任务分工"，核心语句"调整……任务分工"属于组织措施，而不是管理措施。

"结合施工组织设计，降低材料的库存成本和运输成本"，核心语句"结合施工组织设计"属于技术措施，而不是经济措施。

## 四、关于"数字"的归纳总结

1.进度的控制周期应视项目的规模和特点而定,一般的项目控制周期为一个月,对于重要的项目,控制周期可定为一旬或一周等。

2.在紧急情况下为确保施工安全和人员安全,在无法与发包人代表和总监理工程师及时取得联系时,项目经理有权采取必要的措施保证与工程有关的人身、财产和工程的安全,但应在48小时内向发包人代表和总监理工程师提交书面报告。

3.承包人需要更换项目经理的,应提前14天书面通知发包人和监理人,并征得发包人书面同意。

4.发包人有权书面通知承包人更换其认为不称职的项目经理,通知中应当载明要求更换的理由。承包人应在接到更换通知后14天内向发包人提出书面的改进报告。发包人收到改进报告后仍要求更换的,承包人应在接到第二次更换通知的28天内进行更换并将新任命的项目经理的注册执业资格、管理经验等资料书面通知发包人。

5.建筑施工企业应当至少每月向劳动者支付一次工资。

6.施工成本控制管理行为控制程序,定期检查:项目经理开工初期检查一次,以后每月一次。

7.企业成本要求一年结算一次,不得将本年成本转入下一年度。

8.企业质量管理体系获准认证的有效期是3年,监督检查包括定期和不定期检查,定期检查通常是一年一次。撤销认证的企业一年后可重新提出认证申请。

9.建设单位应在工程竣工验收前7个工作日前将验收时间、地点、验收组名单书面通知该工程的工程质量监督机构。

10.建设单位应当自建设工程竣工验收合格之日起15日内,向工程所在地的县级以上地方人民政府建设主管部门备案。

11.工程质量事故发生后,事故现场有关人员应当立即向工程建设单位负责报告;工程建设单位负责人接到报告后,应于1小时内向事故发生地县级以上人民政府住房和城乡建设主管部门及有关部门报告;同时应按照应急预案采取相应措施。

12. ABC分类管理法:
(1)累计频率0.80%为A类问题,即主要问题,进行重点管理;
(2)累计频率在80%~90%区间的问题为B类问题,即次要问题,作为次重点管理;
(3)累计频率在90%~100%区间的问题为C类问题,即一般问题,按照常规适当加强管理。

13.监督人员应当具有三年以上工程质量管理或者设计、施工、监理等工作经历;

14.建设单位应自开工报告批准之日起15日内将施工安全措施报送有关部门。

15.环保行政主管部门应在收到申请环保设施竣工验收之日起30日内完成验收。

16.项目组级评价,由项目经理组织有关人员对施工中应遵守的法律法规和其他要求的执行情况进行一次合规性评价,当某个阶段施工时间超过半年时,合规性评价不少于一次。

17.公司级评价每年进行一次,制定计划后由管理者代表组织企业相关部门和项目组,对公司应遵守的法律法规和其他要求的执行情况进行合规性评价。

18.工程项目部专职安全人员的配备应按住建部的规定,1万m²以下工程1人;1万m25万m²的工程不少于2人;5万m²以上的工程不少于3人。

19.安全生产许可证的有效期为3年。安全生产许可证有效期满需要延期的,企业应当于期满前3个月向原安全生产许可证颁发管理机关办理延期手续。企业在安全生产许可证有效期内，严格遵守有关安全生产的法律法规，未发生死亡事故的，安全生产许可证有效期届满时，经原安全生产许可证颁发管理机关同意，不再审查，安全生产许可证有效期延期3年。

20.当组织内部员工发生从一个岗位调到另外一个岗位，或从某工种改变为另一工种，或因放长假离岗一年以上重新上岗的情况，企业必须进行相应的安全技术培训和教育，以使其掌握现岗位安全生产特点和要求。

21.特种作业操作证有效期为6年，在全国范围内有效。特种作业操作证每3年复审1次。特种作业人员在特种作业操作证有效期内，连续从事本工种10年以上，严格遵守有关安全生产法律法规的，经原考核发证机关或者从业所在地考核发证机关同意，特种作业操作证的复审时间可以延长至每6年1次。特种作业操作证申请复审或者延期复审前，特种作业人员应当参加必要的安全培训并考试合格。安全培训时间不少于8个学时。

22.施工单位应当自施工起重机械和整体提升脚手架、模板等自升式架设设施验收合格之日起三十日内，向建设行政主管部门或者其他有关部门登记。

23.每年至少组织一次综合应急预案演练或者专项应急预案演练。每半年至少组织一次现场处置方案演练。

24.按事故严重程度分类：

（1）轻伤事故，1~105个工作日失能伤害的事故。

（2）重伤事故，105工作日以上的失能伤害的事故；

（3）死亡事故，其中，重大伤亡事故指一次事故中死亡1~2人的事故；特大伤亡事故指一次事故死亡3人以上（含3人）的事故。

25.事故调查组应当自事故发生之日起60日内提交事故调查报告；特殊情况下，经负责事故调查的人民政府批准，提交事故调查报告的期限可以适当延长，但延长的期限最长不超过60日。

26.重大事故、较大事故、一般事故，负责事故调查的人民政府应当自收到事故调查报告之日起15日内作出批复；特别重大事故，30日内作出批复，特殊情况下，批复时间可以适当延长，但延长的时间最长不超过30日。

27.市区主要路段和其他涉及市容景观路段的工地围挡高度不低于2.5米，其他工地的不低于1.8米。

28.施工现场100人以上的临时食堂，污水排放时可设置简易有效的隔油池，定期清理，防止污染。

29.噪声限值：昼间70分贝，夜间55分贝。

30.宿舍内应保证有必要的生活空间，室内净高不得小于2.4m，通道宽度不得小于0.9m，每间宿舍居住人员不得超过16人。必须设置可开启式窗户，宿舍内的床铺不得超过2层，严禁使用通铺。

31.食堂应设置独立的制作间、储藏间，门扇下方应设不低于0.2m的防鼠挡板。制作间灶台及其周边应贴瓷砖，所贴瓷砖高度不宜小于1.5m，地面应做硬化和防滑处理。粮食存放台距墙和地面应大于0.2m。

32.厕所蹲位之间宜设置隔板，隔板高度不宜低于0.9m。高层建筑施工超过8层以后，每隔四层宜设置临时厕所。

33.施工现场作业人员发生法定传染病、食物中毒或急性职业中毒时，必须在2小时内向施工现场所在地建设行政主管部门和有关部门报告，并应积极配合调查处理。

34.招标人采用邀请招标，应当向3个以上具备承担招标项目的能力、资信良好的特定法人或者其他组织发出投标邀请书。

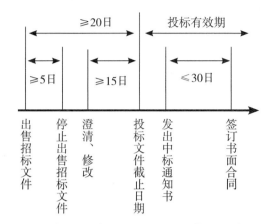

35.发包人应最迟于开工日期7天前向承包人移交施工现场。

36.监理人应在计划开工日期7天前向承包人发出开工通知,工期自开工通知中载明的开工日期起算。

37.因承包人原因引起的暂停施工,承包人应承担由此增加的费用和(或)延误的工期,且承包人在收到监理人复工指示后84天内仍未复工的,视为承包人无法继续履行合同的情形。

38.工程隐蔽部位经承包人自检确认具备覆盖条件的,承包人应在共同检查前48小时书面通知监理人检查,通知中应载明隐蔽检查的内容、时间和地点,并应附有自检记录和必要的检查资料。监理人不能按时进行检查的,应在检查前24小时向承包人提交书面延期要求,但延期不能超过48小时。

39.缺陷责任期自实际竣工日期起计算,合同当事人应在专用合同条款约定缺陷责任期的具体期限,但该期限最长不超过24个月。

40.承包人应于缺陷责任期届满后7天内向发包人发出缺陷责任期届满通知,发包人应在收到缺陷责任期满通知后14天内核实承包人是否履行缺陷修复义务,承包人未能履行缺陷修复义务的,发包人有权扣除相应金额的维修费用。发包人应在收到缺陷责任期届满通知后14天内,向承包人颁发缺陷责任期终止证书。

41.发包人逾期支付预付款超过7天的,承包人有权向发包人发出要求预付的催告通知,发包人收到通知后7天内仍未支付的,承包人有权暂停施工。

42.承包人应于每月25日向监理人报送上月20日至当月19日已完成的工程量报告,并附具进度付款申请单、已完成工程量报表和有关资料。

43.发包人应在进度款支付证书或临时进度款支付证书签发后14天内完成支付。

44.收到工程设计文件后编制监理规划,并在第一次工地会议7天前报委托人。根据有关规定和监理工作需要,编制监理实施细则。

45.(1)根据《工程建设项目施工招标投标办法》规定,施工投标保证金的数额一般不得超过投标总价的2%,但最高不得超过80万元人民币。投标保证金有效期应当与投标有效期一致。

(2)根据《中华人民共和国招标投标法实施条例》(中华人民共和国国务院令第613号)投标保证金不得超过招标项目估算价的2%。投标保证金有效期应当与投标有效期一致。

(3)根据《工程建设项目勘察设计招标投标办法》规定,招标文件要求投标人提交投标保证金的,保证金数额一般不超过勘察设计费投标报价的2%,最多不超过10万元人民币。

(4)国际上常见的投标担保的保证金数额为2%~5%。

46.履约保证金不得超过中标合同金额的10%。

47.不良行为记录信息的公布时间为行政处罚决定作出后7日内,公布期限一般为6个月至3年。良好行为记录信息公布期限一般为3年,法律、法规另有规定的从其规定。对整改确有实效的,由企业提出申请,经批准,可缩短其不良行为记录信息公布期限,但公布期限最短不得少于3个月。

48.承包人必须在发出索赔意向通知后的28天内或经过工程师同意的其他合理时间内向工程师提交一份详细的索赔文件和有关资料。如果干扰事件对工程的影响持续时间长,承包人则应按工程师要求的合理间隔(一般为28天),提交中间索赔报告,并在干扰事件影响结束后的28天内提交一份最终索赔报告。